KB009857

R라줌

R(알)랴줌 카페 **cafe.naver.com/Rryazoom**

실습을 위한 소스와 부록을 내려받을 수 있습니다.

R라뷰 진수쌤과
통계파 정은쌤이
쉽고 재밌게 -

R라줌

서진수, 이정은 공저

스포트라잇북
SPOTLIGHT BOOK

저자소개

서진수

데이터 관리 및 분석 분야에서
오랜기간 실무와 강의를 지속해온 데이터전문가이다.

KBS 명견만리와 KBS 대토론, SBS, tvN 등
다수의 언론에 출연하여 데이터의 중요성을 강조하였고
20대 국회 4차산업혁명 위원회 민간 자문위원을 역임했다.

서울대, 연세대 , 이화여대 , 국민대 , 건국대 등
다양한 대학교와 대학원에서
R과 파이썬 프로그램을 활용하여
데이터를 수집하고 분석하는
강의를 진행하고 있으며

삼성 그룹, LS 그룹 , SK 그룹 , 유진그룹 등에서
빅데이터와 Digital Transformation에 대한
다양한 강의와 프로젝트를 진행하고 있다.

주요 저서로는 〈오라클 백업과 복구〉, 〈R까기〉,
〈왕초보 파이썬〉 등 약 15권이 있다.

저자소개

이정은

연세대학교 응용통계학 석사.

흥국화재, 농협은행에서 근무하며 현장 경험을 쌓았으며 고려대학교, 중앙대학교, 한전 KDN, 인천연구원, 휴넷 등에서 데이터 분석 과정을 강의해왔다.

제가 처음 R 프로그램을 접했을 때는 국내에 R 프로그램이 많이 알려지지 않았던 때라서 자료가 많이 없었습니다. 그래서 공부를 하다가 막히면 인터넷을 뒤져 보거나 어려운 통계책들을 뒤져가면서 R 공부를 했었습니다.

지금은 서점에 가면 R 프로그램과 관련된 좋은 책들이 많이 있는 것을 볼 수 있습니다. 저도 저자이기 이전에 다른 좋은 책들의 독자 중 한 사람으로서 책이 많아진다는 것은 참 반가운 일입니다.

당시에는 빅데이터 분석이라는 것을 하려면 맵리듀스를 공부하기 위해 자바 프로그램을 배워야 했고 어려운 통계 지식을 배워야 빅데이터 분석을 할 수 있다고 해서 많은 분들이 좌절하고 포기를 했었습니다. 배우고는 싶은데 너무 어려워서 포기하는 많은 분들을 보면서 좋은 것을 쉽게 시작할 수 없을까 고민하다가 〈R까기〉라는 책을 쓰게 되었고 다행히 많은 독자님들께서 좋은 반응으로 많은 격려를 해주셨습니다. 〈R까기〉 책을 출간한 이후로 시간도 많이 흐르고 많은 내용들이 업그레이드 되어서 그 부분들을 이 책에 담아서 다시 출간하게 되었습니다.

이 책은 아주 어려운 전문적인 내용들만 있는 것이 아니라 배우고 싶은데 많이 어려울까봐 걱정하시는 왕초보들의 눈높이에서 시작합니다.

초반의 내용은 R 프로그램을 사용하기 위해 반드시 알아야 하는 필수 문법들을 다양한 예제를 사용해서 설명하고 있습니다. 중반에 가면 배운 필수 문법을 어떻게 활용하는지 정형 데이터와 비정형 텍스트 데이터를 분석하고 시각화 하는 예제로 안내하고 있습니다.

그리고 무엇보다 후반부는 통계의 개념과 활용에 대해서 안내를 하고 있습니다. 이 부분은 감사하게도 이 책의 공저자로 참여하신 이정은 선생님께서 맡아주셨습니다.

이 책은 철저하게 입문서로서의 역할을 하기 위해 만들어졌습니다. R 프로그램을 처음 시작하시는 분들에게 R 프로그램에서 꼭 필요하고 중요한 다양한 내용들을 충실하게 전해 드리는 역할을 하려고 합니다.

이 책 〈R랴줌〉은 R 프로그램의 무한한 능력의 바다로 여러분들을 안내해줄 것입니다.

서진수

안녕하세요? 이렇게 만나게 되어서 반갑습니다.^^

서진수 대표님과 함께 책을 출판하자는 제의를 받고는, 언젠가 해야지 하면서 미뤄왔던 일이라 잘 되었다 하면서 가벼운 마음으로 시작했었는데, 책으로 정리하는 작업이 정말 만만치 않아서 생각보다 오래 걸렸네요.

저는 프로그램을 배울 때마다 아쉬웠던 것이 뭔가를 배웠을 때, 그걸 간단하게 연습해볼 수 있는 데이터를 접하기가 쉽지 않다는 것이었어요. 연습용으로 만들어진 데이터는 분석하는 재미가 없고, 실제 데이터는 구하기가 쉽지 않고, 구했다 하더라도 핸들링 과정이 오래 걸려서 분석을 시작하기도 전에 지치게 되고요. 그래서 책을 쓰면서 독자 분들이 쉽게 얻을 수 있는 데이터를 여러 개 소개하려고 노력했습니다. 저는 각 분석 파트에 적합한 데이터를 선택해서 제시한 것이지만, 독자 분들은 소개된 데이터를 가지고 여러가지 다른 분석들도 연습해보시면 좋겠다는 마음을 가지고요.

이 책의 통계 부분에서는 기술통계부터 회귀분석까지를 R 프로그램으로 다룹니다. 통계의 입문 부분에 해당하는 것이지만, 대학에서 한 학기 통계학 수업을 들으면서 다루는 부분이기도 하고, 학위 논문을 쓸 때 사용하게 되는 내용이기도 합니다. 쉬운 내용은 아니지요.

"R 프로그램을 처음 배우는 것도 벅찬데 이걸로 통계 분석까지 해야 하다니…" 하셨던 분들이 책을 덮으면서는 "따라 해보니 할만 하네. 더 자세하게 공부해보고 싶다!"고 생각하실 수 있었으면 좋겠습니다.

주변에서도 저도 오래 기다렸는데 드디어 책이 나오겠네요. 도전할 수 있는 기회를 주신 서진수 대표님과 반짝이는 아이디어로 예쁘게 책을 만들어주신 김일희 대표님, 항상 제 편이 되어주시는 부모님과 시부모님, 멋진 동생 종현이, 그리고 오랜 시간 기도하고 응원해주신 구역 식구들과 경민 언니, 친구들에게 고마운 마음을 전합니다. 제 삶의 행복인 한결 같은 제민 씨와 기범이, 기윤이에게 좋은 선물이 되었으면 좋겠습니다.

"이 백성은 내가 나를 위하여 지었나니 나의 찬송을 부르게 하려 함이니라" (사43:21)

목차 구성부터 세부 데이터 선택 과정까지 하나하나 길을 인도해주신 하나님 감사합니다.

이정은

차례를 R라줌

5부
데이터 분석 연습하기 313

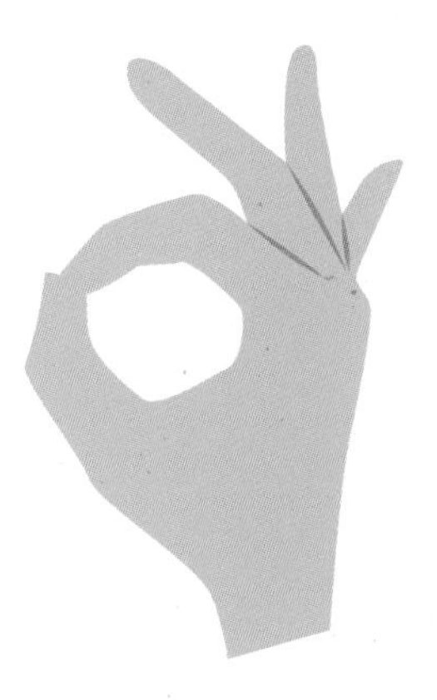

R 프로그램 설치 및 패키지 관리하기

R을 배우기 위해서 컴퓨터에 설치하는 과정을 안내하겠습니다. 그림을 보시고 하나씩하나씩 차근차근 함께 따라서 설치해주세요.

R과 자바 프로그램 설치하기 - 윈도용

R 프로그램 설치하기

http://www.r-project.org에 접속해서 R 프로그램을 다운로드합니다.

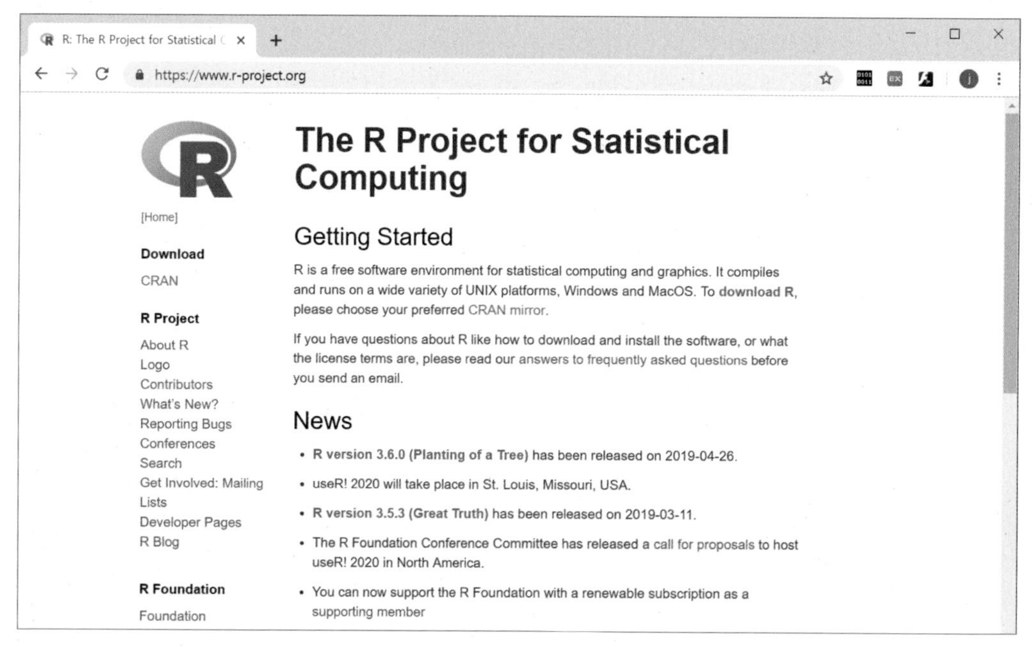

이 책을 쓰는 시점에서의 최신 버전은 3.6.0 버전입니다.

이 화면에서 Download R 부분을 클릭합니다. 그러면 다음 화면과 같이 R을 다운로드할 수 있는 다양한 서버 목록이 나옵니다. 전 세계에서 사용되는 서버 목록이 보이는데 아래로 쭉 내려서 가운데 정도에 있는 Korea를 찾으시고 그 중에서 한 가지를 선택하세요. 간혹 이 서버들에 문제가 생기는 경우도 있으니 꼭 첫 번째만 하지 마시고 다른 서버들을 선택해도 됩니다.

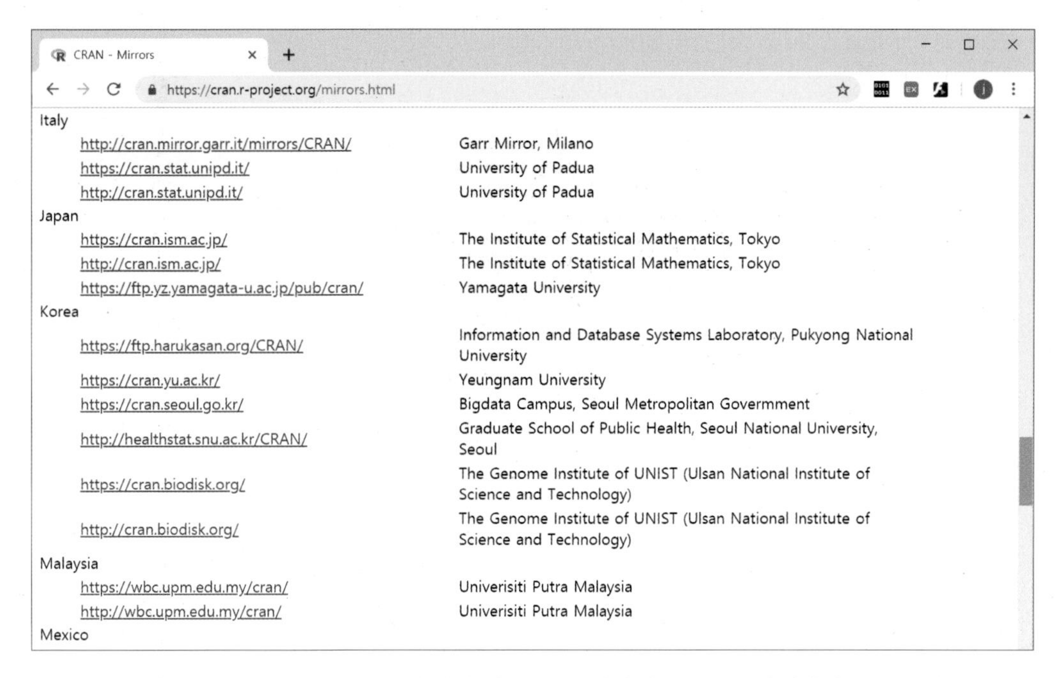

다음 그림처럼 운영체제를 선택하는 화면이 나옵니다. 원하시는 OS를 선택하세요. 이 책에서는 가장 많이 사용되는 윈도용을 선택하겠습니다.

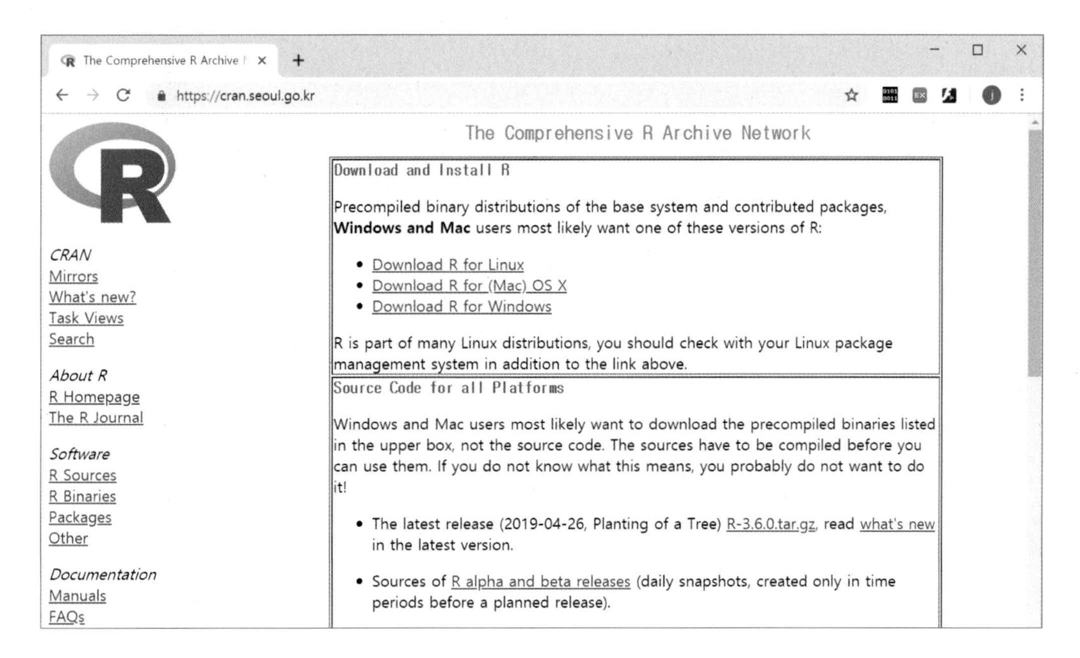

아래 화면에서 install R for the first time을 선택합니다.

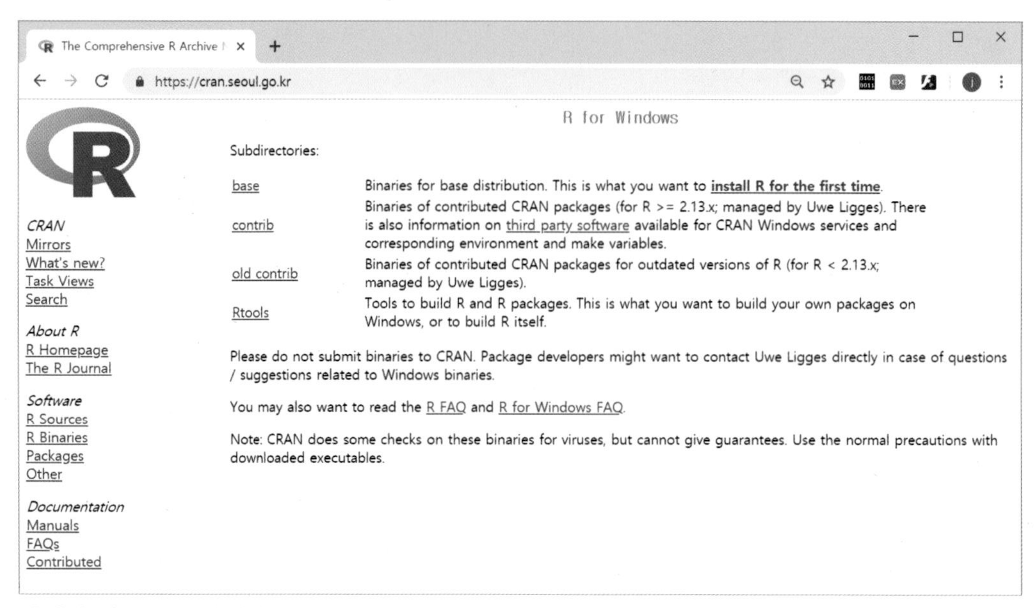

아래와 같이 최신 버전인 3.6.0 버전을 다운로드할 수 있습니다.

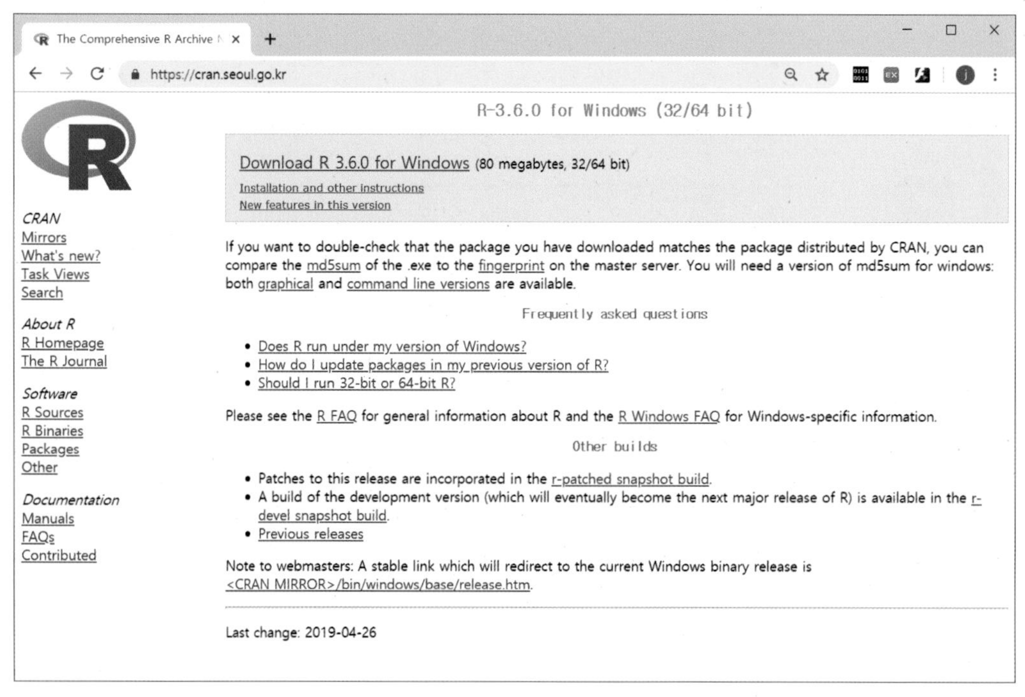

앞의 과정에서 내려받은 설치 파일을 마우스 오른쪽 버튼을 눌러서 관리자 권한으로 실행하시길 추천합니다.

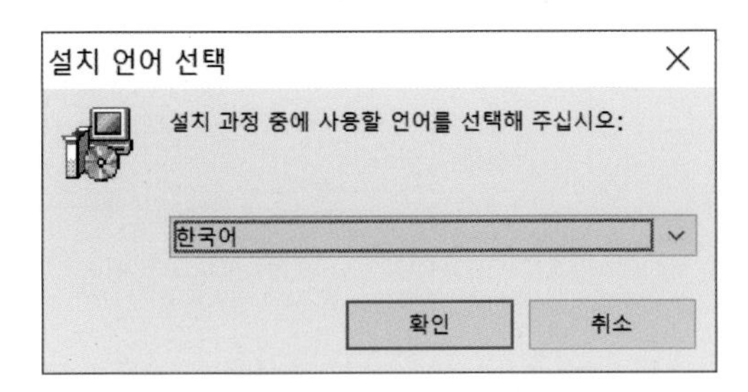

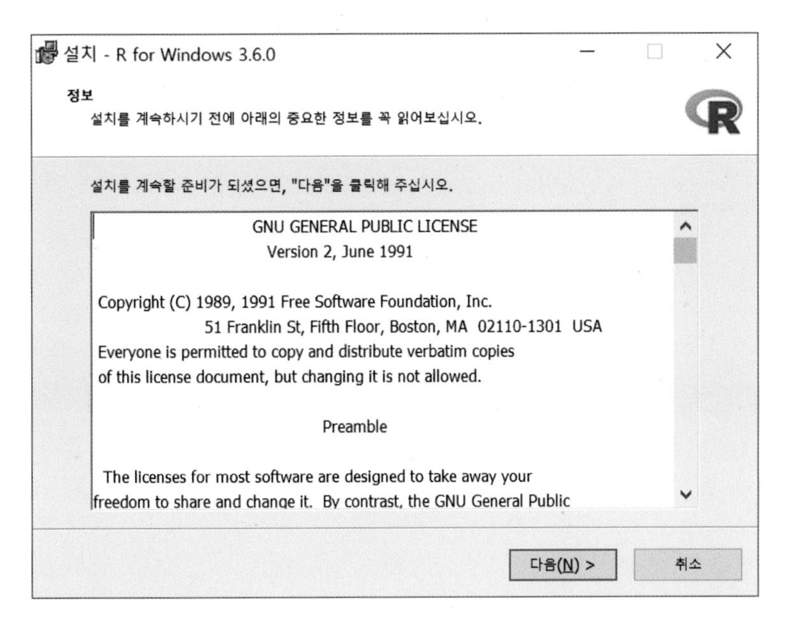

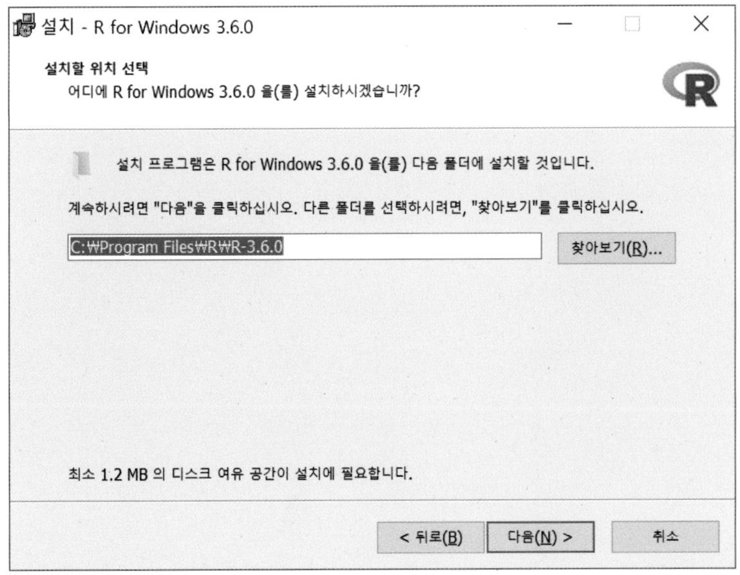

위 경로를 변경할 필요 없이 기본 경로로 설치하시면 됩니다.

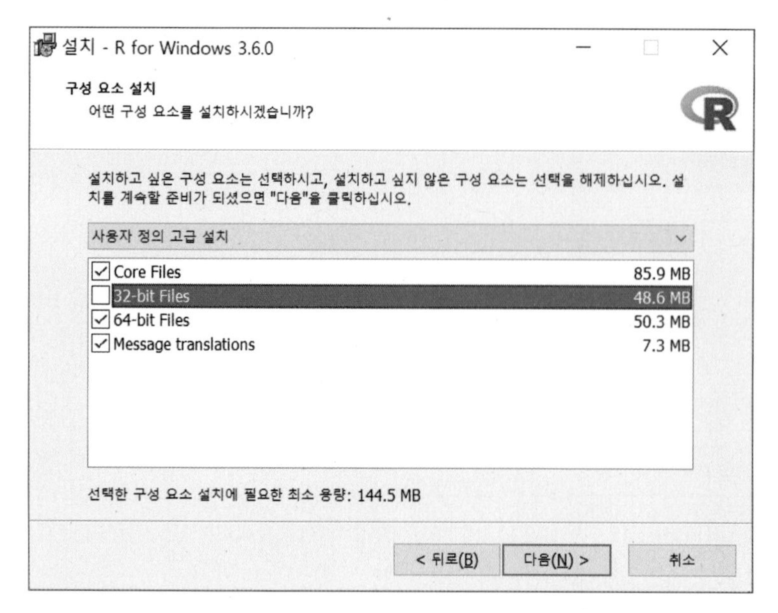

이 화면에서 중요한 것은 총 4개의 선택 항목 중 첫 번째와 마지막은 선택하시고 두 번째와 세 번째 항목 중에서는 본인의 OS 버전에 맞는 것만 선택해서 설치해야 한다는 것입니다. 예를 들어 저의 OS는 윈도 10 64비트라서 32-bit Files는 선택을 해제했습니다. 만약 모두 다 설치할 경우 R을 실행할 때 문제가 생기는 경우가 있으니 반드시 확인한 후 해당 버전 파일만 설치하시기 바랍니다.

독자님 컴퓨터의 OS 버전과 bit수를 확인하는 방법

내 컴퓨터의 오른쪽 부분 [내PC](또는 [내컴퓨터])를 마우스 우클릭하여 [속성] 메뉴를 선택합니다.

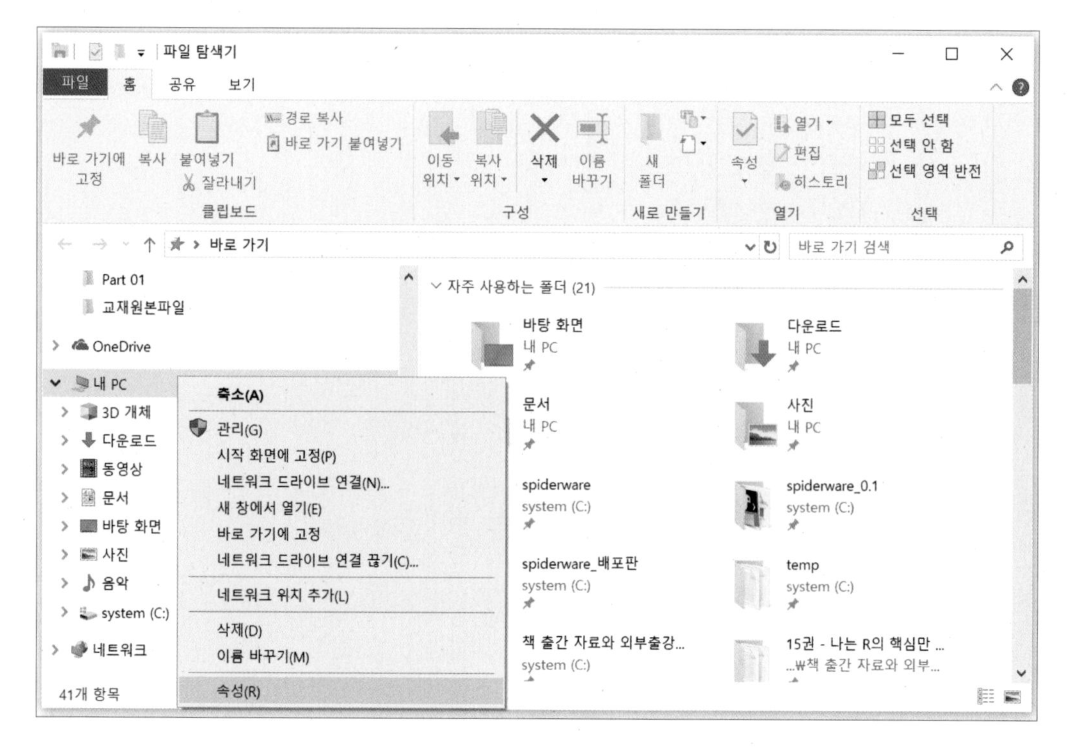

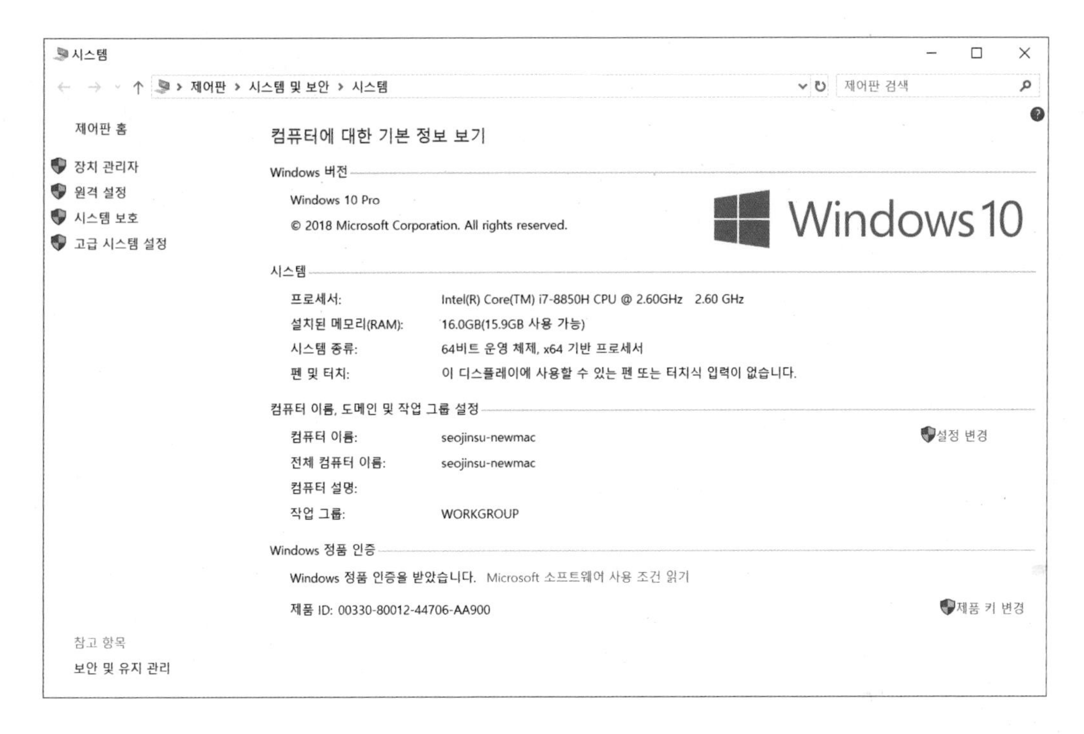

위 그림에서 시스템 종류라는 부분이 보이시죠? 그 부분이 찾는 정보입니다.

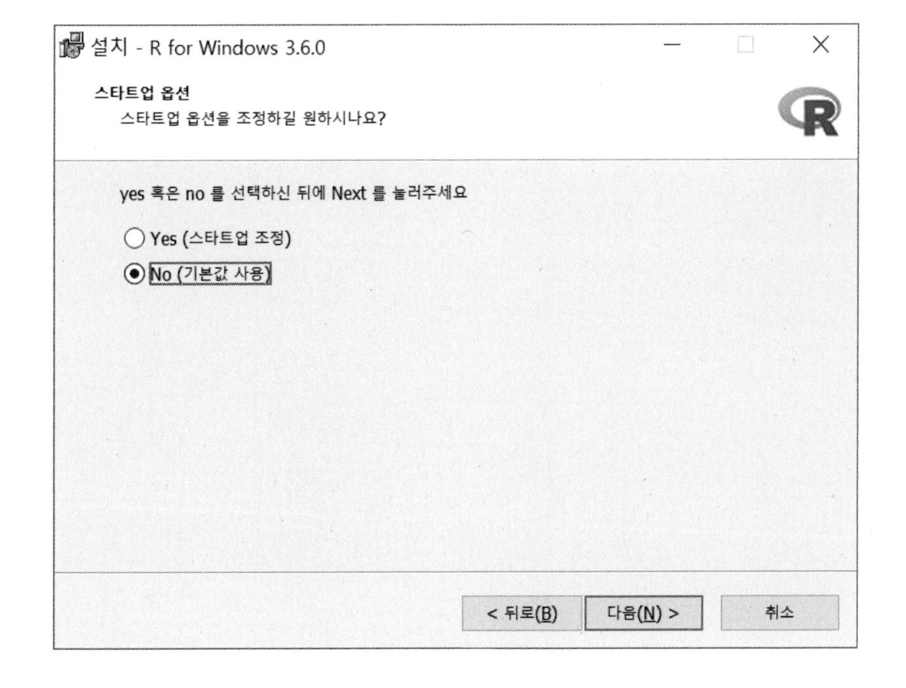

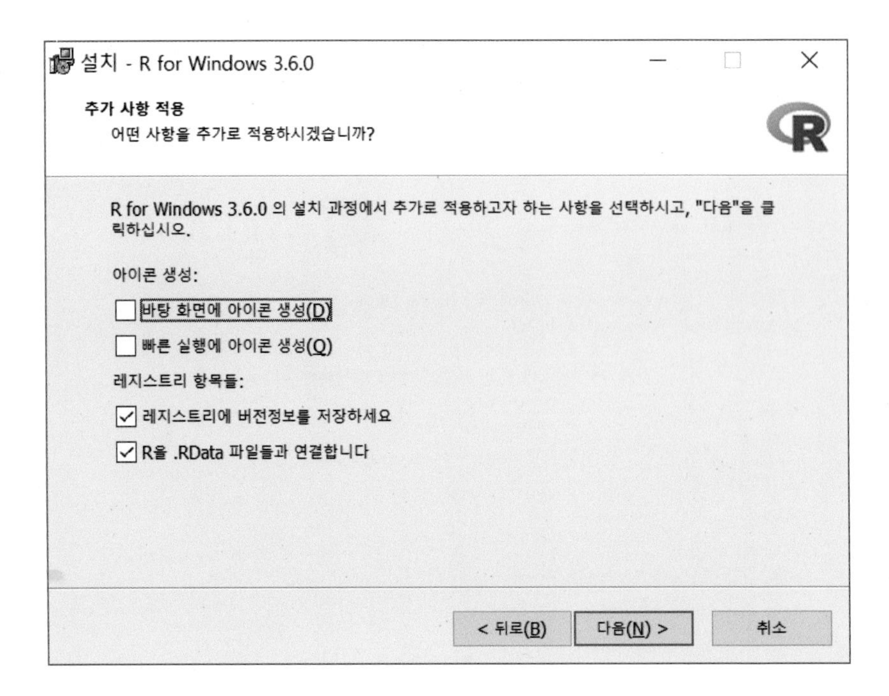
설치 - R for Windows 3.6.0
추가 사항 적용
어떤 사항을 추가로 적용하시겠습니까?
R for Windows 3.6.0 의 설치 과정에서 추가로 적용하고자 하는 사항을 선택하시고, "다음"을 클릭하십시오.
아이콘 생성:
바탕 화면에 아이콘 생성(D)
빠른 실행에 아이콘 생성(Q)
레지스트리 항목들:
레지스트리에 버전정보를 저장하세요
R을 .RData 파일들과 연결합니다
< 뒤로(B)
다음(N) >
취소

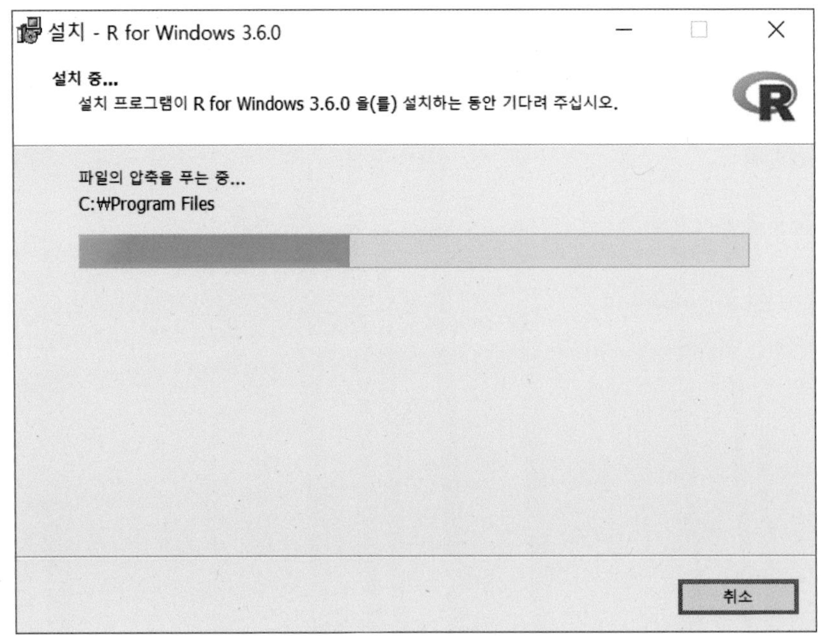
설치 - R for Windows 3.6.0
설치 중...
설치 프로그램이 R for Windows 3.6.0 을(를) 설치하는 동안 기다려 주십시오.
파일의 압축을 푸는 중...
C:₩Program Files
취소

이 단계까지 마치고 설치가 완료된 후 [시작버튼] 〉 [모든 프로그램] 〉 [R]에 가보면 R이 잘 설치되어 있는 것이 확인될 것입니다. 실행하면 아래와 같은 화면이 나옵니다.

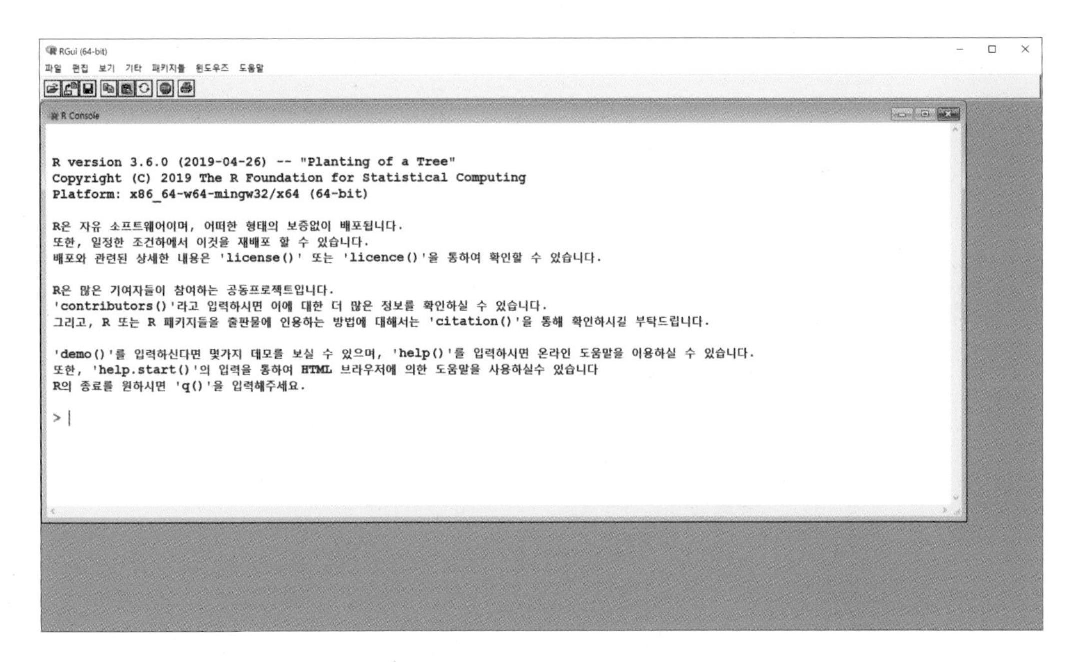

R 프로그램 설치하는 거 전혀 어렵지 않죠? 설치 과정 중에 자신의 OS의 비트 수에 맞는 것만 잘 체크하면 다른 부분은 크게 어려울 거 없습니다.

R 프로그램 설치가 이상 없이 끝났다면 Java 프로그램을 설치해야 합니다.

Java 프로그램 설치

앞에서 R 프로그램을 잘 설치했습니다. 그런데 왜 이어서 Java라는 프로그램을 설치할까요? R을 사용해서 할 수 있는 분석 작업들이 아주 많이 있는데 그 기능들 중 일부는 R 프로그램의 자체 기능으로 해결이 되지만 일부 기능들은 반드시 Java 프로그램의 힘을 빌려서 작업을 해야만 합니다. 예를 들어서 텍스트 마이닝 같은 기능은 반드시 Java가 필요합니다. 그래서 미리 Java 프로그램을 설치해두는 것입니다.

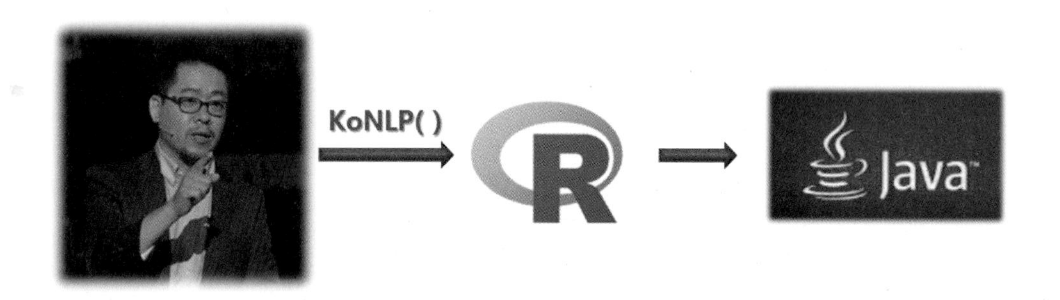

설치 과정이 많이 어렵지는 않지만 다운로드할 때 아주 주의해야 합니다. 아래의 그림을 보면서 차근차근 설치해보겠습니다. http://www.java.com/kr에 접속해서 독자님의 OS 비트에 맞는 최신 버전의 java 프로그램을 다운로드합니다.

여기서 가운데 무료 java 다운로드 버튼을 누릅니다. 그러면 Java를 설치하는 화면이 나옵니다. (혹시 아래 화면이 나오기 전에 쿠키 관련 안내가 나오면 초록색 버튼으로 동의를 눌러주세요.)

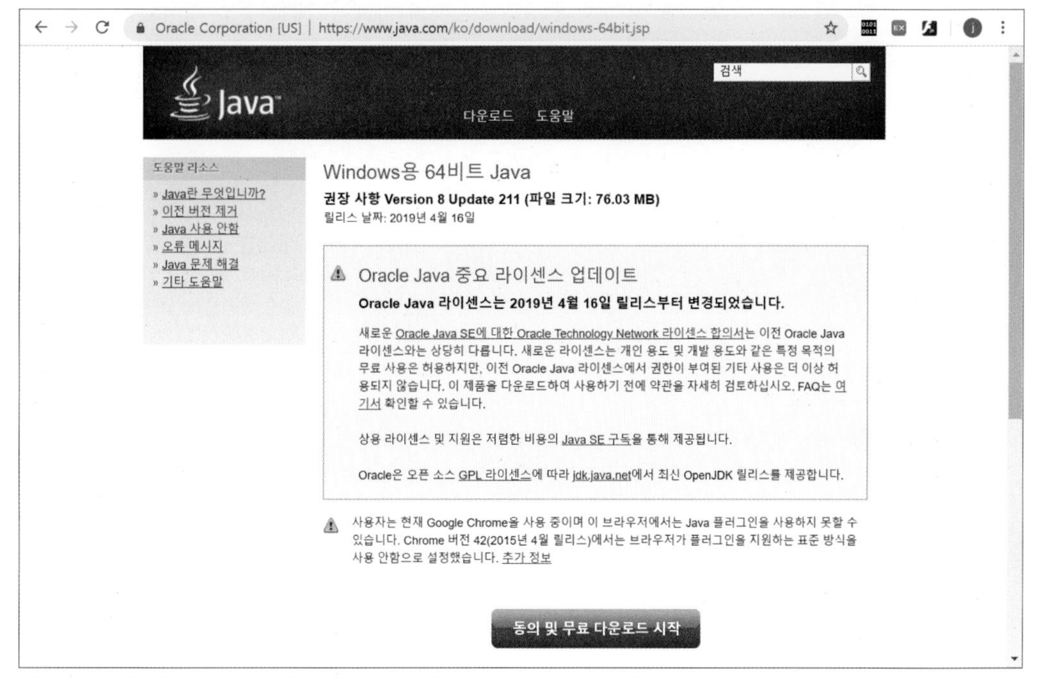

위 그림에서 아주 중요한 내용이 있습니다. 위 그림의 동의 및 무료 다운로드 버튼을 누르지 말고 그 아래에 있는 모든 Java 다운로드 보기 링크를 눌러서 독자님의 윈도에 맞는 버전의 java 프로그램을 다운로드해야 한다는 것입니다.

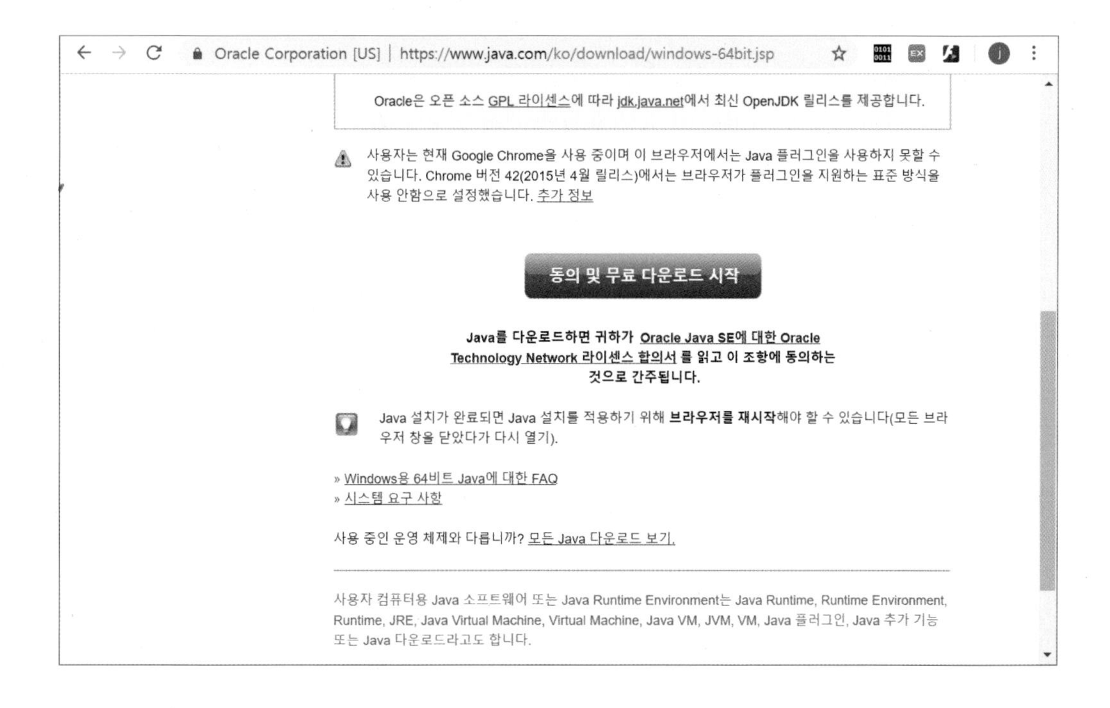

앞 그림의 모든 java 다운로드 보기 링크를 누르면 아래와 같이 여러 버전이 나오는데 가운데 있는 Windows 오프라인을 누르면 32비트용 java를 다운로드 할 수 있고 세 번째 있는 Windows 오프라인(64비트)를 누르면 64비트 윈도용 Java 프로그램을 다운로드할 수 있습니다. 독자님의 OS에 해당되는 Java를 선택하여 적절한 곳에 다운로드하세요.

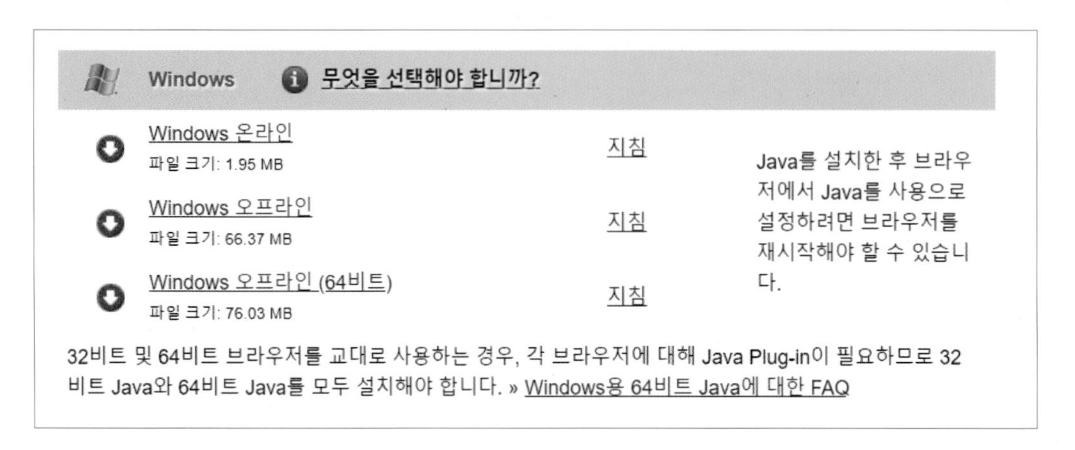

내려받은 Java 설치 파일을 마우스 오른쪽 버튼으로 눌러 관리자 권한으로 실행하면 아래의 그림이 나오면서 설치가 시작됩니다.

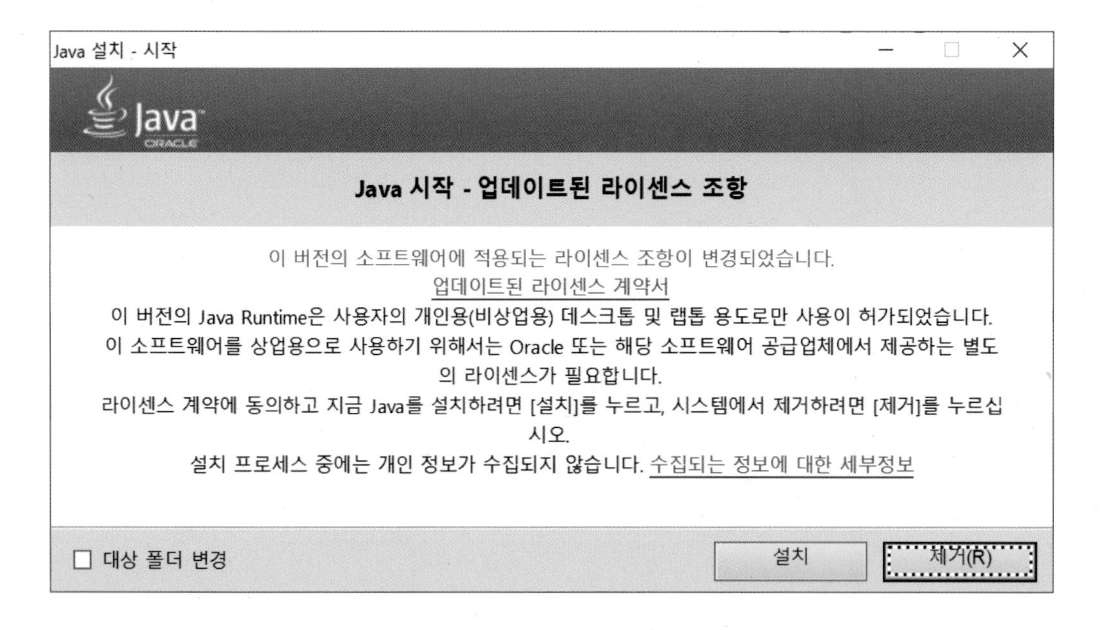

위 그림에서 [설치] 버튼을 클릭하면 다음 그림과 같이 설치가 진행됩니다.

만약 기존에 이전 버전의 Java가 설치되어 있을 경우 아래와 같이 오래된 버전을 찾았다는 창이 나옵니다. 아래의 설치 해제 버튼을 눌러서 삭제한 후 새 버전을 설치하겠습니다.

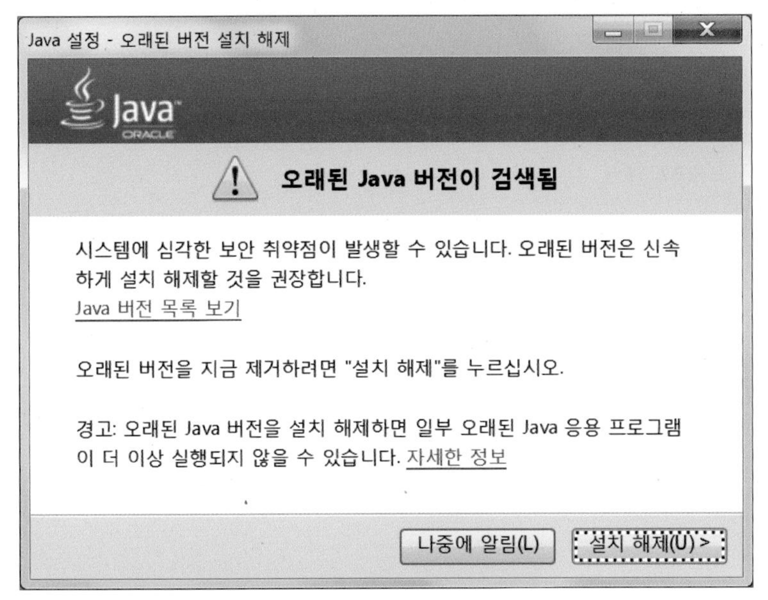

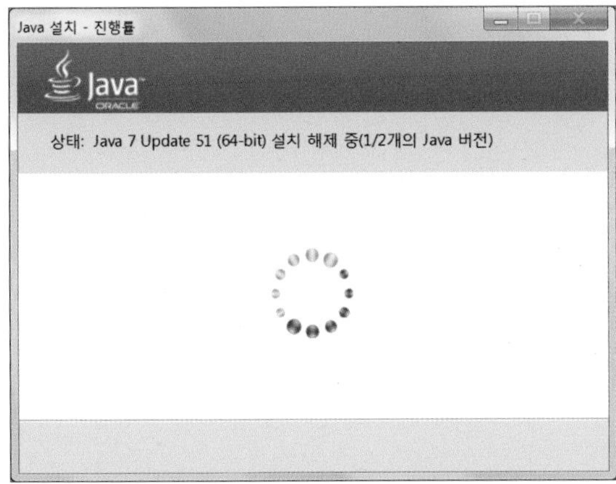

그러면 다음처럼 삭제 완료 창이 나옵니다.

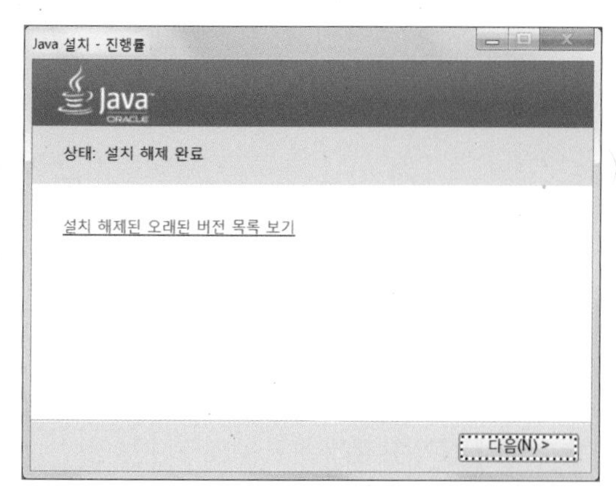

삭제가 완료되면 [다음] 버튼으로 진행합니다.

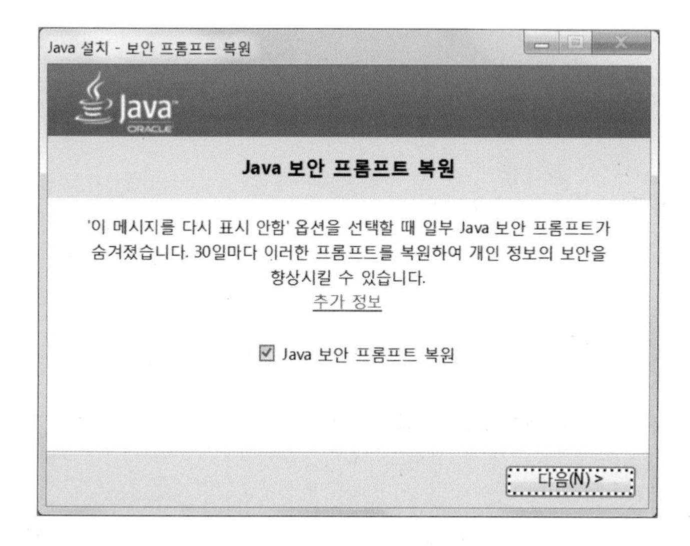

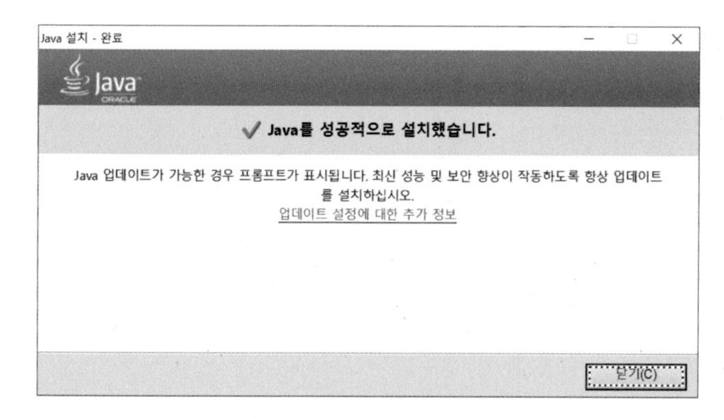

Java 프로그램을 성공적으로 설치했습니다.

R 패키지 설치하기

R에서 어떤 작업을 하기 위해서는 해당 기능을 하는 패키지가 필요합니다. 패키지란 어떤 기능을 하는 프로그램이라고 생각하시면 됩니다. 여러분이 핸드폰을 새로 사셨을 때 기본적으로 설치되어 있는 앱 외에는 추가로 다운로드해서 사용하시죠? 추가로 설치하는 프로그램을 핸드폰에서는 앱이라고 하고 R에서는 패키지라고 합니다. 쉽게 이해되시죠? R을 잘 사용한다는 의미는, 원하는 업무나 기능에 적당한 패키지를 찾아서 잘 사용해서 결과물을 만든다는 의미이기도 합니다. 각 패키지마다 사용방법이나 문법들이 모두 다르기 때문에 아주 어려운 부분이기도 합니다. 즉 다양한 패키지들을 잘 활용할 수 있는 능력이 아주 중요합니다.

패키지는 R을 설치할 때 함께 설치되는 기본 패키지가 있고 만약 찾는 기능이 없을 경우 원하는 기능을 구현해주는 패키지를 찾아서 추가로 설치한 후 사용하면 됩니다. 추가 패키지는 R의 아주 커다란 장점입니다. 이 패키지들은 CRAN(http://cran.r-project.org)이란 사이트에서 모두 검색 가능하고 다운로드할 수 있습니다. 참고로 CRAN은 the Comprehensive R Archive Network의 약자입니다.

그런데 이 사이트들이 모두 영어이고 또 종류가 너무 많아서 정확한 패키지 이름을 알지 못하면 이곳에서 특정 패키지를 찾는 것은 현실적으로 어려울 수 있어요. 대부분 검색엔진에서 원하는 검색어 등을 입력해서 패키지를 찾고 활용하는 방법을 많이 사용합니다. 예를 들어 회귀분석을 하고 싶은데 어떤 패키지를 어떻게 사용해야 할지 모르겠다면 다음 그림과 같이 구글에서 검색어를 치는 부분에 "회귀분석 in r"이라고 조회하면 회귀 분석 관련 내용들이 쭉 나오는데 그 글들을 읽어 보면 회귀분석을 어떻게 하는 지 잘 알 수가 있습니다.

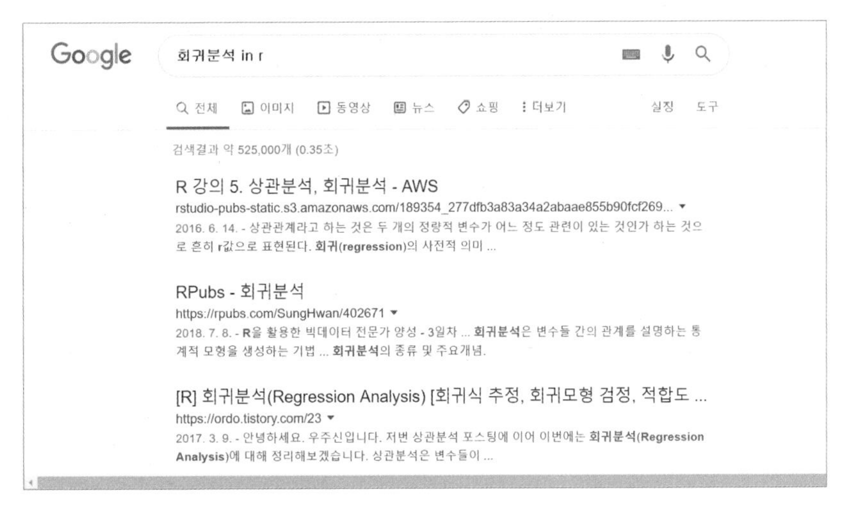

위와 같이 "키워드 in r" 형태로 찾으시면 됩니다. 패키지를 다운로드하는 공식 사이트는 아래 화면처럼 R 프로그램을 내려받는 사이트인데 왼쪽 메뉴를 보면 [Packages]가 있는데 그곳을 클릭해서 보면 아주 많은 패키지가 있습니다.

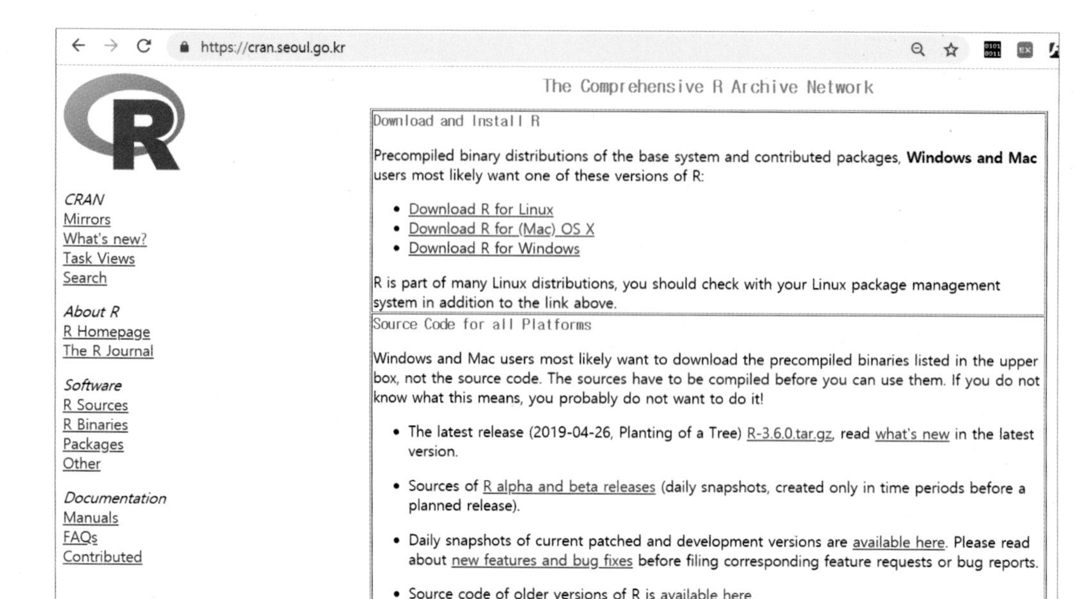

위 화면에서 왼쪽의 [Packages]를 클릭해보세요. 그러면 아래와 같은 화면이 보일 거예요.

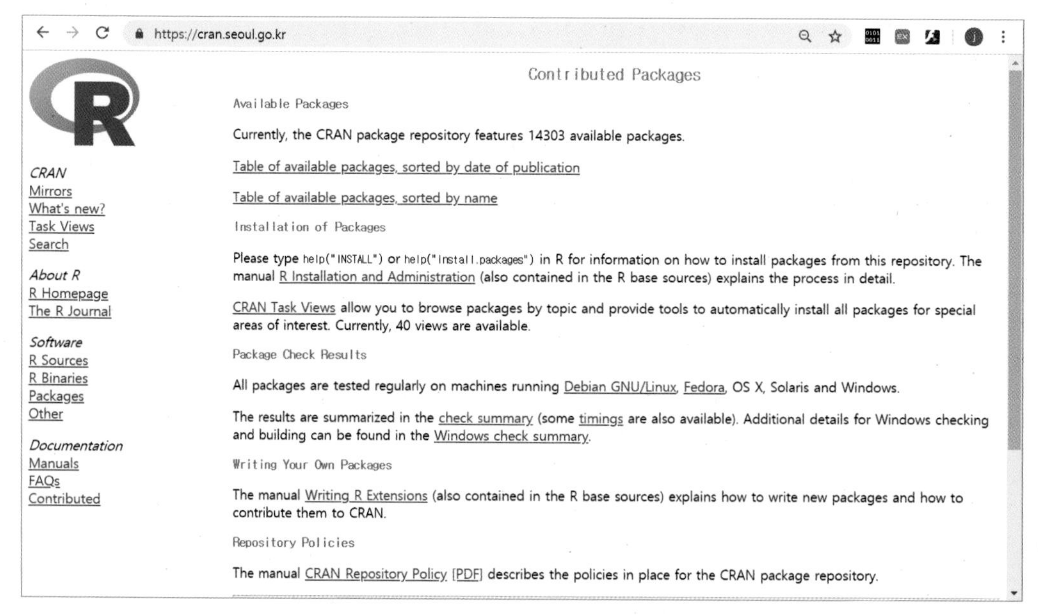

앞 그림의 빨간 색 네모 칸에서 첫 번째 항목은 패키지가 만들어진 날짜 기준으로 정렬해서 패키지 목록을 보여주고 두 번째 항목은 패키지 이름별로 정렬해서 보여줍니다. 저는 두 번째 항목을 눌렀는데 아래와 같이 알파벳 순으로 패키지 목록들이 나왔습니다.

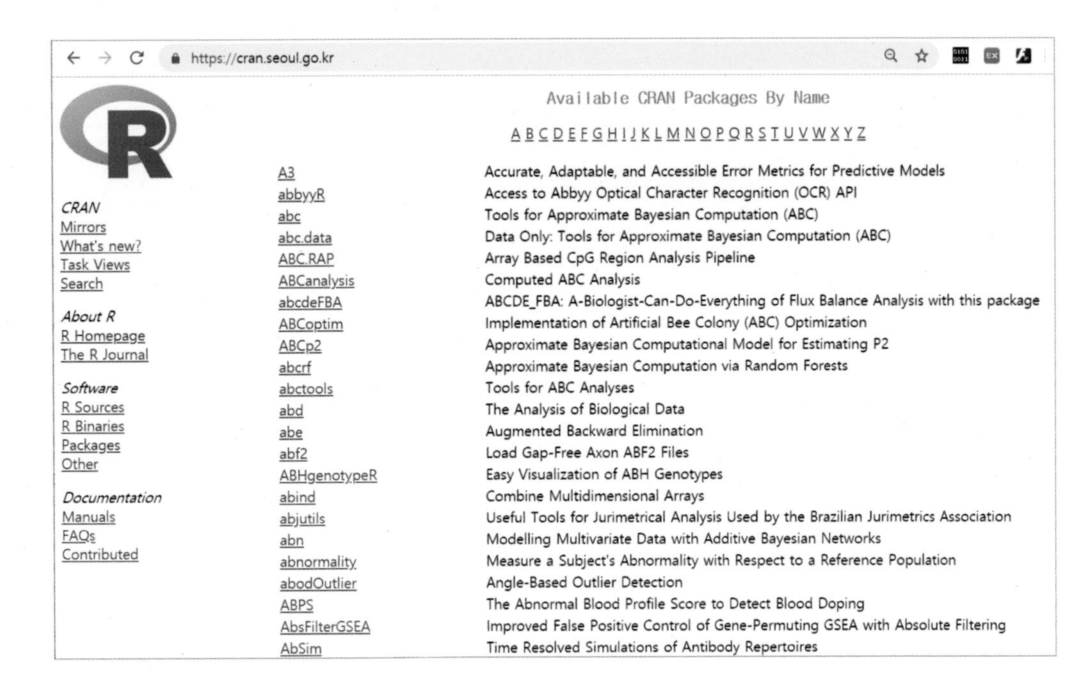

아주 많은 패키지가 있지만 모든 패키지들을 살펴보기에는 한계가 있기에 이 책에서는 가장 많은 사랑을 받으며 사용되고 있는 다양한 패키지들을 살펴볼 것입니다. 그리고 정말 중요한 사항이 한 가지 있습니다. 꼭 기억해야 할 주의사항인데요, R을 실행할 때 관리자 계정으로 실행한 후 아래 패키지를 설치해야 에러가 없다는 것입니다. 일반 계정으로 패키지를 설치할 경우 간혹 문제가 발생하는 경우도 있으니 꼭 R을 실행할 때는 마우스 오른쪽 버튼을 눌러서 관리자 권한으로 실행해주세요. 패키지를 얼마나 많이 알고 잘 사용하는가 가 R 실력의 척도가 됩니다!

패키지 설치하기 – install.packages( ) 명령

설치하고자 하는 패키지 이름을 확인한 후 install.packages("패키지명")을 수행하면 해당 패키지가 다운로드되고 설치가 됩니다. 다운로드 전에 CRAN 미러 사이트를 지정하라는 메시지가 나오는 데 이 책에서는 한국을 선택했습니다. 추가 패키지는 인터넷으로 다운로드되기 때문에 해당 컴퓨터는 꼭 인터넷에 연결되어 있어야 합니다. (인터넷이 안 될 경우에도 패키지를 설치하는 방법은 있지만 다소 번거롭기 때문에 인터넷이 되는 환경에서 작업하시는 것을 추천합니다.)

다음의 예는 3D Pie Chart를 그릴 때 사용하는 plotrix 패키지를 설치하는 화면입니다. 오른쪽의 작은 창에서 Korea 서버 중에서 한 곳을 선택한 후 아래의 OK 버튼을 누르세요

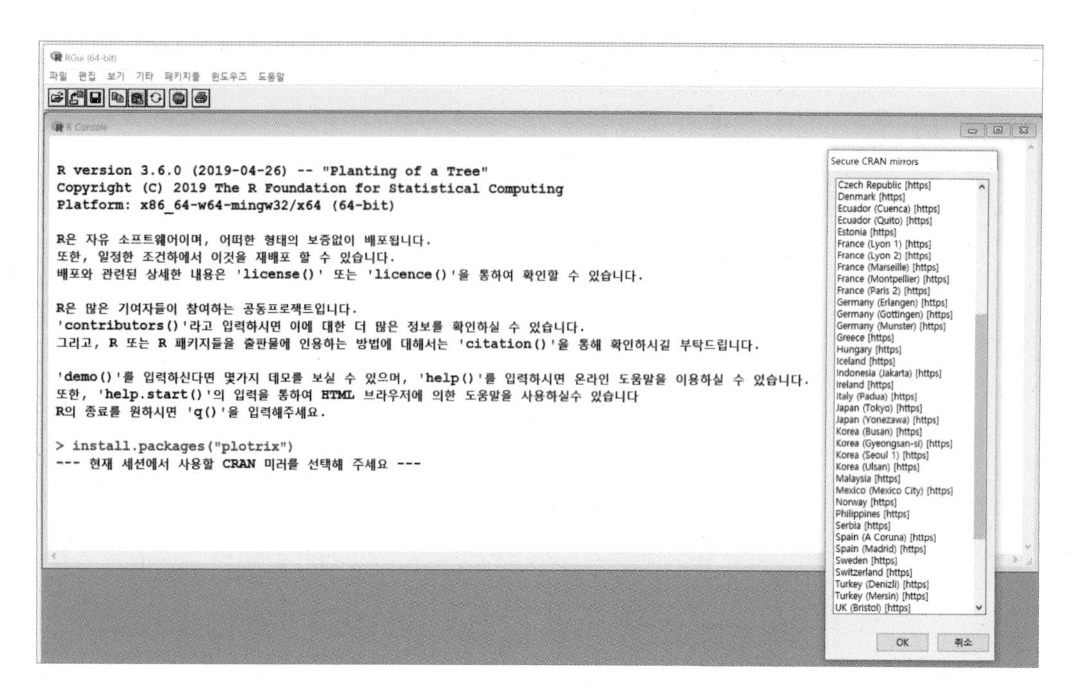

하나의 패키지를 설치하기 위해 install.packages("plotrix")의 명령을 사용했는데 만약 여러 개의 패키지를 동시에 설치하고 싶다면 install.packages(c("aaa","bbb"))와 같은 형식으로 사용해도 됩니다. c() 부분은 뒤에서 배우는 벡터라는 방법으로 여러 항목을 한꺼번에 지정해야 할 때 사용하는 방법입니다. 이렇게 패키지를 설치하라고 하면 인터넷을 통해 패키지가 있는 CRAN 사이트를 다운로드해야 하기 때문에 위와 같이 내려받을 사이트를 선택하라고 하고 선택하면 다운로드를 진행한 후 설치를 완료합니다. 설치가 완료되면 다음 화면처럼 설치 요약 정보를 보여줍니다.

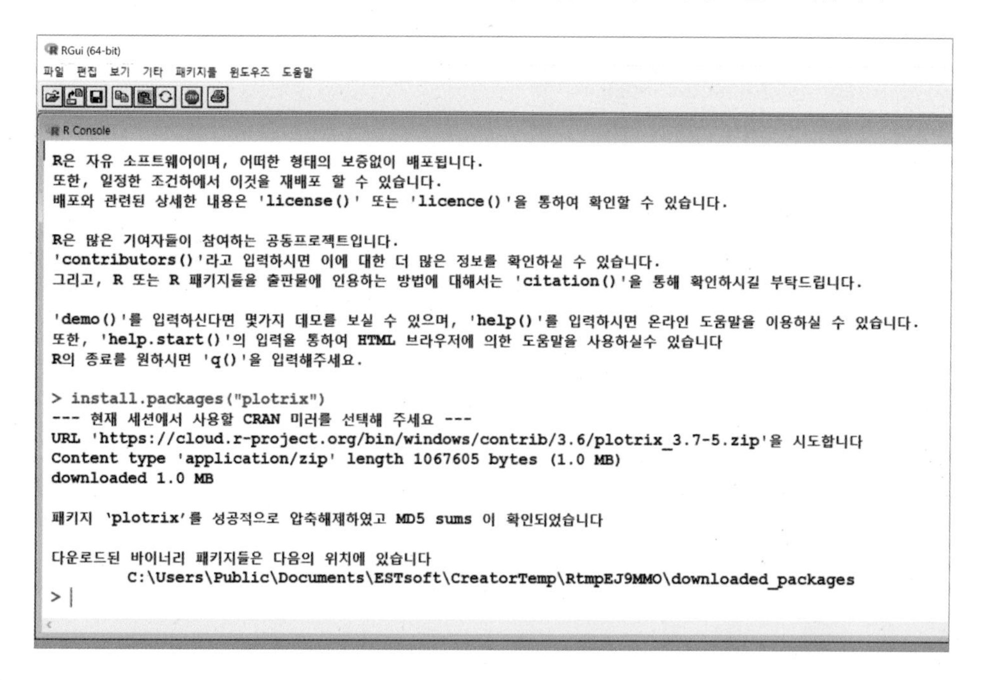

설치하는 방법은 전혀 어렵지 않죠? 이 과정의 원리는 서버에 있는 패키지를 내려받은 후 내 컴퓨터에 설치를 하는 것이므로 반드시 인터넷이 연결되어 있어야 합니다. 그리고 설치된 패키지들의 경로를 확인하려면 아래와 같이 조회하면 됩니다.

```
R Console
> .libPaths( )
[1] "C:/Program Files/R/R-3.6.0/library"
> |
```

위 디렉토리에 가서 확인하면 다양한 패키지들이 설치되어 있는 것을 확인할 수 있습니다. 위 경로가 패키지가 설치되는 기본 경로인데 만약 다른 경로에 설치를 하고 싶을 경우에는 아래 그림과 같이 패키지가 설치될 경로를 직접 지정해도 됩니다.

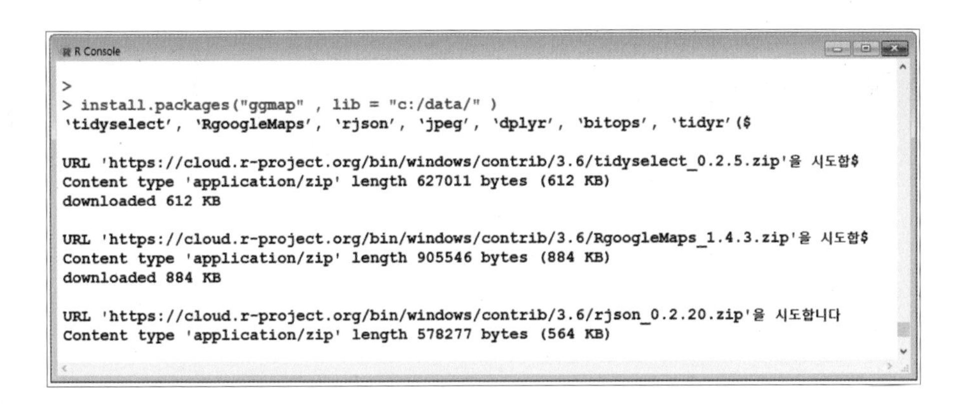

```
R Console
>
> install.packages("ggmap" , lib = "c:/data/" )
'tidyselect', 'RgoogleMaps', 'rjson', 'jpeg', 'dplyr', 'bitops', 'tidyr'($

URL 'https://cloud.r-project.org/bin/windows/contrib/3.6/tidyselect_0.2.5.zip'을 시도합$
Content type 'application/zip' length 627011 bytes (612 KB)
downloaded 612 KB

URL 'https://cloud.r-project.org/bin/windows/contrib/3.6/RgoogleMaps_1.4.3.zip'을 시도합$
Content type 'application/zip' length 905546 bytes (884 KB)
downloaded 884 KB

URL 'https://cloud.r-project.org/bin/windows/contrib/3.6/rjson_0.2.20.zip'을 시도합니다
Content type 'application/zip' length 578277 bytes (564 KB)
```

위 그림과 같이 lib 옵션으로 설치되는 경로를 기본 경로 외의 다른 곳으로 지정할 수도 있습니다. 위 명령으로 설치된 경로를 확인해볼까요?

이름	수정한 날짜	유형	크기
bitops	2019-05-30 오후 2:19	파일 폴더	
dplyr	2019-05-30 오후 2:19	파일 폴더	
ggmap	2019-05-30 오후 2:19	파일 폴더	
jpeg	2019-05-30 오후 2:19	파일 폴더	
RgoogleMaps	2019-05-30 오후 2:19	파일 폴더	
rjson	2019-05-30 오후 2:19	파일 폴더	
tidyr	2019-05-30 오후 2:19	파일 폴더	
tidyselect	2019-05-30 오후 2:19	파일 폴더	

c:\data\ 폴더 아래에 여러 패키지 이름으로 폴더가 생성되었습니다. 이처럼 원하시는 경로를 직접 지정해서 패키지를 설치할 수 있습니다. 다만 이렇게 기본 경로가 아닌 다른 경로에 패키지를 설치할 경우 뒤에 나오는 library( ) 명령을 사용할 때도 lib 옵션으로 설치된 경로를 지정해야 사용할 수 있다는 점도 꼭 기억해 주세요.

패키지 사용하기 - library( ) 명령

설치가 완료된 패키지를 사용하기 위해서는 library 명령이나 require 명령어를 사용하여 해당 패키지가 설치된 경로를 R에게 알려줘야 합니다. 예를 들어, 위에서 설치한 plotrix를 사용하려면 library(plotrix)로 적어주면 해당 패키지가 어디에 설치되어 있는지 알려주기 때문에 R이 실행 도중에 해당 프로그램이 필요할 경우 저 경로에 가서 파일을 찾아 수행하게 됩니다.

```
R Console
배포와 관련된 상세한 내용은 'license()' 또는 'licence()'을 통하여 확인할 수 있습니다.

R은 많은 기여자들이 참여하는 공동프로젝트입니다.
'contributors()'라고 입력하시면 이에 대한 더 많은 정보를 확인하실 수 있습니다.
그리고, R 또는 R 패키지들을 출판물에 인용하는 방법에 대해서는 'citation()'을 통해 확인하시길 부탁드립니다.

'demo()'를 입력하신다면 몇가지 데모를 보실 수 있으며, 'help()'를 입력하시면 온라인 도움말을 이용하실 수 있습니다.
또한, 'help.start()'의 입력을 통하여 HTML 브라우저에 의한 도움말을 사용하실수 있습니다
R의 종료를 원하시면 'q()'을 입력해주세요.

> install.packages("plotrix")
--- 현재 세션에서 사용할 CRAN 미러를 선택해 주세요 ---
URL 'https://cloud.r-project.org/bin/windows/contrib/3.6/plotrix_3.7-5.zip'을 시도합니다
Content type 'application/zip' length 1067605 bytes (1.0 MB)
downloaded 1.0 MB

패키지 'plotrix'를 성공적으로 압축해제하였고 MD5 sums 이 확인되었습니다

다운로드된 바이너리 패키지들은 다음의 위치에 있습니다
        C:\Users\Public\Documents\ESTsoft\CreatorTemp\RtmpEJ9MMO\downloaded_packages
>
> library("plotrix")
> |
```

install.packages( ) 작업을 한 후 해당 패키지를 사용하려면 반드시 library( )를 해야 한다는 것을 꼭 기억하세요. 앞에서 설치할 때 기본 경로가 아닌 다른 경로를 직접 지정했던 예가 있었죠? 이렇게 기본 경로가 아닌 새로운 경로에 설치를 했을 때는 아래와 같이 library( ) 작업 때도 경로를 지정해줘야 합니다.

```
R Console
>
> library("ggmap")
Error in library("ggmap") : 'ggmap'이라고 불리는 패키지가 없습니다
>
> library("ggmap" , lib="c:/data/")
필요한 패키지를 로딩중입니다: ggplot2
Registered S3 methods overwritten by 'ggplot2':
  method         from
  [.quosures     rlang
  c.quosures     rlang
  print.quosures rlang
Google's Terms of Service: https://cloud.google.com/maps-platform/terms/.
Please cite ggmap if you use it! See citation("ggmap") for details.
> |
```

R 프로그램을 사용하다가 종료하고 다시 시작했을 경우는 library( ) 명령으로 해당 패키지를 꼭 다시 실행해야 쓸 수 있다는 것도 기억해주세요.

패키지 업데이트하기 – update.packages( ) 명령

설치되어 있는 패키지를 업데이트하려면 update.packages("패키지명")을 사용하면 됩니다. 만약 패키지명을 안 쓰면 자동으로 모든 패키지의 업데이트 내역을 확인해서 모든 패키지를 업데이트하게 됩니다. 아래 그림에서처럼 특정 패키지 이름을 지정하지 않으면 전체 패키지를 대상으로 업데이트 여부를 파악해서 업데이트를 진행합니다. 질문에서 계속 [예(Y)]를 선택하면서 진행하세요.

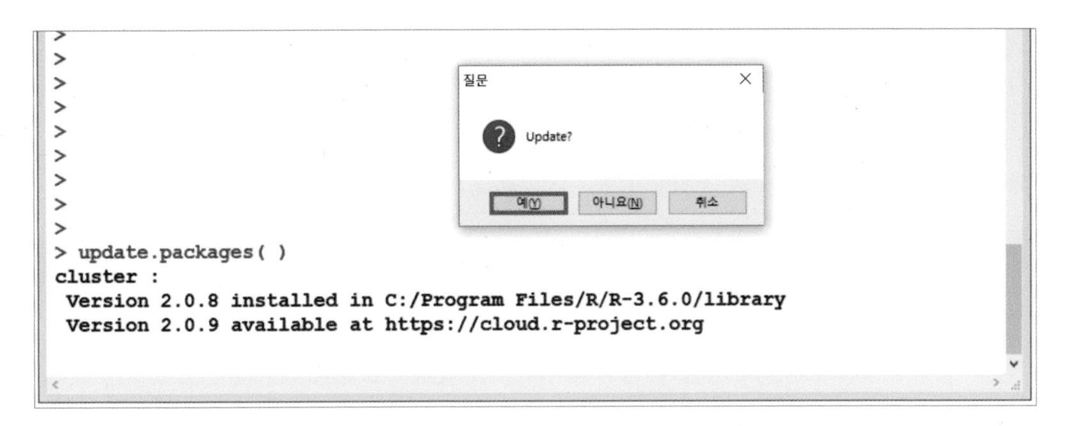

아래 그림과 같이 특정 패키지 이름을 지정하여 업데이트를 진행할 수도 있습니다.

```
R Console
> update.packages("plotrix")
>
> update.packages("Rcpp")
>
> update.packages("processx")
>
> update.packages("KoNLP")
>
> |
```

또 다음과 같이 installed.packages( ) 명령을 사용하면 어떤 패키지들이 설치되어 있는지 이름을 바로 확인할 수 있습니다.

```
R Console
>
> installed.packages( )
              Package        LibPath                                 Version
arules        "arules"       "C:/Program Files/R/R-3.6.0/library" "1.6-3"
askpass       "askpass"      "C:/Program Files/R/R-3.6.0/library" "1.1"
assertthat    "assertthat"   "C:/Program Files/R/R-3.6.0/library" "0.2.1"
backports     "backports"    "C:/Program Files/R/R-3.6.0/library" "1.1.4"
base          "base"         "C:/Program Files/R/R-3.6.0/library" "3.6.0"
base64enc     "base64enc"    "C:/Program Files/R/R-3.6.0/library" "0.1-3"
BH            "BH"           "C:/Program Files/R/R-3.6.0/library" "1.69.0-1"
bit           "bit"          "C:/Program Files/R/R-3.6.0/library" "1.1-14"
bit64         "bit64"        "C:/Program Files/R/R-3.6.0/library" "0.9-7"
blob          "blob"         "C:/Program Files/R/R-3.6.0/library" "1.1.1"
boot          "boot"         "C:/Program Files/R/R-3.6.0/library" "1.3-22"
```

내용이 아주 많이 있지만 지면 관계상 이하 내용은 생략합니다.

패키지 삭제하기 - remove.packages( ) 명령

설치되어 있는 패키지를 삭제하려면 remove.packages("패키지명")을 사용하면 됩니다. 아래의 예는 위에서 설치한 plotrix 패키지를 삭제하는 화면입니다.

```
R Console
>
> remove.packages("plotrix")
패키지(들)을 'C:/Program Files/R/R-3.6.0/library'으로부터 제거합니다
(왜냐하면 'lib'가 지정되지 않았기 때문입니다)
> |
```

그런데 간혹 remove.packages( ) 명령으로 삭제가 되지 않는 경우가 있습니다. 이럴 경우는 .libPaths( ) 명령어로 패키지가 설치된 경로를 확인한 후 윈도 탐색기로 해당 경로를 찾아가서 해당 패키지 이름의 폴더를 직접 delete 키로 삭제해주시면 간단하게 해결됩니다.

설치되어 있는 특정 패키지의 정보 확인하기

아래와 같이 library 명령에 help 옵션을 사용하면 됩니다.

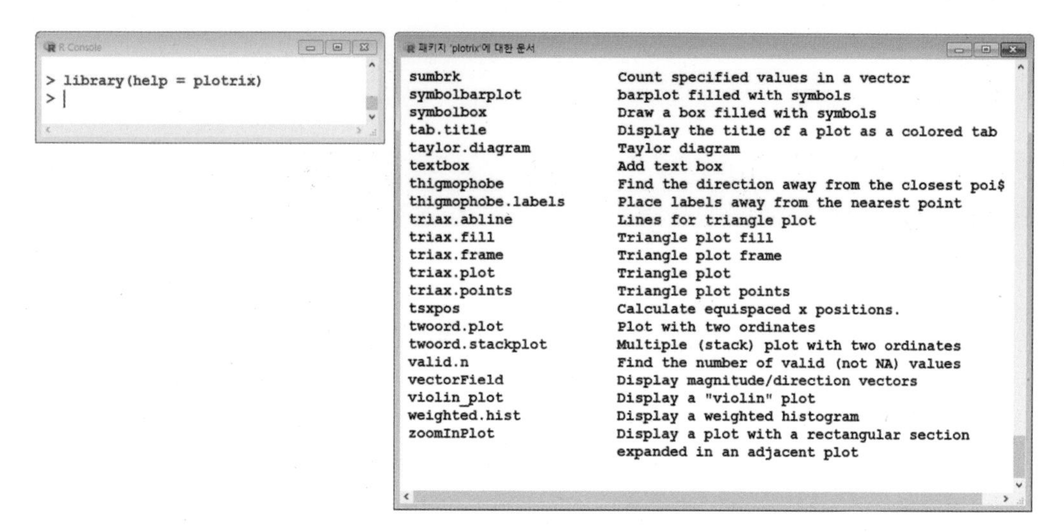

위와 같이 library 명령에서 특정 패키지의 정보를 볼 수 있지만 ?ggplot2, ??ggplot2와 같은 형식으로 해당 패키지나 함수의 매뉴얼을 자세히 조회 할 수도 있습니다.

CRAN 사이트에서 추가로 설치할 수 있는 패키지가 어떤 것들이 있는지 확인하려면 available.packages( ) 명령을 치면 됩니다. 단 내용이 너무 많아서 보기가 불편하기 때문에 직접 cran.r-project.org에 가서 확인해보고 설치하는 것이 편할 것입니다. 이상으로 R 프로그램을 설치하고 필요한 패키지를 관리하는 방법들을 살펴보았습니다.

RStudio 설치하기

RStudio는 R 프로그램을 편리하게 사용할 수 있도록 도와주는 도구로 간단하게 설치할 수 있습니다.

먼저 https://rstudio.com/ 에 접속하여 상단의 DOWNLOAD를 클릭합니다.

RStudio Desktop (Free) 부분의 DOWNLOAD 버튼을 클릭합니다.

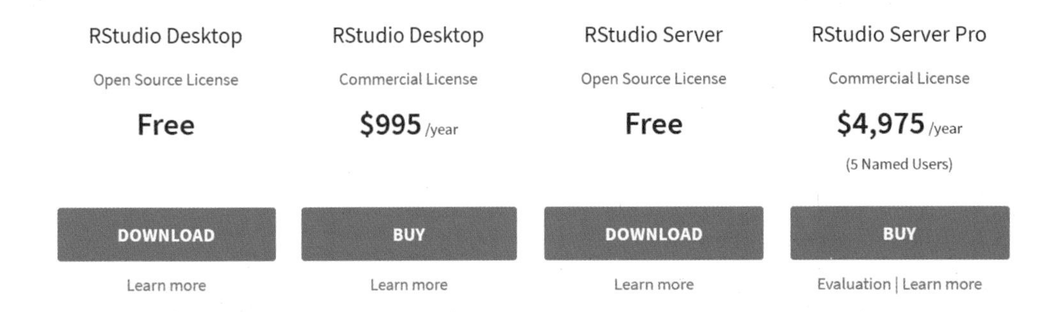

DOWNLOAD RSTUDIO FOR WINDOWS 버튼을 클릭하면, RStudio-1.2.5033.exe 파일을 내려받을 수 있습니다. (독자님의 OS 비트가 32-bit라면, 아래의 older version of RStudio를 클릭하세요.)

RStudio Desktop 1.2.5033 - Release Notes

1. Install R. RStudio requires R 3.0.1+.

2. Download RStudio Desktop. Recommended for your system:

Requires Windows 10/8/7 (64-bit)

All Installers

Linux users may need to import RStudio's public code-signing key prior to installation, depending on the operating system's security policy.

RStudio 1.2 requires a 64-bit operating system. If you are on a 32 bit system, you can use an older version of RStudio.

내려받은 설치 파일을 마우스 오른쪽 버튼을 눌러서 관리자 권한으로 실행하고 설치합니다. 설치 과정은 기본 세팅 그대로 해주세요.

설치 후 실행하면 4개의 창이 바둑판 모양으로 되어있는 다음과 같은 화면이 나옵니다. 각 창의 오른쪽 위 버튼으로 창을 보이거나 숨길 수 있습니다.

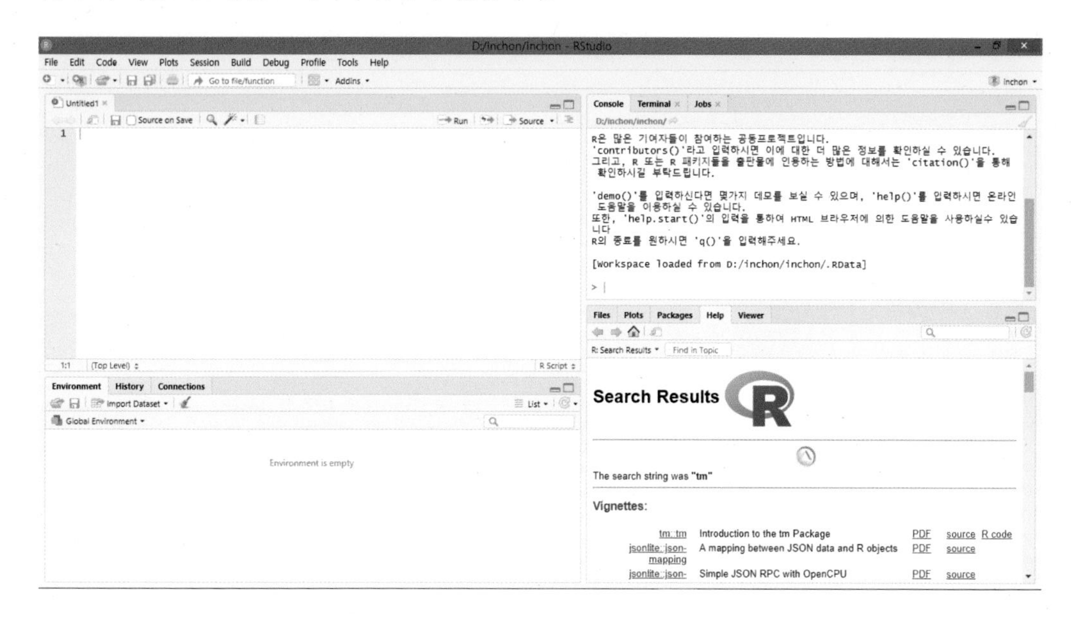

각 창의 역할을 확인하기 위하여, 상단의 Tools >> Global Options를 클릭합니다.

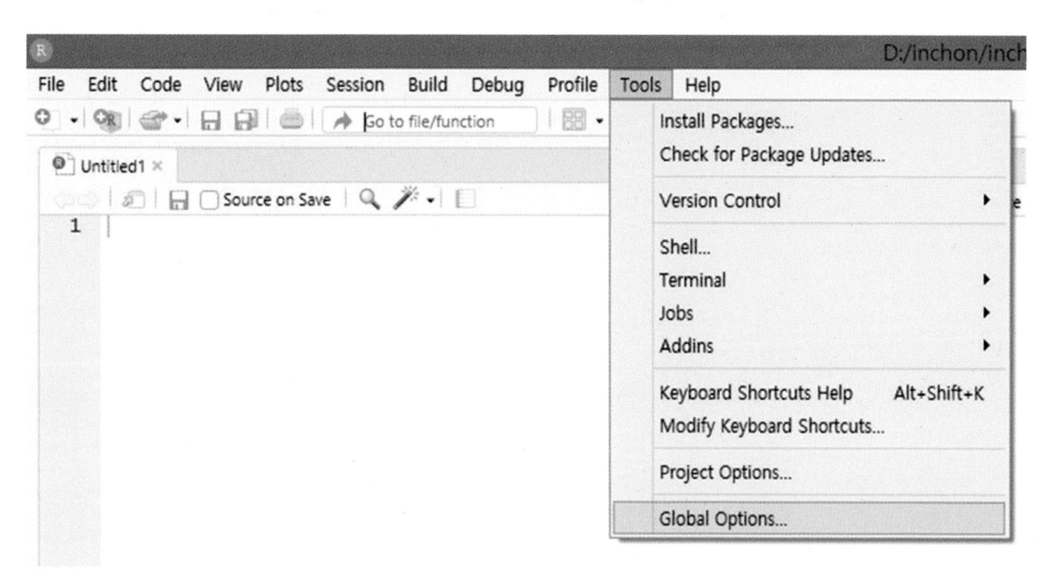

Pane Layout을 클릭하면, 4개의 창의 역할을 확인하고, 구성을 변경할 수 있습니다. 윗줄의 Source는 프로그램을 입력하는 창이고, Console은 결과를 확인하는 창입니다. 아랫줄은 프로그램 실행 과정에서 생성된 파일이나 도움말 등을 확인할 수 있는 창으로 구성을 변경하기 위하여 체크 박스를 사용합니다.

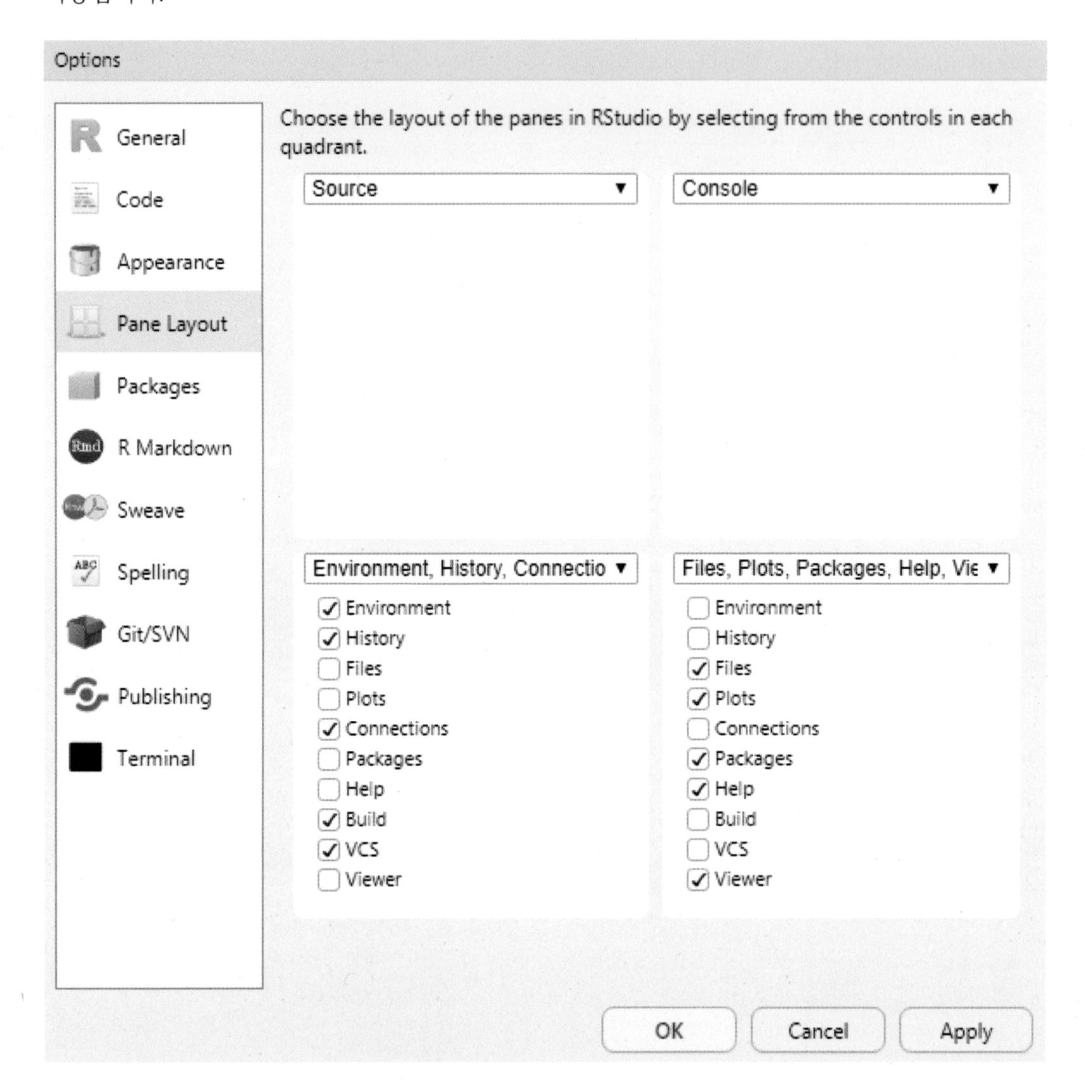

이상으로 RStudio를 설치하는 방법을 알아보았습니다.

RStudio에서 소스를 실행시키려면 Ctrl+Enter를 사용합니다. (R의 편집기에서는 Ctrl+R을 사용합니다.)

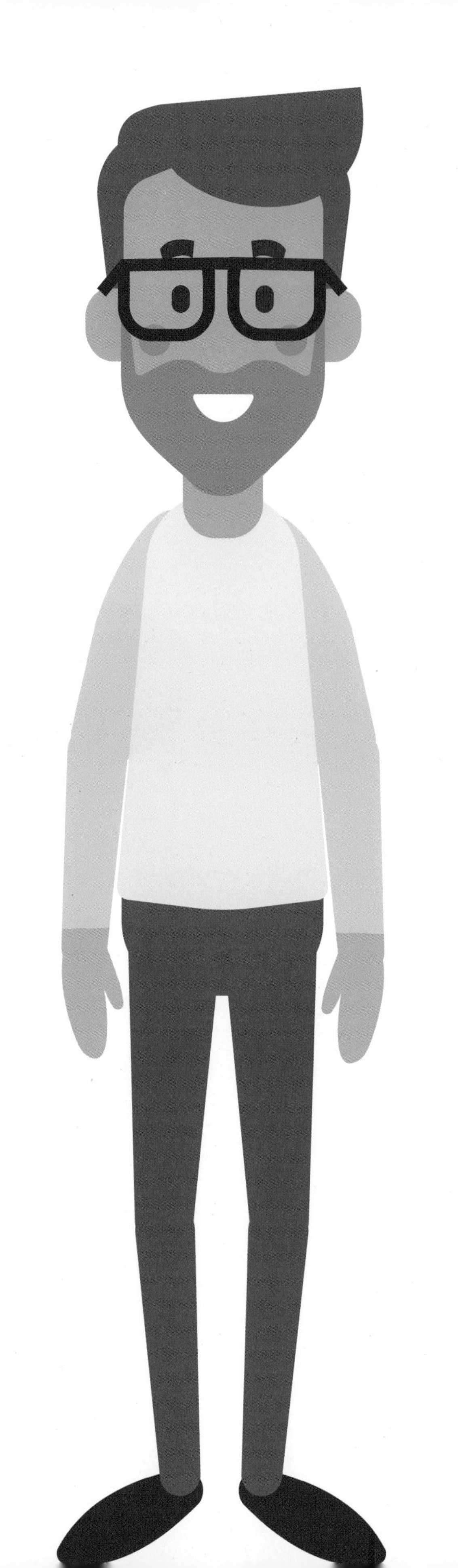

1부
필수 기본 문법을 R라줌

R 프로그램을 사용하기 위한 필수적인 기본 문법에 대해서 자세히 살펴보겠습니다. 주요 내용은 아래와 같습니다.

1. 변수와 여러가지 데이터 유형들의 개념과 특징
2. 다양한 형식의 데이터를 불러오고 저장하는 방법
3. 사용자 정의 함수 만들고 활용하는 방법
4. 조건문과 반복문의 종류별 특징과 활용하는 방법
5. 정형 데이터를 핸들링하기 위한 여러 가지 패키지와 함수들

R 프로그램에는 아주 많은 함수들과 기능들이 있지만 이번 장에서 배울 내용들은 거의 모든 작업에서 필수적으로 요구되는 기본 문법입니다. 열심히 반복 연습을 해서 꼭 여러분들의 실력으로 만드시길 바랍니다.

변수와 여러 가지 데이터 유형들

본격적으로 변수에 대해 살펴보겠습니다. 당연한 말이지만 우리가 R 프로그램을 배우는 이유는 데이터 분석을 하기 위해서입니다. 그렇다면 R 프로그램에게 분석해야 할 데이터를 주고, '이거 분석 좀 해줘~' 이렇게 말을 해야 한다는 뜻이겠죠? 우리가 집에 손님이 와서 음식이나 다과를 줄 때 그릇에 담아서 주듯이 R 프로그램에게 데이터를 줄 때도 아래 그림처럼 그릇에 담아서 줍니다. 이때 사용하는 그릇을 "변수"라고 생각하시면 이해하기 편하실 거예요.

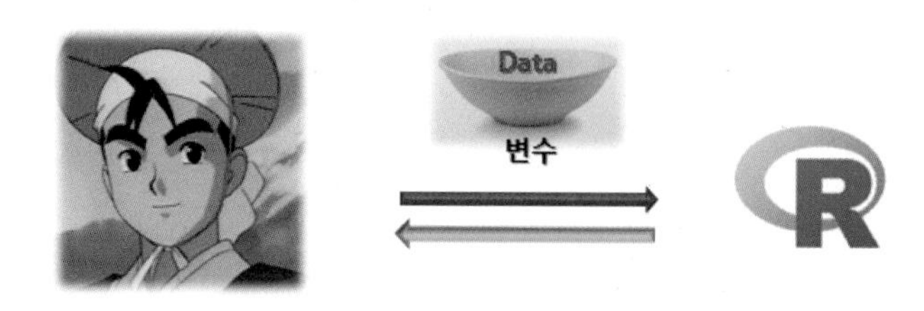

사실 변수의 원래 의미는 데이터가 담겨 있는 메모리의 주소 값인데 이렇게 이야기하면 어려우니까 그냥 데이터를 담는 그릇이라고 생각해도 될 것 같습니다. 변수의 의미를 이제 알았으니까 실제로 변수를 어떻게 만들고 어떻게 활용하는지를 살펴보면 되겠지요? 다른 프로그래밍 언어를 공부해보신 경험이 있으시면 R 프로그램은 변수 사용 방법이 약간 다른 부분이 있으니 주의 깊게 봐주세요.

변수를 만들고 사용하는 방법

R Console

```
> var1 <- 1      # var1 이라는 변수에 숫자 1 담기
> var2 = 2       # = 기호도 사용 가능합니다
> var3 <- "홍길동"  # var3 변수에 글자 담기. 인용부호 주의
> var4 <- as.Date("2018-01-10")  # 날짜 데이터 담기
> var5 <- "R is very interesting~!"  #문자열 데이터 담기
> |
```

R에서는 변수를 만드는 방법이 아주 쉽습니다. 위 그림처럼 "변수이름 <- 저장할 값"의 형태로 만들어서 사용하면 됩니다. 약간 특이한 부분은 <- 기호를 사용한다는 정도죠. 위 그림에서 var2처럼 <- 기호 대신 = 기호를 사용해도 됩니다. 다른 프로그래밍 언어들 중에서는 어떤 변수를 사용하려면 미리 선언을 한 후에 사용을 해야 하는 경우도 있는데 R은 그런 복잡한 과정 필요없이 사용하고 싶을 때 바로 만들어서 쓸 수 있습니다.

변수 사용시 주의사항

변수에 데이터를 담을 때 주의해야 할 사항이 있습니다.

데이터 유형에 따른 주의사항

앞의 그림을 유심히 봤다면 느끼셨을 텐데 숫자를 담을 때는 그냥 숫자만 쓰면 되지만 숫자 외의 글자나 날짜 데이터를 변수에 담을 때는 반드시 쌍따옴표나 홑따옴표로 데이터를 감싸야 한다는 것입니다. 그렇지 않을 경우는 아래와 같이 에러가 발생하니까 조심해주세요.

```
R Console
> var3 <- 전우치
에러: 객체 '전우치'를 찾을 수 없습니다
> |
```

날짜 데이터를 저장할 때는 '이 데이터가 날짜다~'라고 알려줘야 합니다. 아래 그림을 보세요.

```
R Console
> var6 <- "2018-01-10"
> class(var6)
[1] "character"
>
> var6 <- as.Date("2018-01-10")
> class(var6)
[1] "Date"
> |
```

날짜 데이터를 쌍따옴표로 감싸고 넣으려니까 에러가 발생했죠? 날짜 데이터라는 의미의 as.Date() 함수를 사용해서 저장하니까 아무 문제 없이 잘 저장이 됩니다. as.Date() 함수를 사용할 때에는 대/소문자를 주의해주세요. 날짜 관련한 작업이 사실 약간 까다로운데 뒷부분에서 날짜 작업을 비교적 쉽게 할 수 있도록 도와주는 패키지인 lubridate() 패키지를 소개해드리겠습니다.

변수 이름 정할 때 주의사항

① 변수 이름은 한글, 영어, 숫자 등을 쓸 수 있지만 반드시 첫 글자는 문자여야 합니다.

② 변수 이름이 영어일 경우 대문자와 소문자는 다른 글자로 인식합니다.

③ 예약어는 변수 이름으로 사용할 수 없습니다.

변수에 저장된 값 확인하기

변수에 저장되어 있는 데이터를 확인하려면 아래 그림처럼 변수 이름을 치면 됩니다.

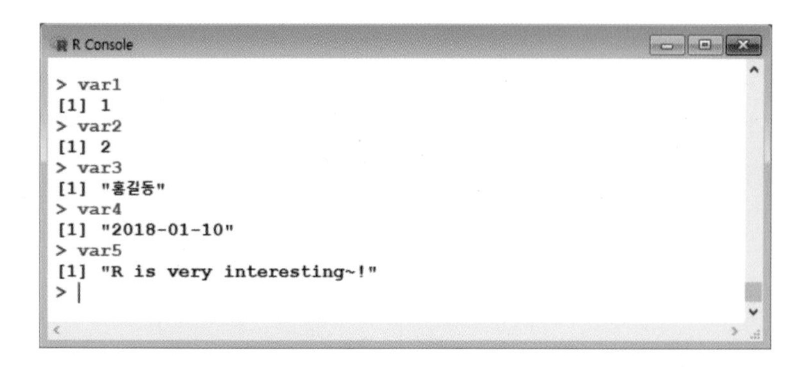

여러가지 데이터 유형들

이번에는 변수에 담을 수 있는 데이터의 종류들을 간단하게 살펴보겠습니다. 데이터 유형, 이렇게 표현하니까 많이 어렵게 느껴지지만 사실 우리가 일상 생활에서 사용하는 데이터들을 생각해보시면 됩니다. 가장 대표적인 것이 숫자, 문자, 날짜겠죠? 그리고 NA와 NULL도 많이 사용합니다. 이런 유형들을 R 프로그램에서 어떻게 사용하는지 하나씩 살펴보겠습니다.

숫자형 데이터

숫자형은 이미 잘 알고 계시죠? 정수, 실수, 복소수 등 다양한 숫자형이 있어요. 그중에서 가장 많이 사용하는 게 정수하고 실수일 테니까 여기서는 이 두 가지 유형을 살펴볼게요. 아래 그림에서 연산자들을 주의깊게 봐주세요.

```
R Console
> 1 + 2
[1] 3
> 1.5 + 2.5
[1] 4
>
> 1 + 2     # 더하기
[1] 3
> 2.5 - 1.5   # 실수형 빼기
[1] 1
> 3 * 2      # * 기호는 곱하기입니다
[1] 6
> 4 / 2      # / 기호는 나누기입니다
[1] 2
> 10 %% 3   # %% 기호는 나머지 값을 구하는 기호입니다
[1] 1
>
```

대부분 아시는 거죠? 약간 특이한 것은 %% 기호가 나머지 값을 구하는 연산자라는 것 정도니까 요

것만 잘 기억해주세요. 숫자형 데이터는 R에서 약간 특이한 특징이 있어서 한 가지만 더 알려드릴게요. 아래 그림을 보세요.

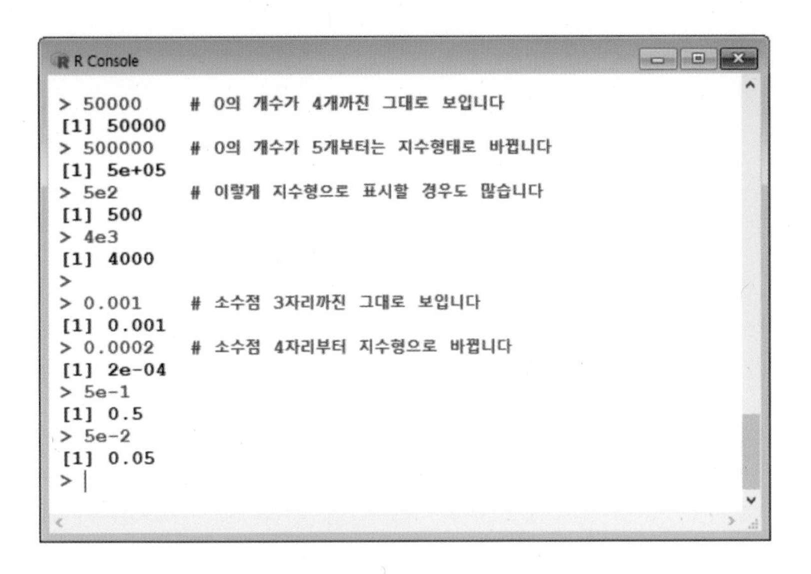

0의 개수가 4개까지는 0이 전부 보이지만 5개가 되는 순간 자동으로 지수형태로 바뀝니다. 실제로 R에서 숫자 데이터를 처리할 때 0의 개수가 5개가 넘는 경우가 아주아주 많습니다. 그리고 소수점 이하 3자리까지는 그대로 보이지만 소수점 이하 4자리가 될 때부터 지수형으로 표현됩니다.

우리가 실전에서 데이터 분석을 할 때 0의 개수가 5개가 넘는 경우도 아주 많고 소수점 이하 4자리가 넘어가는 경우도 아주 많습니다. 예를 들어 인구수나 고객 현황, 교통 이용 승객 현황 이런 것들은 아주 단위가 큽니다. 특히 돈과 관련된 분석을 하실 때는 아주 단위가 크기 때문에 이렇게 지수로 표현하는 방법에 익숙해져 있어야 해요. 열심히 봐주세요.

숫자형 데이터와 함께 많이 사용되는 round(), trunc(), ceiling(), floor() 함수도 함께 알아두세요. 아래 그림을 보세요.

```
R Console
>
> ceiling(4.3)   # 4.3보다 큰 정수중 가장 가까운 정수
[1] 5
> floor(4.3)     # 4.3보다 작은 정수중 가장 가까운 정수
[1] 4
> |
```

위 그림에서 보듯이 ceiling() 함수와 floor() 함수는 주어진 값과 가장 가까운 정수를 찾아줍니다.

```
R Console
>
> round(5.33,0) # 소수점 0번째 자리까지 반올림하라
[1] 5
> round(5.33,1) # 소수점 1번째 자리까지 반올림하라
[1] 5.3
> round(5.53,0) # 소수점 0번째 자리까지 반올림하라
[1] 6
> trunc(5.5)     # 소수점 이하는 무조건 버려라
[1] 5
> trunc(5.3)     # 소수점 이하는 무조건 버려라
[1] 5
> |
```

위 그림처럼 round( ) 함수는 반올림을 하는 함수인데 자리수를 지정할 수 있는 것을 알 수 있습니다. 반면 trunc( ) 함수는 자리수 상관없이 무조건 버림을 하는 함수입니다.

문자형 데이터

```
R Console
> class(5)       # 데이터 유형을 확인합니다
[1] "numeric"
> class('5')     # 숫자를 홑따옴표로 감싸면 문자가 됩니다
[1] "character"
> class("5")     # 숫자를 쌍따옴표로 감싸도 문자가 됩니다
[1] "character"
> class('2018-01-01') # 날짜 같지만 문자입니다
[1] "character"
> class('R is good~!') # 문자열도 문자형입니다
[1] "character"
> |
```

위 그림에서 보듯이 문자형 데이터는 홑따옴표나 쌍따옴표로 감싸져 있습니다. 앞에서 변수에 데이터를 담을 때도 간단하게 언급했던 부분인데 숫자형 데이터에 홑따옴표나 쌍따옴표를 붙이면 바로 문자형으로 돌변한다는 사실을 꼭 기억해야 합니다. 아래 그림을 보세요.

```
R Console
> no1 <- 1
> no2 <- '2'
> no1 + no2
Error in no1 + no2 : 이항연산자에 수치가 아닌 인수입니다
> class(no2)
[1] "character"
> |
```

그림에서 no1에는 숫자가 들어 있는데 no2에는 문자가 들어 있어서 더하기를 할 수 없다고 에러가 나고 있죠? 또 실수를 많이 하는 부분은 숫자에서 천 단위 구분 기호인 콤마를 사용하는 것입니다. 아래 그림을 보세요.

```
R Console
> no1 <- 1000
> no2 <- 1,000
에러: 예기치 않은 ','입니다 in "no2 <- 1,"
> no3 <- '1,000'
> class(no3)
[1] "character"
>
```

위 그림에서 no2에 1,000이라는 숫자를 넣으려고 하니까 ,(콤마) 때문에 에러가 나죠? 그래서 no3에 콤마로 감싸서 넣었는데 이럴 경우는 당연히 숫자가 아닌 문자가 됩니다. 사실 당연한 이야기인데 숫자 중에는 ,(콤마)라는 것은 없죠? 숫자에 홑따옴표나 쌍따옴표를 붙이는 순간 글자로 무섭게 돌변한다는 사실 꼭 기억하세요!

날짜형 데이터

다른 프로그래밍 언어와 마찬가지로 R에서도 날짜를 다룰 때는 다른 유형의 데이터보다 살짝 더 복잡합니다. 그래서 날짜를 다루는 함수들이나 패키지들이 다양하게 나와 있지요. 지금 현재 날짜를 보고 싶으면 Sys.time( ) 함수를 사용하고 POSIXct( ), POSIXlt( ) 같은 함수도 있습니다. 문자열(예를 들어 31/01/2018) 형태로 되어 있는 날짜를 진짜 날짜로 바꾸어주는 strptime( ) 라는 함수도 있어요. 두 개의 날짜 사이의 차이를 계산해주는 difftime( ) 함수도 있습니다.

이 책에서는 아주 많이 사용되는 날짜 관련 만병통치약 패키지인 lubridate( )와 날짜로 바꾸어주는 함수인 as.Date( ) 함수만 간단하게 살펴보고 넘어가겠습니다. 날짜형 데이터에 대한 더 자세한 내용이 필요하신 분들은 위에서 말씀드린 함수를 직접 찾아보시거나 lubridate( ) 패키지를 자세히 공부하시면 고민하시는 날짜 관련 부분이 한번에 해결되실 거예요.

```
R Console
> Sys.time()
[1] "2018-01-11 23:46:37 KST"
> date1 <- as.Date("2018-01-12")
> date1
[1] "2018-01-12"
> date2 <- as.Date("2018-01-01")
> date2
[1] "2018-01-01"
> date1 - date2
Time difference of 11 days
> difftime(date1,date2)
Time difference of 11 days
>
```

위 그림을 보시면 "날짜 - 날짜" 연산도 가능하다는 거 아시겠죵? 날짜를 사용할 때마다 매번 위와 같이 작업하기에는 귀찮기도 하고 불편하기도 합니다. 그래서 날짜를 조금 더 편하게 사용할 수 있도록 도와주는 패키지가 lubridate( )입니다. 이 패키지 안에는 날짜 관련된 함수들이 아주 많이 들어 있어요. 그만큼 공부해야 할 내용이 많다는 것이겠죠? 구글에서 "lubridate in r"라고 검색하면 pdf 파일로 된 매뉴얼이 나오니까 이 패키지가 필요하신 분들은 구글링해서 매뉴얼을 찾아서 보세요. 여기서는 아주 기본적인 몇 가지 명령어만 소개하겠습니다.

```
R Console
> library(lubridate)
> now( )
[1] "2018-01-12 00:18:00 KST"
> date3 <- now( )
> year(date3)
[1] 2018
> month(date3)
[1] 1
> day(date3)
[1] 12
> |
```

날짜 관련된 작업들은 대부분 lubridate( ) 패키지나 as.Date( ) 함수를 활용해서 가능할 거예요.

NA 형과 NULL 형

이제부터 약간 특별하고도 특이한 데이터 유형을 설명해 드리겠습니다. 먼저 NA 형입니다. NA란 Not Applicable, Not Available의 약자로 사용할 수 없는 데이터를 말합니다. 예를 들어 대학교의 학년 컬럼에 정상적이라면 1, 2, 3, 4의 값이 들어와야 하는데 "홍길동"과 같은 데이터가 들어왔을 경우 NA 값이라고 합니다. 그리고 R은 NA로 표시된 값은 원래 데이터가 무엇인지 신경 쓰지 않아요. 그래서 원래 데이터는 모르는 데이터가 되어버리죠. NA 유형의 가장 중요한 특징은 연산 결과를 NA로 만들어버린다는 것입니다. 아래 그림을 잘 보세요.

```
R Console
> no1 <- 3
> no2 <- NA
> no1
[1] 3
> no2
[1] NA
> no1 + no2
[1] NA
> no1 > no2
[1] NA
> |
```

NA 데이터는 산술 연산을 하든 비교 연산을 하든 결과는 전부 NA로 나온다는 사실! 이번에는 NULL을 설명해드릴게요. NULL은 데이터가 없다는 뜻입니다. 즉 비어 있다는 뜻이죠. NA와 NULL은 잘 구분해야 합니다. NA와 다르게 NULL과 연산을 하면 NULL 값을 자동으로 제외시키고 연산을 진행합니다. 아래 그림을 보세요.

```
R Console
> sum(1,2,NA) # sum( )함수는 합계를 구하는 함수입니다
[1] NA
> sum(1,2,NULL)
[1] 3
>
```

여기서 중요한 것이 있어요. 위 그림을 보면 NA 값은 연산 결과가 NA가 나오지만 NULL은 연산 결과 값이 나오기 때문에 NULL 값이 더 좋은 게 아닌가, 라고 생각하는 사람들이 있는데 오히려 NULL 값이 더 위험합니다. 예를 들어 어떤 실험 결과 데이터가 100만건 있다고 가정하고 그 평균을 구하고 싶다고 생각해보겠습니다. 평균을 구하는 함수를 써서 작업을 하는데 결과값이 NA가 나왔다면 100만건 결과 중 어딘가 NA가 있다는 뜻이겠죠? 그럼 NA 값을 찾아서 수정하거나 제거한 후 다시 평균을 구하면 됩니다. 그런데 NULL 값은 평균을 구할 때 R이 알아서 제외시켜버리기 때문에 결과값은 나오지만 틀린 값이 나와도 알 수 없다는 위험한 점이 있습니다. NA 값이 나올 경우에는 아예 제거를 하고 연산을 하든지 아니면 NA 값을 0으로 바꾼 후 연산을 하게 됩니다. 다음 그림을 보세요.

```
R Console
> x <- NA
> sum(1, 2, x )
[1] NA
> sum(1, 2, x , na.rm=TRUE) #NA값을 제거합니다
[1] 3
> x[is.na(x)] <- 0   # NA값을 0으로 바꿉니다
> x
[1] 0
> sum(1, 2, x )
[1] 3
>
```

NA 값을 제거하거나 0으로 바꾸는 방법을 아시겠죠? 주의사항은 na.rm=TRUE에서 TRUE를 반드시 대문자로 써야 한다는 거예요. 지금까지 일반적인 데이터 유형들을 살펴보았습니다.

여러 건의 데이터를 한꺼번에 담는 특별한 그릇들

앞에서 우리는 변수에 데이터를 담는 방법을 배웠습니다. 그런데 앞에서 배운 방법은 변수 1개에 데이터를 1건만 담을 수 있었습니다. 만약 10개의 숫자를 1세트로 묶어서 변수에 담고 싶을 경우는 어떻게 할까요? 더 쉽게 말씀드리면 마트에 달걀을 사러 갔는데 1개씩 포장되어 있다면 여러 개를 한꺼번에 사올 때 불편하겠죠? 그래서 5개씩 세트로 포장해서 파는 것도 있고 8개짜리 세트도 있고 30개를 1세트로 포장해서 파는 것입니다.

R에서도 비슷합니다. 데이터를 분석할 때 1건의 데이터를 가지고 분석하는 경우는 거의 없을 거라고 생각합니다. 대부분은 많은 데이터를 가지고 분석을 하게 되죠. 그렇다면 많은 데이터를 한꺼번에 저장하기에는 기존에 배웠던 방법으로는 불가능합니다. 이번에는 여러 건의 데이터를 한 세트로 한꺼번에 저장할 수 있는 방법을 알려 드리겠습니다.

벡터(Vector)

벡터 개념과 만들기

여러분, 어떤 명단 같은 거 만들 때 한 줄로 쭉~ 길~게 작성해보셨죠? 벡터라는 것은 여러 건의 데이터를 한 줄로 쭉 세우고 그 데이터들을 하나의 그릇에 저장하는 형태를 말합니다. 이렇게 말하면 좀 어려울 수 있으니 아래 그림을 보세요.

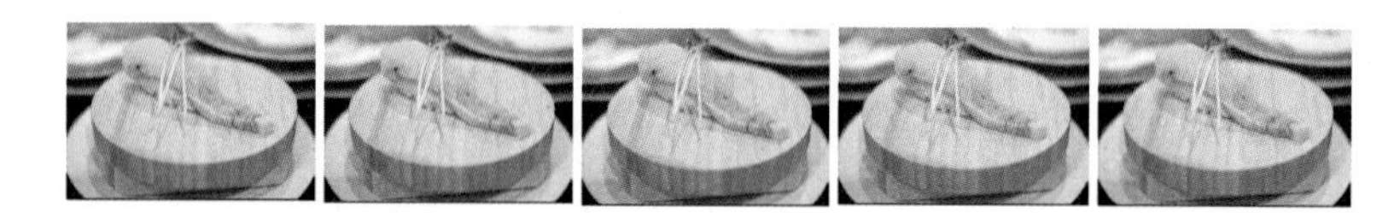

벡터 아닌 일반 변수 사용

벡터 사용

벡터에 대해서 확실히 이해가 되시죠? 그럼 이제 R에서 벡터를 어떻게 활용하는지 살펴볼게요. 벡터의 좋은 점이 뭐냐면 위의 그림을 예로 들어서 계란 5개를 저장해야 할 경우 원래 변수 1개에는 데이터가 1개만 들어갑니다. 그런데 벡터라는 그릇을 사용하게 되면 5개의 계란을 하나의 그릇에 담을 수가 있어서 관리하기가 편해집니다. 다음 그림을 보세요.

```
> var1 <- 1  # 1을 저장합니다
> var1 <- 2  # 2를 저장합니다
> var1 <- 3  # 3을 저장합니다
> var1
[1] 3
> |
```

위 그림에서 var1이라는 변수에 1,2,3의 값을 담았는데 조회하니까 마지막에 담긴 값만 남아 있습니다. 이게 변수의 특징이예요. 변수에는 기본적으로는 1개의 값만 담을 수 있어요. 그런데 나는 꼭 1개의 변수에 1, 2, 3을 한꺼번에 다 담고 싶습니다. 이럴 경우는 어떻게 할까요? 벡터를 사용하면 된다는 거죠. 아래 그림을 보세요.

```
> var1 <- c(1,2,3)
> var1
[1] 1 2 3
> is.vector(var1)
[1] TRUE
> |
```

위 그림에서 c(1, 2, 3)이라는 부분이 3개의 데이터를 벡터로 만들겠다는 의미예요. 학교에서 스터디를 할 때 팀을 만드는 것과 비슷하다고 생각하시면 됩니다. 위 그림에서 c( )는 여러 벡터들을 붙여주는 (concatenate) 함수를 의미한다는 것도 참고하시고요. 여기서 중요한 게 있는데 벡터에는 여러 건의 데이터가 들어가서 팀을 이루는데 반드시 데이터 유형이 같은 것들만 들어가야 한다는 것입니다. 꼭 기억해주세요. 예를 들어 전부 숫자만 들어가든지, 아니면 전부 글자만 들어가든지, 아니면 전부 날짜만 들어가든지 해야 한다는 거예요. 만약 이 규칙이 지켜지지 않으면 데이터가 변하게 됩니다. 다음 그림을 보세요.

```
> class(var1)
[1] "numeric"
> var2 <- c(1,2,'3')
> var2
[1] "1" "2" "3"
> class(var2)
[1] "character"
> |
```

앞에서 만들었던 var1 벡터는 class( ) 함수로 조회하니까 numeric (숫자)라고 나오죠? 그런데 그 밑에 줄에서 c(1, 2, '3')에서 1, 2는 숫자지만 '3'은 글자잖아요. 즉, 숫자와 글자를 합쳐서 벡터를 만

들고 var2 변수에 저장을 했습니다. 그러고 나서 var2 변수를 조회하니까 전부 character(글자)로 바뀐 거 보이시죠? 벡터는 이 부분이 가장 중요합니다. 반드시 모두 동일한 유형의 데이터가 들어가야 한다는 것을 기억해주세요!

벡터 데이터 조회하기

벡터는 데이터가 한 줄로 쭉~ 길게 늘어선 유형이라고 했습니다. 마치 사람이 한 줄로 쭉~ 줄 서 있는 것과 같은 유형이지요. 우리가 사람이 한 줄로 쭉 서 있을 때 몇 번째부터 나오세요, 라고 특정 부분만 호출하는 경우도 많죠? 벡터도 그렇게 데이터를 호출 할 수 있어요. 아래 그림을 보세요.

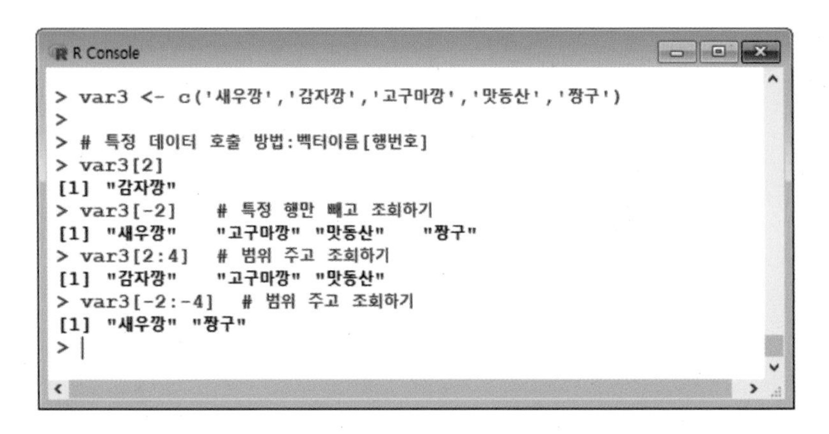

이해가 되시죠?

벡터 데이터 연산하기

이번에는 벡터에 담겨있는 데이터로 연산을 해보겠습니다. 다음 그림을 봐주세요.

```
R Console
> vec1 <- c(1,2,3)
> vec2 <- c(4,5,6)
> vec1 + vec2
[1] 5 7 9
> vec3 <- c(1,2,3,4)
> vec1 + vec3
[1] 2 4 6 5
경고메시지(들):
In vec1 + vec3 : 두 객체의 길이가 서로 배수관계에 있지 않습니다
> length(vec1)
[1] 3
> length(vec3)
[1] 4
> |
```

위 그림처럼 벡터에 숫자가 들어가 있을 경우 산술 연산이 가능합니다. 단 벡터의 길이가 같아야 하고 길이가 다를 경우 그림 가운데 부분처럼 에러가 발생합니다. 벡터의 길이를 확인하는 명령어가 length(벡터이름)이라는 것도 꼭 기억해주세요. 이번에는 다른 연산을 보여드릴게요.

```
R Console
> vec1
[1] 1 2 3
> vec2
[1] 4 5 6
> vec3
[1] 1 2 3 4
>
> union(vec1,vec2)
[1] 1 2 3 4 5 6
> setdiff(vec3, vec1)
[1] 4
> intersect(vec2, vec3)
[1] 4
> |
```

위 그림에서 union( )함수는 여러 벡터의 내용을 합치는 기능입니다. setdiff(벡터1,벡터2)는 벡터1에는 있는데 벡터2에는 없는 것을 찾는 것이고 intersect(벡터1,벡터2)는 교집합 찾는 거예요. 벡터 유형 별로 어렵지 않죠? 아주 많이 사용되는 거니까 꼭 기억해주세요.

연습문제

1. 아래 네모 칸에 알맞은 명령을 쓰세요.

2. 아래 네모 칸에 알맞은 명령을 쓰세요.

```
R Console
> drink
[1] "콜라"    "사이다" "환타"    "핫식스" "몬스터"
> drink[            ]
[1] "사이다" "환타"    "몬스터"
>
```

3. 아래 네모 칸에 알맞은 명령을 쓰세요.

```
R Console
> vec1 <- c("홍길동","강감찬","김유신")
> vec2 <- c("송강호","나문희")
>
> 
[1] "홍길동" "강감찬" "김유신" "송강호" "나문희"
>
```

4. 아래 네모 칸에 알맞은 명령을 쓰세요.

```
R Console
> vec1 <- c("홍길동","강감찬","김유신")
>
>          (vec1)
[1] 3
>
```

행렬(Matrix)

Matrix 의미와 만들기

앞에서 살펴본 벡터는 여러 건의 데이터가 한 줄로 쭉~ 저장되는 거라고 했는데 이럴 경우 데이터가 많이 있을 때는 관리하기가 불편할 수 있어요. 예를 들어서 사람이 100명이 있는데 한 줄로 쭉~ 세워서 수업하면 맨 뒤 사람은 얼굴도 안 보일 거잖아요. 그래서 가로와 세로의 형태로 줄을 세우죠. 아래 그림을 보세요.

위 그림처럼 여러 건의 데이터를 저장하는 것을 Matrix라고 부릅니다. 쉽죠? matrix 역시 vector형과 마찬가지로 동일한 유형의 데이터가 들어가야 한다는 점도 꼭 기억해주세요.

R에서 Matrix를 어떻게 만드는지 살펴볼까요?

```
R Console
> mat1 <- matrix(c(1,2,3,4) )
> mat1
     [,1]
[1,]    1
[2,]    2
[3,]    3
[4,]    4
>
```

위 그림처럼 matrix( ) 함수 안에 벡터를 만들 때 사용했던 문법 c(1, 2, 3, 4)를 적으면 끝! 아주 쉽죠? 그런데 matrix는 행과 열이 있도록 만들어야 하는데 그때 사용하는 옵션이 nrow입니다. 아래 그림을 보세요.

```
R Console
> mat2 <- matrix(c(1,2,3,4), nrow=2 ) #nrow=행의 갯수
> mat2
     [,1] [,2]
[1,]    1    3
[2,]    2    4
>
```

nrow 옵션에 의해서 2행이 만들어졌습니다. 이번에는 byrow 옵션으로 데이터의 저장 순서를 변경해볼게요. 다음 그림을 자세히 봐주세요.

```
> mat2 <- matrix(c(1,2,3,4), nrow=2 ) #nrow=행의 갯수
> mat2
     [,1] [,2]
[1,]    1    3
[2,]    2    4
>
> mat3 <- matrix(c(1,2,3,4), nrow=2, byrow=TRUE ) #nrow=행의 갯수
> mat3
     [,1] [,2]
[1,]    1    2
[2,]    3    4
> |
```

byrow 옵션을 사용하기 전에는 데이터가 세로로 먼저 채워졌는데 byrow 옵션을 사용하니까 가로로 먼저 채워지는 것이 보이시죠? 옵션들이 많지만 자주 사용되는 옵션 2가지만 함께 소개해드렸습니다. 실전에서 matrix를 아주 많이 사용하니까 꼭 기억해주세요.

matrix 조회하기

matrix는 만드는 것도 중요하지만 더 중요한 것은 조회하는 방법입니다. 그래서 잘 알고 계셔야 합니다. vector를 조회하는 것과 비슷하지만 약간 다른 것은 열 번호를 사용한다는 점이에요. 즉 vector를 조회할 때는 vector[행번호]였지만 matrix를 조회할 때는 matrix[행번호, 열번호]의 형태입니다. 아래 그림을 봐주세요.

```
> mat4 <- matrix(c(1:20), nrow=4)
> mat4
     [,1] [,2] [,3] [,4] [,5]
[1,]    1    5    9   13   17
[2,]    2    6   10   14   18
[3,]    3    7   11   15   19
[4,]    4    8   12   16   20
> mat4[c(1,3) , c(2,3)]
     [,1] [,2]
[1,]    5    9
[2,]    7   11
> mat4[ , c(2,3)]   # 행 위치 빈칸이면 모든 행이라는 뜻입니다
     [,1] [,2]
[1,]    5    9
[2,]    6   10
[3,]    7   11
[4,]    8   12
> mat4[c(1,3) , ]   # 열 위치 빈칸이면 모든 열이라는 뜻입니다
     [,1] [,2] [,3] [,4] [,5]
[1,]    1    5    9   13   17
[2,]    3    7   11   15   19
> |
```

matrix를 조회하는 명령에서 행 번호와 열 번호에 여러 건을 조회하기 위해 벡터 형식을 사용했다는 것도 이해해야 합니다. matrix의 조회할 행이나 열 위치에 아무것도 안 쓰면 자동으로 모든 행과 모든 열이라는 뜻이 됩니다. matrix도 vector 못지 않게 실전에서 정말 많이 사용하는 유형입니다.

연습 문제

1. 아래 빈칸에 알맞은 명령을 쓰세요.

```
R Console
> fruit <- [                    ]
> fruit
     [,1]     [,2]
[1,] "감자"   "당근"
[2,] "고구마" "양파"
> |
```

2. 아래 빈칸에 알맞은 명령을 쓰세요.

```
R Console
> mat <- matrix(c(1:20), nrow=4 )
> mat
     [,1] [,2] [,3] [,4] [,5]
[1,]    1    5    9   13   17
[2,]    2    6   10   14   18
[3,]    3    7   11   15   19
[4,]    4    8   12   16   20
>
> mat [          ]
     [,1] [,2] [,3]
[1,]    1    5   13
[2,]    3    7   15
> |
```

배열(array)

array의 개념과 만들기

동일한 유형의 데이터가 많이 있을 때 vector형은 한 줄로 저장하고, matrix형은 가로×세로의 형태로 저장한다는 것을 보았습니다. array형은 matrix형을 1층, 2층, 3층처럼 높이 쌓는 것을 의미합니다. 마트에서 계란이 많아서 쌓아놓는 거 보셨죠?

동일한 유형의 데이터가 아주 많을 때 위와 같이 array형의 데이터를 사용하기도 합니다. 개념을 보았으니 R에서 어떻게 만드는지 살펴볼까요?

```
R Console
>
> array1 <- array(c(1:12), dim=c(2,2,3) ) # dim=c(가로,세로,높이)
> array1
, , 1

     [,1] [,2]
[1,]    1    3
[2,]    2    4

, , 2

     [,1] [,2]
[1,]    5    7
[2,]    6    8

, , 3

     [,1] [,2]
[1,]    9   11
[2,]   10   12

> |
```

위 그림에서 array( ) 명령을 이용해서 만들고 dim 옵션으로 행, 열, 높이 값을 지정해주는 것을 볼 수 있습니다.

array 조회하기

array를 조회할 때 형식은 array 이름[행번호, 열번호, 높이번호]의 형태입니다. 좀 복잡하죠? 아래 그림을 보면서 이해해보겠습니다.

```
R Console
> array1
, , 1

     [,1] [,2]
[1,]    1    3
[2,]    2    4

, , 2

     [,1] [,2]
[1,]    5    7
[2,]    6    8

, , 3

     [,1] [,2]
[1,]    9   11
[2,]   10   12

>
>
> array1[ 1 , 1 , 1 ]
[1] 1
> array1[ 1 , 1 , 2 ]
[1] 5
> array1[ 1 , 2 , 2 ]
[1] 7
> |
```

약간 헷갈릴 수 있지만 잘 보시면 충분히 이해하실 수 있을 거예요. 지금까지 동일한 데이터 유형을 대량으로 저장할 수 있는 vector, matrix, array를 살펴보았습니다. 만드는 방법과 데이터를 조회하는 방법을 꼭 연습하세요.

리스트 형(list)

list 형의 개념과 만들기

앞에서 살펴본 3가지 유형의 공통점은 팀으로 만들어지는 모든 데이터의 유형이 같아야 한다는 것이었습니다. 그런데 실제 데이터에서는 동일하지 않은 유형도 한 세트로 저장해야 할 경우가 아주 많아요. 예를 들어서 댓글을 분석해서 키워드를 찾을 경우를 볼까요? 아래와 같은 댓글이 있다고 가정하겠습니다. "2018년 1월 11일에 이 시계를 50000원 주고 샀는데 배송, 디자인이 맘에 들어요."

이 댓글에 보면 날짜, 숫자, 글자가 다 들어가 있어요. 댓글을 분석해서 키워드를 찾는 작업을 할 때 날짜와 숫자와 글자를 한 세트로 저장해야 하는데 앞에서 배운 vector나 matrix, array로는 저장할 수가 없습니다. 이처럼 서로 다른 데이터 유형이라도 한 세트로 저장을 할 수 있는 것이 list 유형입니다. 그럼 R에서 리스트 유형을 만드는 방법을 알아볼까요?

```
> list1 <- list(학번=1001,이름='홍길동',생일='1980-07-15')
> list1
$학번
[1] 1001

$이름
[1] "홍길동"

$생일
[1] "1980-07-15"

> |
```

위 그림처럼 list( ) 함수를 이용해서 list 유형을 만들 수 있습니다. 그림에는 1개의 항목에 1건의 데이터가 들어 있지만 아래 그림처럼 1항목에 여러 개의 값을 입력할 수도 있습니다.

```
>  list2 <- list( 소대1 = c('홍길동','전우치','일지매') ,
+                 소대2 = c('강감찬','이순신','유관순') ,
+                 소대3 = c('김구','김유신','을지문덕') )
>  list2
$소대1
[1] "홍길동" "전우치" "일지매"

$소대2
[1] "강감찬" "이순신" "유관순"

$소대3
[1] "김구"      "김유신"    "을지문덕"

> |
```

list 유형 조회하기

list 유형을 조회할 때는 "list이름$key이름" 형태로 조회하면 됩니다. 아래 그림을 보면서 이해를 해 볼게요.

```
> list2 <- list(STUDNO=1001,NAME='홍길동',BIRTH='1980-07-15')
> list2
$STUDNO
[1] 1001

$NAME
[1] "홍길동"

$BIRTH
[1] "1980-07-15"

> list2$STUDNO
[1] 1001
> list2$NAME
[1] "홍길동"
> list2$birth
NULL
> |
```

앞 그림에서 마지막 예제를 보면 list2$birth로 조회하니까 데이터 조회가 안 되죠? 조회할 때 Key 이름도 대소문자를 구분하니까 정확하게 구분해서 입력해주세요. 그림처럼 라벨명으로 조회도 가능하지만 앞에서 살펴본 matrix의 데이터를 조회하는 방법인 list이름[번호] 형식으로도 조회가 가능합니다.

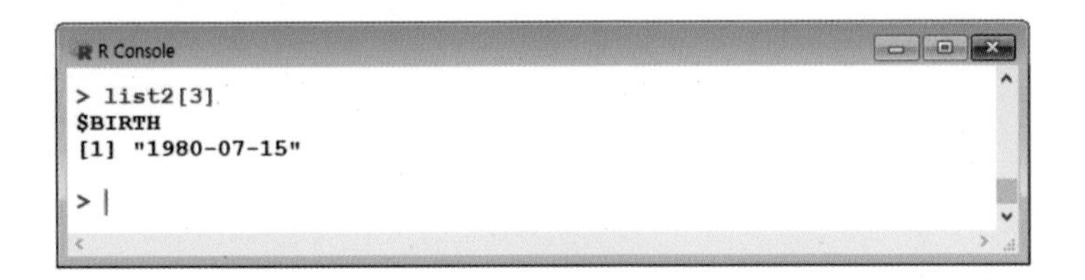

list 유형은 특히 텍스트 마이닝 과정에서 아주 많이 사용되니까 특히 더 주의 깊게 공부해주세요.

연습 문제

1. 아래 네모 칸에 알맞은 명령을 쓰세요.

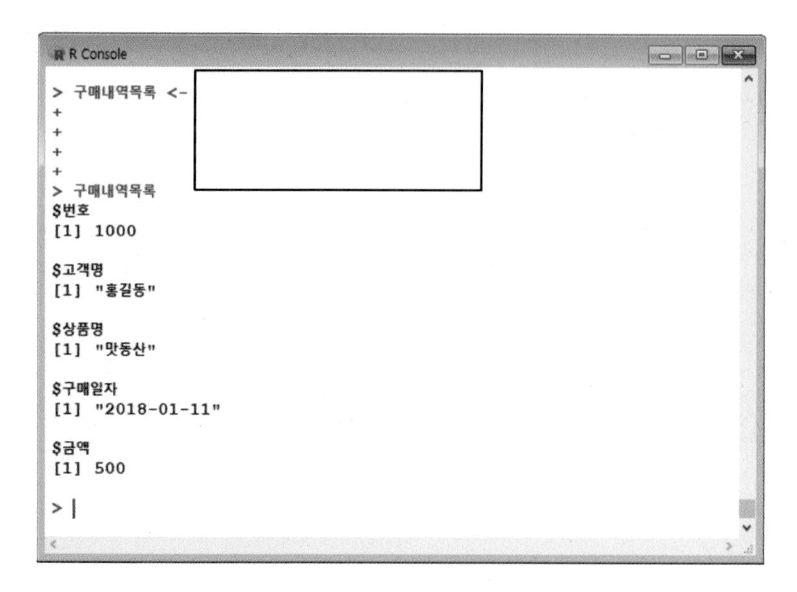

2. 아래 네모 칸에 알맞은 명령을 쓰세요.

```
R Console
> 구매내역목록$고객명
[1] "홍길동"
>
> 구매내역목록[          ]
$번호
[1] 1000

$고객명
[1] "홍길동"

$금액
[1] 500

> |
```

데이터 프레임 형(Data Frame)

data frame 형의 개념과 만들기

list형은 다양한 유형의 데이터를 세트로 만들어서 저장할 수 있는 장점이 있는 반면에 1건만 저장할 수 있다는 단점이 있습니다. 실제 현업에서는 다양한 유형의 데이터들을 여러 건을 저장해야 할 경우가 대부분인데 이럴 경우에 사용할 수 있는 유형이 바로 data frame 형 입니다. data frame 유형은 아래 그림처럼 우리가 흔히 말하는 "표"라고 생각하시면 됩니다. 컬럼을 "라벨"이라고 부르며 컬럼명을 "라벨명"이라고 표현한다는 것도 알아두세요.

STUDNO	NAME	BIRTH
1001	홍길동	1980-07-15
1002	일지매	1985-01-23
1003	전우치	1983-05-05

data frame을 만드는 방법은 여러 가지가 있습니다. 대부분의 경우 파일에 있는 데이터를 불러오면 자동으로 데이터 프레임이 만들어지는 경우인데 그거 말고 우리가 직접 데이터 프레임을 만들어야 하는 경우도 있습니다. 이때는 벡터를 먼저 만든 후 합쳐서 데이터 프레임으로 만드는 경우가 많아요. 아래 그림을 보세요.

STUDNO
1001
1002
1003

NAME
홍길동
일지매
전우치

BIRTH
1980-07-15
1985-10-23
1983-05-05

data.frame( ) ➡

STUDNO	NAME	BIRTH
1001	홍길동	1980-07-15
1002	일지매	1985-01-23
1003	전우치	1983-05-05

위 그림은 STUDNO 벡터와 NAME 벡터, BIRTH 벡터를 data.frame( ) 명령어를 사용하여 합쳐서 새로운 data frame을 만든 것입니다. 이런 방법으로 data frame을 많이 만드니까 꼭 알아두세요.

이제 R에서 위 그림으로 본 것을 실습해보겠습니다.

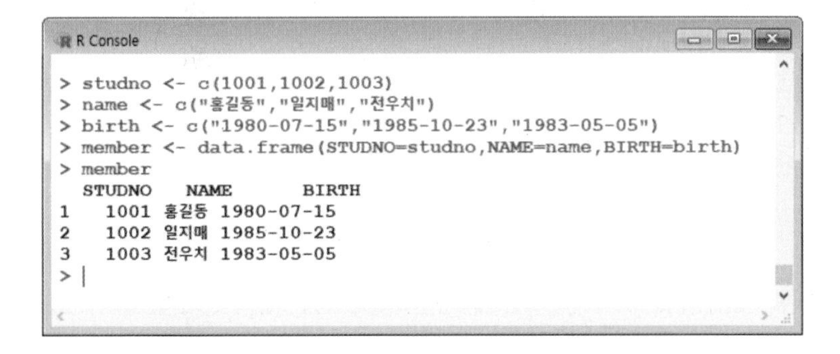

```
> studno <- c(1001,1002,1003)
> name <- c("홍길동","일지매","전우치")
> birth <- c("1980-07-15","1985-10-23","1983-05-05")
> member <- data.frame(STUDNO=studno,NAME=name,BIRTH=birth)
> member
  STUDNO   NAME      BIRTH
1   1001 홍길동 1980-07-15
2   1002 일지매 1985-10-23
3   1003 전우치 1983-05-05
> |
```

data frame 조회하기

실전에서 아주 많이 사용하는 유형이 바로 지금 보고 있는 데이터 프레임 입니다. 만드는 방법은 살펴봤으니 이제 조회하고 관리하는 방법을 살펴보겠습니다. 먼저 데이터 프레임을 조회하는 방법입니다. 아래 그림을 보세요.

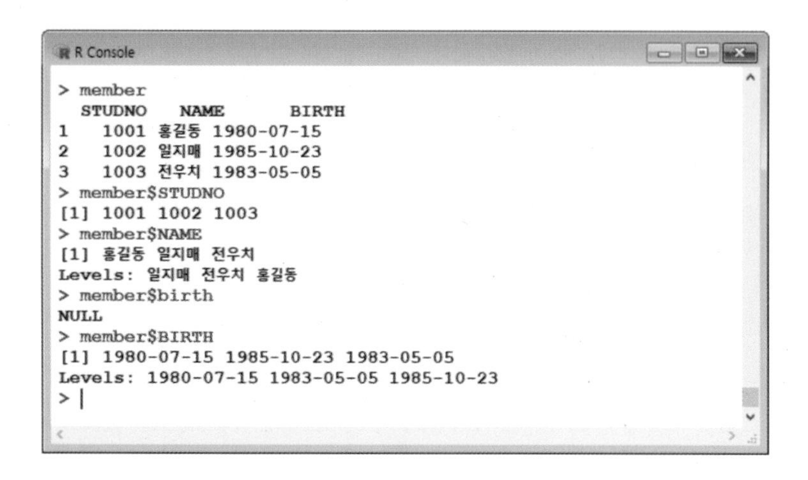

앞 그림에서 보는 것처럼 "데이터프레임$라벨명" 형태로 조회하면 됩니다. 그런데 라벨명에서 대소문자를 정확하게 구분한다는 것도 함께 기억해주세요. 라벨명으로 조회하는 것도 가능하지만 앞에서 살펴본 matrix의 데이터를 조회하는 방법으로도 가능합니다. 아래 그림을 봐주세요.

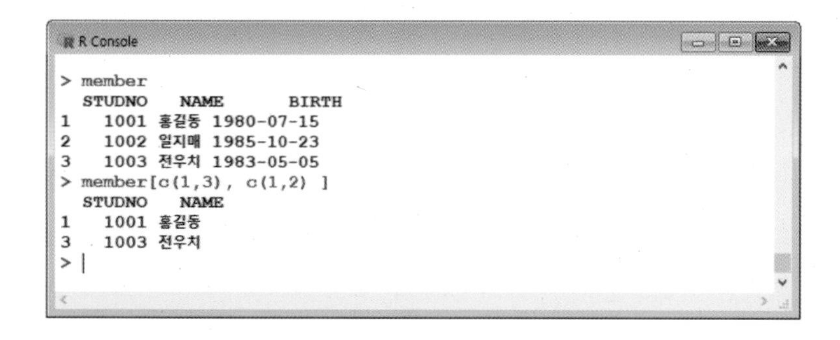

위 그림의 문법은 matrix와 동일해서 설명 안 해도 아시겠죠?

merge : data frame 합치기

이번에는 데이터 프레임 여러 개를 합치는 merge 기능을 살펴보겠습니다. 실제 이런 작업을 하는 경우가 종종 있으니 잘 연습해 주세요. 아래 그림을 보시죠. 먼저 아래 그림과 같이 예제로 사용할 데이터 프레임 2개를 만들었습니다.

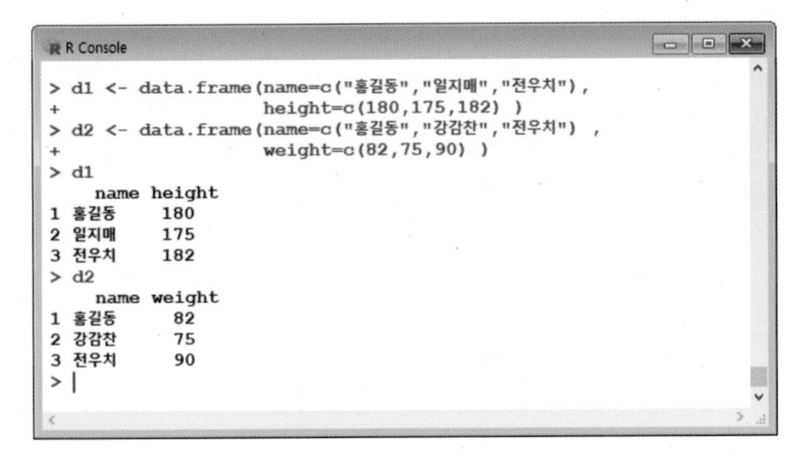

```
> d1 <- data.frame(name=c("홍길동","일지매","전우치"),
+                  height=c(180,175,182) )
> d2 <- data.frame(name=c("홍길동","강감찬","전우치") ,
+                  weight=c(82,75,90) )
> d1
    name height
1 홍길동    180
2 일지매    175
3 전우치    182
> d2
    name weight
1 홍길동     82
2 강감찬     75
3 전우치     90
> |
```

이제 merge 작업을 해볼게요.

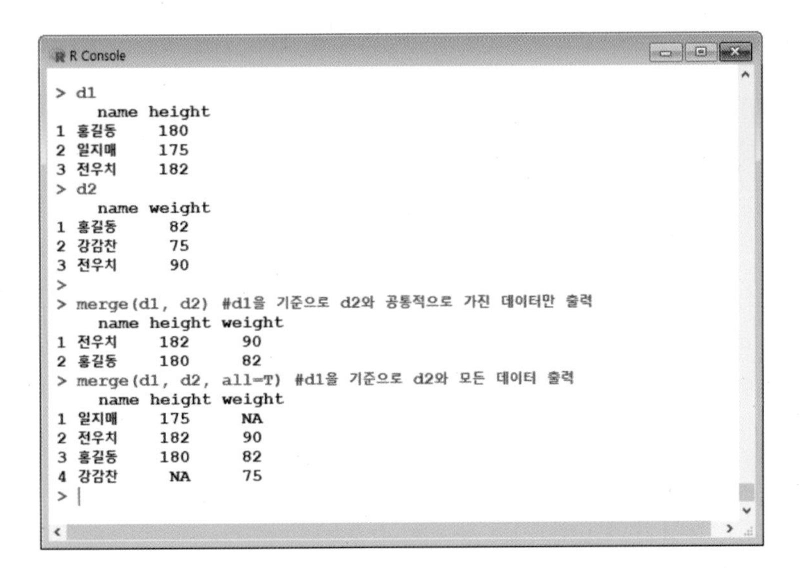

```
> d1
    name height
1 홍길동    180
2 일지매    175
3 전우치    182
> d2
    name weight
1 홍길동     82
2 강감찬     75
3 전우치     90
>
> merge(d1, d2) #d1을 기준으로 d2와 공통적으로 가진 데이터만 출력
    name height weight
1 전우치    182     90
2 홍길동    180     82
> merge(d1, d2, all=T) #d1을 기준으로 d2와 모든 데이터 출력
    name height weight
1 일지매    175     NA
2 전우치    182     90
3 홍길동    180     82
4 강감찬     NA     75
> |
```

위 그림의 예제 이해가 되시나요?

새로운 행과 열 추가하기

이번에는 만들어져 있는 데이터 프레임에 새로운 행과 새로운 컬럼을 추가하는 방법을 보여드릴게요. 이런 경우도 실제 일하다보면 아주 많이 생기기 때문에 꼭 알아야 합니다. 아래 그림을 보세요.

```
R Console
> hang <- data.frame( STUDNO = 1004,
+                     NAME = "강감찬" ,
+                     BIRTH = '2001-05-25' )
> member <- rbind(member, hang)
> member
  STUDNO   NAME      BIRTH
1   1001 홍길동 1980-07-15
2   1002 일지매 1985-10-23
3   1003 전우치 1983-05-05
4   1004 강감찬 2001-05-25
> |
```

마지막에 추가할 행을 기존 데이터 프레임의 형식에 맞도록 변수에 할당한 후에 rbind( ) 함수를 활용해서 추가하면 됩니다. 이때 주의사항은 추가할 행을 만들 때 라벨명을 기존 데이터프레임의 라벨명과 똑같이(대소문자까지) 지정해주어야 한다는 거예요. 이번에는 새로운 라벨(컬럼)을 추가해보겠습니다.

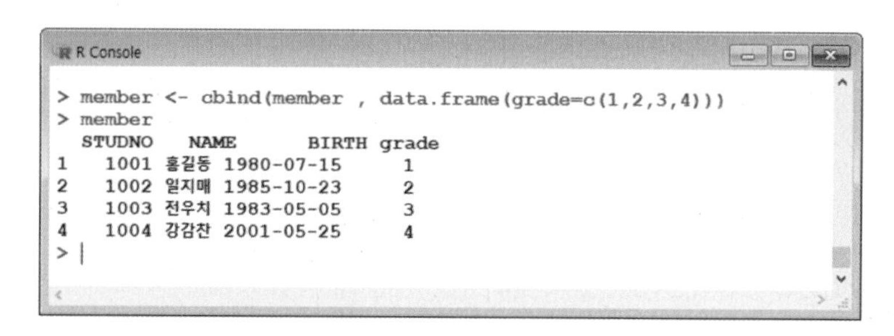

```
R Console
> member <- cbind(member , data.frame(grade=c(1,2,3,4)))
> member
  STUDNO   NAME      BIRTH grade
1   1001 홍길동 1980-07-15     1
2   1002 일지매 1985-10-23     2
3   1003 전우치 1983-05-05     3
4   1004 강감찬 2001-05-25     4
> |
```

쉽게 추가되는 게 확인됩니다. 여기서 보여드린 것 말고도 vector, matrix, array, list, data frame 관련 다양한 내용들이 더 많지만 가장 많이 사용되는 기능 위주로 보여드렸습니다. 반대로 말하면 지금 보여드린 기능들은 다 알아야 한다는 뜻! 열심히 연습하고 또 연습해주세요.

연습 문제

1. 아래 빈칸에 알맞은 명령을 쓰세요.

```
> 구매정보테이블 <- [          ]
+
+
> 구매정보테이블
  no   name qty
1  1 홍길동  10
2  2 일지매  30
3  3 강감찬  20
> |
```

2. 아래 빈칸에 알맞은 명령을 쓰세요.

3. 아래 빈칸에 알맞은 명령을 쓰세요. 오른쪽에 date 라벨(컬럼)을 추가하는 작업입니다.

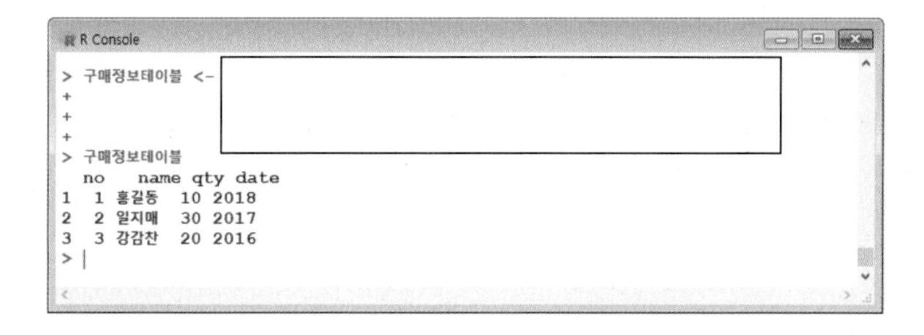

다양한 형식의 데이터 불러오기와 저장하기

데이터 분석을 하다보면 분석해야 할 내용이 파일에 저장되어 있는 경우가 거의 대부분입니다. 일반 텍스트 형태일 수도 있고 엑셀 파일인 경우도 있고 그외에도 아주 다양한 형태가 있을 수 있습니다. 이번 장에서는 아주 중요하면서도 기본이 되는 데이터 불러오기와 저장하는 방법에 대해서 설명하겠습니다. R에서 데이터를 불러오고 저장하는 명령어들이 많이 있는데 여기서는 많이 사용하는 대표적인 명령어들 위주로 소개합니다.

일반적으로 많이 사용하는 윈도용 프로그램들은 대부분 파일을 불러오거나 저장하는 방법이 아주 편리하게 되어 있습니다. 아이콘 몇 번만 마우스로 누르면 불러오고 저장할 수 있습니다. 그러나 R에서는 명령어를 사용해서 불러오고 저장해야 합니다.

R에서 사용하는 데이터를 크게 나누면 비정형 데이터와 정형 데이터로 구분할 수 있습니다. 비정형 데이터란 형태가 고정되어 있지 않은 유형의 데이터를 말합니다. 이렇게 말하면 어렵죠? 그냥 우리가 일반적으로 많이 사용하는 댓글, 신문기사 등의 텍스트 데이터들은 대부분 비정형 데이터에 속합니다. 반면 정형 데이터란 엑셀이나 표에 저장된 데이터처럼 일정한 규칙을 가지고 있는 데이터들이고 나머지들은 대부분 비정형 데이터에 속한다고 보시면 됩니다.

여기서 중요한 점은 원본 파일이 어떤 형태인가에 따라서 다른 명령어를 사용해야 한다는 것입니다. 만약 명령어를 잘못 사용해서 파일을 불러오게 되면 후속 작업은 아예 할 수 없게 되는 경우가 많고 저장하는 명령어를 잘못 사용하면 고생해서 작업한 결과물을 모두 잃어버리게 될 수도 있습니다. 즉 비정형 데이터를 불러오는데 정형 데이터 불러오는 명령을 쓴다든지 반대로 정형 데이터를 불러오면서 비정형 데이터용 명령어를 쓴다면 데이터를 불러와도 형태가 망가지기 때문에 후속 작업을 할 수 없게 됩니다. 원본 데이터의 형태를 잘 보고 적절한 명령어를 사용해야 한다는 것을 꼭 기억해주세요.

비정형 데이터 불러오기 : readLines( ) 사용

구매후기.txt 파일을 R로 불러오겠습니다.

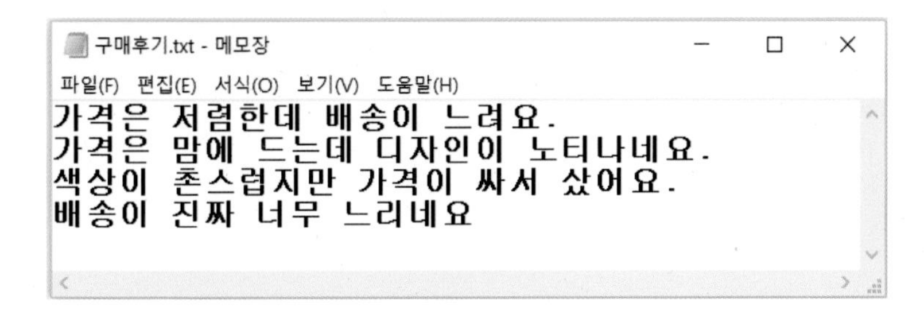

다음 그림을 보세요.

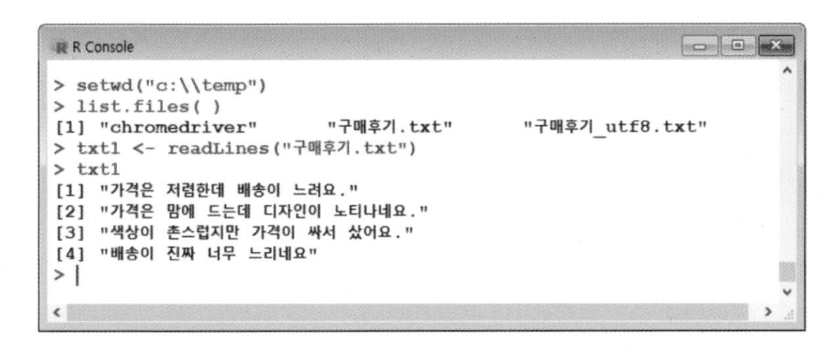

잘 불러오는 것이 확인됩니다. 주의사항은 readLines( )에서 대문자 "L"이라는 거 특히 주의하세요. 그런데 가끔 이상한 문자로 보이는 경우가 있어요. 아래 예제를 보세요.

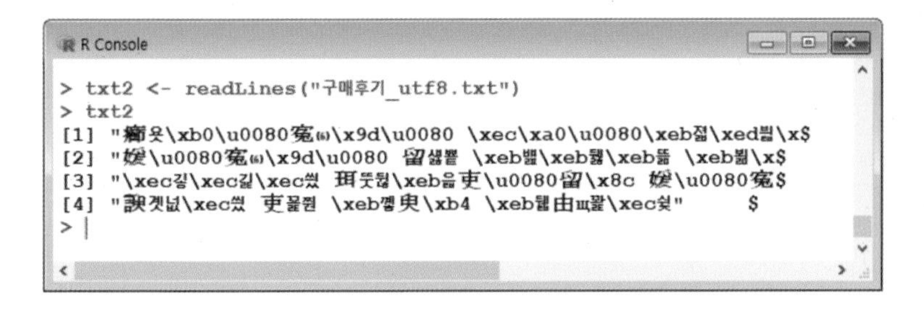

위의 그림이 암호같이 보이죠? 저런 현상은 인코딩이 달라서 생기는 현상인데요 만약 파일을 불러왔는데 그림처럼 보인다면 아래 그림처럼 옵션을 하나 더 써야 합니다.

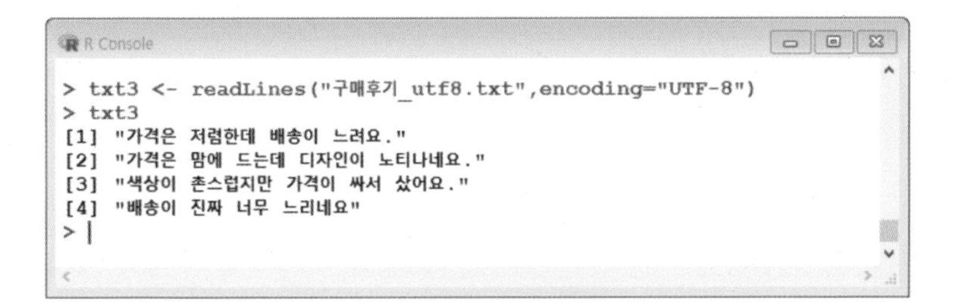

이제 잘 보이죠? 주의사항은 encoding="UTF-8"에서 UTF-8은 꼭 대문자로 쓰세요. 지금까지 비정형 데이터를 불러오는 가장 대표적인 명령을 살펴보았습니다.

정형 데이터 불러오기

read.table( ) 사용하기

read.table( ) 함수는 표 형태로 저장되어 있는 파일을 불러올 때 사용하는 명령입니다. 이때 중요한 것은 표에서 컬럼 사이의 구분은 공백이어야 한다는 것입니다. 실습에 사용할 전공.txt 파일은 아래와 같습니다.

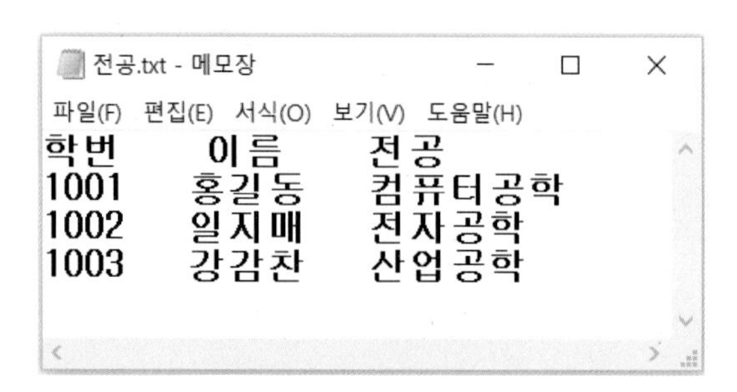

위 그림처럼 컬럼 구분이 공백으로 되어 있는 표 형식의 파일은 read.table( ) 함수로 불러오면 됩니다. 아래 그림을 보세요.

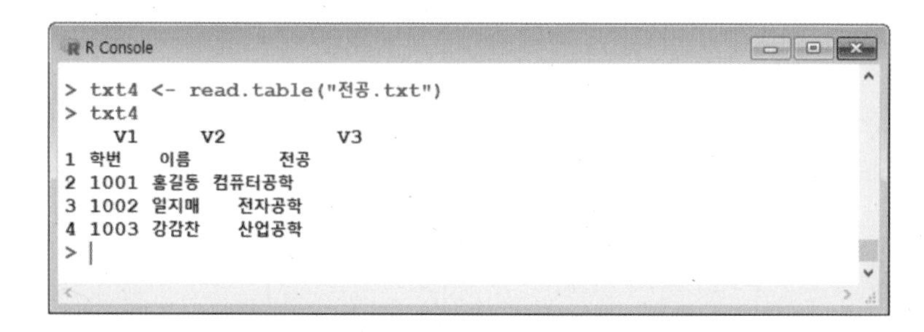

위 그림을 보니까 잘 불러오긴 했는데 맨 윗줄에 V1, V2, V3가 붙죠? 이건 자동으로 붙은 컬럼 이름입니다. 표에 컬럼 이름을 자동으로 붙여주는 기능 때문입니다. 만약 컬럼 이름이 있을 경우는 아래 그림과 같이 옵션을 하나 더 넣어주면 됩니다.

```
R Console
> txt5 <- read.table("전공.txt" , header=TRUE )
> txt5
  학번   이름       전공
1 1001 홍길동 컴퓨터공학
2 1002 일지매   전자공학
3 1003 강감찬   산업공학
> |
```

정상적으로 잘 불러오는 것이 확인됩니다. read.table( ) 함수는 다양한 옵션이 있는데 그중에서 아주 요긴한 옵션 한 가지를 더 소개합니다. 만약 아래 그림과 같이 컬럼 구분이 : 기호로 되어 있는 파일을 불러와야 할 경우에 아주 요긴합니다.

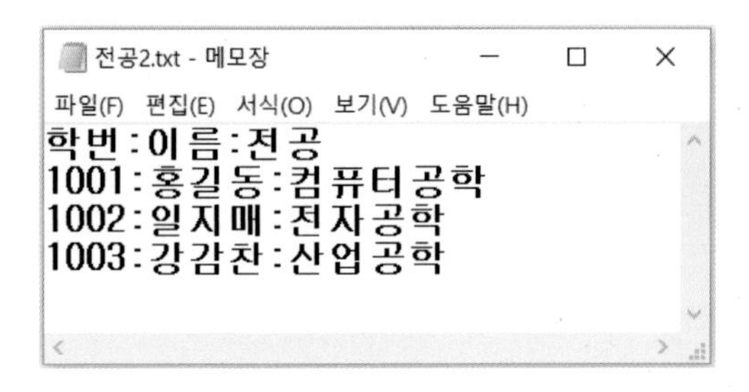

read.table( ) 함수의 옵션 중에 sep라는 옵션이 있는데 이게 컬럼의 구분 기호를 적어주는 옵션입니다. 기본값은 공백 기호이지만 다른 기호일 경우 이 옵션을 사용하면 됩니다. 다음 그림을 보세요.

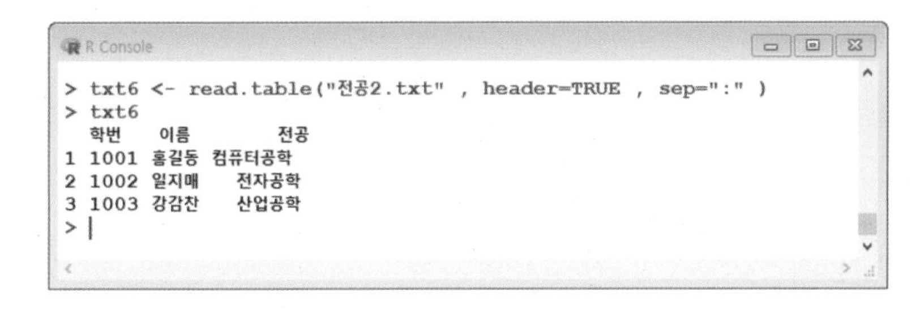

잘 불러오죠? 아주 많이 사용하는 명령이니까 꼭 기억해주세요. 만약 데이터 양이 너무 많을 경우는 read.table( ) 명령보다 data.table( )이라는 명령을 쓰세요. 더 빨라서 추천해드립니다.

read.csv( ) 사용하기

컬럼의 구분이 , (콤마기호)로 저장되어 있는 파일을 csv 형태 파일이라고 합니다. 엑셀 파일을 저장할 때나 다양한 인터넷에서 표 형태의 데이터를 저장할 때 아주 많이 사용하는 유형의 파일입니다. 아래 그림과 같은 형태입니다.

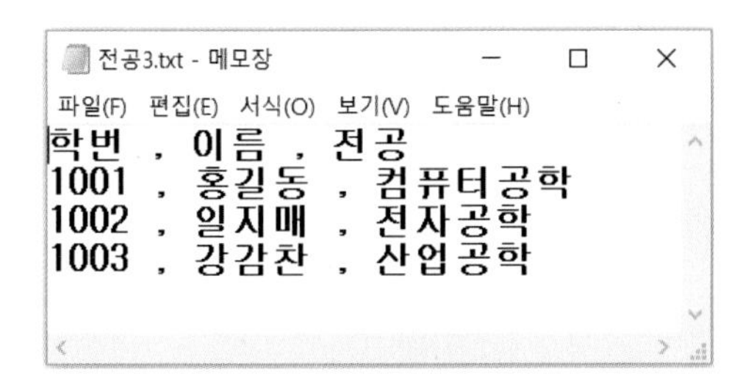

콤마로 구분된 csv 파일을 불러올 때 쓰는 명령어가 read.csv( ) 함수입니다. 다음 그림을 보세요.

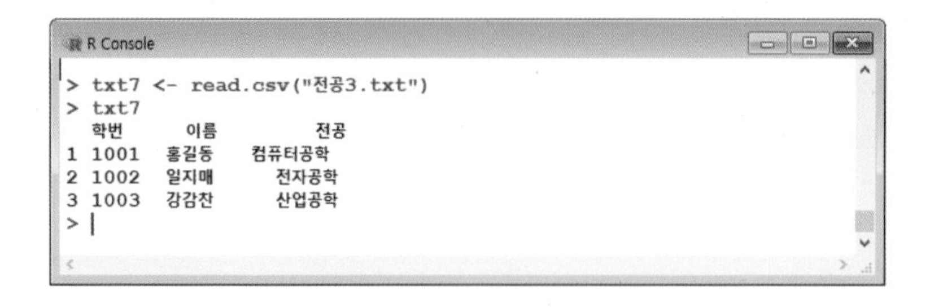

```
> txt7 <- read.csv("전공3.txt")
> txt7
  학번   이름       전공
1 1001 홍길동 컴퓨터공학
2 1002 일지매   전자공학
3 1003 강감찬   산업공학
> |
```

아주 쉽죠? 아주 많이 사용되는 명령어니까 꼭 기억해주세요.

readxl( ) : Excel 형식의 파일 불러오기

실무에서 excel로 저장된 데이터를 불러와서 작업을 해야 할 경우가 아주 많습니다. 그래서 excel 형식의 파일을 R로 불러오는 기능의 패키지들이 제법 많이 있습니다. 이 책에서는 다양한 패키지들 중에서 가장 많이 사용되고 편리한 readxl()이라는 패키지를 소개해드리겠습니다. 다음의 excel 파일입니다.

	A	B	C
1	학번	이름	전공
2	1001	홍길동	컴퓨터공학
3	1002	일지매	전자공학
4	1003	강감찬	산업공학
5			

1학기 2학기

readxl() 패키지는 기본적으로 설치가 안 되어 있기 때문에 독자님이 직접 추가로 설치를 해야 합니다. 아래 명령어 기억하시죠?

```
> install.packages("readxl")
> library("readxl")
```

위 작업으로 추가 설치하신 후 아래 그림을 보세요.

```
> txt8 <- read_excel("c:\\temp\\전공4.xls", sheet = 1)
> txt8
# A tibble: 3 x 3
   학번  이름      전공
  <dbl> <chr>     <chr>
1  1001 홍길동 컴퓨터공학
2  1002 일지매   전자공학
3  1003 강감찬   산업공학
```

아주 쉽게 불러오죠? sheet 옵션으로 sheet 이름을 지정하는 방법도 가능합니다.

```
R Console
> txt9 <- read_excel("c:\\temp\\전공4.xls", sheet ="2학기")
> txt9
# A tibble: 3 x 3
   학번     이름       전공
  <dbl>    <chr>      <chr>
1  1004   홍길순 컴퓨터공학
2  1005   전우치   전자공학
3  1006 을지문덕   산업공학
> |
```

참고로 이 명령은 xls 형식이나 최신 버전인 xlsx 형식 모두 잘 불러올 수 있습니다.

사용자로부터 데이터 입력받기

일을 하다보면 사용자에게서 데이터를 입력받아야 하는 경우도 많기 때문에 관련 방법을 소개하겠습니다.

scan( ) 함수 사용하기 : 숫자나 단어 입력받기

이 함수는 간단한 숫자나 단어(공백으로 구분)를 입력받을 때 사용합니다. 아래 그림을 보세요.

```
R Console
> no1 <- scan( )
1: 1
2: 2
3:
Read 2 items
> no1
[1] 1 2
> |
```

위 그림에서 no1 <- scan() 명령을 입력 후 엔터를 치면 1: 나오면서 사용자가 입력할 수 있는 대기 상태가 됩니다. 그 상태에서 숫자를 입력한 후 엔터 치면 다음 줄에서 또 입력을 할 수 있는 상태가 됩니다. 입력을 중단하고 싶으면 3: 부분처럼 빈칸에서 엔터 치면 됩니다. 문자나 날짜를 입력받을 때는 아래 그림처럼 what="" 또는 what=' ' 옵션을 사용해야 합니다.

```
R Console
> txt10 <- scan( )
1: 홍길동 일지매
Error in scan() :
  scan()은 'a real'를 입력받아야 하는데, '홍길동'를 받았습니다
> txt10 <- scan( what='' )
1: 홍길동 일지매
3: 강감찬
4:
Read 3 items
> txt10
[1] "홍길동" "일지매" "강감찬"
> |
```

위 그림에서 가운데 부분에 1: 홍길동 일지매 처럼 한 줄에 2단어를 입력했는데 공백 기준으로 분리를 해서 자동으로 2단어로 인식하는 거 보이죠?

readline( ) : 문장 입력받기

위에서 본 scan() 함수는 단어나 숫자를 입력받을 때 사용합니다. 문장을 입력받을 때는 readline() 함수를 사용하면 됩니다. 아래 그림을 보세요.

```
> txt11 <- readline( )
R이 좋아요~
> txt11
[1] "R이 좋아요~"
> txt12 <- readline('뭐가 좋아요? : ')
뭐가 좋아요? : R이 좋아요~
> txt12
[1] "R이 좋아요~"
>
```

위 그림에서 `txt11 <- readline( )` 명령을 실행하면 줄이 바뀌면서 대기 상태가 됩니다. 이 상태에서 입력할 문장을 입력 후 엔터를 치면 됩니다.

pdf 파일의 내용 읽어오기

텍스트 분석을 하기 위해서 자료를 찾다보면 pdf 형식으로 저장된 파일에서 데이터를 가져와야 할 경우가 아주 많이 있습니다. 그런데 pdf 형식은 글자가 아니고 이미지라서 일반 명령으로는 읽어올 수가 없습니다. 그래서 pdftools() 패키지를 소개해드립니다.

```
> install.packages("pdftools")
> library("pdftools")
```

위 명령으로 이 패키지를 설치해주세요. 혹시 위 패키지를 설치하면서 Rcpp 패키지 관련 에러가 난다면 Rcpp 패키지를 삭제하고 재설치한 후 위 패키지를 설치해주시면 됩니다.

```
> list.files( )
 [1] "AUtempR"          "chromedriver"      "error.log"
 [4] "pdf_ex1.pdf"      "구매후기.txt"      "구매후기_utf8.txt"
 [7] "전공.txt"         "전공2.txt"         "전공3.txt"
[10] "전공4.xls"
> list.files(pattern="pdf$")
[1] "pdf_ex1.pdf"
>
```

list.files( ) 명령은 작업 디렉토리의 목록을 보여주는 명령이며 특정 패턴의 파일명만 보고 싶을 경우 위 그림처럼 pattern 옵션을 사용하면 됩니다. 실제 pdf 파일에는 아래 그림과 같은 내용이 들어 있습니다.

> 이 파일은 pdf 연습용 파일입니다.
>
> R 공부 열심히 열심히 해주세요.
>
> 그리고 R 공부 정말 재미있죠?

pdf 파일의 내용도 잘 불러지는 것 확인되시죠?

SPSS와 SAS 파일 불러오기

통계 분석 도구 중에서 아주 많이 사용되고 있는 도구가 SPSS와 SAS인데 R에서 이 프로그램에서 작업하던 파일들을 다 불러올 수 있습니다. 아래 코드는 실습용 파일이 없어서 직접 해볼 수는 없지만 혹시 SPSS나 SAS 파일을 가지고 계신 분들은 직접 테스트를 해보세요.

SPSS 파일 형식 불러오기

```
install.packages("foreign")
library (foreign)
spss01 <- read.spss("spss01.sav",  to.data.frame=TRUE)
```

SAS 파일 불러오기

```
install.packages("foreign")
library (foreign)
sas01 <- read.ssd(libname="c:/temp/, sectionnames="retail",
         sascmd="C:/Program  Files/SAS/SAS 9.1/sas.exe");
```

지금까지 다양한 유형의 파일에 저장되어 있는 데이터들을 R로 불러오는 방법들을 R랴드렸습니다. 열심히 연습해주세요.

다양한 유형으로 저장하기

write( ) / writeLines( ) : 비정형 형태로 저장하기

앞에서 배웠던 readLines( ) 명령 기억하시죠? 비정형 데이터를 불러왔던 명령이었습니다. write나 writeLines( )는 비정형 형태로 저장할 때 사용하는 명령입니다.

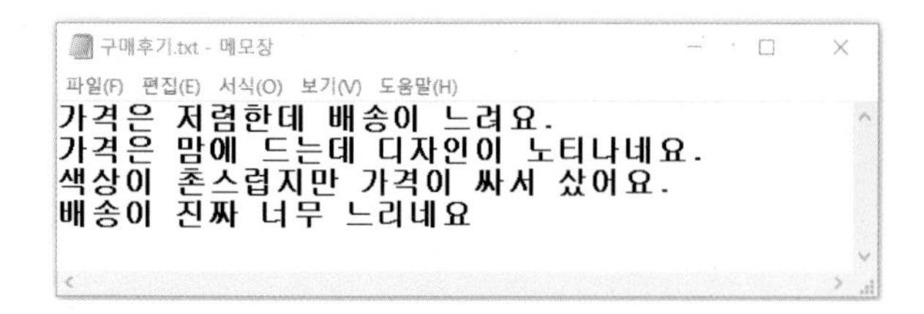

가격은 저렴한데 배송이 느려요.
가격은 맘에 드는데 디자인이 노티나네요.
색상이 촌스럽지만 가격이 싸서 샀어요.
배송이 진짜 너무 느리네요

이 명령으로 저장하면 위의 그림처럼 비정형 형태로 저장이 됩니다.

write.table( ) : 공백으로 구분된 테이블 형태로 저장하기

read.table( ) 명령 기억하시죠? 공백으로 컬럼이 구분된 테이블 형태의 파일을 불러오는 명령이었잖아요. write.table( ) 명령은 공백으로 구분된 컬럼을 가진 테이블 형태로 저장을 해주는 명령입니다. R에서 작업한 결과를 다른 프로그램(예를 들어 엑셀)으로 보내기 위해 저장할 때 이 명령을 아주 많이 사용하니까 꼭 기억해주세요.

```
R Console
> txt14 <- read.table("전공.txt", header=T)
> txt14
  학번    이름       전공
1 1001  홍길동  컴퓨터공학
2 1002  일지매    전자공학
3 1003  강감찬    산업공학
> write(txt14 , "txt14.txt" )
Error in cat(x, file = file, sep = c(rep.int(sep, ncolumns - 1),$
  타입 'list'인 인자 1는 'cat'에 의하여 다루어 질 수 없습니다
> write.table(txt14 , "txt14.txt" )
> |
```

작업 디렉토리에 저장된 txt14.txt을 열어보니 아래 그림과 같이 저장되었습니다.

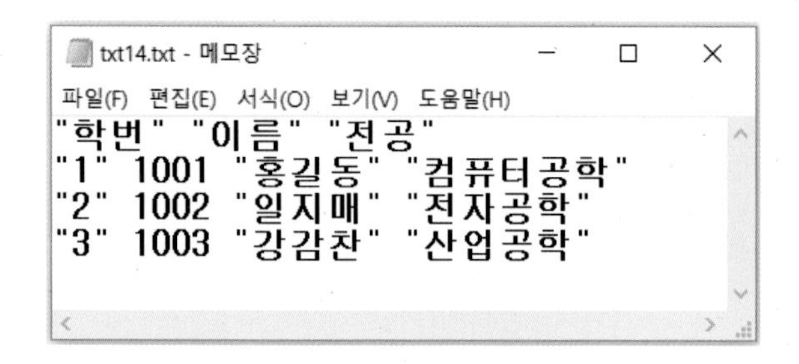

"학번" "이름" "전공"
"1" 1001 "홍길동" "컴퓨터공학"
"2" 1002 "일지매" "전자공학"
"3" 1003 "강감찬" "산업공학"

write.csv – csv 형태로 저장하기

R에서 작업한 후 그 결과를 엑셀 등 외부 프로그램으로 저장할 때 아주 많이 사용하는 형식이 바로 csv 형식입니다. csv 형식을 읽어올 때 read.csv( ) 명령을 사용했는데 저장을 할 때는 write.csv( ) 명령을 사용하면 됩니다. 다음 그림을 보세요.

```
R Console
> txt14
  학번    이름        전공
1 1001 홍길동 컴퓨터공학
2 1002 일지매   전자공학
3 1003 강감찬   산업공학
> write.csv(txt14 , 'txt14.csv' )
> |
```

저장된 결과는 아래의 그림처럼 컬럼 구분이 콤마로 되어 있는 csv 형태입니다.

```
txt14.csv - 메모장
파일(F) 편집(E) 서식(O) 보기(V) 도움말(H)
"","학번","이름","전공"
"1",1001,"홍길동","컴퓨터공학"
"2",1002,"일지매","전자공학"
"3",1003,"강감찬","산업공학"
```

작업 결과를 엑셀 등으로 넘겨서 작업할 때 아주 많이 사용하는 명령이니까 꼭 기억해주세요.

엑셀(xls, xlsx) 형식으로 저장하기

엑셀 형식의 파일을 불러올 때 다양한 패키지 중에서 readxl()이라는 패키지를 소개했습니다. 이 패키지는 R에 기본적으로 없어서 별도로 추가 설치를 했던 거 기억나시죠? R에서 작업한 결과를 xls 이나 xlsx 형식으로 저장할 때도 다양한 패키지들이 있지만 아주 편리하게 사용할 수 있는 xlsx() 패키지를 소개합니다. 이 패키지는 내장되어 있는 기능이 아니라서 독자님이 수동으로 추가 설치를 해야 합니다.

```
> install.packages("xlsx")
> library("xlsx")
```

위 명령으로 패키지를 설치한 후 다음 그림을 보세요.

```
R Console
> txt14
  학번    이름        전공
1 1001 홍길동 컴퓨터공학
2 1002 일지매   전자공학
3 1003 강감찬   산업공학
> write.xlsx(txt14 ,"txt14.xls")
> |
```

작업 디렉토리를 확인해보면 txt14.xls 파일이 생성되어 있을 거예요. 엑셀에서 잘 열릴 겁니다.

SPSS와 SAS 형태의 파일로 저장하기

앞에서 SPSS와 SAS 형식의 파일을 불러올 때 foreign( ) 패키지를 설치했던 거 기억하시죠? 불러올 때와 마찬가지로 저장할 때도 foreign( ) 패키지를 사용합니다. 혹시 이 패키지를 설치 안 하신 분께서는 아래와 같이 설치해주세요.

```
> install.packages("foreign")
> library("foreign")

> write.foreign(txt14, datafile="sas_01.txt", codefile="sas_01.sas", package="SAS")
> write.foreign(txt14, datafile="spss_01.txt", codefile="spss_01.sps", package="SPSS")
```

그림 저장하기

그래프나 그림을 그리는 작업을 한 후 저장을 할 때 대표적으로 사용하는 명령어입니다.

```
R Console
> x <- c(1,2,3,4,5)
> plot(x)
>
> savePlot("x.png", type="png")
> |
```

이제 작업 디렉토리에 x.png 파일이 생성되어 있을 거예요. 지금까지 우리는 다양한 형식의 파일을 R로 불러오는 다양한 명령들을 배웠습니다. 여기서 알려드린 것 말고도 RDBMS에 저장된 데이터를 R에서 바로 연결하여 데이터를 추출해내는 방법도 있는데 내용이 너무 많아서 생략을 했습니다. 다양한 RDBMS(Oracle, MS-SQL, MY-SQL, PostgreSQL 등)에 직접 연결하는 방법이 궁금하신 분들은 R라뷰(서진수 저) 책을 보시면 아주 자세하게 나와 있으니 참고하세요. 그리고 또 작업 결과를 저장하는 다양한 방법들을 배웠습니다. R에서 어렵게 작업을 해서 결과를 만들었는데 저장을 잘 못하게 되면 모든 데이터를 한 순간에 다 망치는 결과가 나올 수 있으니 아주 중요하게 생각하시고 공부해주세요.

사용자 정의 함수와 조건문과 반복문

실제로 데이터 분석을 할 때 —빅데이터라고 불릴 만큼으로 양이 많지 않더라도— 가장 많이 하는 작업 중 한 가지가 조건 처리와 반복 작업입니다. 예를 들어 A 조건이면 이렇게 하고 B 조건이면 저렇게 하는데 데이터가 100만 건일 경우 100만 번 조건 체크와 분류를 반복해야 하니까요.

프로그래밍을 배우는 이유는 사람이 조금 더 편해지려는 것인 만큼 가장 핵심적인 내용을 이번 장에서 배웁니다. 이번 장의 분량은 많지 않지만 중요성은 아주아주 크니까 꼭 열심히 공부해서 다 이해할 수 있도록 해주세요. 이번 내용을 이해 못하면 데이터 분류할 때나 그래프 그릴 때나 워드 클라우드 같은 작업을 해야 할 때 완전 좌절할 수 있으니까 정신 챙기고 열공 부탁드려요!

사용자 정의 함수

함수란 입력된 값을 받아서 정해진 방식으로 작업을 해서 출력 값을 내는 것을 말합니다. 더 쉽게 말하면 자판기도 함수입니다. 돈과 사용자가 원하는 메뉴라는 입력 값을 받고 내부적으로 정해진 작업을 해서 제품이나 음식을 출력 값으로 보내주는 것이 함수의 역할과 똑같습니다.

대부분의 프로그래밍 언어들은 아주 다양한 함수들을 미리 만들어놓고 사용자가 그 함수를 배워서 사용할 수 있습니다. 엑셀이나 파이썬, R, Java 등 많은 프로그램에서 아주 다양한 함수들을 제공하고 있습니다.

그런데 일을 하다보면 내가 원하는 기능을 하는 함수가 없는 경우나 그 함수를 못 찾을 경우가 있어요. 이럴 때는 내가 직접 함수를 만들어서 사용할 수가 있습니다. 식당에 맛난 거 먹으러 갔는데 내 입맛에 맞는 메뉴를 못 찾아서 자기가 직접 만들어 먹는 것과 같은 개념입니다.

함수를 직접 만들어서 쓴다는 것이 아주 어렵게 느껴질 수 도 있지만 아래의 몇 가지 예제들을 보면서 공부하시면 금방 배우실 거예요. 겁내지 마시고 차근차근 따라하면서 이해해주세요.

사용자 정의 함수를 만드는 문법

```
함수이름 <- function (입력되는 값 저장 변수) {
                                        할 일 1
                                        할 일 2
                                        return (결과값)
                                      }
```

역시 문법은 숨을 막히게 합니다. 하지만 자세히 쉽게 설명해드릴 테니 걱정 마시고 잘 보세요. 위 문법에서 함수 이름은 독자님이 원하는 이름으로 정하시면 됩니다. 앞에서 변수 만들 때 변수 이름 정했던 것과 동일합니다. 그리고 <- function까지는 그냥 그대로 쓰고 입력되는 값을 저장할 변수를 괄호 안에 쓰면 됩니다. 중괄호 사이에는 입력받은 값을 가지고 할 일을 순서대로 적어주시면 됩

니다. 마지막에 return(결과값) 부분에서는 앞에서 작업한 최종 결과값을 저장한 변수를 적어주면 됩니다. 제가 말주변이 없어서, 설명을 쉽게 한다고 해도 좀 많이 어렵죠? 아래의 예제들을 통해서 사용자 정의 함수를 확실하게 이해시켜드리겠습니다!

사용자 정의 함수 예제

1개의 숫자를 입력받아서 3제곱 값을 출력하는 함수를 만드세요.

```
R Console
> myf_1 <- function(a) {
+                             b <- a^3
+                             return(b)
+                           }
>
> myf_1(3)
[1] 27
> |
```

위 그림에 있는 사용자 정의 함수를 설명하겠습니다. 설명 편의상 그림을 한번 더 보겠습니다.

```
R Console
> myf_1 <- function(a) {
+                             b <- a^3
+                             return(b)
+                           }
>
> myf_1(3)
[1] 27
> |
```

위 그림에서 먼저 사용자가 myf_1(3)으로 함수에 3이라는 숫자를 넣고 실행을 합니다. 그러면 사용자가 입력한 숫자 3이 그림의 가장 윗줄에 있는 function(a) 부분의 a라는 변수에 저장이 됩니다. 그리고 a 변수에 담긴 값이 중괄호 사이에 있는 문장으로 전달이 되는데 a^3 작업을 해서 나온 결과 27일 b 변수에 담습니다. 그리고 그 아래에서 return(b)에 의해 화면에 27이 출력이 됩니다. 내용이 복잡해 보이시는 분들은 차근차근 다시 읽어 보세요. 위 예제를 꼭 이해해야 합니다.

두개의 숫자를 입력받아서 두 수의 곱을 출력하는 함수 만들기

이번에는 숫자 2개를 입력받아서 두 수의 곱을 출력하는 사용자 정의 함수를 만들어보겠습니다. 위의 예제와 거의 비슷한데 변수를 2개 쓴다는 부분만 다릅니다.

```
> myf_2 <- function(a,b) {
+                          c <- a*b
+                          return(c)
+                         }
> myf_2(4,5)
[1] 20
> |
```

사람이 myf_2(4,5)를 실행하여 4와 5를 입력 값으로 주었는데 4는 변수 a에 저장되고 5는 변수 b에 저장되었겠죠? 그 이후는 위와 동일합니다. 이제 사용자 정의 함수 만드는 거 이해하셨죠?

조건문

조건문은 말 그대로 값의 조건을 체크하여 분기를 시키는 문장이며 분기문으로 불리기도 합니다. 프로그램 언어별로 다양한 조건문이 있는데 R에서는 if 조건문만 잘 알면 충분하기에 여기서도 if 조건문을 자세하게 설명하겠습니다.

if 조건문은 if라는 말 그대로 "만약 ~라면"이라는 뜻입니다. 즉 입력된 조건을 비교해서 다음에 뭘 할지를 결정하는 것이지요. 비교 연산자를 먼저 살펴보고 if 조건문을 보겠습니다.

기호	의미
==	같다(두 개 연속으로 사용)
!=	같지 않다
>=	크거나 같다
>	크다
<=	작거나 같다
<	작다

위 연산자들은 대부분 알고 있던 거죠? 약간 특이하면서도 중요한 것이 첫 번째와 두 번째입니다. 연산자를 활용해서 조건을 체크한 후에 분기를 시키는데 if 문도 크게 나누면 2가지 경우가 있어요.

조건이 2개만 있을 경우

조건이 2개만 있을 경우에 사용하는 if 문장은 2개의 유형이 있는데 지금부터 설명하겠습니다.

if ~ else 문 문법

이 문장의 문법은 아래와 같습니다.

```
if (조건)  {
           조건에 맞을 때 실행될 식 1
           조건에 맞을 때 실행될 식 2
           }
  else {
           조건이 아닐 때 실행될 식1
           조건이 아닐 때 실행될 식1
      }
```

위 문법을 조금 더 쉬운 예제로 바꿔보겠습니다.

```
"만약 지갑에 돈이 1만원 이상 있으면 갈비탕 먹고 라떼 마시고
그게 아니면 김밥 먹고 커피믹스 먹자."
```

위 문장을 보면 조건이 딱 2개죠? 이 문장을 if 문으로 바꾸어서 쓰면 다음과 같이 됩니다.

```
if ( money >= 10000)  {
                        갈비탕 먹자
                        라떼 먹자
                       }
else {
      김밥 먹자
      커피믹스 먹자
     }
```

위 그림처럼 코드를 만들면 됩니다. 이제 실제 예제로 if 문을 살펴보겠습니다.

5보다 큰 값이 입력되면 1을 출력하고 그외의 경우는 0을 출력하는 함수

```
R Console
> if_ex1 <- function(x) { if ( x > 5 ) {
+                                          return(1)
+                                         }
+                         else {
+                                 return(0)
+                               }
+                       }
> if_ex1(4)
[1] 0
> if_ex1(6)
[1] 1
> |
```

중괄호가 많아서 문법이 약간 복잡해 보이지만 앞에서 배웠던 사용자 정의 함수 만드는 부분과 함께 보시면 이해하실 수 있을 거예요.

입력된 숫자가 3의 배수면 입력 값의 제곱을 해서 결과를 출력하고 3의 배수가 아닐 경우에는 0을 출력

```
R Console
> if_ex2 <- function(x) {
+                         if ( x %% 3 == 0 ) {
+                                             y <- x^2
+                                             return(y)
+                                            }
+                         else {
+                                y <- x*0
+                                return(y)
+                              }
+                         }
> if_ex2(6)
[1] 36
> if_ex2(4)
[1] 0
> |
```

위 예제는 앞의 예제와 비슷한데 조건을 체크하는 부분에서 if (x %% 3 == 0) 이 부분이 좀 다르죠? R에서 사용하는 데이터 유형 중에서 숫자 부분에서 산술 연산자를 설명하면서 %% 기호가 나머지 값을 구하는 연산자라고 했습니다. 이번 예제에서 입력된 값 x를 3으로 나누어서 나머지가 0일 경우는 3의 배수라서 조건 부분에 이렇게 사용했습니다. 나머지 예제들은 앞에서 배웠던 내용이 반복되는 것이니까 잘 아시겠죠?

ifelse 조건문

이번에 볼 조건문은 약간 특이한 형태지만 간단해서 조건이 2개일 경우에 아주 많이 사용되는 문장입니다. 이 문장의 문법은 아래와 같습니다.

```
ifelse(조건, 참일 경우 실행 값, 거짓일 경우 실행 값)
```

바로 위에서 살펴본 3의 배수이면 제곱으로 출력하고 아닐 경우는 0으로 출력하는 예제를 ifelse 문장으로 바꿔보겠습니다.

```
R Console
> if_ex3 <- function(x) { ifelse( x %% 3 == 0 , x^2 , x*0 ) }
> if_ex3(6)
[1] 36
> if_ex3(4)
[1] 0
> |
```

위 그림은 앞의 3번 예제와 동일한 예제인데 ifelse 문으로 바꾸어서 작성한 코드입니다. 훨씬 코드가 간단해지죠? 조건이 2개밖에 없을 경우에는 지금 본 ifelse 문장을 아주 많이 사용하고 있습니다.

if ~ else if ~ else 문 사용하기(조건이 3개 이상일 경우)

조건에 따라서 분류를 하다보면 조건이 3개 이상인 경우도 많이 있습니다. 예를 들어서 고객의 마일리지 점수별로 상품을 결정할 때든지 학생의 점수별로 성적을 계산할 때도 경우의 수가 3가지 이상이 나옵니다. 이때 사용하는 것이 if ~ else if ~ else 문장인데 문법부터 먼저 본 후에 실제 코딩으로 만들어보겠습니다.

문법

```
if ( 조건식 1) {
               조건식 1이 참일 때 실행될 문장
             }
 else if ( 조건식 2) {
                     조건식 1이 아니고 조건식 2가 참일 경우 실행될 문장
                   }
  ......................
 else {
        조건식 1도 아니고 조건식 2도 아닐 경우 실행될 문장
     }
```

문법을 보니 역시 조금 어렵고 복잡하게 보입니다. 하지만 앞에서 살펴본 예제들과 구조가 거의 비슷하니까 겁내지 말고 차근차근 살펴보세요. 아래의 예를 보고 다시 설명하겠습니다. 아래의 예는 사용자로부터 과일 이름을 입력받은 후 "사과"면 "Good"을 출력하고 "감"이면 "Very Good"을 출력하고 "귤"이면 "SOSO"를 출력하고 이 이름들이 아니면 "다시 입력"을 출력하는 예제입니다.

```
R Console
> fruits <- function(x) {
+           if ( x == "사과" )     { print("Good") }
+           else if ( x == "감" ) { print("Very Good") }
+           else if ( x == "귤" ) { print("SOSO") }
+           else { print("다시입력") }
+                     }
>
>
> fruits("사과")
[1] "Good"
> fruits("감")
[1] "Very Good"
> fruits("귤")
[1] "SOSO"
> fruits("감자")
[1] "다시입력"
> |
```

앞에서 설명했던 부분들이 계속 반복되는 내용이니까 꼭 이해하고 넘어가세요.

조건이 두 개 이상일 경우

앞에서 살펴본 여러 예제들은 조건 체크를 할 때 조건이 1개였지만 실제 상황에서는 조건이 여러 가지 인 경우가 많습니다. 이렇게 조건이 여러 가지일 때 어떻게 하는지 살펴보겠습니다.

기호	의미
!= (느낌표)	~가 아닐 경우 참이 됨 (NOT라고도 합니다)
&, &&	모든 조건을 동시에 만족해야 참이 됨 (AND라고도 합니다)
|, || (바 기호)	모든 조건 중 1가지만 만족해도 참이 됨 (OR라고도 합니다)

위 기호들의 설명만 봐서는 잘 모르겠죠? 아래의 예제로 살펴보겠습니다.

!= 기호 사용 예

사용자가 입력한 숫자가 0이 아닐 경우 "볼 낯이 없음"을 출력하고 0일 경우 "만나자"를 출력하는 예제입니다.

```
> not_ex1 <- function(x) {
+                              if ( x != 0) {
+                                             print("볼 낯이 없음")
+                                             }
+                              else {
+                                     print("만나자" )
+                                    }
+                              }
> not_ex1(1)
[1] "볼 낯이 없음"
>
> not_ex1(0)
[1] "만나자"
> |
```

앞 예제에서 중요한 부분은 x != 0 조건 부분이에요.

& 기호 사용 예

아래 예제는 입력된 두 숫자가 모두 5보다 클 경우 두 수의 합을 출력하고 아닐 경우는 두 수의 곱을 출력하는 예제입니다.

```
> amp_ex1 <- function(a,b) {
+                              if ( ( a > 5) & ( b > 5)) {
+                                                          c <- a + b
+                                                          print(c)
+                                                         }
+                              else {
+                                     c <- a * b
+                                     print(c)
+                                    }
+                              }
> amp_ex1(6,7)
[1] 13
> amp_ex1(6,2)
[1] 12
> |
```

| 기호 사용 예

여기서 사용하는 | (바 기호)는 키보드에서 엔터 키 위에 \ 기호와 함께 있는 기호입니다. 아래의 예제로 사용법을 살펴보겠습니다. 두 수를 입력받아 하나의 숫자라도 0보다 작으면 두 수의 합을 출력하고 아닐 경우는 두 수의 곱을 출력하는 예제입니다.

```
> bar_ex1 <- function(x,y) {
+                          if (( x < 0) | ( y < 0)) {
+                                                    z <- x + y
+                                                    return(z)
+                                                   }
+                          else {
+                                 z <- x * y
+                                 return(z)
+                                }
+                          }
> bar_ex1(1,2)
[1] 2
> bar_ex1(-1,2)
[1] 1
> |
```

이제 조건이 2개 이상 동시에 입력될 경우 어떻게 사용하는지 알겠죠? 다양한 if 조건문 활용 방법을 살펴봤는데 열심히 공부해서 꼭 이해해야 합니다.

연습 문제

1. 다음 그림은 두 숫자를 입력받아 큰 숫자에서 작은 숫자를 뺀 결과를 출력하는 함수입니다. 네모 칸에 올 적절한 식을 쓰세요.

```
R Console
> do_hap <- function(x,y) {  [          ]
+
+
+
+
+
+
+                            }
>
> do_hap(3,2)
[1] 1
> do_hap(2,4)
[1] 2
> |
```

2. 아래 그림은 사용자에게 "봄", "여름", "가을", "겨울" 중 1가지를 입력받은 후 "봄"이나 "가을"이면 "봄 여행이 최고죠~!", "가을 여행이 최고죠~!"라고 출력시키고 나머지 계절이 입력되면 "내년 봄이나 가을에 여행가세요~^^"를 출력하는 함수입니다. 네모 칸 안에 적절한 코드를 쓰세요.

```
R Console
> travel <- function(a) {
+           if( [          ]
+
+
+           else {
+                print("내년 봄이나 가을에 여행가세요~^^")
+               }
+           }
> travel("봄")
[1] "봄 여행이 최고죠~!"
> travel("가을")
[1] "가을 여행이 최고죠~!"
> travel("여름")
[1] "내년 봄이나 가을에 여행가세요~^^"
> |
```

반복문

앞에서 살펴본 if 조건문은 조건에 따라서 수행할 작업을 지정하는 용도였는데 지금부터 살펴볼 반복문은 이름 그대로 반복하는 작업을 할 때 사용하는 명령입니다. 실제 데이터 분석 작업을 할 때 반복하는 작업을 하는 경우가 아주 많으니까 하나씩 차근차근 봐주세요.

반복문은 조건을 체크해서 조건이 "참"일 동안에 계속 반복하는 while( ) 반복문이 있고 반복 회수를 지정하여 반복시키는 for( ) 반복문이 있습니다. 사실 매뉴얼 상에서는 두 가지 반복문을 구분하지만 실제로는 while( ) 반복문에서 조건 대신 회수를 지정할 수도 있고 for( ) 반복문에서 회수대신 조건을 지정하는 경우도 아주 많습니다. 한 가지씩 자세하게 살펴보겠습니다.

while( ) 반복문 : 조건이 참일 동안 계속 반복

기본 문법

```
while(조건) {
              실행될 문장 1
              실행될 문장 2
              조건을 증감하는 문장
            }
```

기본 문법만 봐서는 무슨 말인지 잘 이해가 안 가죠? 문법을 살펴보면 먼저 조건을 확인한 후 해당 조건이 참이면 실행될 문장 1, 2를 수행한 후 조건을 증가 또는 감소시킨 후 다시 while(조건)을 실행합니다. 조건이 참일 동안에는 이런 작업이 계속 반복되며 만약 처음 조건이 거짓이 되면 1번도 수행 안 될 수도 있습니다. 문법 설명만 들어서는 느낌이 잘 안 오죠? 그럼 아래 예제를 보고 더 쉽게 이해해볼까요?

숫자를 하나 입력받아서 1부터 그 숫자까지 화면에 출력

```
R Console
> while_ex1 <- function(x) {
+                            no = 1
+                            while (x >= no) {
+                                             print(no)
+                                             no <- no + 1
+                                            }
+                            }
>
> while_ex1(4)
[1] 1
[1] 2
[1] 3
[1] 4
> |
```

2번째 줄에서 먼저 no에 1을 넣습니다. 그 다음에 while(x >= no) 문장으로 사용자가 입력한 값이 있는 x와 no를 비교해서 조건이 참일 경우 오른쪽 중괄호 안에 있는 내용들을 출력시킵니다. 이런 과정이 반복되다가 while() 문의 조건이 거짓이 되는 순간 반복은 멈추게 됩니다.

사용자에게 숫자를 하나 입력받아서 1부터 그 숫자까지의 합을 구하는 함수

```
R Console
> while_ex2 <- function(x) {
+                             hap <- 0
+                             no <- 1
+                             while (x >= no) {
+                                           hap = hap + no
+                                           no <- no + 1
+                                         }
+                             print(hap)
+                             }
>
>
> while_ex2(3)
[1] 6
> |
```

누적합을 저장하기 위해 hap 변수를 설정하고 처음 값을 0으로 지정했습니다. 나머지 부분은 앞의 설명과 모두 동일합니다.

break / next 활용하기

while() 반복문이 가지고 있는 옵션 중에서 반복하다가 어떤 조건이 나오면 반복을 멈추게 하는 옵션이 break이고 특정 조건을 건너뛰게 만드는 옵션이 next입니다. 아주 요긴하게 사용되는 옵션이니까 예제를 보면서 잘 공부해보세요. 아래 예는 char 변수에 5개의 문자를 넣은 후 그 문자들을 순서대로 출력을 시키다가 "c"가 나오면 반복을 멈추는 코드입니다.

```
R Console
> char <- c('a','b','c','d','e')
> cnt <- length(char)
> x <- 0
> while ( x < cnt) {
+                   x <- x + 1
+                   if(char[x]=='c') break
+                   print(char[x])
+                 }
[1] "a"
[1] "b"
>
```

break 대신 next를 사용해서 “c”가 나오면 “c”를 건너뛰고 계속 출력 작업을 반복하는 코드입니다.

```
R Console
> char <- c('a','b','c','d','e')
> cnt <- length(char)
> x <- 0
> while ( x < cnt) {
+                     x <- x + 1
+                     if(char[x]=='c') next
+                     print(char[x])
+                    }
[1] "a"
[1] "b"
[1] "d"
[1] "e"
> |
```

break와 next모두 아주 많이 사용되니까 꼭 이해할 수 있도록 많이 공부해주세요.

연습 문제

1. 아래는 char1 벡터에 있는 값을 차례대로 출력하는 함수입니다.

그림처럼 "내사랑 새우깡"의 형식으로 출력을 하다가 "칸쵸"라는 이름을 만나면 반복을 멈추도록 네모 칸에 적절한 코드를 쓰세요. 힌트 : paste(a, b)하면 출력 결과는 a b 이렇게 나옵니다.

```
R Console
> char1 <- c("새우깡","맛동산","자갈치","칸쵸","허니버터칩")
> cnt <- 0
> while (
+
+
+
+
[1] "내사랑 새우깡"
[1] "내사랑 맛동산"
[1] "내사랑 자갈치"
> |
```

2. 아래 그림처럼 char1 변수에 있는 과자명을 출력하되 "칸쵸"를 만나면 "칸쵸 미워"를 출력하도록 네모 칸에 적절한 코드를 쓰세요.

```
R Console
> char1 <- c("새우깡","맛동산","자갈치","칸쵸","허니버터칩")
> cnt <- 0
> while (
+
+
+
+
+
+
+
+          }
[1] "새우깡 너 좋아!"
[1] "맛동산 너 좋아!"
[1] "자갈치 너 좋아!"
[1] "칸쵸 너 미워!"
[1] "허니버터칩 너 좋아!"
> |
```

for( ) 반복문

앞에서 while( ) 반복문은 조건을 먼저 검사한 후 "참"이면 반복을 하는 명령이었습니다. 이 말은 몇 번이나 반복할지는 아무도 모른다는 뜻이죠. 그래서 반복 회수가 중요한 경우에는 지금 배울 for( ) 반복문을 많이 사용합니다. 문법을 먼저 본 후 실제 코딩하는 예제를 보겠습니다.

for( ) 반복문 문법

```
for ( 변수 in 반복시작숫자 : 반복끝숫자) {
                                        반복할 문장 1
                                        반복할 문장 2
                                      }
```

위 문법을 보면 "반복 시작 숫자 : 반복 끝 숫자", 이 부분이 많이 생소할 거 같네요. : (콜론) 기호는 앞에서 배웠는데 시퀀스라고 연속적인 숫자를 할당할 때 많이 사용합니다. 문법이 살짝 어려워 보이는데 예제를 살펴보겠습니다.

숫자를 하나 입력받아서 1부터 해당 숫자까지 연속적인 숫자를 출력

```
R Console
> for_ex1 <- function(x) {
+                           for ( i in 1 : x ) {
+                                               print(i)
+                                              }
+                          }
> for_ex1(3)
[1] 1
[1] 2
[1] 3
> |
```

사용자가 3을 입력하면 for(i in 1 : 3)으로 설정이 됩니다. 1:3이란 풀어서 쓰면 1, 2, 3이죠? 이렇게 만든 후 맨 앞의 숫자 1이 i 변수에 담겨 중괄호 안으로 전달됩니다. 중괄호 안에 있는 print(i) 함수는 i 변수에 담긴 값을 화면에 출력하죠. 이제 1로 할 작업이 없어서 1의 역할은 끝났고 두 번째 숫자인 2가 i에 담겨서 print( )함수에 전달됩니다. 이런 패턴이 숫자가 끝날 때까지 반복이 됩니다. 아주 중요한 내용이니까 꼭 기억해주세요.

숫자를 하나 입력받아서 1부터 그 숫자까지의 합을 구하는 함수를 for( ) 반복문을 사용

```
> for_ex2 <- function(x) {
+                             hap <- 0
+                             for ( i in 1 : x ) {
+                                                   hap <- hap + i
+                                                 }
+                             print(hap)
+                            }
> for_ex2(10)
[1] 55
> for_ex2(100)
[1] 5050
> |
```

while( ) 반복문보다 조금 더 간단해진 것 같습니다. 반복문과 조건문은 견우와 직녀, 오성과 한음, 캐리와 캐빈처럼 대부분 붙어다니면서 함께 많이 사용됩니다. 가장 힘든 부분 중 한 가지가 반복문과 조건문을 섞어서 사용할 경우입니다. 이때는 원리를 정확하게 모르면 나중에 많이 헷갈리니까 꼭 지금까지 살펴본 내용들을 공부해서 자신의 실력으로 만들어주세요.

연습 문제

1. 아래 그림은 char1 벡터에 있는 값을 for( ) 반복문을 사용하여 차례대로 출력하는 함수입니다. 아래 그림처럼 "내사랑 새우깡"의 형식으로 출력을 하도록 네모 칸 안에 적절한 코드를 작성하세요.

```
R Console
> char1 <- c("새우깡","맛동산","자갈치","칸쵸","허니버터칩")
> for
+
+
[1] "내사랑 새우깡"
[1] "내사랑 맛동산"
[1] "내사랑 자갈치"
[1] "내사랑 칸쵸"
[1] "내사랑 허니버터칩"
> |
```

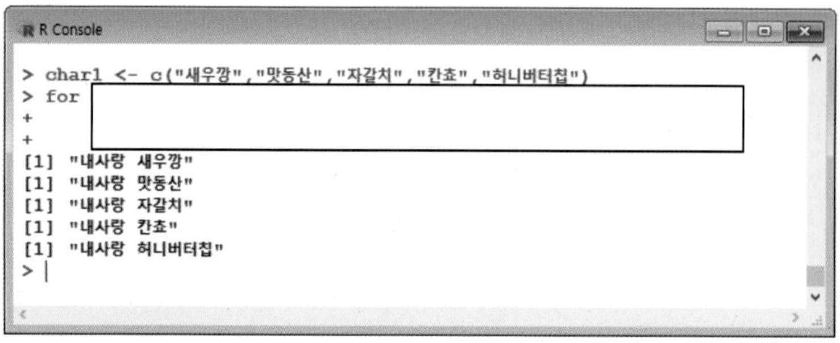

2. 아래 그림은 char1에 있는 과자 이름을 아래 그림처럼 출력을 하는 예제입니다. for 반복문을 사용하고 맛동산이나 자갈치가 나올 경우는 "너 미워!"를 붙여서 출력하고 나머지 과자 이름 뒤에는 "너 좋아!"를 아래와 같이 출력하도록 빈 칸에 적절한 코드를 쓰세요.

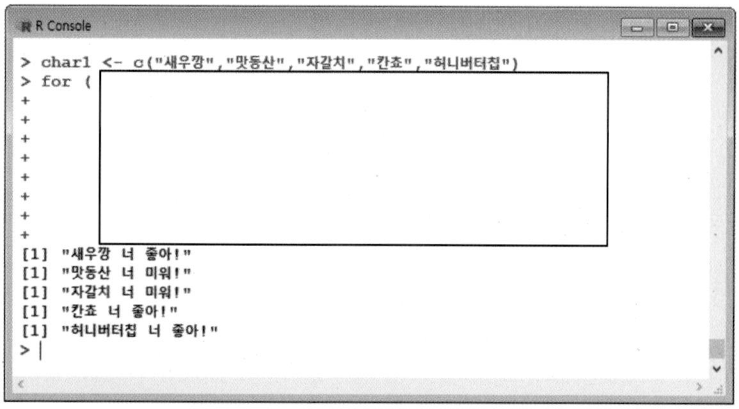

```
R Console
> char1 <- c("새우깡","맛동산","자갈치","칸쵸","허니버터칩")
> for (
+
+
+
+
+
+
+
+
[1] "새우깡 너 좋아!"
[1] "맛동산 너 미워!"
[1] "자갈치 너 미워!"
[1] "칸쵸 너 좋아!"
[1] "허니버터칩 너 좋아!"
> |
```

3. 다음 그림은 구구단을 출력하는 화면입니다. 사용자로부터 원하는 단을 입력받아서 해당 단의 구구단을 출력하는 함수인데 네모 칸에 적절한 코드를 작성하세요. 아래 그림은 gugudan(3)처럼 사용자가 3단을 입력해서 3단을 출력한 예시입니다.

```
R Console
>  gugudan <- function(x) {
+
+
+
+                    }
>
> gugudan(3)
[1] "3 X 1 = 3"
[1] "3 X 2 = 6"
[1] "3 X 3 = 9"
[1] "3 X 4 = 12"
[1] "3 X 5 = 15"
[1] "3 X 6 = 18"
[1] "3 X 7 = 21"
[1] "3 X 8 = 24"
[1] "3 X 9 = 27"
> |
```

4. 아래 화면의 출력 결과처럼 출력되도록 for 반복문으로 아래 빈 칸에 적절한 코드를 작성하세요.

```
R Console
> for4 <- function(x) {
+
+
+
+                    }
> for4(3)
[1] "10 번 앞으로 나오세요!"
[1] "20 번 앞으로 나오세요!"
[1] "30 번 앞으로 나오세요!"
> |
```

5. 아래 그림은 주어진 채소.txt 파일을 불러와서 veg 변수에 담은 후 아래의 출력 결과처럼 출력하되 버섯이 나오면 버섯은 건너뛰고 나머지 채소 이름에만 "좋아요~" 붙여서 출력시키는 화면입니다. 네모 칸에 적절한 코드를 작성하세요.

```
R Console
> setwd("c:\\temp")
> veg <- readLines("채소.txt")
> veg
[1] "감자"    "고구마" "버섯"    "당근"     "양배추"
> x <- 0
>
+
+
+
+
[1] "감자 좋아요~"
[1] "고구마 좋아요~"
[1] "당근 좋아요~"
[1] "양배추 좋아요~"
> |
```

다양한 정형 데이터 핸들링 기법들

이번 장에서는 데이터 분석 작업 중에서 가장 힘들다고 하는 데이터 핸들링을 설명하겠습니다. 데이터 분석 분야에서 일을 하는 사람들에게 가장 힘든 부분이 무엇이냐는 질문을 하면 대부분 데이터 핸들링이라고 말합니다. 데이터 핸들링이란 원본 데이터에서 원하는 일부만 추출하거나 집계를 하여 통계 관련 작업을 하거나 불필요한 데이터를 제거하는 등의 작업을 말합니다. 비슷한 의미의 말로 "데이터 전처리"라고도 합니다. 또한 데이터 분석 작업 시에 가장 중요한 작업이 뭐냐고 물어보면 대부분 데이터 전 처리 작업이라고 합니다. 즉, 데이터 전 처리 작업은 가장 중요한 작업에 속하지만 그만큼 많이 어렵다는 의미입니다.

어렵기 때문에 그냥 건너뛰고 싶지만 이번 장의 내용들을 알지 못하면 그래프를 그리거나 다양한 통계 관련 분석 작업을 거의 할 수 없게 됩니다. 요리에 비유하면 이 과정은 맛있는 요리를 하기 위해서 재료를 다듬고 준비하는 과정입니다. 잘못되거나 생략되면 당연히 맛있는 음식을 만들 수 없겠죠? R에서 데이터 전 처리 작업에 사용되는 패키지는 많이 있는데, 이 책에서는 가장 많이 활용되는 패키지인 dplyr( ) 패키지와 apply( ), aggregate( ) 함수를 활용하는 방법 위주로 설명하겠습니다. 열심히 연습해서 꼭 독자님의 실력으로 만드세요.

dplyr( ) 패키지를 활용한 정형 데이터 관리하기

먼저 아래와 같이 패키지를 설치하고 사용할 수 있도록 실행해야겠죠?

```
> install.packages("dplyr")
> library("dplyr")
```

이번 실습을 하기 위해서 사용할 데이터는 KBO(한국야구협회) 사이트에서 조회하여 만든 2017년 프로야구선수 성적 중 타자 부분 30위까지의 데이터를 저장한 "2017년_프로야구선수성적_타자.txt" 파일입니다. 아래와 같이 변수에 저장해주세요.

```
> data1 <- read.table("2017년_프로야구선수성적_타자.txt", head=T)
```

위 작업을 하셨으면 이제 본격적으로 시작하겠습니다.

filter( ) 함수 / slice( ) 함수 : 원하는 조건의 행만 출력하기

filter( ) 함수나 slice( ) 함수는 많은 데이터 중에서 원하는 조건을 만족하는 행만 출력하는 함수입니다. 예제를 보면서 살펴보겠습니다. 아래 예제는 data1에서 타율이 0.35 초과인 선수만 출력하는 예제입니다.

```
R Console
> filter(data1 , 타율 > 0.35)
  순위 선수명 팀명  타율 경기수 타수 득점 안타 X2루타 X3루타 홈런 타점
1    1 김선빈  KIA 0.370    137  476   84  176     34      1    5   64
2    2 박건우 두산 0.366    131  483   91  177     40      2   20   78
3    3 박민우   NC 0.363    106  388   84  141     25      4    3   47
> |
```

검색 조건이 1개일 경우도 있지만 2개 이상의 조건을 한꺼번에 검색할 수도 있습니다. 이때 사용되는 기호가 &와 | (바 기호)인데 & 기호는 두 가지 이상의 조건들을 모두 동시에 만족하는 경우의 결과를 출력하고 | (바 기호)는 주어진 조건 중에서 1가지만 만족해도 결과를 출력합니다.

```
R Console
> filter(data1, 홈런 > 30 & 타점 >= 115 )
  순위 선수명 팀명  타율 경기수 타수 득점 안타 X2루타 X3루타 홈런 타점
1    7 김재환 두산 0.340    144  544  110  185     34      2   35  115
2   19   러프 삼성 0.315    134  515   90  162     38      0   31  124
>
> filter(data1, 홈런 > 30 | 타점 >= 115 )
  순위   선수명 팀명  타율 경기수 타수 득점 안타 X2루타 X3루타 홈런 타점
1    6   최형우  KIA 0.342    142  514   98  176     36      3   26  120
2    7   김재환 두산 0.340    144  544  110  185     34      2   35  115
3    8 로사리오 한화 0.339    119  445  100  151     30      1   37  111
4   15   이대호 롯데 0.320    142  540   73  173     13      0   34  111
5   17     최정   SK 0.316    130  430   89  136     18      1   46  113
6   19     러프 삼성 0.315    134  515   90  162     38      0   31  124
> |
```

위 그림에서 첫 번째는 홈런이 30개 넘으면서 타점이 115점 이상인 선수 명단을 출력해서 2명의 선수가 조회되었습니다. 두 번째는 홈런이 30개 넘거나 또는 타점이 115점 이상인 선수 명단을 출력해서 총 6명의 선수가 출력되었습니다. 여러 가지 조건을 동시에 검색하는 방법 이해하셨죠?

이번에는 slice( ) 함수 사용 예를 살펴보겠습니다. filter( ) 함수는 원하는 조건을 지정했지만 slice( ) 함수는 출력하고 싶은 줄 번호를 조건으로 사용합니다. 예를 들어 성적 순으로 정렬한 후 1등에서 5등까지 출력하고 싶을 경우에 slice( ) 함수를 사용하면 됩니다. 아래의 그림을 보세요.

```
R Console
> slice(data1, 1:5)
# A tibble: 5 x 12
   순위 선수명   팀명  타율 경기수  타수  득점  안타 X2루타 X3루타  홈런  타점
  <int> <fctr> <fctr> <dbl>  <int> <int> <int> <int>  <int>  <int> <int> <int>
1     1 김선빈    KIA 0.370    137   476    84   176     34      1     5    64
2     2 박건우   두산 0.366    131   483    91   177     40      2    20    78
3     3 박민우     NC 0.363    106   388    84   141     25      4     3    47
4     4 나성범     NC 0.347    125   498   103   173     42      2    24    99
5     5 박용택     LG 0.344    138   509    83   175     23      2    14    90
> |
```

만약 원할 경우 아래 그림과 같이 출력할 행 번호를 지정할 수도 있습니다.

```
> slice(data1,c(1,3,5))
# A tibble: 3 x 12
   순위 선수명   팀명  타율 경기수  타수  득점  안타 X2루타 X3루타  홈런  타점
  <int> <fctr> <fctr> <dbl>  <int> <int> <int> <int>  <int>  <int> <int> <int>
1     1 김선빈    KIA 0.370    137   476    84   176     34      1     5    64
2     3 박민우     NC 0.363    106   388    84   141     25      4     3    47
3     5 박용택     LG 0.344    138   509    83   175     23      2    14    90
> slice(data1,c(1:3,5))
# A tibble: 4 x 12
   순위 선수명   팀명  타율 경기수  타수  득점  안타 X2루타 X3루타  홈런  타점
  <int> <fctr> <fctr> <dbl>  <int> <int> <int> <int>  <int>  <int> <int> <int>
1     1 김선빈    KIA 0.370    137   476    84   176     34      1     5    64
2     2 박건우   두산 0.366   131   483    91   177    40      2    20    78
3     3 박민우     NC 0.363    106   388    84   141     25      4     3    47
4     5 박용택     LG 0.344    138   509    83   175     23      2    14    90
> |
```

이런 방법으로 원하는 행 번호를 입력하여 데이터를 출력할 수 있습니다.

select( ) 함수 : 원하는 컬럼만 출력하기

filter( ) 함수나 slice( ) 함수는 특정 조건을 만족하는 행을 출력했습니다. 그런데 모든 컬럼이 다 출력 되었던 것을 기억하시죠? select( ) 함수는 특정 컬럼만 지정해서 출력할 수 있습니다. 아래 예제를 보세요.

```
> head(select(data1, 순위, 선수명, 팀명),10) # 10건만 출력했습니다.
   순위   선수명 팀명
1     1   김선빈  KIA
2     2   박건우 두산
3     3   박민우   NC
4     4   나성범   NC
5     5   박용택   LG
6     6   최형우  KIA
7     7   김재환 두산
8     8 로사리오 한화
9     9   손아섭 롯데
10   10   서건창 넥센
> |
```

이번에는 연속적인 컬럼을 지정하여 출력하겠습니다. 아래의 예를 보세요.

```
> head(select(data1, 순위:경기수),10) # 10건만 출력했습니다.
   순위   선수명 팀명  타율 경기수
1     1   김선빈  KIA 0.370    137
2     2   박건우 두산 0.366   131
3     3   박민우   NC 0.363    106
4     4   나성범   NC 0.347    125
5     5   박용택   LG 0.344    138
6     6   최형우  KIA 0.342    142
7     7   김재환 두산 0.340   144
8     8 로사리오 한화 0.339   119
9     9   손아섭 롯데 0.335   144
10   10   서건창 넥센 0.332   139
> |
```

data1에서 순위 컬럼부터 경기수 컬럼까지 연속적으로 지정했습니다. 이번에는 특정 컬럼만 제외하고 출력해보겠습니다. 아래의 예를 보세요.

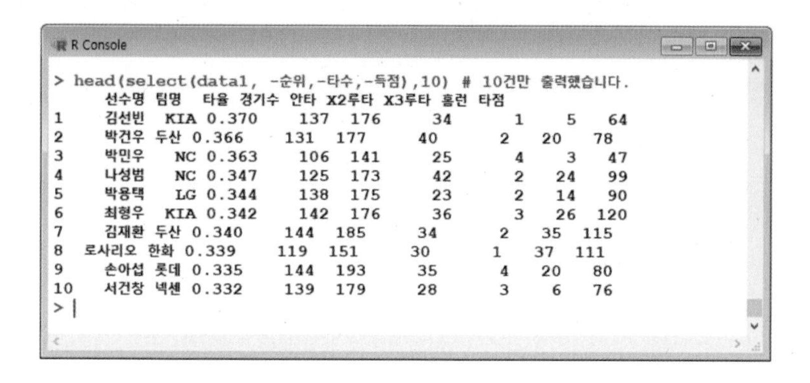

위 그림은 data1에서 순위, 타수, 득점 컬럼을 제외한 나머지 컬럼들을 출력한 화면입니다. 앞에서 본 예제처럼 특정 컬럼들을 조회하는 방법은 아주 쉽습니다. 데이터를 조회할 때 비슷한 이름의 컬럼이 여러 개 있는 경우가 많습니다. 이때 특정 글자로 시작하는 컬럼이나 특정 글자로 끝나는 컬럼들을 한꺼번에 모두 출력하고 싶을 경우도 있겠죠? 그래서 dplyr( ) 패키지도 이런 기능들이 있습니다. 먼저 시작하는 글자를 지정하는 starts_with( ) 함수를 사용하는 예제를 보세요.

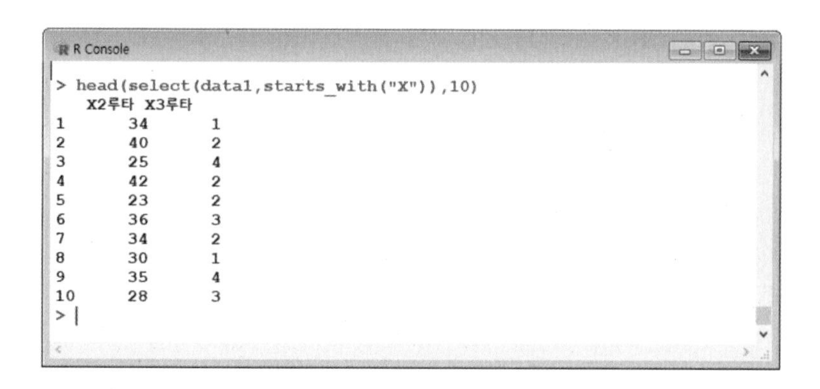

위 그림처럼 data1에서 "X"로 시작하는 컬럼 이름들을 모두 출력하고 있습니다. starts_with( ) 함수가 시작하는 글자를 지정한다면 ends_with( ) 함수는 끝나는 글자를 지정할 수 있습니다.

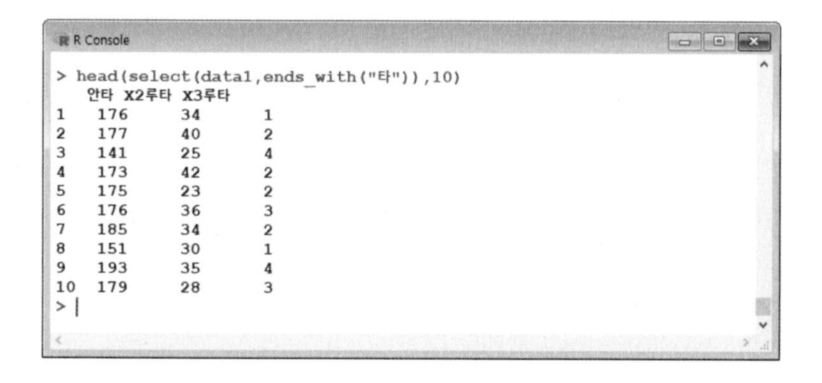

앞의 예제는 “타” 글자로 끝나는 컬럼 이름들을 한꺼번에 출력하고 있습니다. 이번에는 시작과 끝이 아닌 어느 위치에 있던지 상관없이 포함하고 있는 글자를 찾아내는 contains( ) 함수를 사용해서 컬럼 이름을 조회해볼까요?

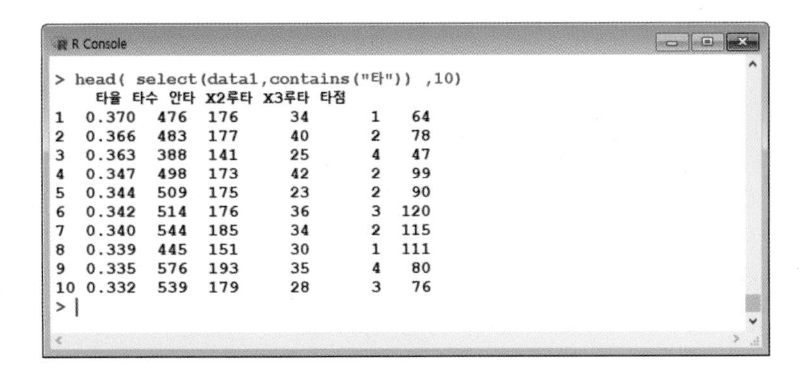

```
> head( select(data1,contains("타")) ,10)
    타율 타수 안타 X2루타 X3루타 타점
1  0.370  476  176     34      1   64
2  0.366  483  177     40      2   78
3  0.363  388  141     25      4   47
4  0.347  498  173     42      2   99
5  0.344  509  175     23      2   90
6  0.342  514  176     36      3  120
7  0.340  544  185     34      2  115
8  0.339  445  151     30      1  111
9  0.335  576  193     35      4   80
10 0.332  539  179     28      3   76
> |
```

위 그림은 컬럼 이름에서 글자가 나오는 위치에 상관없이 “타” 글자가 포함된 모든 컬럼 이름을 출력하고 있습니다. 아주 많이 사용하는 방법이니까 꼭 열심히 연습해주세요.

파이프라인 (%>%) 연산자 사용하기 : 명령어 연결하기

filter( ) 함수는 원하는 행만 골라서 출력할 수 있지만 모든 컬럼이 다 나왔습니다. select( ) 함수는 원하는 컬럼만 골라서 출력했지만 모든 행이 다 나왔습니다. 데이터 양이 적을 때는 크게 문제가 없지만 실전에서는 데이터 량이 많기 때문에 전 처리 작업을 하면서 원하는 행과 원하는 컬럼만 조회할 수는 없을까, 라는 고민을 많이 하게 됩니다. 또는 여러 가지 작업을 한꺼번에 해야 할 경우도 많은데 이때 아주 요긴하게 사용할 수 있는 방법이 지금 설명할 파이프라인 기능입니다. 아래 그림으로 원리를 간단하게 설명하겠습니다.

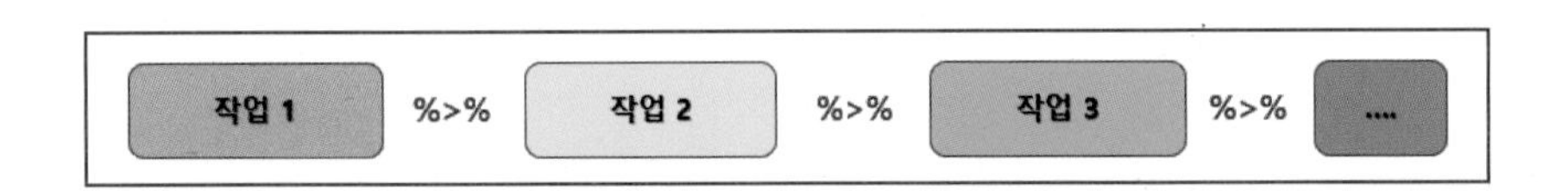

위 그림을 보면 %>%라는 독특한 기호가 보이죠? 이 기호는 앞의 작업의 결과를 뒤의 작업에게 연결해주는 파이프 같은 역할을 합니다. 그림을 보면 작업 1을 수행해서 나온 결과를 작업 2에 전달해주고 작업 2는 그 결과 값을 입력 값으로 받아서 작업을 합니다. 나온 결과를 작업 3에게 전달하고 작업 3은 작업 2가 주는 결과 값을 입력 값으로 받아서 작업을 하게 됩니다. 체육대회 종목 중에 계주나 릴레이 달리기 기억하시죠? 먼저 뛴 선수가 바통을 터치해주면 받아서 이어달리기하는 것과 비슷한 원리입니다.

이 명령을 사용할 때는 작업 순서를 잘 정해야 합니다. 즉 어떤 결과물을 얻기 위해서 어떤 순서로

작업을 해야 하는지 잘 정리해서 사용하는 것이 가장 중요합니다. 아래의 예제로 살펴보겠습니다. 아래 예제는 data1에서 선수명, 팀명, 홈런 컬럼만 출력한 후 홈런수가 20개 초과한 선수만 골라서 홈런수가 많은 순서로 1등 ~ 5등까지만 출력한 결과입니다. 명령어가 약간 길어서 복잡하게 보이지만 순서대로 보시면 충분히 이해하실 거예요.

```
R Console
> data1 %>%                          #data1 에서
+ select(선수명,팀명,홈런) %>%        #선수명,팀명,홈런 컬럼만 출력$
+ filter(홈런 > 20) %>%              #홈런이 20개 초과인 선수만 골라서
+ arrange(desc(홈런)) %>%            #홈런개수가 많은 순서로 정렬 후
+ slice(1:5)                         #1등~5등까지만 출력합니다
# A tibble: 5 x 3
   선수명   팀명   홈런
  <fctr> <fctr> <int>
1   최정     SK     46
2 로사리오  한화     37
3  김재환   두산     35
4  이대호   롯데     34
5   러프    삼성     31
> |
```

mutate( ) 함수 / transmute( ) 함수 : 새로운 컬럼 추가하기

이 명령은 원본 데이터에는 없지만 전 처리 작업 중에 추가로 필요한 컬럼이 생길 경우 즉시 만들어 주는 역할을 합니다. 다음 그림을 보세요.

```
R Console
> data1 %>%
+ select(선수명, 팀명, 경기수 , 타수 ) %>%
+ mutate(경기당타수= 타수/경기수) %>%
+ arrange(desc(경기당타수)) %>%
+ slice(1:5)
# A tibble: 5 x 5
   선수명   팀명 경기수  타수 경기당타수
  <fctr> <fctr> <int> <int>      <dbl>
1  전준우   롯데    110   455   4.136364
2  이명기    KIA    115   464   4.034783
3 버나디나   KIA    139   557   4.007194
4  손아섭   롯데    144   576   4.000000
5  나성범     NC    125   498   3.984000
> |
```

mutate(경기당타수=타수/경기수) 부분을 보면 원래 데이터에는 없었던 1경기당 평균 타수를 값으로 하는 컬럼을 추가한 것을 볼 수 있습니다. mutate() 함수는 원본 데이터에는 없는 값이지만 데이터 분석을 하면서 필요에 따라 즉석에서 새로운 컬럼을 만들 수 있는 아주 편리한 기능입니다.

transmute() 함수도 비슷한 역할을 합니다. 차이점은 mutate() 함수는 기존 컬럼과 새로 생성된 컬럼을 함께 보여주는데 transmute() 함수는 기존 컬럼들은 숨기고 새로 만들어진 컬럼만 보여줍니다. 보안 등의 이유로 기존 컬럼을 안 보여주고 싶을 경우도 있겠죠? 아래에 transmute() 함수 사용 방법을 살펴보세요.

```
R Console
> data1 %>%
+ select(선수명, 팀명, 경기수 , 타수 ) %>%
+ transmute(경기당타수= 타수/경기수) %>%
+ arrange(desc(경기당타수)) %>%
+ slice(1:5)
# A tibble: 5 x 1
  경기당타수
       <dbl>
1   4.136364
2   4.034783
3   4.007194
4   4.000000
5   3.984000
>
```

rename( ) 함수 : 컬럼 이름 변경하기

rename( ) 함수는 이름 그대로 기존의 컬럼 이름을 다른 이름으로 변경하는 함수입니다. 아래의 그림을 보세요. (지면 관계상 이하 내용은 생략)

```
R Console
> data2 <- data.frame(name=data1$선수명,
+                     team=data1$팀명)
> data2
       name team
1    김선빈  KIA
2    박건우 두산
3    박민우   NC
4    나성범   NC
5    박용택   LG
6    최형우  KIA
7    김재환 두산
8  로사리오 한화
9    손아섭 롯데
10   서건창 넥센
```

앞 그림에서 data2의 컬럼 이름들을 아래 그림과 같이 rename( ) 함수를 이용해서 변경했습니다.

```
R Console
> rename(data2,선수명=name, 소속팀명=team)
     선수명 소속팀명
1    김선빈      KIA
2    박건우     두산
3    박민우       NC
4    나성범       NC
5    박용택       LG
6    최형우      KIA
7    김재환     두산
8  로사리오     한화
9    손아섭     롯데
10   서건창     넥센
11   이명기      KIA
12   송광민     한화
```

rename( ) 작업 역시 변경한 컬럼은 mutate( ) 함수처럼 원본 데이터에는 반영이 되지 않으니까 만약 변경된 이름을 원본 데이터에 반영하려면 추가로 저장해야 합니다.

distinct( ) 함수 : 중복 값을 제거하기

distinct( ) 함수는 중복되는 값이 있을 경우 중복 값을 제거한 결과를 보여주는 함수입니다.

```
> data1.팀명 <- data1$팀명
> length(data1.팀명)            # 중복값 포함된 팀 수 확인
[1] 30
>
> nrow(distinct(data1,팀명))    # 중복값을 제거한 팀 수 확인
[1] 10
>
> length(unique(data1.팀명))    # unique( ) 함수로도 가능
[1] 10
> |
```

distinct( ) 함수나 unique( ) 함수 모두 중복 값을 제거한 결과를 보여주지만 데이터가 많을 경우 distinct( ) 함수가 성능이 더 빠른 것으로 알려져 있습니다.

sample_n( ) 함수 / sample_frac( ) 함수 : 샘플 추출하기

이 함수들은 샘플 추출을 자동으로 해주는 함수들인데 sample_n( )는 샘플로 추출한 데이터 건수를 지정하는 함수이고 sample_frac( )는 비율을 지정하는 함수입니다. 아래 그림을 볼까요?

```
> sample_n( data1[ ,1:3], 10)
   순위 선수명 팀명
11    11 이명기  KIA
30    30 김하성 넥센
21    21 모창민   NC
12    12 송광민 한화
18    18 안치홍  KIA
6      6 최형우  KIA
27    27 민병헌 두산
13    13 이정후 넥센
4      4 나성범   NC
20    20 윤석민   kt
> |
```

앞의 그림은 전체 30건의 데이터 중에서 10건의 데이터를 샘플로 추출하여 순위, 선수명, 팀명 컬럼만 출력한 내용입니다. 아래 그림은 전체 데이터 30건 중에서 샘플로 10% (0.1)의 데이터를 순위, 선수명, 팀명을 출력하는 내용입니다. 사용방법은 아주 쉽죠?

```
> sample_frac( data1[ ,1:3], 0.1)
   순위 선수명 팀명
6      6 최형우  KIA
22    22 고종욱 넥센
14    14 전준우 롯데
> |
```

summarise( ) 함수 : 요약 정보 보기

데이터 분석을 하다보면 많은 데이터를 요약해서 보고 싶을 경우가 아주 많습니다. 이때 아주 요긴하게 사용할 수 있는 함수가 summarise( ) 함수입니다. 아래 그림을 보세요.

```
> summarise(data1 , 평균타수 = mean(타수, na.rm=T) ,
+                   평균득점 = mean(득점, na.rm=T) )
  평균타수 평균득점
1 483.8667     85.7
> |
```

위 그림은 전체 30명의 야구 선수 데이터를 대상으로 타수와 득점의 평균을 요약해서 보여줍니다. 위 요약 정보를 만들 때 사용할 수 있는 함수의 종류는 아래와 같습니다.

```
- mean(x, na.rm = TRUE) : 평균, 결측 값을 제외하고 계산하려면 na.rm = TRUE 추가
- median(x, na.rm = TRUE) : 중앙값
- sd(x, na.rm = TRUE) : 표준편차
- min(x, na.rm = TRUE) : 최소값
- max(x, na.rm = TRUE) : 최대값
- IQR(x, na.rm = TRUE) : 사분위범위 (Inter Quartile Range = Q3 - Q1)
- sum(x, na.rm = TRUE) : 합, 결측 값을 제외하고 계산하려면 na.rm = TRUE 추가
```

앞에서는 전체 데이터를 요약해서 보여줬지만 실제는 어떤 기준을 주고 기준별로 분류해서 요약하는 경우도 아주 많습니다. group_by( ) 함수를 함께 많이 사용합니다. 위의 예에서는 전체 데이터의 평균 타수와 평균 득점을 구했는데 이번에는 각 팀별로 분류해서 집계하겠습니다. 다음을 보세요.

```
> data1 %>%
+ group_by(팀명) %>%
+ summarise( 팀별평균타수 = mean(타수, na.rm=T))
# A tibble: 10 x 2
     팀명 팀별평균타수
   <fctr>        <dbl>
 1    KIA     489.6667
 2     kt     491.5000
 3     LG     509.0000
 4     NC     453.3333
 5     SK     430.0000
 6   넥센     510.7500
 7   두산     471.5000
 8   롯데     498.5000
 9   삼성     497.0000
10   한화     441.0000
> |
```

앞에서 배웠던 파이프라인 기능을 이용해서 전체 데이터에서 팀명으로 먼저 그루핑을 한 후 평균 타수를 구했습니다. 만약 평균 타수 외에 다른 값을 함께 더 보고 싶을 경우는 어떻게 하면 될까요? 예를 들어 팀별로 평균 타수와 평균 득점을 보고 싶을 경우에는 아래와 같이 summarise_all() 함수를 사용하면 됩니다.

```
R Console
> select(data1,팀명,타수,득점) %>%
+ group_by(팀명) %>%
+ summarise_all(mean)
# A tibble: 10 x 3
     팀명      타수      득점
   <fctr>     <dbl>     <dbl>
 1    KIA 489.6667 92.00000
 2     kt 491.5000 71.00000
 3     LG 509.0000 83.00000
 4     NC 453.3333 83.66667
 5     SK 430.0000 89.00000
 6   넥센 510.7500 89.50000
 7   두산 471.5000 84.00000
 8   롯데 498.5000 83.25000
 9   삼성 497.0000 85.33333
10   한화 441.0000 85.50000
> |
```

지금까지 데이터 전 처리 작업에서 가장 많이 사용되고 있는 dplyr() 패키지에 대해서 자세하게 살펴보았습니다. 이 책에서 설명 드린 기능이 주로 사용되는 기능이긴 하지만 그외에도 많은 기능들이 있으니 다른 기능들이 궁금하신 분들은 dplyr() 패키지의 매뉴얼이나 다른 자료를 통해서 꼭 공부하시길 권합니다.

연습문제

연습문제를 풀기 위해서 사용할 데이터는 미국에서 판매되고 있는 자동차 정보를 저장하고 있는 MASS 데이터 세트에 있는 자료를 사용하겠습니다. 데이터는 ex_cars.txt 파일을 불러와서 사용하면 됩니다.

```
> ex_cars <- read.table("ex_cars.txt",head=T)
```

1. 차종(Type)이 "Compact"이면서 최대가격(Max.Price)이 20 백$ 이하이고 고속도로 연비(MPG.highway)가 30 이상인 자동차를 출력하세요.

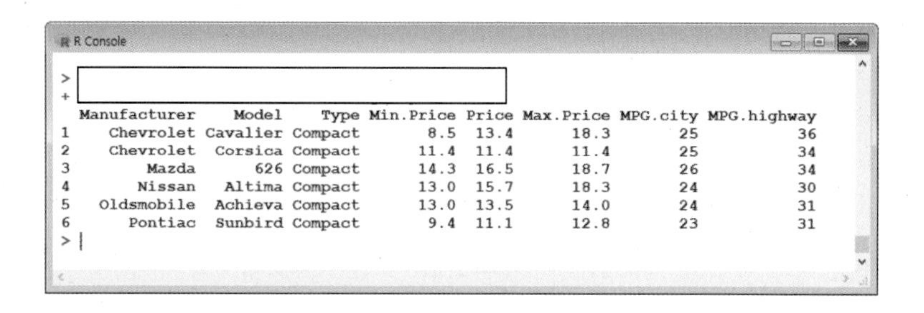

	Manufacturer	Model	Type	Min.Price	Price	Max.Price	MPG.city	MPG.highway
1	Chevrolet	Cavalier	Compact	8.5	13.4	18.3	25	36
2	Chevrolet	Corsica	Compact	11.4	11.4	11.4	25	34
3	Mazda	626	Compact	14.3	16.5	18.7	26	34
4	Nissan	Altima	Compact	13.0	15.7	18.3	24	30
5	Oldsmobile	Achieva	Compact	13.0	13.5	14.0	24	31
6	Pontiac	Sunbird	Compact	9.4	11.1	12.8	23	31

2. 차종(Type)이 "Compact"이거나 최대가격(Max.Price)이 20 백$ 이하이거나 고속도로 연비(MPG.highway)가 30 이상인 자동차를 출력하세요.

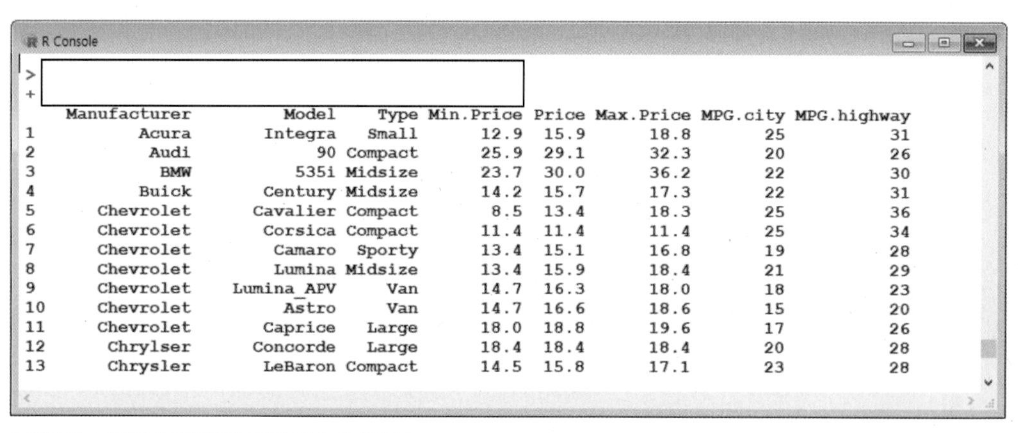

	Manufacturer	Model	Type	Min.Price	Price	Max.Price	MPG.city	MPG.highway
1	Acura	Integra	Small	12.9	15.9	18.8	25	31
2	Audi	90	Compact	25.9	29.1	32.3	20	26
3	BMW	535i	Midsize	23.7	30.0	36.2	22	30
4	Buick	Century	Midsize	14.2	15.7	17.3	22	31
5	Chevrolet	Cavalier	Compact	8.5	13.4	18.3	25	36
6	Chevrolet	Corsica	Compact	11.4	11.4	11.4	25	34
7	Chevrolet	Camaro	Sporty	13.4	15.1	16.8	19	28
8	Chevrolet	Lumina	Midsize	13.4	15.9	18.4	21	29
9	Chevrolet	Lumina_APV	Van	14.7	16.3	18.0	18	23
10	Chevrolet	Astro	Van	14.7	16.6	18.6	15	20
11	Chevrolet	Caprice	Large	18.0	18.8	19.6	17	26
12	Chrylser	Concorde	Large	18.4	18.4	18.4	20	28
13	Chrysler	LeBaron	Compact	14.5	15.8	17.1	23	28

총 데이터는 58건인데 지면관계상 이하 내용은 생략합니다.

3. 고속도로 연비(MPG.highway)가 높은 순서대로 정렬을 하세요. 만약 고속도로 연비가 동일하다면 최고가격(Max.Price)가 낮은 순서대로 정렬하세요.

```
> [                                        ]
   Manufacturer          Model    Type Min.Price Price Max.Price MPG.city MPG.highway
1           Geo          Metro   Small       6.7   8.4      10.0       46          50
2         Honda          Civic   Small       8.4  12.1      15.8       42          46
3        Suzuki          Swift   Small       7.3   8.6      10.0       39          43
4       Pontiac         LeMans   Small       8.2   9.0       9.9       31          41
5        Saturn             SL   Small       9.2  11.1      12.9       28          38
6         Mazda            323   Small       7.4   8.3       9.1       29          37
7        Subaru          Justy   Small       7.3   8.4       9.5       33          37
8        Toyota         Tercel   Small       7.8   9.8      11.8       32          37
9         Mazda        Protege   Small      10.9  11.6      12.3       28          36
10          Geo          Storm  Sporty      11.5  12.5      13.5       30          36
11    Chevrolet       Cavalier Compact       8.5  13.4      18.3       25          36
12      Hyundai         Scoupe  Sporty       9.1  10.0      11.0       26          34
13    Chevrolet        Corsica Compact      11.4  11.4      11.4       25          34
14        Mazda            626 Compact      14.3  16.5      18.7       26          34
```

총 데이터는 93건인데 지면관계상 이하 내용은 생략합니다.

4. ex_cars 데이터 프레임으로부터 제조사명(Manufacturer), 최대가격(Max.Price), 고속도로연비(MPG.highway) 3개의 라벨의 데이터를 출력하세요.

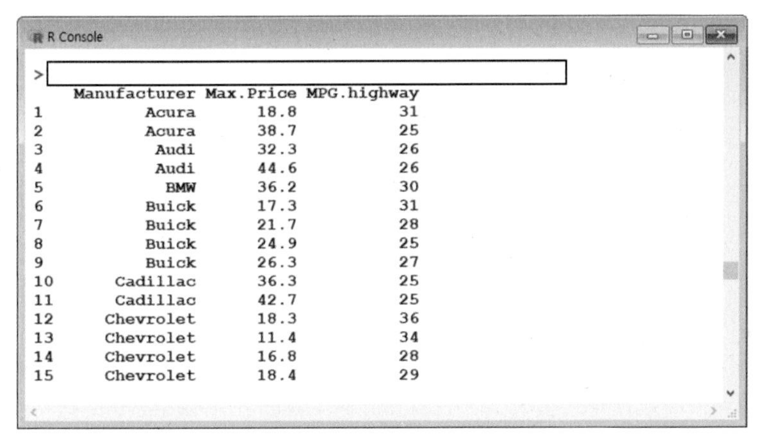

```
> [                                        ]
   Manufacturer Max.Price MPG.highway
1         Acura      18.8          31
2         Acura      38.7          25
3          Audi      32.3          26
4          Audi      44.6          26
5           BMW      36.2          30
6         Buick      17.3          31
7         Buick      21.7          28
8         Buick      24.9          25
9         Buick      26.3          27
10     Cadillac      36.3          25
11     Cadillac      42.7          25
12    Chevrolet      18.3          36
13    Chevrolet      11.4          34
14    Chevrolet      16.8          28
15    Chevrolet      18.4          29
```

총 데이터는 93건인데 지면관계상 이하 내용은 생략합니다.

5. ex_cars 데이터 프레임에서 "MPG"로 시작하는 모든 라벨의 데이터를 출력하세요.

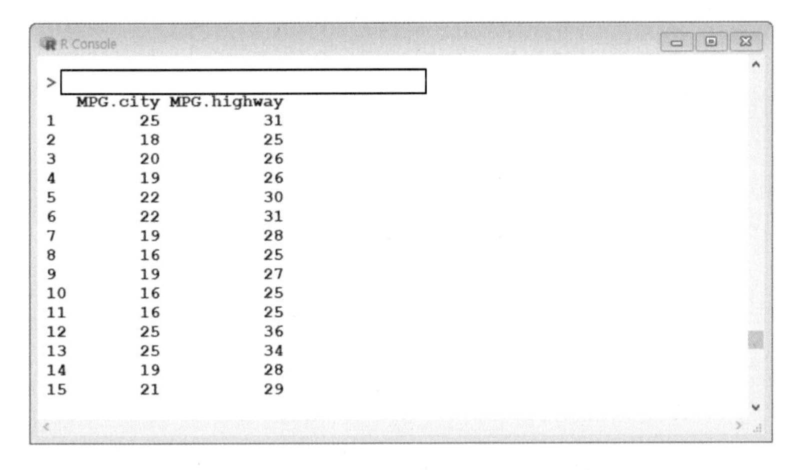

```
> [                              ]
   MPG.city MPG.highway
1        25          31
2        18          25
3        20          26
4        19          26
5        22          30
6        22          31
7        19          28
8        16          25
9        19          27
10       16          25
11       16          25
12       25          36
13       25          34
14       19          28
15       21          29
```

총 데이터는 93건인데 지면관계상 이하 내용은 생략합니다.

6. ex_cars 데이터 프레임에서 “Price”로 끝나는 모든 라벨의 데이터를 출력하세요.

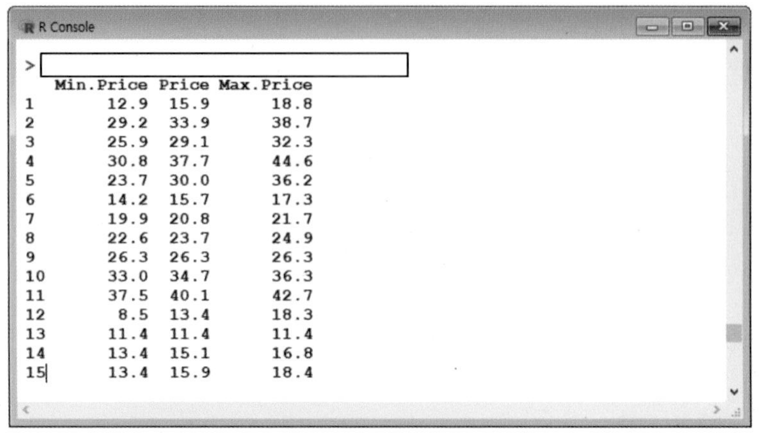

```
R Console
> 
  Min.Price Price Max.Price
1      12.9  15.9      18.8
2      29.2  33.9      38.7
3      25.9  29.1      32.3
4      30.8  37.7      44.6
5      23.7  30.0      36.2
6      14.2  15.7      17.3
7      19.9  20.8      21.7
8      22.6  23.7      24.9
9      26.3  26.3      26.3
10     33.0  34.7      36.3
11     37.5  40.1      42.7
12      8.5  13.4      18.3
13     11.4  11.4      11.4
14     13.4  15.1      16.8
15     13.4  15.9      18.4
```

총 데이터는 93건인데 지면관계상 이하 내용은 생략합니다.

7. ex_cars 데이터 프레임에 있는 라벨명 중에서 “P”를 포함하는 모든 라벨의 데이터를 출력하세요.

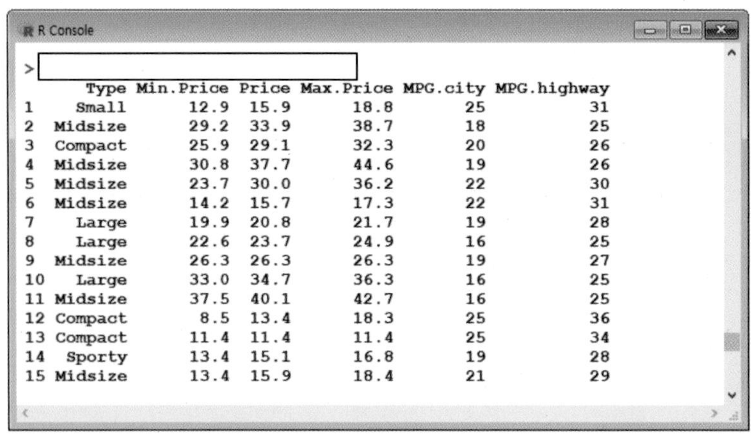

```
R Console
> 
      Type Min.Price Price Max.Price MPG.city MPG.highway
1    Small      12.9  15.9      18.8       25          31
2  Midsize      29.2  33.9      38.7       18          25
3  Compact      25.9  29.1      32.3       20          26
4  Midsize      30.8  37.7      44.6       19          26
5  Midsize      23.7  30.0      36.2       22          30
6  Midsize      14.2  15.7      17.3       22          31
7    Large      19.9  20.8      21.7       19          28
8    Large      22.6  23.7      24.9       16          25
9  Midsize      26.3  26.3      26.3       19          27
10   Large      33.0  34.7      36.3       16          25
11 Midsize      37.5  40.1      42.7       16          25
12 Compact       8.5  13.4      18.3       25          36
13 Compact      11.4  11.4      11.4       25          34
14  Sporty      13.4  15.1      16.8       19          28
15 Midsize      13.4  15.9      18.4       21          29
```

총 데이터는 93건인데 지면관계상 이하 내용은 생략합니다.

8. ex_cars 데이터 프레임의 8개 라벨명 앞에 ‘New_’라는 접두사(prefix)를 붙여서 라벨명을 바꾸세요.

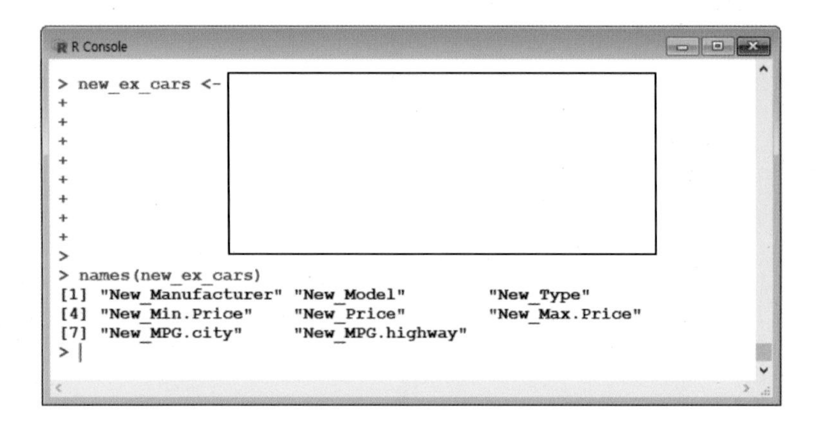

```
R Console
> new_ex_cars <- 
+
+
+
+
+
+
+
+
>
> names(new_ex_cars)
[1] "New_Manufacturer" "New_Model"        "New_Type"
[4] "New_Min.Price"    "New_Price"        "New_Max.Price"
[7] "New_MPG.city"     "New_MPG.highway"
> |
```

9. ex_cars 데이터 프레임(1~5번째 라벨명만 추출)에서 10개의 샘플 데이터를 무작위 추출하세요.

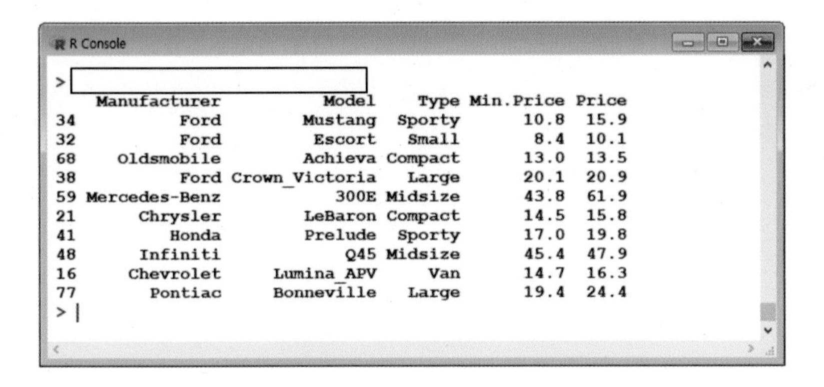

10. ex_cars 데이터 프레임(1~5번째 라벨명만 추출)에서 10%의 샘플 데이터를 무작위 추출하세요.

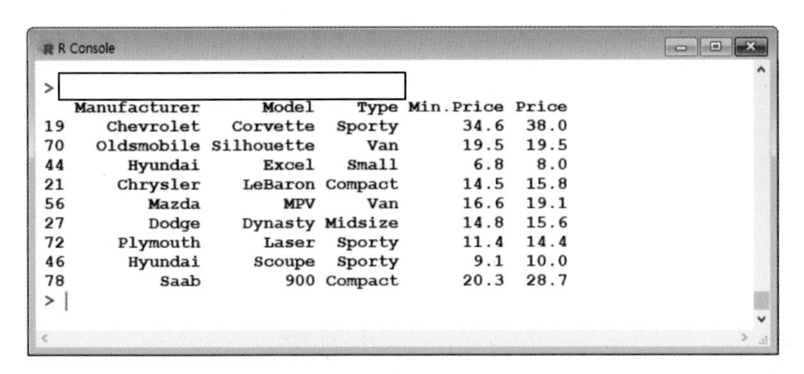

11. ex_cars 데이터프레임에서 기존 라벨명들을 유지하면서 최대가격(Max.Price) - 최소가격(Min.Price)의 값, 비율(=Max.Price/Min.Price)의 값을 가진 새로운 라벨을 생성하세요. 새로운 라벨 이름은 Price_Min_Max_ratio로 하세요.

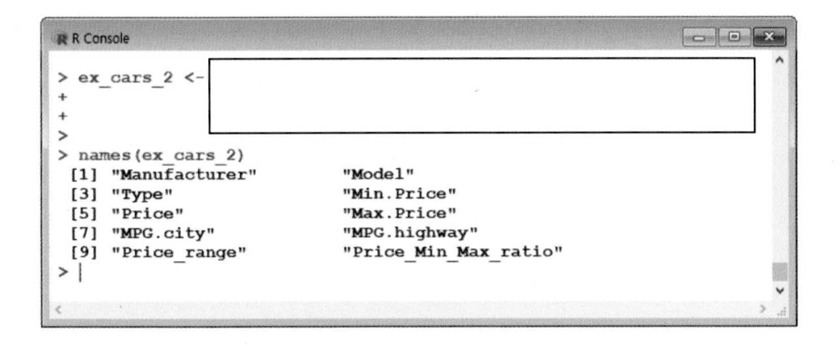

apply( ) 함수와 aggregate( ) 함수로 데이터 집계하기

데이터 분석을 할 때 아주 많이 하는 작업 중 한 가지가 바로 데이터를 특정 기준으로 모아서 분류하는 집계 작업입니다. R에 데이터 집계용 함수들이 다양하게 있지만 가장 많이 사용되는 apply( ) 함수와 aggregate( ) 함수를 소개해드립니다.

apply( ) 함수

이 함수는 정형 데이터가 있을 경우 행이나 열로 집계를 합니다. 기본 문법은 아래와 같습니다.

```
apply(data, 행/열, 수행할 작업)
```

기본 문법은 아주 간단하죠? 아래 그림으로 실제 사용 예를 보겠습니다.

```
R Console
> ex_apply <- matrix(1:20,nrow=4)
> ex_apply
     [,1] [,2] [,3] [,4] [,5]
[1,]    1    5    9   13   17
[2,]    2    6   10   14   18
[3,]    3    7   11   15   19
[4,]    4    8   12   16   20
> apply(ex_apply, 1, sum)
[1] 45 50 55 60
> apply(ex_apply, 2, max)
[1]  4  8 12 16 20
> |
```

그림에서 apply(ex_apply, 1, sum) 부분이 보이죠? 숫자 1은 행을 의미하고 숫자 2는 열을 의미합니다. 마지막에 사용하는 함수는 데이터를 모은 후 수행할 함수를 적어주면 되는데 위의 예 말고도 표준편차, 분산, 평균 등의 함수나 독자님이 직접 만든 사용자 정의 함수를 적어도 상관없습니다.

이번에는 조금 더 복잡한 예를 보겠습니다.

```
> ex_apply
     [,1] [,2] [,3] [,4] [,5]
[1,]    1    5    9   13   17
[2,]    2    6   10   14   18
[3,]    3    7   11   15   19
[4,]    4    8   12   16   20
> ex_apply[ ,c(2,4,5)]
     [,1] [,2] [,3]
[1,]    5   13   17
[2,]    6   14   18
[3,]    7   15   19
[4,]    8   16   20
> apply(ex_apply[ ,c(2,4,5)] , 2, mean)
[1]  6.5 14.5 18.5
> |
```

위 그림은 매트릭스의 여러 열에서 특정 열의 값들만 모아서 평균을 구하는 내용입니다. 지금까지 보신 것처럼 행이나 열을 기준으로 집계를 한 후 어떤 작업을 수행할 경우에는 apply( ) 함수를 사용하면 간단하게 할 수 있습니다. 그런데 apply( ) 함수는 기본 함수보다 변형된 함수가 더 많이 사용됩니다. 그래서 지금부터 apply( ) 함수의 변형된 몇 가지 유형을 설명드리겠습니다.

lapply( )와 sapply( ) 함수

앞에서 apply( ) 함수는 여러 데이터를 모아서 집계한 후 지정된 작업을 하는 함수라고 했습니다. 그런데 집계를 할 때 특정 리스트별로 집계를 해서 결과도 리스트 목록과 함께 리스트 형태로 출력시키는 경우에 lapply( )를 사용하고 리스트 이름은 없이 결과를 벡터 형태로 출력시키는 경우에는 sapply( ) 함수를 사용하면 됩니다.

예를 들어 영업1팀, 영업2팀, 영업3팀의 직원들을 대상으로 영업 실적이 최고 좋은 사람의 명단을 뽑아야 할 때 각 팀별로 최고 실적을 따로 (리스트별로) 리스트 이름과 함께 뽑아야 할 경우는 lapply( )를 사용하면 되고 팀 이름 없이 최고 실적만 뽑아야 할 경우는 sapply( )를 사용하면 된다는 뜻입니다. 아래의 예제로 사용 방법을 살펴보겠습니다.

```
> ex_apply
     [,1] [,2] [,3] [,4] [,5]
[1,]    1    5    9   13   17
[2,]    2    6   10   14   18
[3,]    3    7   11   15   19
[4,]    4    8   12   16   20
> ex_list1 <- list(ex_apply[ ,1])
> ex_list2 <- list(ex_apply[ ,2])
> ex_list3 <- list(ex_apply[ ,3])
> data1 <- lapply(c(ex_list1,ex_list2,ex_list3) , max)
> data2 <- sapply(c(ex_list1,ex_list2,ex_list3) , max)
> |
```

위 그림에서 3개의 리스트에서 최대값을 뽑은 후 lapply( ) 함수를 사용하여 data1 변수에 담았고 data2에는 sapply( ) 함수를 사용하여 데이터를 추출해서 담았습니다. 출력 결과를 비교해볼까요?

```
> data1
[[1]]
[1] 4

[[2]]
[1] 8

[[3]]
[1] 12

> data2
[1]  4  8 12
> |
```

위 그림에서 data1 결과를 보니 리스트 번호가 출력되죠? data2의 결과는 값만 추출됩니다. 이 기능이 텍스트 분석에서 아주 많이 사용됩니다. 예를 들어 댓글 10건을 분석해서 많이 언급되는 키워드를 추출할 경우에 각 댓글별로 따로 구분해야 한다면 lapply( ) 함수를 사용해야 하고 전체 댓글 10건을 대상으로 작업을 해야 할 경우는 sapply( ) 함수를 사용해야 합니다. 이 내용은 책의 텍스트 분석 부분을 보시면 됩니다.

tapply( ) 함수

tapply( ) 함수는 특정 컬럼에 있는 값을 기준으로 모아서 집계를 한 후 지정된 작업을 하는 함수입니다. 이번 실습은 주어진 "팀별실적.csv" 파일로 진행하겠습니다. 기본 문법은 아래와 같습니다.

```
문법 : tapply(계산할 컬럼명, 집계기준 컬럼명, 수행할 작업)
```

문법만 보면 내용이 어렵죠? 아래 그림을 보면 금방 이해하실 거예요.

```
> data3 <- read.csv("팀별실적.csv")
> head(data3,3)
  사번    팀명 실적
1  101 영업1팀   80
2  102 영업2팀   70
3  103 영업3팀   90
> tapply(data3$실적, data3$팀명, sum)
영업1팀 영업2팀 영업3팀
    140     150     160
> |
```

위 그림에서 tapply( ) 함수를 이용하여 팀명으로 집계를 한 후 실적 컬럼의 값을 합계해서 출력을 했습니다. 이처럼 특정 컬럼에 들어 있는 값을 기준으로 집계를 해야 할 경우는 tapply( ) 함수를 많이 사용합니다.

aggregate( ) 함수

집계를 할 때 특정 컬럼에 있는 값으로 집계를 해야 할 경우 앞에서 보신 tapply( )함수를 사용하면 됩니다. 그런데 tapply( )와 비슷하게 사용되는 함수가 aggregate( )라는 함수도 있습니다. 사실 tapply( ) 함수나 aggregate( ) 함수는 하는 역할이 거의 비슷합니다. 즉 어떤 컬럼에 들어있는 값을 기준으로 분류하여 집계한 후 지정된 작업을 하는 것은 동일합니다. 그러나 출력물의 모양이 다릅니다. aggregate( ) 함수의 문법은 아래와 같습니다.

```
문법 : aggregate(계산될 컬럼~기준될 컬럼, 데이터, 함수)
```

문법이 약간 어렵죠? 아래의 그림을 보세요.

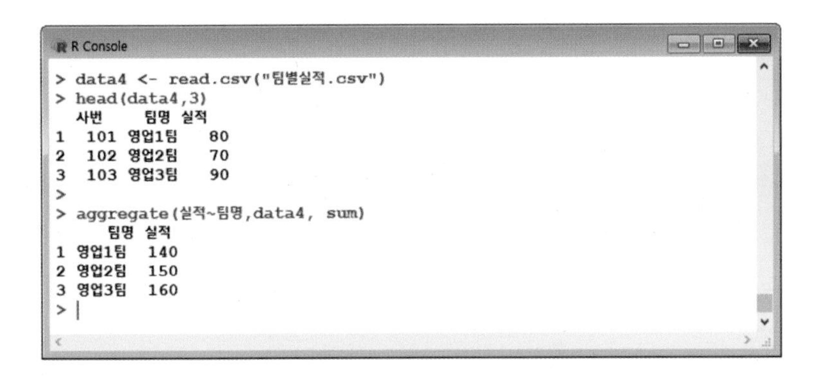

위 그림에서 aggregate( ) 함수로 나온 결과와 tapply( )로 나온 결과를 비교해보면 결과값은 동일하지만 출력된 형태가 다르죠? 이렇게 집계 작업을 한 뒤 후속작업을 어떤 것을 하는가에 따라 tapply( ) 함수와 aggregate( ) 함수를 써야 하는 경우가 다르기 때문에 꼭 차이점을 이해하고 문법도 기억해주세요.

연습문제

주어진 "연도별연령별실업율현황.csv" 파일을 사용하여 아래 그림과 같은 결과를 출력하세요.

1. 아래 그림에서 빈 칸에 적절한 코드를 작성하세요.

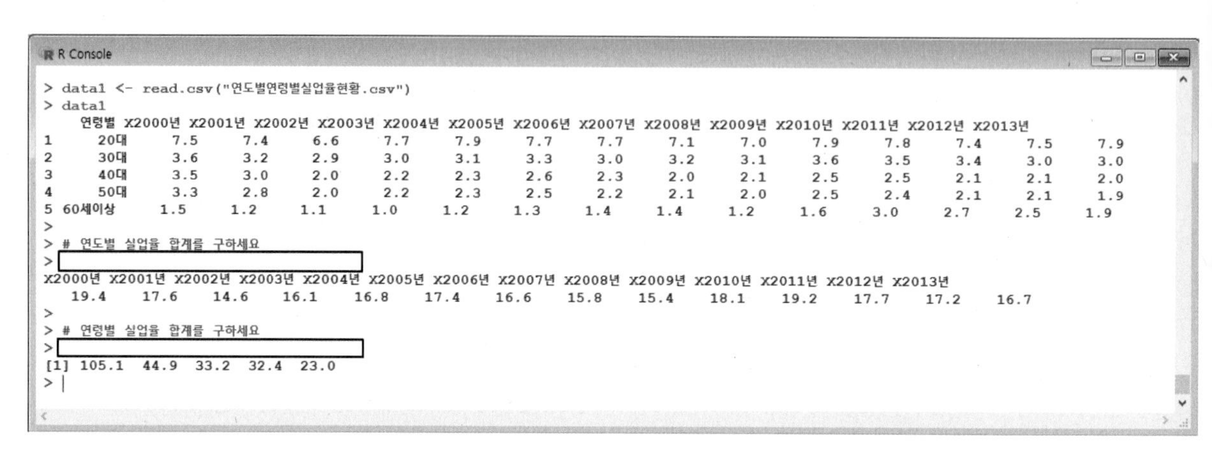

```
R Console
> data1 <- read.csv("연도별연령별실업율현황.csv")
> data1
    연령별 X2000년 X2001년 X2002년 X2003년 X2004년 X2005년 X2006년 X2007년 X2008년 X2009년 X2010년 X2011년 X2012년 X2013년
1     20대     7.5     7.4     6.6     7.7     7.9     7.7     7.7     7.1     7.0     7.9     7.8     7.4     7.5     7.9
2     30대     3.6     3.2     2.9     3.0     3.1     3.3     3.0     3.2     3.1     3.6     3.5     3.4     3.0     3.0
3     40대     3.5     3.0     2.0     2.2     2.3     2.6     2.3     2.0     2.1     2.5     2.5     2.1     2.1     2.0
4     50대     3.3     2.8     2.0     2.2     2.3     2.5     2.2     2.1     2.0     2.5     2.4     2.1     2.1     1.9
5 60세이상     1.5     1.2     1.1     1.0     1.2     1.3     1.4     1.4     1.2     1.6     3.0     2.7     2.5     1.9
>
> # 연도별 실업율 합계를 구하세요
> 
X2000년 X2001년 X2002년 X2003년 X2004년 X2005년 X2006년 X2007년 X2008년 X2009년 X2010년 X2011년 X2012년 X2013년
   19.4    17.6    14.6    16.1    16.8    17.4    16.6    15.8    15.4    18.1    19.2    17.7    17.2    16.7
>
> # 연령별 실업율 합계를 구하세요
> 
[1] 105.1  44.9  33.2  32.4  23.0
> |
```

2. 주어진 "지하철이용승객수.csv" 파일을 사용해서 아래 그림과 같은 결과를 출력하세요.

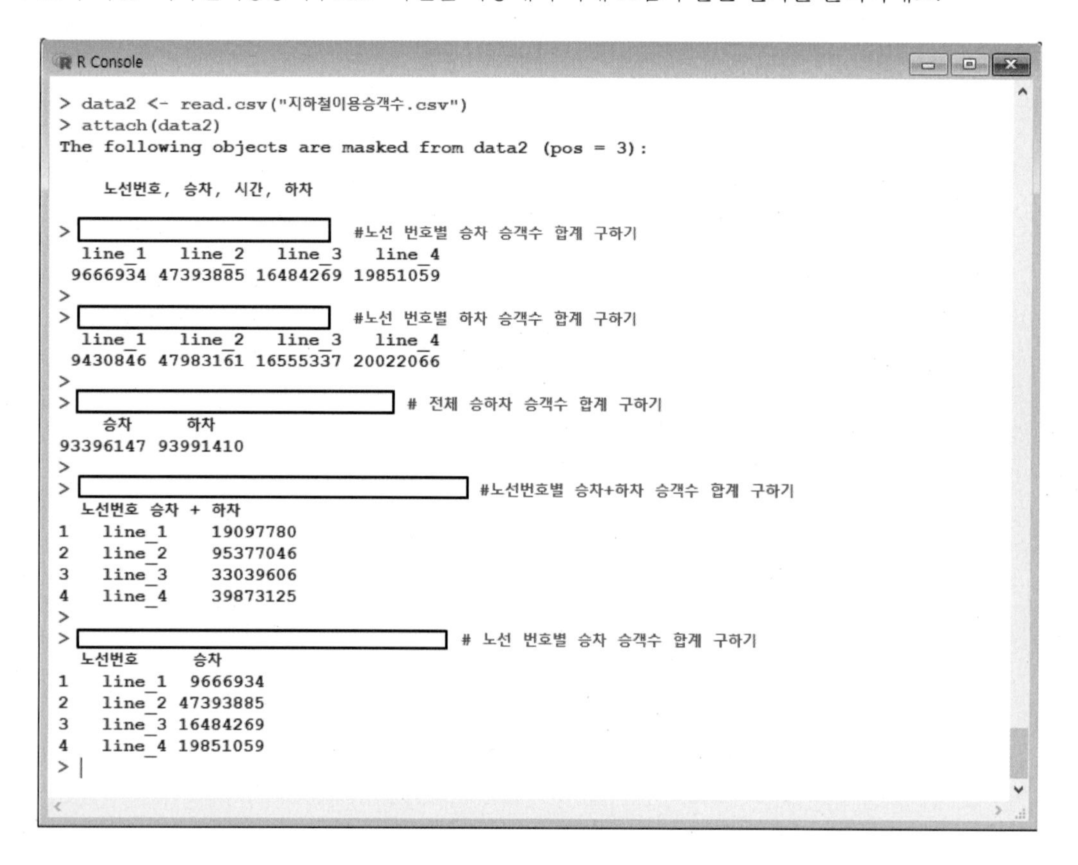

```
R Console
> data2 <- read.csv("지하철이용승객수.csv")
> attach(data2)
The following objects are masked from data2 (pos = 3):

    노선번호, 승차, 시간, 하차

>                          #노선 번호별 승차 승객수 합계 구하기
  line_1    line_2    line_3    line_4
 9666934  47393885  16484269  19851059
>
>                          #노선 번호별 하차 승객수 합계 구하기
  line_1    line_2    line_3    line_4
 9430846  47983161  16555337  20022066
>
>                                  # 전체 승하차 승객수 합계 구하기
    승차       하차
93396147  93991410
>
>                                          #노선번호별 승차+하차 승객수 합계 구하기
  노선번호 승차 + 하차
1   line_1    19097780
2   line_2    95377046
3   line_3    33039606
4   line_4    39873125
>
>                                        # 노선 번호별 승차 승객수 합계 구하기
  노선번호       승차
1   line_1  9666934
2   line_2 47393885
3   line_3 16484269
4   line_4 19851059
> |
```

2부
다양한 시각화 패키지 활용하기

R 프로그램에서 시각화를 하는 방법(그래프 그리는 방법)은 크게 3가지가 있습니다.

1. R에서 제공하는 다양한 기본 패키지를 이용하는 방법
2. ggplot2( ) 패키지를 이용하는 방법
3. 구글 차트를 활용하는 방법

이 방법들 중에서 이 책에서는 기본 패키지를 이용하는 방법부터 먼저 살펴본 후 ggplot2 패키지를 사용하는 다양한 방법들을 살펴보겠습니다. 기본 패키지를 활용하는 방법에서도 그래프를 그리는 고수준 작도 함수가 있고 만들어진 그래프에 글자나 설명 등을 추가할 수 있는 저수준 작도 함수가 있습니다. 우선 고수준 그래프 함수부터 먼저 살펴본 후 설명을 추가하는 저수준 그래프 관련 함수를 설명하겠습니다.

R의 기본 그래프 기능 활용하기 : 고수준 작도 함수

plot( ) 함수

R에서 그래픽 관련해서 가장 많이 사용되는 함수입니다. 이 함수를 사용해서 분포도나 꺾은선 그래프 등을 그릴 수 있습니다. 기본 문법은 아래와 같습니다.

```
plot(y축 데이터, 옵션)
plot(x축 데이터, y축 데이터, 옵션)
```

옵션 부분에 주로 사용되는 내용을 아래 표로 정리했습니다. 위와 같이 그래프를 제어하는 옵션은 아래와 같습니다.

인수	설명
main="메인 제목"	제목 설정
sub="서브 제목"	서브 제목
xlab="문자", ylab="문자"	x, y축에 사용할 문자열을 지정합니다.
ann=F	x, y축 제목을 지정하지 않습니다.
tmag=2	제목 등에 사용되는 문자의 확대율 지정
axes=F	x, y축을 표시하지 않습니다.
axis	x, y축을 사용자의 지정값으로 표시합니다.

그래프 타입선택	
type="p"	점 모양 그래프 (기본값)
type="l"	선 모양 그래프 (꺾은선 그래프)
type="b"	점과 선 모양 그래프
type="c"	"b"에서 점을 생략한 모양
type="o"	점과 선을 중첩해서 그린 그래프
type="h"	각 점에서 x축까지의 수직선 그래프
type="s"	왼쪽 값을 기초로 계단모양으로 연결한 그래프
type="S"	오른쪽 값을 기초로 계단모양으로 연결한 그래프
type="n"	축만 그리고 그래프는 그리지 않습니다.

선의 모양 선택	
lty=0,lty="blank"	투명선
lty=1,lty="solid"	실선
lty=2,lty="dashed"	대쉬선
lty=3,lty="dotted"	점선
lty=4,lty="dotdash"	점선과 대쉬선
lty=5,lty="longdash"	긴 대쉬선

선의 모양 선택	
lty=6,lty="twodash"	2개의 대쉬선

색, 기호 등	
col=1, col="blue"	기호의 색지정, 1-검정, 2-빨강, 3-초록, 4-파랑, 5-연파랑, 6-보라, 7-노랑, 8-회색
pch=0,pch="문자"	점의 모양을 지정합니다. (아래 별도 표 참조)
bg="blue"	그래프의 배경색을 지정합니다.
lwd="숫자"	선을 그릴 때 선의 굵기를 지정합니다.
cex="숫자"	점이나 문자를 그릴 때 점이나 문자의 굵기를 지정합니다.

내용이 상당히 많은데 하나씩 테스트하면서 배워보겠습니다.

기본 값으로 그래프 만들기

```
> var1 <- c(1,2,3,4,5)
> plot(var1)
```

var1이라는 변수에 1, 2, 3, 4, 5라는 값을 담은 후 plot( ) 함수에게 화면에 출력하도록 시켰습니다. 주의깊게 볼 내용은 var1 변수에 담긴 값이 y축 값으로 사용된다는 점입니다. 결과를 보세요.

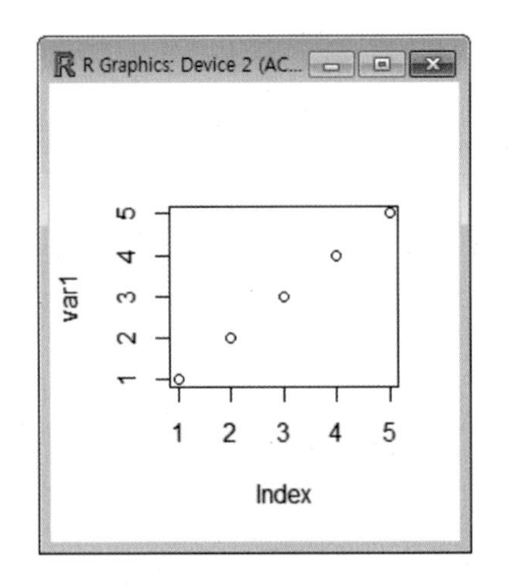

결과

왼쪽 결과를 보면 var1 값이 y 축 값으로 주어진 것 보이죠? 그런데 y 축 값만 주고 그래프를 그리라고 했는데 자동으로 x 값도 지정되었음을 볼 수 있습니다. 즉 우리가 x 값을 안 주면 자동으로 y값의 개수 만큼 x값이 1,2,3,4,5로 설정이 됩니다.

y축 값을 동일하게 설정해서 출력하기

```
> var2 <- c(2,2,2)
> plot(var2)
```

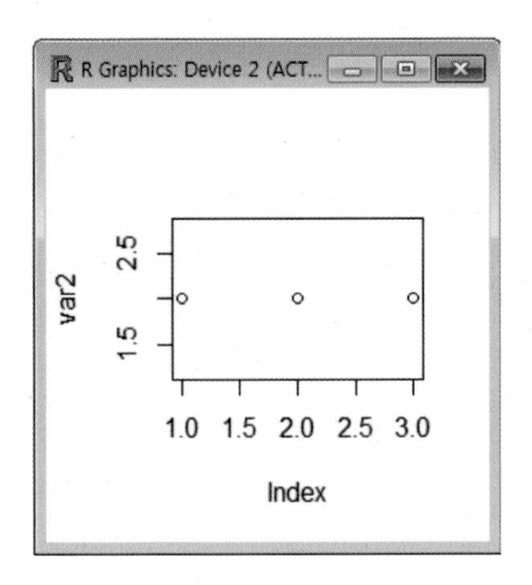

결과

x 값은 자동으로 1, 2, 3으로 증가되는 것이 보이죠?

x, y축의 값을 다 지정해서 출력하기

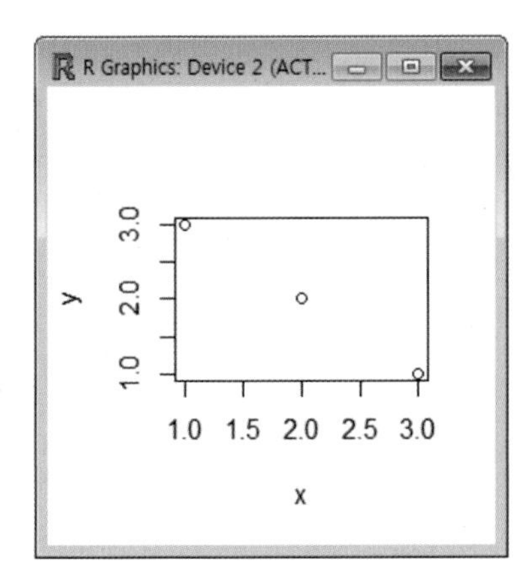


```
> x <- 1:3
> y <- 3:1
> plot(x,y)
```

x, y축의 최대 한계값 지정하기

위에서 본 예는 x, y축의 한계를 함수가 자동으로 결정했습니다. 그러나 함수를 수행할 때 xlim, ylim 인자를 사용해서 사람이 수동으로 지정해줄 수도 있습니다.

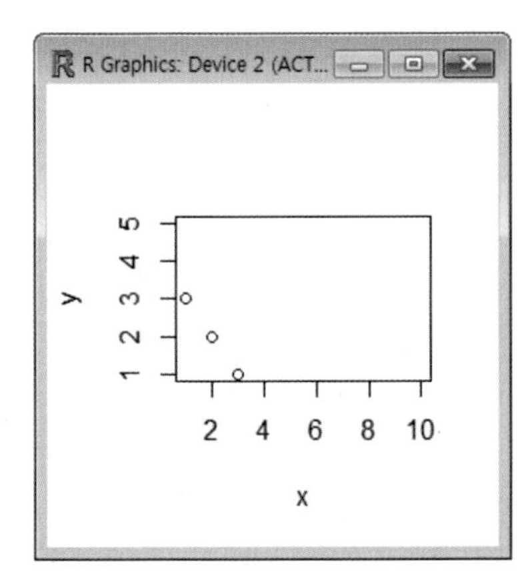


```
> x <- 1:3
> y <- 3:1
> plot(x,y,xlim=c(1,10),ylim=c(1,5) )
```

그리고 plot(y,x)처럼 출력할 때 축 방향을 바꾸어서 출력해도 됩니다. 이건 직접 해보세요.

x축과 y축 제목, 그래프 제목 지정해서 출력하기

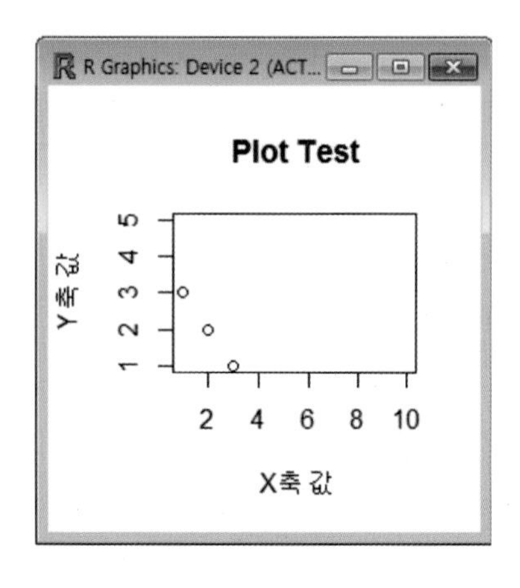


```
> x <- 1:3
> y <- 3:1
> plot(x,y,xlim=c(1,10),ylim=c(1,5),
+       xlab="X축 값" , ylab="Y축 값",
+       main="Plot Test")
```

xlab을 사용해서 x축 이름을 지정하고 ylab을 이용해서 y축 이름을 지정합니다. 그리고 main을 사용해서 그래프 제목을 지정합니다.

plot() 함수를 사용하여 기본적인 그래프 그리는 방법을 살펴보았습니다. 참고로 현재 창의 내용을 모두 지우고 새로 그리고 싶으면 plot.new( )를 실행하면 되고 새로운 창에서 그래프를 다시 그리고 싶다면 dev.new( )를 실행하면 됩니다. 이제 위 표에서 나왔던 다른 다양한 옵션을 적용해서 멋진 그래프를 만들어보겠습니다.

조금 더 멋진 그래프 예

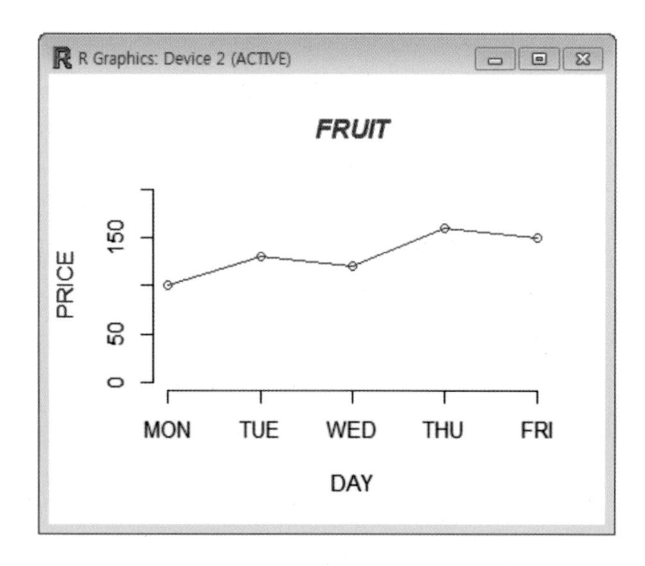

위의 코드

```
> v1 <- c(100,130,120,160,150)
> plot(v1,type='o',col='red',ylim=c(0,200),axes=FALSE,ann=FALSE)
>
> axis(1,at=1:5 ,lab=c("MON","TUE","WED","THU","FRI"))
> axis(2,ylim=c(0,200))
>
> title(main="FRUIT" , col.main="red",font.main=4)
> title(xlab="DAY", col.lab="black")
> title(ylab="PRICE",col.lab="blue")
```

코드를 꼭 실행해서 어떤 의미인지 확인해보세요.

그래프의 배치 조정하기(mfrow)

그래프를 출력하다보면 한 화면에 여러 개의 그래프를 동시에 배치해야 하는 경우도 종종 있습니다. 이 때 어떻게 하는지를 살펴보겠습니다.

```
par ( mfrow = c(nr,nc) ) <-- nr : 행의 갯수 , nc : 열의 갯수
```

```
> v1
[1] 100 130 120 160 150
> par(mfrow=c(1,3))
> plot(v1,type="o")
> plot(v1,type="s")
> plot(v1,type="l")
```

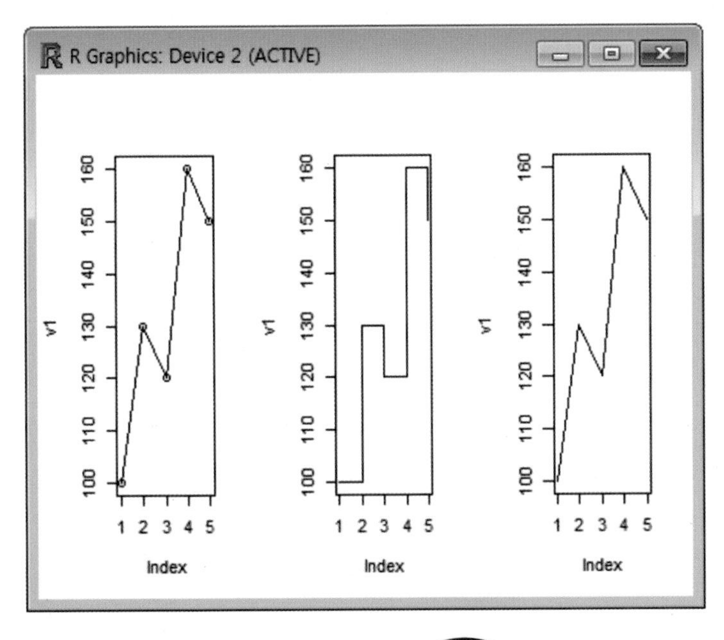

위와 같이 다양한 형태의 그래프를 한꺼번에 보이도록 출력할 수 있습니다. 우리가 아직 plot( ) 함수밖에 안 배워서 위와 같이 비슷한 그래프만 출력했지만 뒤에서 배우는 다양한 그래프들도 얼마든지 출력할 수 있습니다.

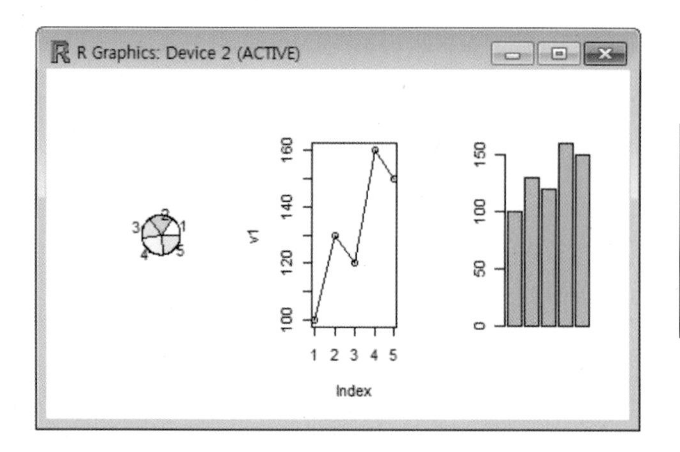


```
> v1
[1] 100 130 120 160 150
> par(mfrow=c(1,3))
> pie(v1)
> plot(v1,type="o")
> barplot(v1)
```

위와 같이 다양한 그래프들을 한 화면에 출력할 수 있습니다. 아주 많이 사용되는 기능이므로 꼭 기억해주세요.

그래프 그릴 때 여백 조정하기

다양한 그래프를 그릴 때 여백 때문에 답답할 경우가 많아요. 아래의 방법을 소개해드립니다.

```
> a <- c(1,2,3)
> plot(a,xlab="aaa")
```

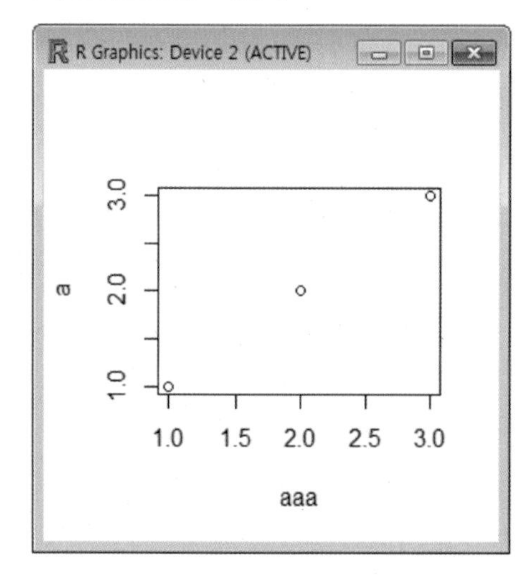

```
> par(mgp=c(0,1,0)) # <- mgp=c(제목위치, 지표값위치, 지표선위치))의 순서입니다.
> plot(a,xlab="aaa")
```

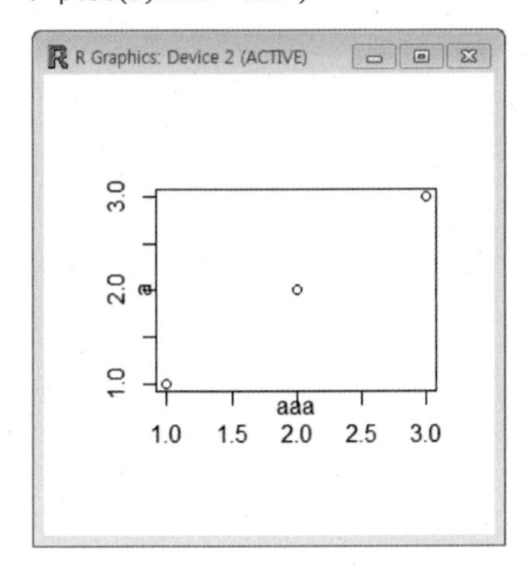


```
> par(mgp=c(3,1,0))
> plot(a,xlab="aaa")
```

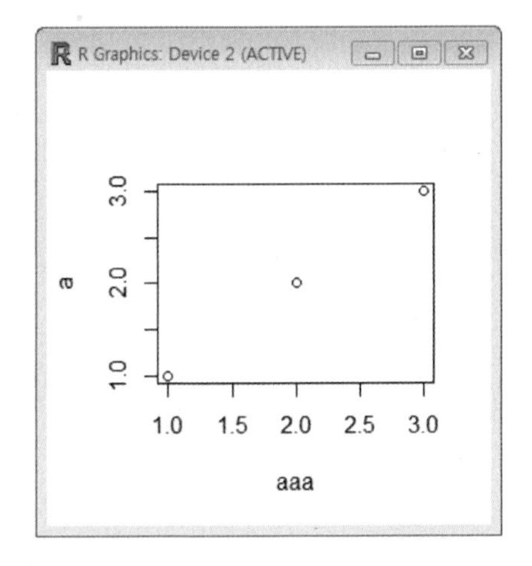


```
> par(mgp=c(3,2,0))
> plot(a,xlab="aaa")
```

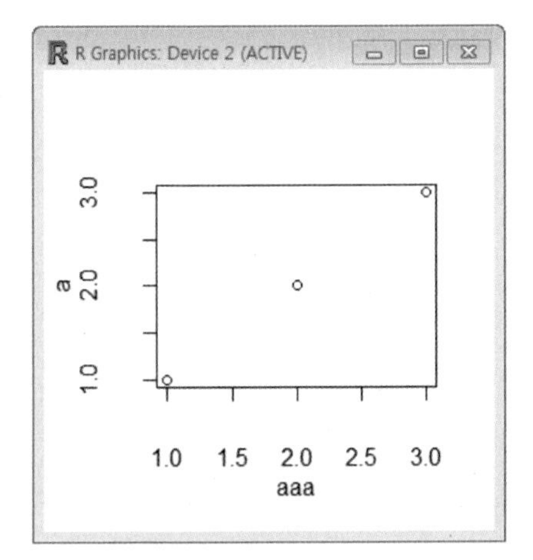

```
> par(mgp=c(3,2,1))
> plot(a,xlab="aaa")
```

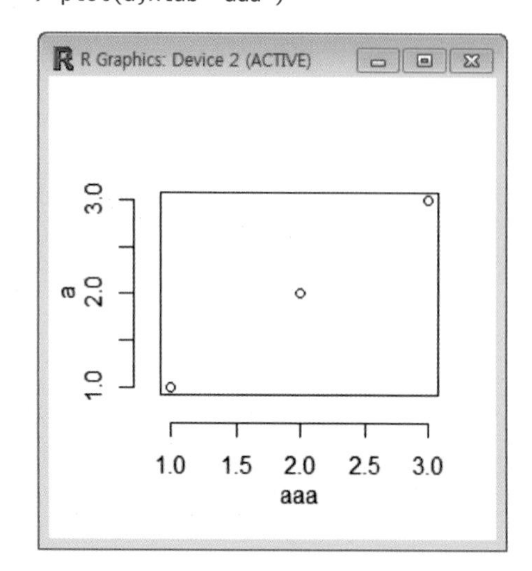

##oma 옵션 테스트하기 <- 그래프 전체의 여백 조정하기입니다.

```
> par(oma=c(2,1,0,0))
> plot(a,xlab="aaa")
```

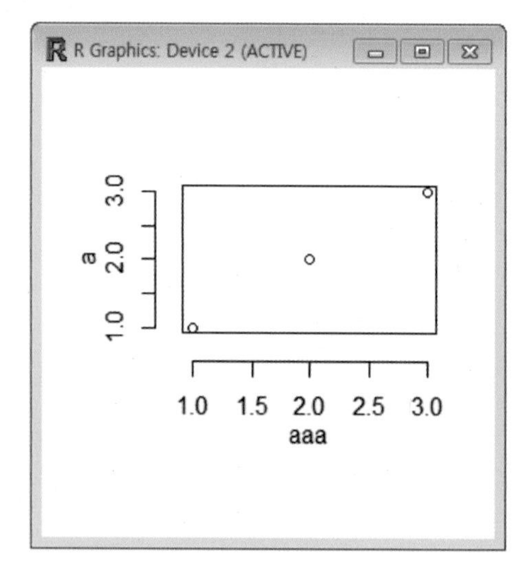

```
> par(oma=c(0,2,0,0))
> plot(a,xlab="aaa")
```

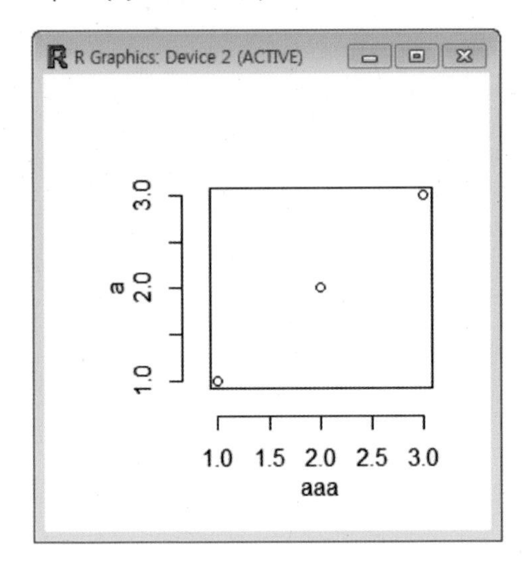

위 옵션들을 잘 활용해서 멋진 그래프 만드세요.

여러 개의 그래프를 중첩으로 그리기

위 예는 여러 개의 그래프를 한 화면에 보여주는 것이었는데 이번에 살펴볼 내용은 하나의 그래프에 값을 다르게 한 여러 그래프들을 겹쳐서 출력하는 방법을 살펴보겠습니다. 여러 개의 그래프를 한 화면에서 중첩으로 그리려면 par(new=T)를 사용하거나 고수준 작도 함수의 인수로 add=T를 지정한 후 그릴 수 있습니다. 다른 방법으로는 lines라는 함수를 사용하여 기존의 그래프 위에 그래프를 추가할 수 있습니다. 아래의 예를 보세요.

```
> par(mfrow=c(1,1))  # 이전실습에서 3개로 출력하게한 것을 1개로 만들기위해 사용함
>
> v1 <- c(1,2,3,4,5)
> v2 <- c(5,4,3,2,1)
> v3 <- c(3,4,5,6,7)
> plot(v1,type="s",col="red",ylim=c(1,5))
> par(new=T)  # 이 부분이 중복 허용 부분입니다
> plot(v2,type="o",col="blue",ylim=c(1,5))
> par(new=T)  # 이 부분이 중복 허용 부분입니다
> plot(v3,type="l",col="green")
```

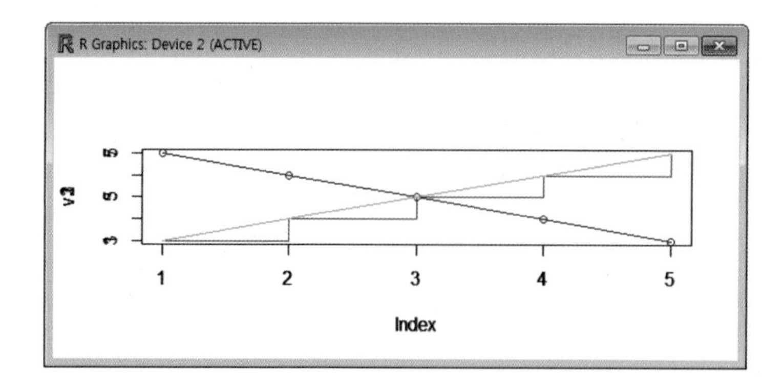

위 방법은 주의사항이 있습니다. 그래프가 새로 그려질 때마다 y축 제목과 ylim 값이 새롭게 적용됩니다. 위 화면을 자세히 보면 y축 부분이 이상한 것이 보이죠? 겹쳐서 그릴 그래프들의 y축 기준이 다르게 되면 그래프가 이상하게 나옵니다. 아래와 같이 lines( )라는 함수를 사용하여 보다 쉽게 그리는 방법을 추천합니다.

```
> v1 <- c(1,2,3,4,5)
> v2 <- c(5,4,3,2,1)
> v3 <- c(3,4,5,6,7)
> plot(v1,type="s",col="red",ylim=c(1,10))
> lines(v2,type="o",col="blue",ylim=c(1,5)) # ylim 옵션은 무시됩니다
> lines(v3,type="l",col="green",ylim=c(1,15)) # ylim 옵션은 무시됩니다
```

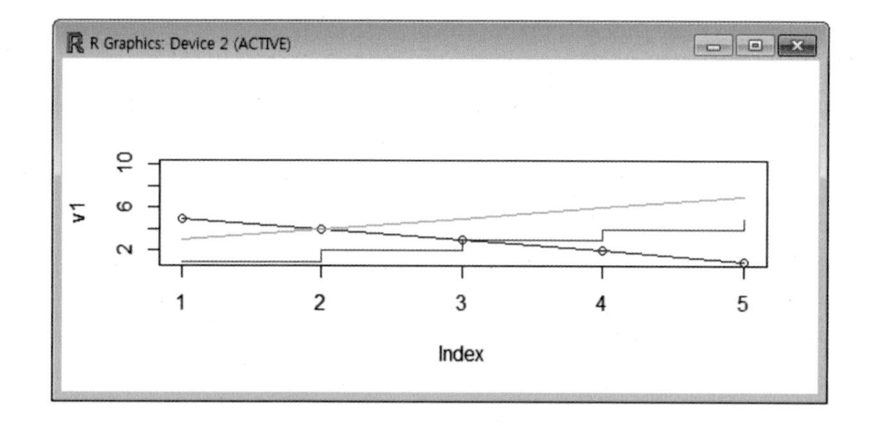

위에서 주의깊게 볼 내용은 y축 부분입니다. y축 제목이나 값들이 plot( ) 함수를 중첩으로 쓸 때와 비교했을 때 훨씬 깔끔합니다. 그래프를 중첩으로 그릴 때는 이 방법을 많이 사용하겠습니다.

그래프에 범례 추가하기

앞에서 그린 그래프들을 보면 선만 있고 어떤 선이 무슨 내용인지 알 수가 없습니다. 그래프에 범례를 넣어서 정보를 표시해보겠습니다.

문법

```
legend(x축 위치, y축 위치, 내용, cex=글자크기, col=색상, pch=크기, lty=선모양
```

```
> v1 <- c(1,2,3,4,5)
> v2 <- c(5,4,3,2,1)
> v3 <- c(3,4,5,6,7)
> plot(v1,type="s",col="red",ylim=c(1,10))
> lines(v2,type="o",col="blue",ylim=c(1,5))
> lines(v3,type="l",col="green",ylim=c(1,15))
>
> legend(4,9,c("v1","v2","v3"),cex=0.9,col=c("red","blue","green"),lty=1)
```

위 코드에서 legend 부분이 범례를 설정하는 부분입니다.

결과

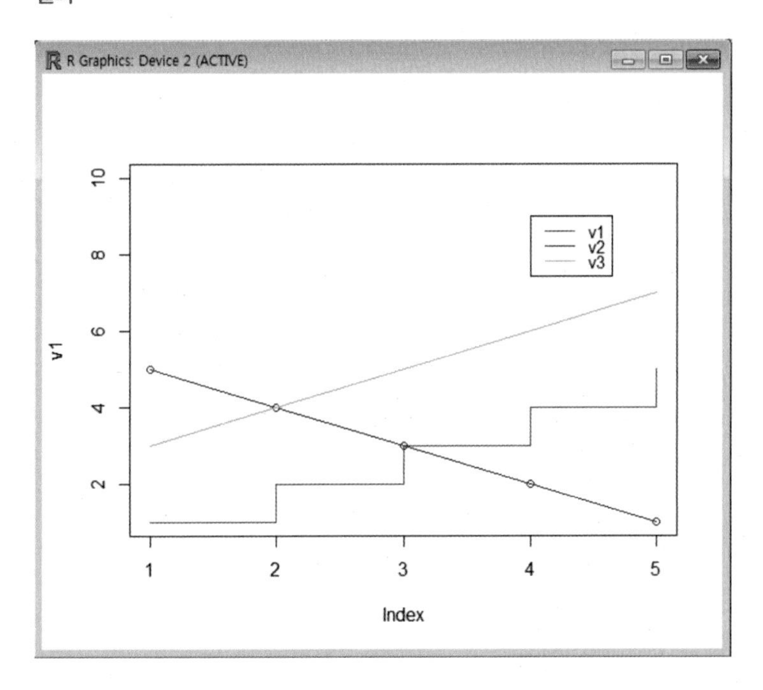

범례가 있으니까 훨씬 좋네요. 위와 같이 plot( ) 함수를 이용해서 다양한 방법으로 그래프를 그릴 수 있습니다.

barplot( ) : 막대 그래프 그리기

barplot( ) 함수를 사용하여 막대형 그래프를 그릴 수 있습니다. 이 때 사용할 수 있는 다양한 옵션은 아래 표와 같습니다.

인수	기능
angle,density,col	막대를 칠하는 선분의 각도, 선분의 수, 선분의 색을 지정합니다
legend	오른쪽 상단에 범례를 그립니다
names	각 막대의 라벨을 정하는 문자열 벡터를 지정합니다
width	각 막대의 상대적인 폭을 벡터로 지정합니다
space	각 막대 사이의 간격을 지정합니다
beside	TRUE를 지정하면 각각의 값마다 막대를 그립니다
horiz	TRUE를 지정하면 막대를 옆으로 눕혀서 그립니다

위 표의 값을 사용해서 bar 그래프를 그려보겠습니다.

기본 bar 그래프 그리기

```
> x <- c(1,2,3,4,5)
> barplot(x)
```

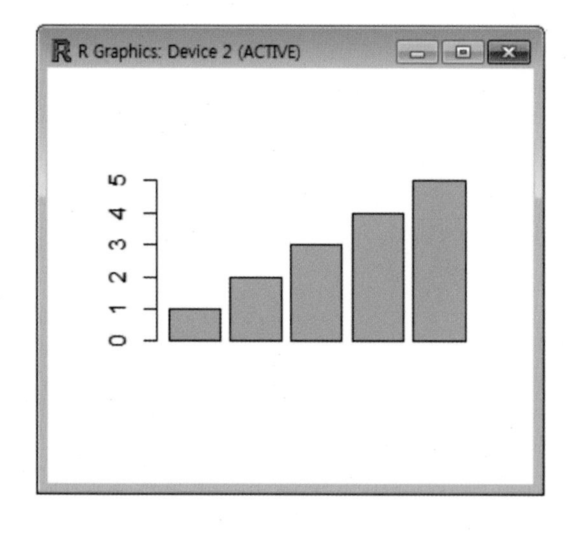

그래프를 가로로 출력하기

```
> x <- c(1,2,3,4,5)
> barplot(x,horiz=T)
```

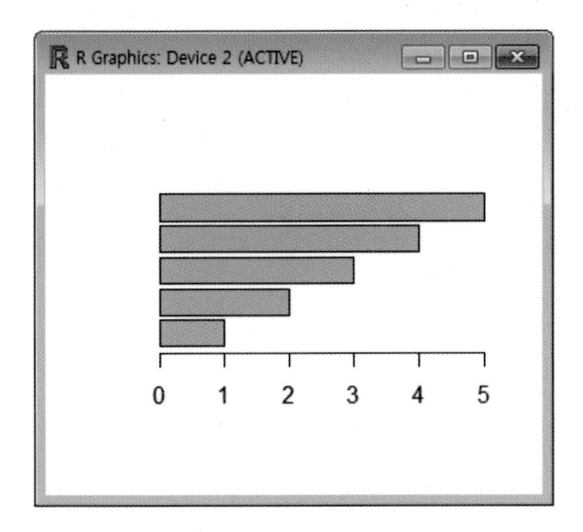

그룹으로 묶어서 출력시키기 : beside=T 사용

```
> x <- matrix(c(5,4,3,2),2,2)
> barplot(x,beside=T,names=c(5,3), col=c("green","yellow"))
> x
     [,1] [,2]
[1,]    5    3
[2,]    4    2
```

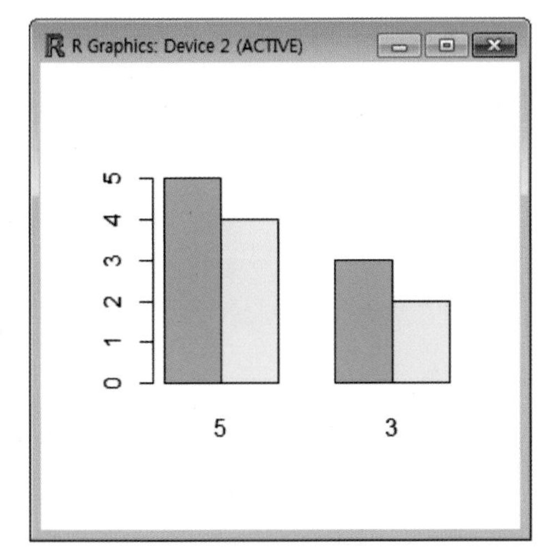

같은 컬럼끼리 짝이 된다는 거

보이죠?

하나의 막대 그래프로 출력하기

```
> x <- matrix(c(5,4,3,2),2,2)
> barplot(x,names=c(5,3),col=c("green","yellow"),ylim=c(0,12))
> x
     [,1] [,2]
[1,]    5    3
[2,]    4    2
```

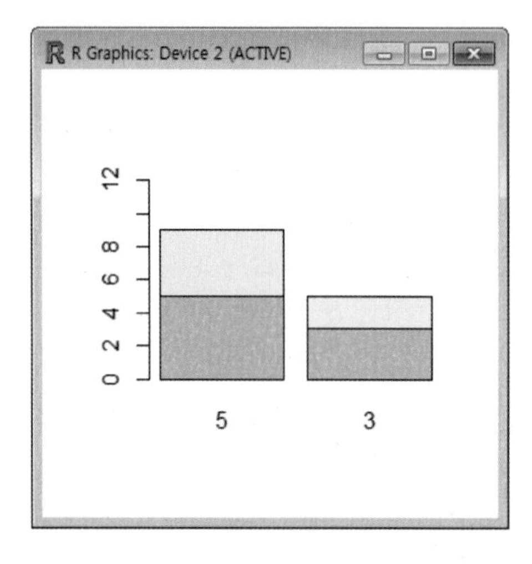

그룹으로 묶어서 가로로 출력시키기 : beside , horiz=T 사용

```
> x <- matrix(c(5,4,3,2),2,2)
> par(oma=c(1,0.5,1,0.5))
> barplot(x,names=c(5,3),beside=T,col=c("green","yellow"),horiz=T)
```

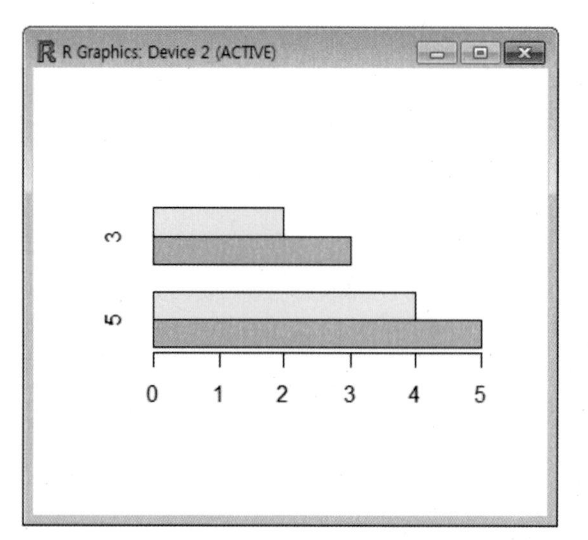

위 코드에서 oma 부분은 그래프내의 여백을 표시하는데 (하,왼쪽,상,오른쪽) 여백을 지정하는 값입니다. 그래프에 여백이 많을 경우 요긴하게 사용 가능합니다.

하나의 막대 그래프에 두 개 합쳐서 눕혀서 출력하기

```
> x <- matrix(c(5,4,3,2),2,2)
> barplot(x,horiz=T,names=c(5,3),col=c("green","yellow"),xlim=c(0,12))
```

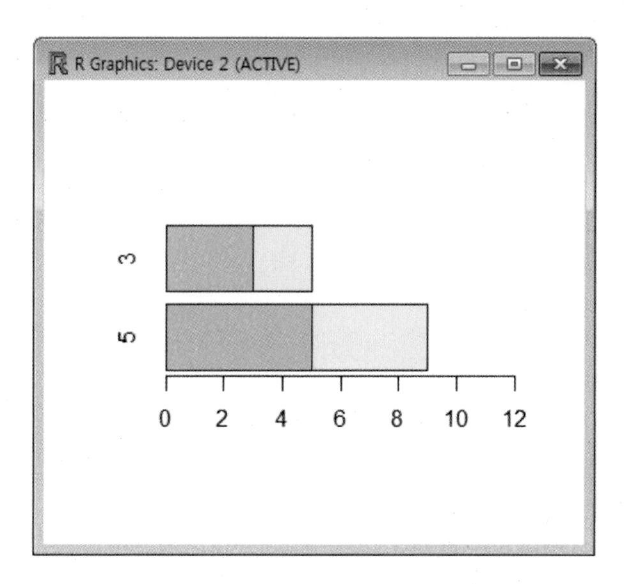

여러 막대 그래프를 그룹으로 묶어서 한꺼번에 출력하기

테스트를 위해서 여러 가지 과일의 정보를 가진 데이터를 만들겠습니다.

```
> v1 <- c(100,120,140,160,180)
> v2 <- c(120,130,150,140,170)
> v3 <- c(140,170,120,110,160)
>
> qty <- data.frame(BANANA=v1,CHERRY=v2,ORANGE=v3)
> qty
  BANANA CHERRY ORANGE
1    100    120    140
2    120    130    170
3    140    150    120
4    160    140    110
5    180    170    160
```

위에서 각 벡터 3개를 모아서 1개의 데이터 프레임으로 만드는 부분 보이죠? 기초 문법편에서 자세하게 살펴보았던 내용입니다. 위의 3가지 과일을 한꺼번에 묶어서 출력해보겠습니다. 다음 예를 보세요.

```
> barplot(as.matrix(qty),main="Fruit's Sales QTY" ,
+         beside=T,col=rainbow(nrow(qty)),ylim=c(0,400))
> legend(14,400,c("MON","TUE","WED","THU","FRI"),cex=0.8,fill=rainbow(nrow(qty)))
```

as.matrix라는 부분은 matrix 형태가 아닌 것을 matrix 형태로 변형하는 함수입니다. bar chart를 그룹으로 묶어서 출력할 때는 반드시 출력 대상이 matrix(행렬) 형태여야 하기 때문에 저렇게 한 것입니다. 색상을 지정할 때 rainbow(nrow(qty)) 부분은 무지개색으로 하되 개수는 qty 변수 안에 있는 값의 개수만큼 하라는 의미입니다.

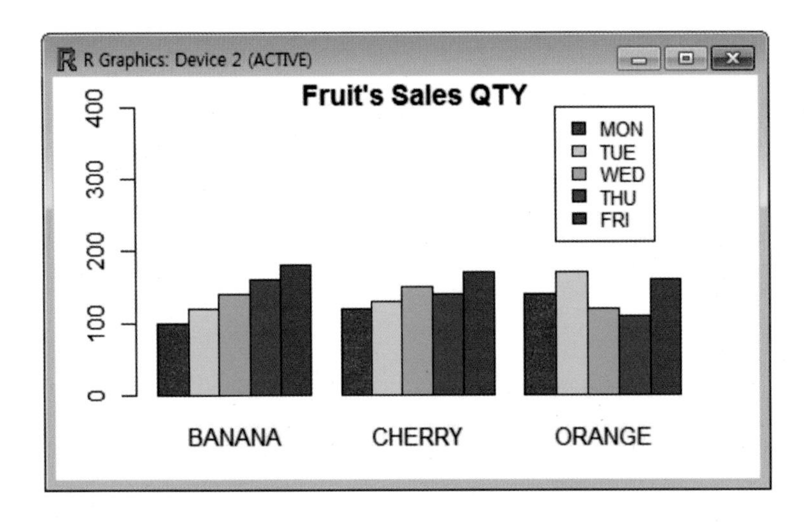

위와 같이 과일별로 묶어져서 출력이 됩니다. 실전에서 아주 요긴하게 많이 사용되는 방법이므로 꼭 기억해야 합니다.

하나의 막대 그래프에 여러 가지 내용을 한꺼번에 출력하기

앞의 예에서는 각 과일과 요일이 모두 다른 Bar로 출력되었습니다. 이번에는 하나의 Bar에 한꺼번에 출력되도록 해보겠습니다. 이 그래프 역시 많이 사용되는 것이므로 잘 기억해야 합니다.

```
> barplot(t(qty),main="Fruits Sales QTY",ylim=c(0,900),
+         col=rainbow(length(qty)),space=0.1,cex.axis=0.8,las=1,
+         names.arg=c("MON","TUE","WED","THU","FRI"),cex=0.8)
> legend(0.2,800,names(qty),cex=0.7,fill=rainbow(length(qty)) )
```

위 코드를 자세히 보면 t(qty)라는 부분이 보이지요? 이것은 행과 열을 바꾸어주는 역할을 합니다. 아래 예를 보세요.

```
> qty
  BANANA CHERRY ORANGE
1    100    120    140
2    120    130    170
3    140    150    120
4    160    140    110
5    180    170    160
>
> t(qty)
        [,1]  [,2]  [,3] [,4] [,5]
BANANA  100  120  140  160  180
CHERRY   120  130  150  140  170
ORANGE  140  170  120  110  160
```

위 결과를 보면 t( ) - 전치행렬 함수의 기능을 알겠죠? 아주 많이 사용되니까 꼭 기억해두세요.

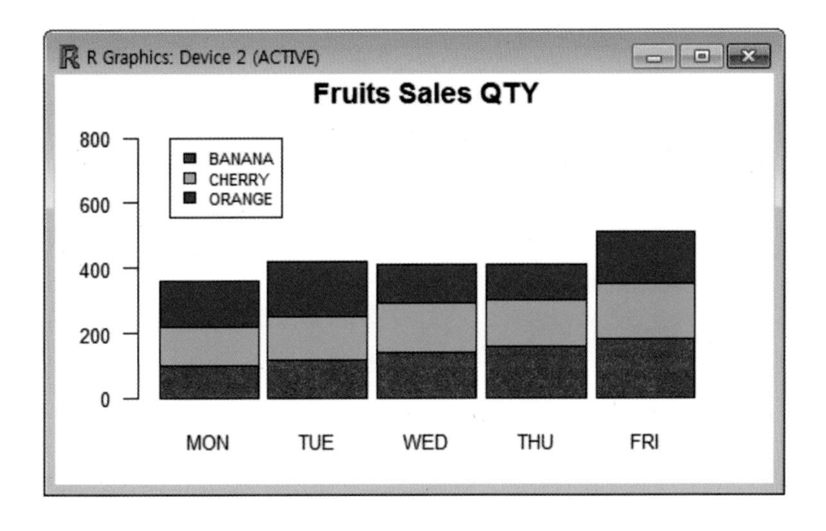

조건을 주고 그래프 그리기

그래프를 그릴 때 가끔 조건을 확인해서 다르게 표시를 해야 할 경우가 있습니다. 이번에는 그래프에서 조건을 처리하는 방법을 살펴보겠습니다. 아래 예는 peach 값이 200 이상일 경우는 “red”, 180 ~ 199 는 “yellow”, 그 이하는 “green” 색으로 출력하라는 코드입니다.

```
> peach <- c(180,200,250,198,170)
> colors <- c( )
> for ( i in 1:length(peach))
+   { if (peach[i] >= 200 )
+       { colors <- c(colors,"red") }
+     else if ( peach[i] >= 180 )
+       { colors <- c(colors,"yellow") }
+     else
+       { colors <- c(colors,"green") }
+ }
> barplot(peach,main="Peach Sales QTY" ,
+         names.arg=c("MON","TUE","WED","THU","FRI"),col=colors)
```

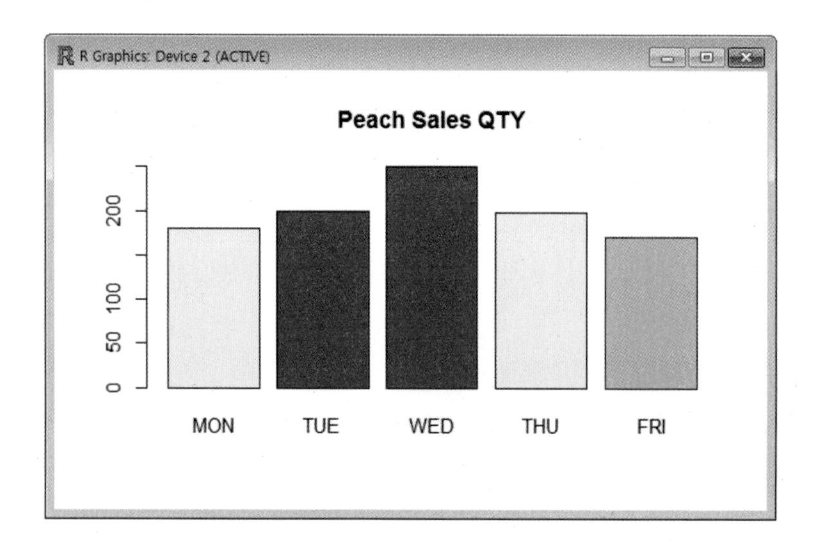

이번 예에서 사용된 for 문장과 if 문장은 실전에서도 아주 많이 사용되니까 꼭 기억하세요!

히스토그램 그래프 그리기 : hist( )

히스토그램이란 특정 데이터의 빈도수(도수)를 막대모양으로 표현하는 것을 의미합니다. 히스토그램은 그래프를 그리는 것이 중요한 것이 아니라 무슨 의미가 있고 어떻게 그리는가를 이해하는 것이 훨씬 더 중요합니다. 히스토그램에 관한 기본 내용을 간단하게 살펴본 후 그래프를 그려보겠습니다. 통계나 수학에서 다양한 데이터들이 존재하는 것을 분포한다고 말합니다. 예를 들어 10명의 키를 조사했는데 아래와 같이 나왔다고 가정하겠습니다.

10 명의 키 : 182 , 175 , 167 , 172 , 163 , 178 , 181 , 166 , 159 , 155

저를 포함한 대부분의 사람들은 키의 값들을 단순한 숫자의 나열 정도로 생각할 것입니다. 키 값들을 어떤 기준으로 가공을 해서 보기 좋게 그래프로 만들든지 아니면 대표 값을 세워서 특징을 말해주는 것이 필요합니다. 통계에서는 이렇게 대표되는 값을 '통계량'이라고 합니다. 값들을 정리해서 의미를 보여줄 수 있는 그래프 중 히스토그램을 만들어보겠습니다. 순서는 아래와 같습니다.

1. 가장 큰 값과 가장 작은 값을 찾습니다
2. 최대값과 최소값 사이를 적절한 구간으로 나눕니다.(보통 5-8 개 정도)
3. 각 구간을 대표하는 대표값을 설정합니다(보통 그 구간의 가운데 값을 지정)
4. 각 구간의 값의 개수를 확인합니다 (이 개수를 도수라고 함)
5. 각 구간의 도수가 전체값에서 차지하는 비중을 계산(이 값을 상대도수라고 함)
6. 각 구간의 도수를 누적해서 계산 (이 값을 누적 도수라고 함)

위 순서로 실제 작업을 해보겠습니다.

1. 최대값 : 182, 최소값 : 155입니다.

2. 구간을 나눕니다 -> 155~160, 151~165, 166~170, 171~175, 176~180, 181~185

3. 구간별 대표 값 -> 153, 158, 163, 168, 173, 178, 183으로 가운데 값을 대표 값으로 결정

4. 구간별 값 개수 -> 여기서부터는 아래 표로 정리하겠습니다.

계급 (구간)	계급값(대표값)	도수	상대도수	누적도수
155 - 160	158	2	0.2	2
161 - 165	163	1	0.1	3
166 - 170	168	2	0.2	5
171 - 175	173	2	0.2	7
176 - 180	178	1	0.1	8
181 - 185	183	2	0.2	10

위 표를 도수분포표라고 부릅니다. 모든 항목 이해되시죠? 표를 보니까 원래 키 값들이 사라지고 보이지 않죠? 이건 어쩔 수가 없습니다. 대신 데이터들이 어느 구간에 분포되어 있는지를 볼 수 있으니까요. 이제 표의 값을 막대 그래프로 그려볼까요? 그래프 그리는 것은 R에서 해보겠습니다.

```
> height <- c(182,175,167,172,163,178,181,166,159,155)
> hist(height,main="histogram of height")
```

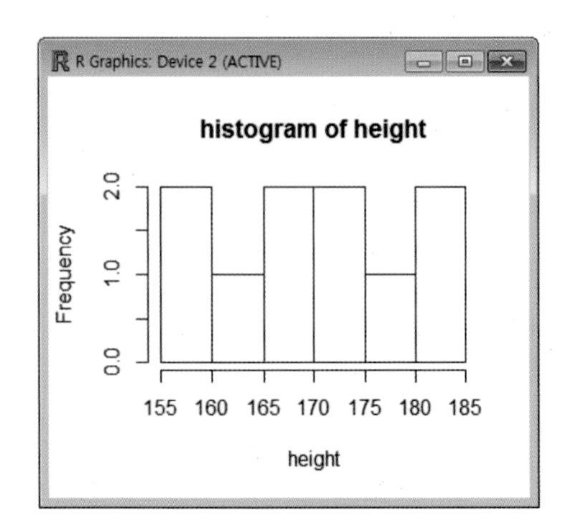

위와 같은 히스토그램이 출력되었습니다. 히스토그램에 대해서 확실히 이해되시죠? plot()과 hist() 함수를 비교해서 출력해보겠습니다.

```
> par(mfrow=c(1,2),oma=c(2,2,0.1,0.1))
> hist <- c(1,1,2,3,3,3)
> hist(hist)
> plot(hist,main="Plot")
```

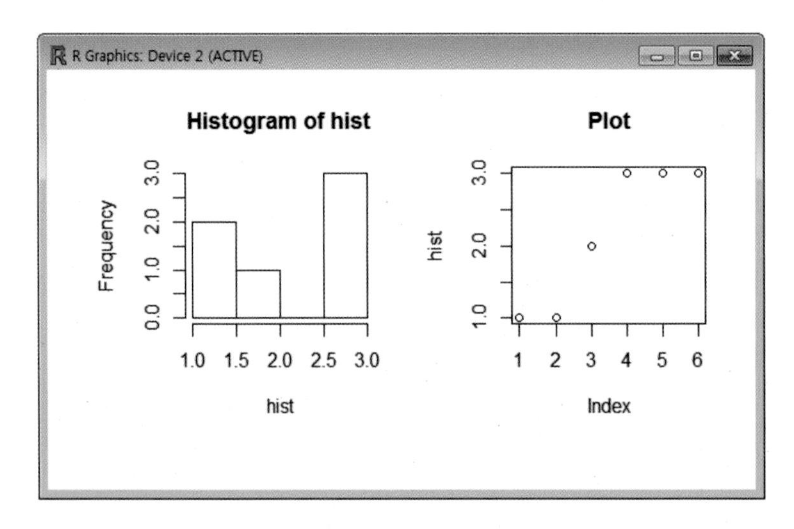

hist()와 plot() 확실하게 구분되시죠?

파이(pie) 모양의 차트 그리기 : pie( )

이번에는 둥근 원형의 파이(pie) 모양의 차트로 표현하는 방법을 살펴봅니다. 이 차트는 전체 합이 100이 되어야 하는 경우에 서로를 비교할 때 아주 유용합니다. pie() 함수에 사용되는 다양한 인수는 아래와 같습니다.

인수	기능
angle,density,col	pie 부분을 구성하는 각도(angle), 수(density), 색상(col)을 지정합니다.
labels	각 pie 부분의 이름을 지정하는 문자벡터를 지정합니다.
radius	원형의 크기를 지정합니다.
clockwise	시계방향(T)으로 회전할지 반 시계방향(F)으로 회전할지 지정. 기본은 반시계임.
init.angle	시작되는 지점의 각도지정

위의 옵션들을 하나씩 살펴보겠습니다.

기본적인 pie chart

```
> par(mfrow=c(1,1),oma=c(0.5,0.5,0.1,0.1))
> p1 <- c(10,20,30,40)
> pie(p1,radius=1)
```

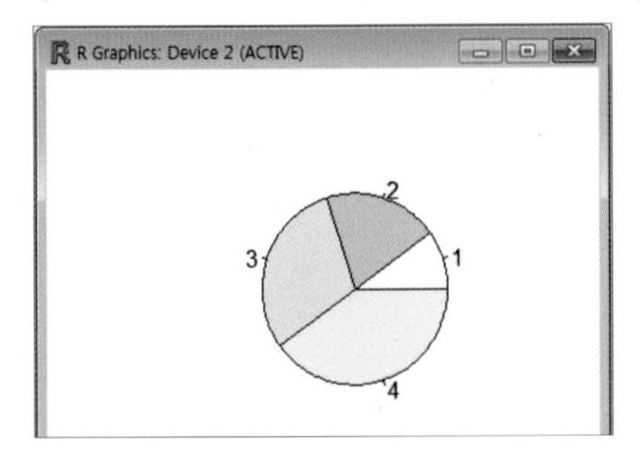

시작 각도를 90도로 지정하기

```
> pie(p1,radius=1,init.angle=90)
```

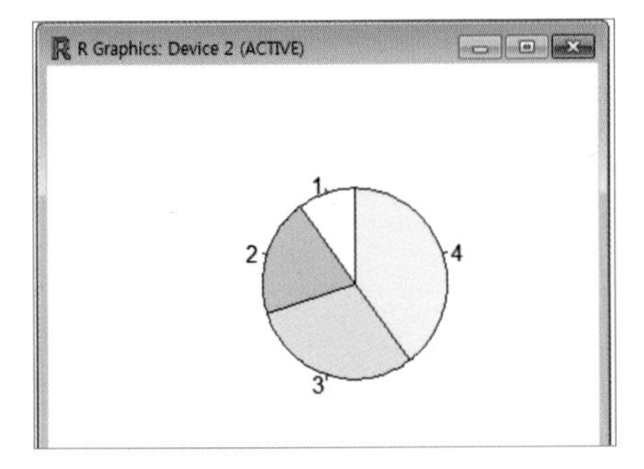

색깔과 label 명을 지정하기

```
> pie(p1,radius=1,init.angle=90,col=rainbow(length(p1)),
+     label=c("Week 1" ,"Week 2" , "Week 3" ,"Week 4"))
```

위 예에서 col이란 부분은 색깔을 지정하는 부분인데 다양한 색을 자동으로 넣고 싶을 경우 rainbow를 사용하면 무지개색을 자동으로 넣습니다. 직접 색깔을 지정하고 싶다면 "green"처럼 직접 지정하면 됩니다. length(p1)은 p1 변수에 들어있는 개수를 의미하는 거 아시죠?

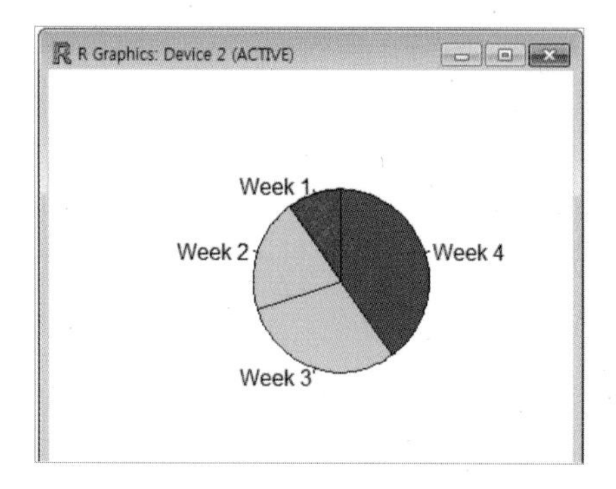

수치 값을 함께 출력하기

```
> pct <- round(p1/sum(p1) * 100,1)
> lab <- paste(pct," %")
> pie(p1,radius=1,init.angle=90,col=rainbow(length(p1)),
+     label=lab)
> legend(1,1.1,c("Week 1","Week 2","Week 3","Week 4"),
+         cex=0.5,fill=rainbow(length(p1)))
```

위 코드에서 첫 번째 줄에 보면 round라는 함수가 있습니다. round 함수는 지정된 자리에서 반올림을 하는 함수입니다. 문법은 round(대상, 반올림할 자리수)입니다. 두 번째 줄에 paste가 있는데 이것은 두 개를 붙여서 하나처럼 만드는 역할을 합니다. 문법은 paste(a, b)입니다.

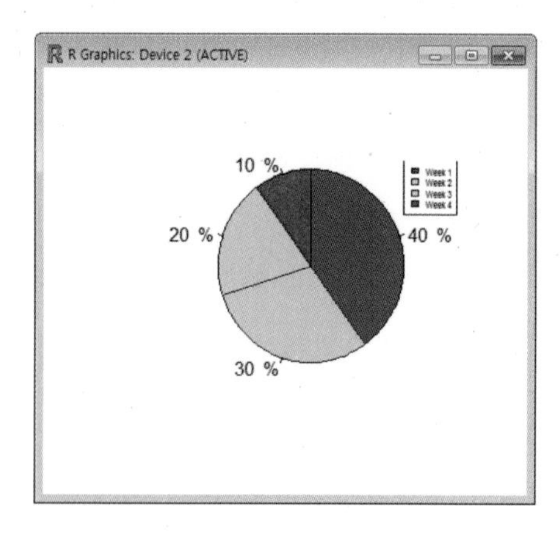

범례를 생략하고 그래프에 바로 출력하기

```
> pct <- round(p1/sum(p1) * 100,1)
> lab1 <- c("Week 1","Week 2","Week 3","Week 4")
> lab2 <- paste(lab1,"\n",pct," %")
> pie(p1,radius=1,init.angle=90,col=rainbow(length(p1)),label=lab2)
```

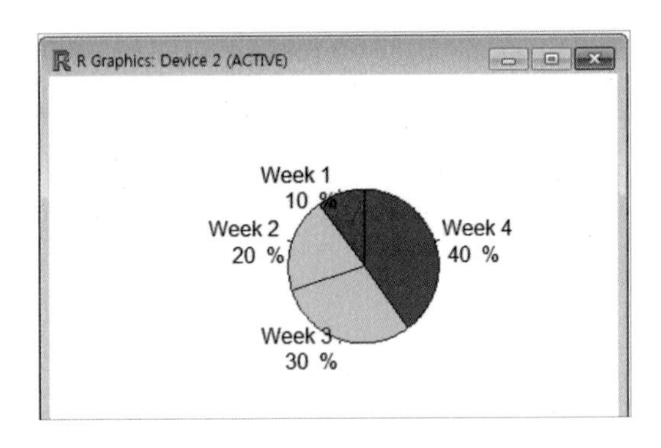

지금까지 Pie Chart를 살펴보았습니다. 그런데 색상이나 디자인이 약간 부족하다(?)고 생각되시는 분이 계시죠? 시각적으로 보다 좋은 Pie Chart를 원하시는 분들은 구글 차트의 파이 차트를 사용하시면 훨씬 더 시각적으로 깔끔한 Pie Chart를 구현하실 수 있어요.

상자 차트 : boxplot( )

이 차트는 여러 항목이 있을 때 최대값과 최소값, 평균값 등을 비교할 때 아주 유용하게 사용할 수 있는 형태의 차트입니다. 이 차트로 주식이나 기온변화, 강수량 변화 등의 분석에 많이 사용됩니다.

```
> v1 <- c(10,12,15,11,20)
> v2 <- c(5,7,15,8,9)
> v3 <- c(11,20,15,18,13)
> boxplot(v1,v2,v3)
```

다소 복잡해 보이지만 최대, 최소, 평균 등의 값을 한눈에 보기 편하게 분석해야 할 경우 아주 좋은 차트입니다. 사용되는 주요 옵션은 아래 표와 같습니다.

옵션	의미
col	박스 내부의 색깔을 지정합니다.
names	각 막대의 라벨을 지정할 문자벡터를 지정합니다.
range	박스의 끝에서 수염까지의 길이를 지정합니다. 기본은 1.5입니다.
width	박스의 폭을 지정합니다.
notch	true로 지정할 경우 상자의 허리 부분을 가늘게 표시합니다.
horizontal	true로 지정하면 상자를 수평으로 그립니다. 아래부터 차례로 나열됩니다

위 옵션을 변경하면서 테스트해보겠습니다.

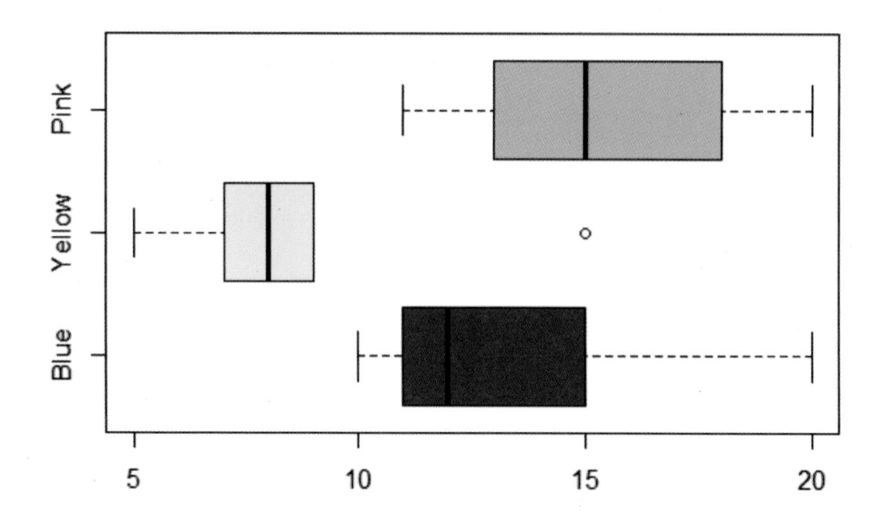

꼭 다른 옵션들도 변경하면서 직접 테스트해보세요. Boxplot 역시 아주 많이 사용되는 그래프입니다. 다만 기본적으로 제공되는 boxplot이 색상이나 디자인이 조금 부족하다고 느끼시는 분들은 ggplot2( ) 패키지의 geom_boxplot( )을 사용하시면 훨씬 더 멋진 boxplot을 그리실 수 있습니다.

stars( ) 함수로 비교 분석하기

이번에 살펴볼 내용은 R 내장 함수인 stars( ) 함수입니다. 이 함수는 다양한 값을 비교할 수 있는 아주 멋진 기능을 가지고 있으며 "나이팅게일 차트"라고 불리기도 합니다. 아래의 실습으로 이 차트의 다양한 기능을 익혀보겠습니다. 이번 예제와 함수는 실제 바로 사용될 수 있는 내용으로 구성되어 있으니 열심히 해주세요. 테스트를 위해 아래의 내용이 있는 "학생별전체성적_new.txt" 파일을 사용하겠습니다.

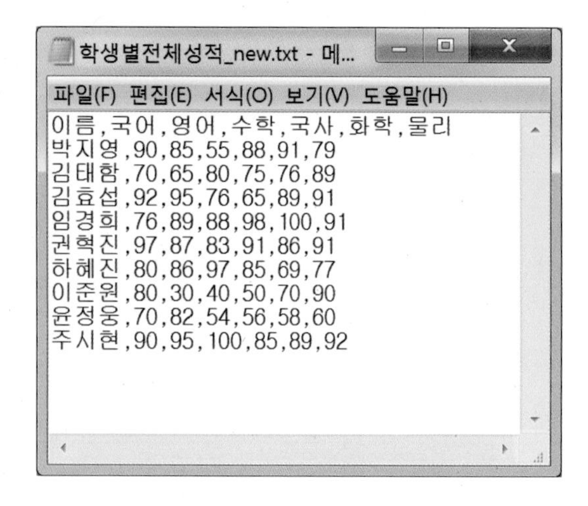
학생별전체성적_new.txt - 메...

파일(F) 편집(E) 서식(O) 보기(V) 도움말(H)

```
이름,국어,영어,수학,국사,화학,물리
박지영,90,85,55,88,91,79
김태함,70,65,80,75,76,89
김효섭,92,95,76,65,89,91
임경희,76,89,88,98,100,91
권혁진,97,87,83,91,86,91
하혜진,80,86,97,85,69,77
이준원,80,30,40,50,70,90
윤정웅,70,82,54,56,58,60
주시현,90,95,100,85,89,92
```

```
> setwd("c:\\temp")
> total <- read.table("학생별전체성적_new.txt",header=T,sep=",")
> total


    이름  국어 영어 수학  국사 화학 물리
1 박지영   90   85   55   88   91   79
2 김태함   70   65   80   75   76   89
3 김효섭   92   95   76   65   89   91
4 임경희   76   89   88   98  100   91
5 권혁진   97   87   83   91   86   91
6 하혜진   80   86   97   85   69   77
7 이준원   80   30   40   50   70   90
8 윤정웅   70   82   54   56   58   60
9 주시현   90   95  100   85   89   92


> row.names(total)<- total$이름
```

위 줄은 각 행번호로 되어 있는 것을 이름으로 변경해주는 역할을 합니다.

학생별로 각 과목 성적을 불러올 때 이름이 필요해서 이 작업을 해줍니다.

```
> total
         이름 국어 영어 수학 국사 화학 물리
박지영 박지영   90   85   55   88   91   79
김태함 김태함   70   65   80   75   76   89
김효섭 김효섭   92   95   76   65   89   91
임경희 임경희   76   89   88   98  100   91
권혁진 권혁진   97   87   83   91   86   91
하혜진 하혜진   80   86   97   85   69   77
이준원 이준원   80   30   40   50   70   90
윤정웅 윤정웅   70   82   54   56   58   60
주시현 주시현   90   95  100   85   89   92
>
> total <- total[,2:7]
> total
       국어 영어 수학 국사 화학 물리
박지영   90   85   55   88   91   79
김태함   70   65   80   75   76   89
김효섭   92   95   76   65   89   91
임경희   76   89   88   98  100   91
권혁진   97   87   83   91   86   91
하혜진   80   86   97   85   69   77
이준원   80   30   40   50   70   90
윤정웅   70   82   54   56   58   60
주시현   90   95  100   85   89   92


> stars(total,flip.labels=FALSE,draw.segment=FALSE,frame.plot=TRUE,full=TRUE,
+       main="학생별 과목별 성적분석-STAR Chart" )
```

```
> savePlot("star_1.png" , type="png")
```

이 그래프는 구체적인 지표는 나오지 않지만 전체적인 윤곽이나 흐름을 파악할 때 아주 좋은 방법입니다.

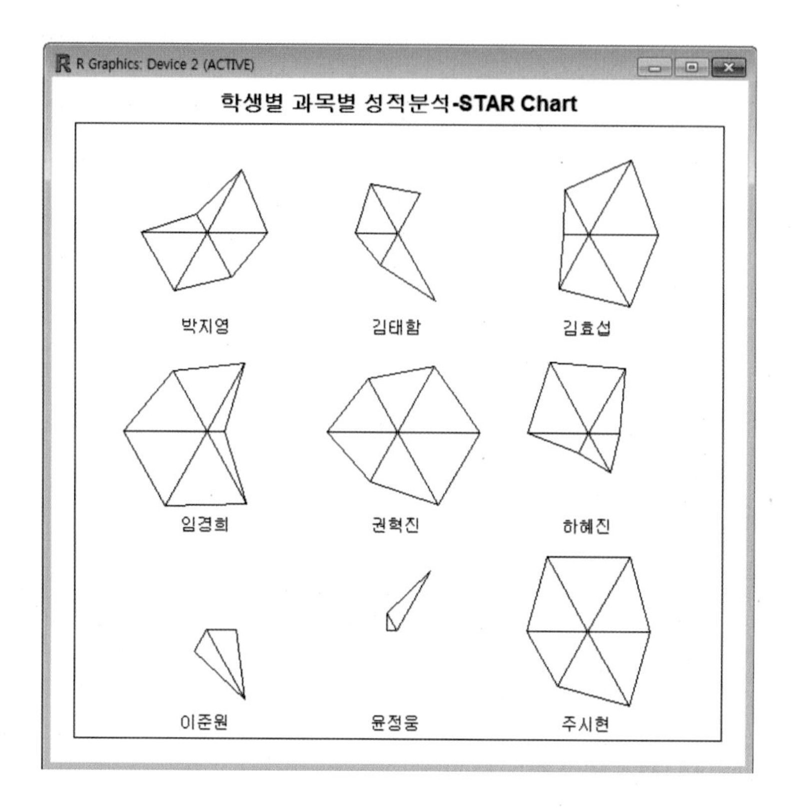

이와 같이 다양한 모양으로 나오는데 이 그림을 봐서는 어떤 과목인지 알 수 없습니다. 그래서 아래와 같이 범례를 생성해서 그래프에 표시하겠습니다.

```
> lab <- names(total)
> value <- table(lab)
> value
lab
국사 국어 물리 수학 영어 화학
   1    1    1    1    1    1

> pie(value,labels=lab,radius=0.1,cex=0.6,col=NA)
> savePlot("star_2.png",type="png")
```

결과화면 : star_2.png

위 그림을 star_1.png와 합쳐서 아래와 같이 만들었습니다.

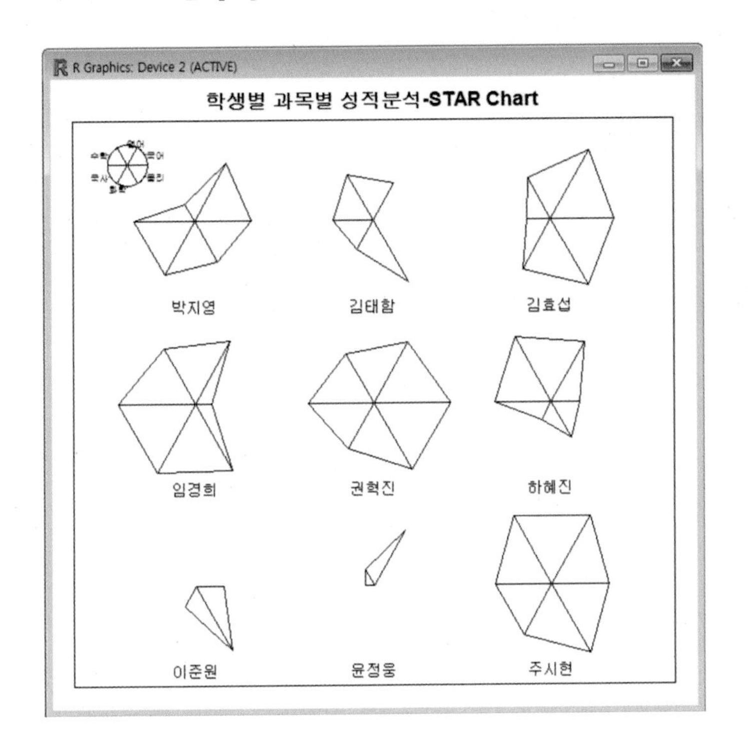

정확한 수치로 판단하기는 어렵지만 전체적인 평가는 가능한 그래프입니다. 위 그래프상으로 보면 권혁진, 주시현 학생이 전체적으로 골고루 양호한 것으로 나옵니다. 이번에는 "`draw.segmemt=TRUE`"라는 옵션을 사용하여 위 그래프에 색깔을 넣어서 출력해보겠습니다. 이런 그래프를 "나이팅게일 그래프"라고 하기도 합니다. 위의 실습에 이어서 계속 진행하면 됩니다.

```
> stars(total,flip.labels=FALSE,draw.segment=TRUE,frame.plot=TRUE,full=TRUE,
+       main="학생별 과목별 성적분석-나이팅게일 차트" )
```

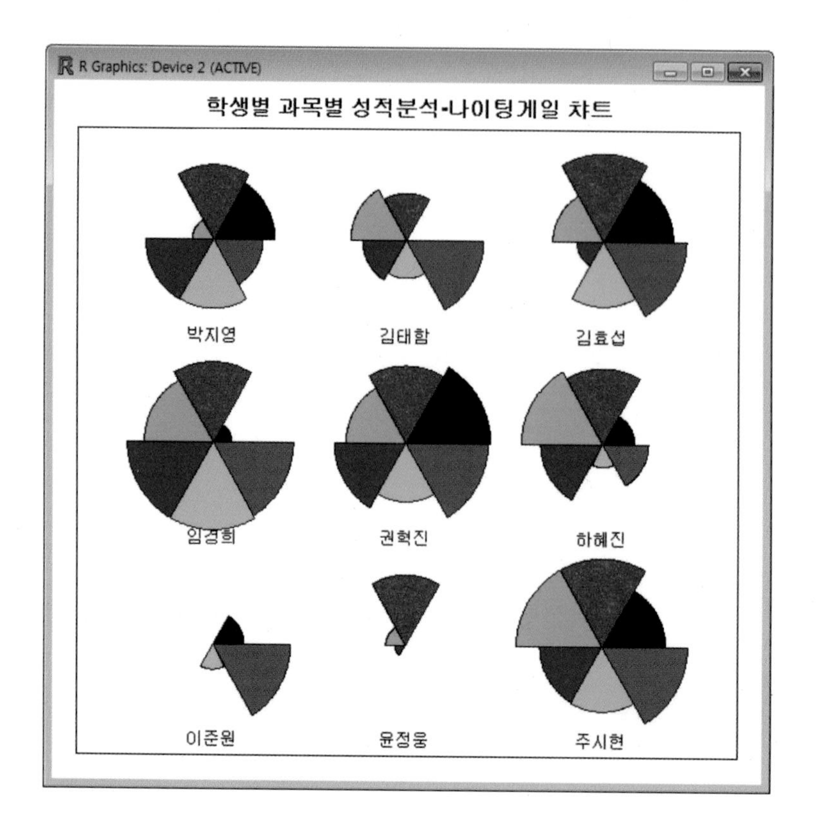

색상이 입혀져서 출력됩니다. 그런데 이 그래프 역시 각 색깔이 무엇을 의미하는지 알 수 없어서 분석력이 떨어집니다. 위에서 했던 것과 같이 작은 pie 그래프를 하나 만들어서 이 그래프와 합치겠습니다.

```
> label <- names(total)
> value <- table(label)
> color <- c("black","red","green","blue","cyan","violet")
> pie(value,labels=label,col=color,radius=0.1,cex=0.6)
> savePlot("star_4.png",type="png")
```

결과 화면 : star_4.png

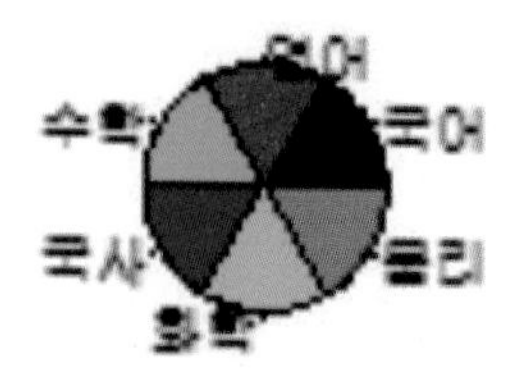

이 그래프를 합쳐서 아래와 같은 결과를 만들었습니다.

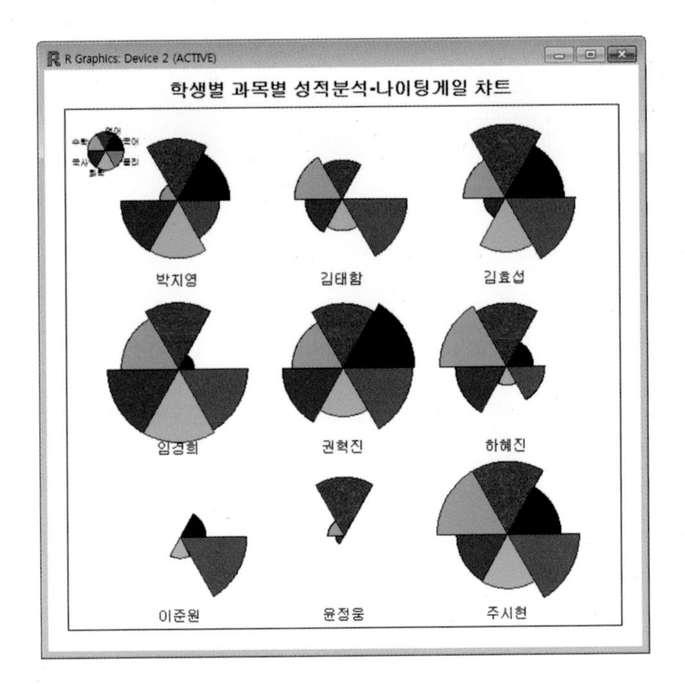

앞의 예는 360도의 원으로 차트를 생성했지만 "full=FALSE"라는 옵션을 사용하여 아래와 같이 반원으로 그래프를 출력할 수도 있습니다.

```
> stars(total,flip.labels=FALSE,draw.segment=TRUE,frame.plot=TRUE,full=FALSE,
+ main="학생별 과목별 분석 다이어그램-반원차트" )
```

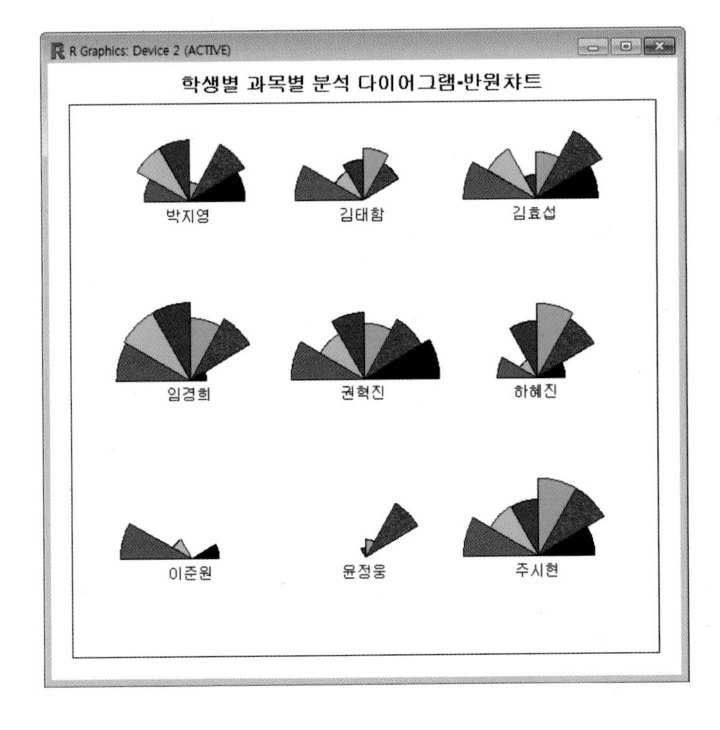

위에서 본 바와 같이 여러 대상의 각 특징을 한꺼번에 비교할 경우 등에 활용도가 아주 많은 그래프이므로 잘 연습해두세요. 지금까지 가장 기본적으로 많이 사용되는 내장 그래픽 함수들의 사용법을 살펴보았습니다. 다음 페이지부터는 추가로 설치해서 사용하는 시각화 패키지들을 소개해드리겠습니다.

pie3D( ) 함수

이 함수는 앞에서 살펴본 pie( ) 함수의 확장된 버전으로 3D로 pie Chart를 만들어주는 함수입니다. 이 함수를 사용하려면 아래와 같이 plotrix 패키지를 설치한 후 library를 loading해야 합니다.

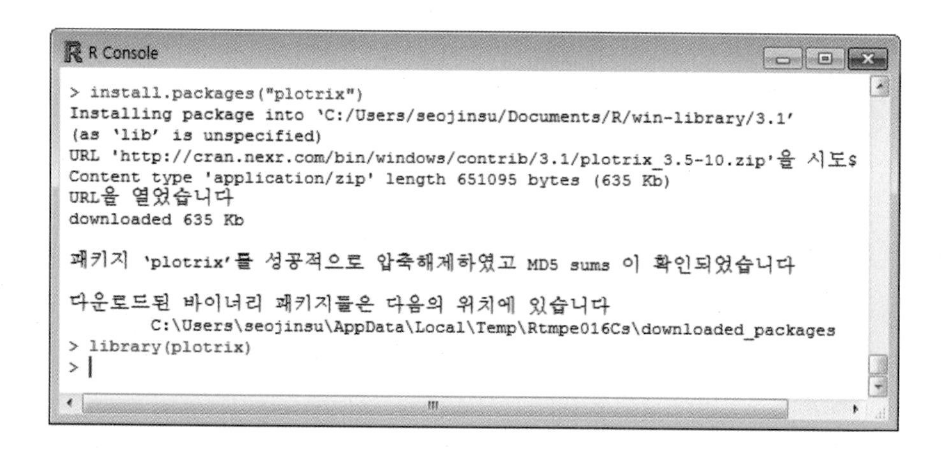

그후 아래와 같이 pie3D라는 함수를 실행하면 됩니다.

```
> p1 <- c(10,20,30,40,50)
> f_day <- round(p1/sum(p1)*100,1)
> f_label <- paste(f_day,"%")
> pie3D(p1,main="3D Pie Chart",col=rainbow(length(p1)),
+       cex=0.5,labels=f_label,explode=0.05)
> legend(0.5,1,c("MON","TUE","WED","THU","FRI"),cex=0.6,
+        fill=rainbow(length(p1)))
```

위와 같이 p1 변수에 값을 할당한 후 pie3D( ) 함수를 사용해서 출력하면 됩니다. 위에서 특이한 점은 explode라는 변수인데 각 파이 조각 간의 간격을 지정하는 파라미터입니다. 저 파라미터의 값을 변경하면서 출력해보시면 쉽게 이해될 것입니다.

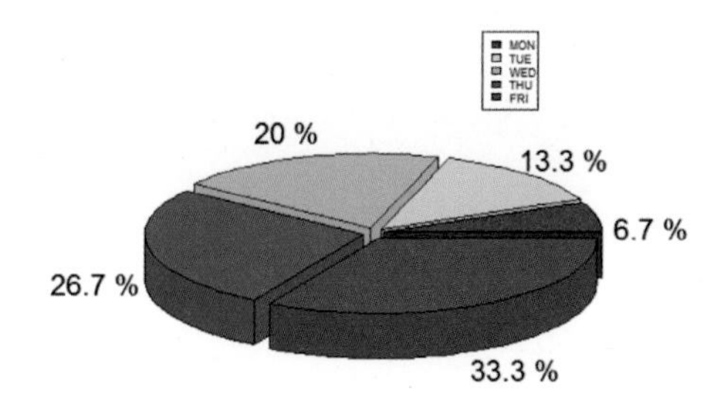

이와 같은 형태로 출력이 가능합니다. 당연히 앞에서 살펴본 바와 같이 범례 대신 직접 항목명을 표현할 수도 있겠지요?

관계도 그리기 : igraph( ) 함수

igraph( ) 패키지는 SNA(Social Network Analysis) 분석과 같이 관련이 있는 데이터들을 연결하여 시각화할 때 아주 유용하게 사용할 수 있는 패키지입니다. 아래의 다양한 예제로 igraph( ) 패키지의 기초부터 다양한 활용방법까지 알려드리겠습니다. 먼저 아래와 같이 패키지를 설치하고 실행해야겠죠?

```
> install.packages("igraph")
> library("igraph")
```

벡터 데이터를 사용한 igraph( ) 패키지 활용방법

```
R Console
> vec1 <- c(1,2,2,3,3,4,4,1,5,6)
> graph(vec1)
IGRAPH 1906ad1 D--- 6 5 --
+ edges from 1906ad1:
[1] 1->2 2->3 3->4 4->1 5->6
>
> plot( graph(vec1) )
> |
```

위 그림에서 graph(vec1) 명령에서 graph 명령어는 각 요소들 사이의 관계를 계산해주는 함수입니다. 벡터의 경우에는 앞의 데이터와 뒤의 데이터가 한 쌍으로 서로 관련이 있다고 계산됩니다. 계산 결과를 그림으로 표현하면 아래와 같습니다.

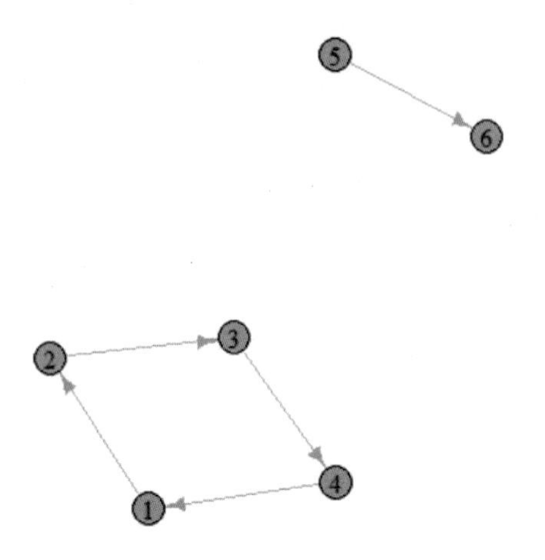

데이터 프레임 데이터를 활용한 igraph( ) 활용

실제 작업에서는 그림으로 표현할 데이터가 벡터로 되어 있는 경우보다는 주로 데이터 프레임으로 되어 있는 경우가 많습니다. 이번에는 데이터프레임으로 작업을 해보겠습니다. 아래 그림과 같이 예제로 사용할 데이터는 가상으로 만든 사원이름과 상사이름을 정리한 데이터프레임입니다.

```
R Console
> 이름 <- c('홍길동 사장','일지매 상무','신사임당 상무','전우치 부장',
+           '김유신 부장','연개소문 과장','광개토 과장','손흥민 대리','강감찬 사원')
> 상사이름 <- c('홍길동 사장','홍길동 사장','홍길동 사장','일지매 상무',
+           '신사임당 상무', '전우치 부장','전우치 부장','광개토 과장','손흥민 대리')
> 사원테이블 <- data.frame(이름=이름 , 상사이름=상사이름)
> 사원테이블
          이름      상사이름
1   홍길동 사장   홍길동 사장
2   일지매 상무   홍길동 사장
3 신사임당 상무   홍길동 사장
4   전우치 부장   일지매 상무
5   김유신 부장 신사임당 상무
6 연개소문 과장   전우치 부장
7   광개토 과장   전우치 부장
8   손흥민 대리   광개토 과장
9   강감찬 사원   손흥민 대리
> 사원테이블2 <- graph.data.frame(사원테이블)
> plot( 사원테이블2 )
> |
```

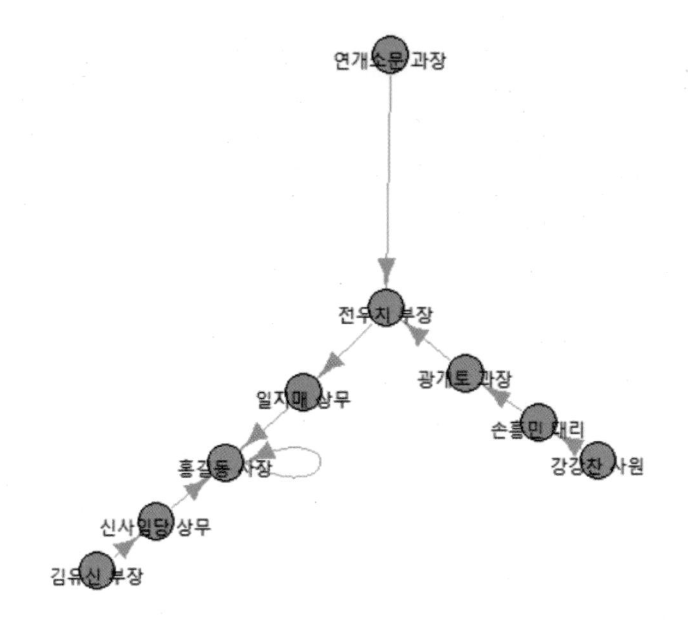

앞의 그림에서 그래프를 더 역동적으로 그리기 위해서 몇 가지 용어를 알아야 합니다. 다음 그림을 보면서 용어를 설명하겠습니다.

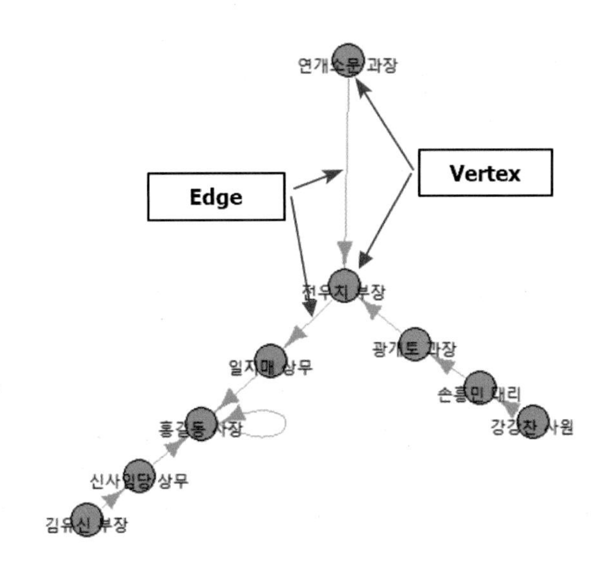

2가지 중요 용어가 등장합니다. 이 용어들을 사용해서 그래프를 더 멋지게 그릴 수 있습니다. 이 용어들과 관련된 주요 옵션을 아래 표로 정리를 했습니다. 먼저 Edge와 관련된 주요 파라미터입니다.

파라미터	의미	파라미터	의미
edge.color	선의 색상	edge.lty	선 유형.solid , dashed , dotted
edge.width	선의 폭	edge.label.family	선 종류.serif , sans , mono
dge.arrow.size	화살의 크기	edge.label.font	선 레이블 형, 1:일반, 2:볼드, 3:이탤릭, 4:볼드 이텔릭
edge.arrow.width	화살의 폭		
dge.arrow.mode	화살 머리 유형	edge.label.color	선 레이블 색상

아래는 Vertex와 관련된 주요 파라미터들입니다.

파라미터	의 미	파라미터	의 미
vertex.size	점 크기 지정	vertex.color	점의 색 지정
vertex.frame.color	점 윤곽의 색	vertex.shape	점의 형태
vertex.label	점 레이블	vertex.label.family	점 레이블 종류
vertex.label.font	폰트	vertex.label.cex	점 레이블 크기
vertex.lebel.dist	점 중심과의 거리	vertex.label.degree	점 레이블 방향
vertex.label.color	점 레이블 색상		

위 옵션들을 사용해서 그래프의 속성들을 변경해보겠습니다.

다양한 옵션 활용하기

먼저 vertex.color 옵션을 사용해서 vertex의 색상을 "cyan"으로 변경하겠습니다.

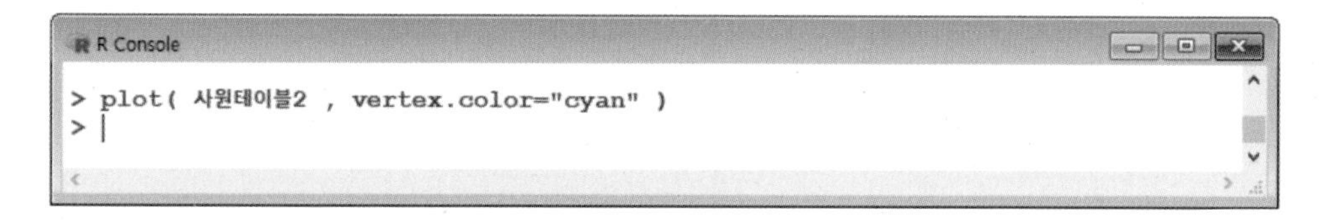

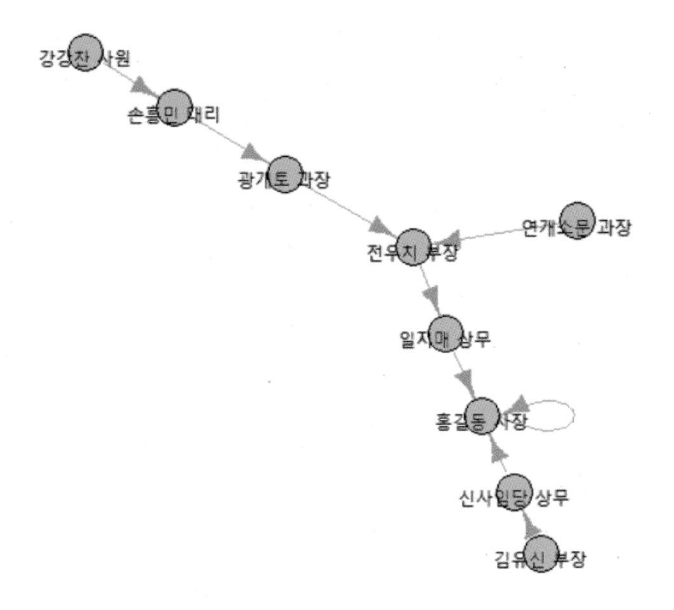

아주 쉽죠? 이번에는 vertex.label 옵션을 사용하여 글자들을 제거하고 edge.color 옵션을 사용해서 edge 색깔을 빨간색("red")로 변경하겠습니다.

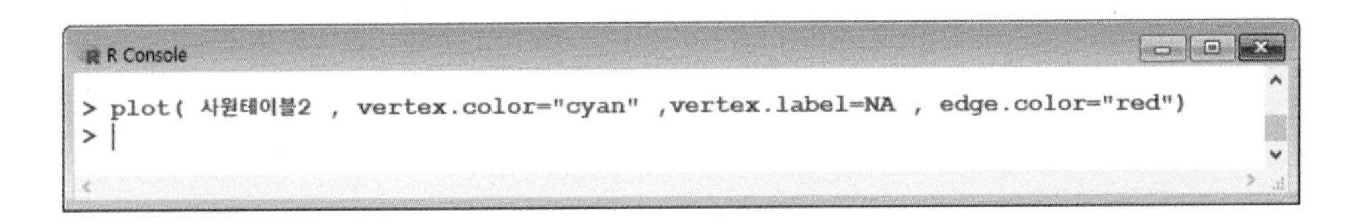

```
> plot( 사원테이블2 , vertex.color="cyan" ,vertex.label=NA , edge.color="red")
> |
```

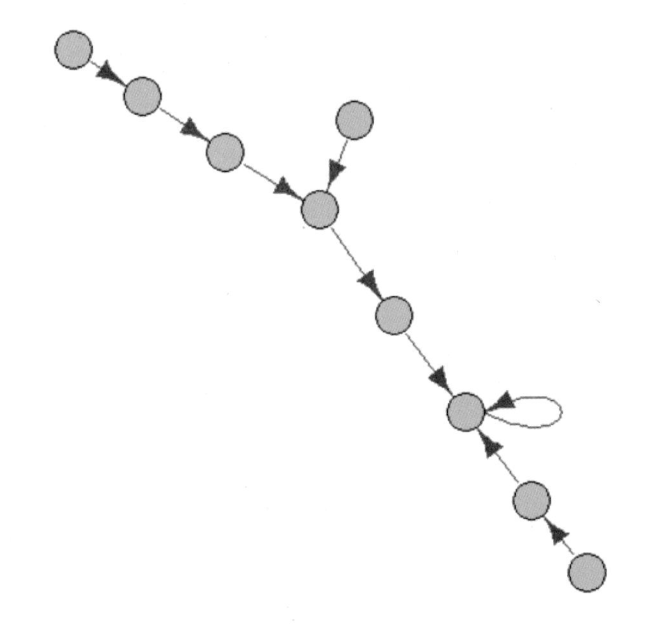

이번에는 약간 어려운 예제를 보여드리겠습니다. 이번에 살펴볼 예제는 edge의 개수를 확인해서 vertex의 크기를 edge개수 x 3으로 하고 vertex의 글자의 크기는 edge개수 X 2로 하는 예제입니다. 실전에서 아주 많이 활용되는 방법이므로 꼭 이해해야 합니다.

먼저 edge의 개수를 파악해서 edge 개수별로 vertex.label 크기를 다르게 지정하는 예입니다.

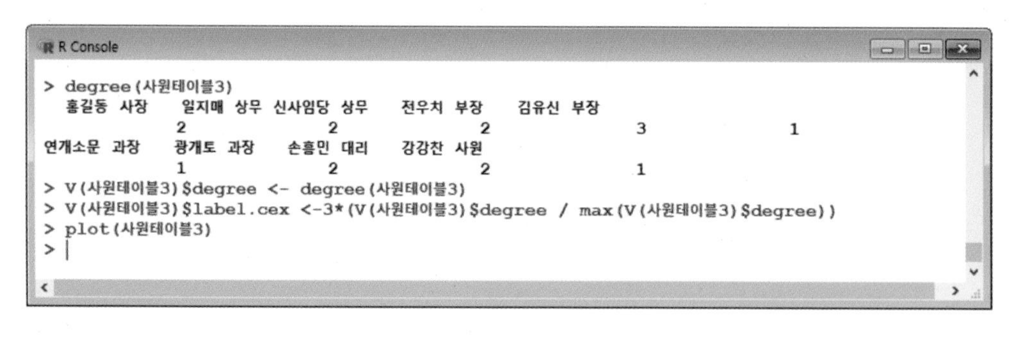

```
> degree(사원테이블3)
  홍길동 사장    일지매 상무  신사임당 상무    전우치 부장    김유신 부장
           2             2             2              3              1
연개소문 과장    광개토 과장    손흥민 대리    강감찬 사원
           1             2             2              1
> V(사원테이블3)$degree <- degree(사원테이블3)
> V(사원테이블3)$label.cex <-3*(V(사원테이블3)$degree / max(V(사원테이블3)$degree))
> plot(사원테이블3)
> |
```

강감찬 사원
손흥민 대리
광개토 과장
연개소문 과장
전우치 부장
일지매 상무
홍길동 사장
신사임당 상무
김유신 부장

이번에는 edge 개수별로 vertex의 크기를 다르게 출력하는 예제입니다.

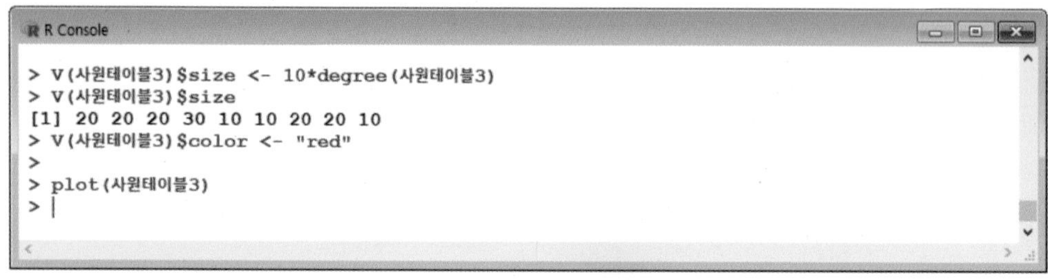

```
> V(사원테이블3)$size <- 10*degree(사원테이블3)
> V(사원테이블3)$size
[1] 20 20 20 30 10 10 20 20 10
> V(사원테이블3)$color <- "red"
>
> plot(사원테이블3)
> |
```

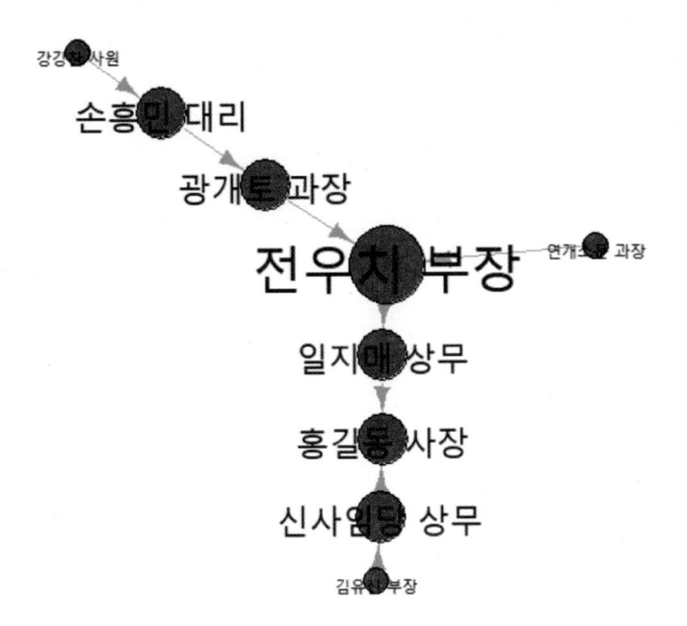

이번에는 조건문을 활용해서 edge 개수별로 vertex의 크기와 색상을 변경하는 예제입니다. 꼭 이해해야 합니다. 아래의 코드는 edge의 개수가 3개 이상이면 vertex의 크기를 red로 하고 아니면 green으로 설정합니다. 글씨 색깔도 edge의 개수가 3개 이상이면 blue로 출력하고 아니면 red로 출력합니다.

```
R Console
> V(사원테이블3)$degree
[1] 2 2 2 3 1 1 2 2 1
> V(사원테이블3)$color <- ifelse(V(사원테이블3)$degree >= 3,"red","green")
> V(사원테이블3)$label.color <- ifelse(V(사원테이블3)$degree >= 3,"blue","red")
> plot(사원테이블3)
> |
```

이번에는 edge의 개수가 특정 빈도 이하이면 그래프에서 제거하는 방법입니다. 아래의 예는 edge의 개수가 2개 미만인 항목들을 제거하는 코드입니다.

```
R Console
> removeedge <- V(사원테이블3)[degree(사원테이블3) < 2 ]
> 사원테이블3 <- delete.vertices(사원테이블3,removeedge)
> plot(사원테이블3)
> |
```

위의 예제를 아주 많이 사용하는 예제이니까 꼭 이해해주세요.

다양한 옵션을 살펴 보았는데요. 이렇게 관계도를 설명할 때 항상 나오는 용어도 있어서 함께 설명 드리겠습니다.

degree : 각 노드가 얼마나 많은 관계를 맺고 있는지 연결 정도를 의미함.

closeness : 한 노드가 다른 노드와 얼마나 가까운지에 대한 근접도를 의미함.

betweenness : 한 노드가 다른 노드들 사이에 위치하는 중개도를 의미함.

앞에서 살펴본 예로 위 용어를 정리하겠습니다.

```
> name <- c('서진수 대표이사','일지매 부장','김유신 과장','손흥민 대리','노정호 대리')
> pemp <- c('서진수 대표이사','서진수 대표이사','일지매 부장','김유신 과장','김유신 과장')
> emp <- data.frame(이름=name,상사이름=pemp)
> emp

             이름        상사이름
1 서진수 대표이사 서진수 대표이사
2     일지매 부장 서진수 대표이사
3     김유신 과장     일지매 부장
4     손흥민 대리     김유신 과장
5     노정호 대리     김유신 과장

> g <- graph.data.frame(emp,directed=T)
> plot(g,vertex.size=8,edge.arrow.size=0.5)
```

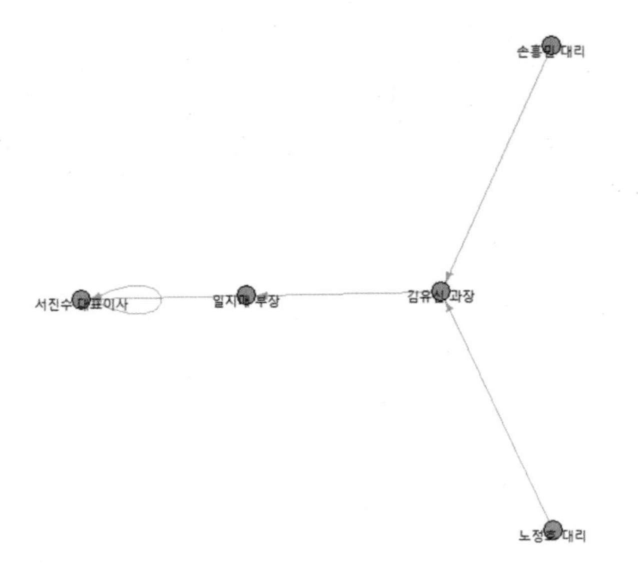

위 그림처럼 관계도가 그려집니다. 그런데 데이터 프레임에서 가장 첫 줄에 보면 서진수 대표이사의 상사도 서진수 대표이사라서 관계도 그래프에서 재귀 형태의 둥근 화살표가 나옵니다. 실제 관계도를 그릴 때는 저런 부분을 모두 제거를 해야 합니다. 이런 재귀 현상을 제거하는 함수가 simplify( ) 함수입니다.

```
> g2 <- simplify(g)
> plot(g2,vertex.size=8,edge.arrow.size=0.5)
```

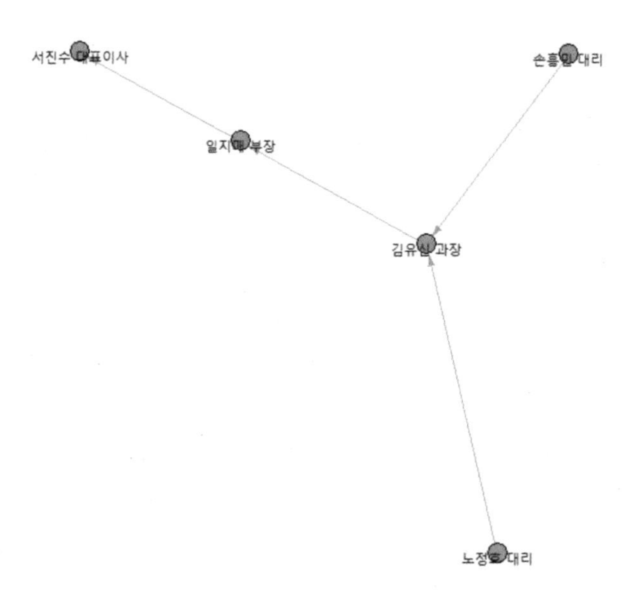


```
> degree(g2)   # 연결되어 있는 주변 노드 개수를 의미합니다.
서진수 대표이사      일지매 부장      김유신 과장      손흥민 대리    노정호 대리
              1                2                3                1              1
> betweenness(g2) # 해당 노드를 거쳐서 지나가는 노드 수를 의미합니다.
서진수 대표이사      일지매 부장      김유신 과장      손흥민 대리    노정호 대리
              0                3                4                0              0
```

위 지표값이 왜 나오는지를 그래프를 보고 계산해보겠습니다. 화살표 방향을 잘 보세요. 일지매 부장의 중개 중심성이 3이 나오는 이유를 세어보겠습니다.

- 손흥민대리 -> 일지매 부장 -> 서진수 대표이사
- 노정호대리 -> 일지매 부장 -> 서진수 대표이사
- 김유신과장 -> 일지매 부장 -> 서진수 대표이사

위와 같이 3개의 경우죠? 그래서 일지매 부장의 betweenness 값이 3이 나오는 것입니다. 김유신 과장은 왜 4가 나올까요?

- 손흥민대리 -> 김유신과장 -> 일지매 부장
- 노정호대리 -> 김유신과장 -> 일지매 부장
- 손흥민대리 -> 김유신과장 -> 서진수 대표이사
- 노정호대리 -> 김유신과장 -> 서진수 대표이사

위와 같이 4개의 경우가 나오죠? 이제 betweenness의 의미를 아시겠죠? 이 지표의 값이 높을수록 다른 노드와 연관이 많다는 의미가 됩니다.

```
> closeness(g2)
서진수 대표이사      일지매 부장      김유신 과장      손흥민 대리    노정호 대리
    0.05000000      0.06250000      0.07692308      0.09090909     0.09090909
```

위의 closeness의 값이 클수록 중심에서 멀다는 뜻입니다. 제일 외곽에 있는 손흥민 대리와 노정호 대리의 값이 가장 크죠?

여기까지 기본적인 관계도를 그리는 igraph( ) 패키지와 몇 가지 중요한 개념을 살펴보았습니다. 실제 업무에서는 igraph( ) 함수를 사용하여 관계도도 많이 그리지만 군집 분석으로도 많이 활용합니다. 그리고 연관 단어 분석(장바구니 분석)에도 많이 활용합니다. igraph( ) 함수를 연관 단어 분석에 활용하는 사례는 이 책의 다음 시리즈에서 언급하고 여기서는 군집 분석에 사용하는 간단한 사례를 설명드리겠습니다.

군집 분석이란 주어진 데이터를 특정 기준으로 묶어서 표현하는 기법입니다. 특정 기준을 어떻게 정하고 거리를 어떻게 계산하냐에 따라 여러 가지 군집 분석의 방법이 있는데 그에 대한 자세한 내용은 이 책의 다음 책에서 설명하고 여기서는 igraph를 사용하여 그래프로 표시하는 것을 살펴보겠습니다.

이번 예제는 모 대학교의 실제 수강신청 내역입니다. 수강 신청 내역이니까 당연히 학생과 지도교수가 있습니다. 한 명의 학생은 여러 교수들로부터 수업을 받을 수 있고 한 명의 교수도 여러 학생을 지도 할 수 있습니다. 그래서 교수를 기준으로 같이 수업을 받는 학생들을 묶어서 표현하겠습니다.

```
> g <- read.csv("군집분석.csv",head=T)
> graph <- data.frame(학생=g$학생,교수=g$교수)
> g<-graph.data.frame(graph,directed=T)
> plot(g,layout=layout.fruchterman.reingold,vertex.size=2,edge.arrow.size=0.5,
    ,vertex.color="green",vertex.label=NA)
```

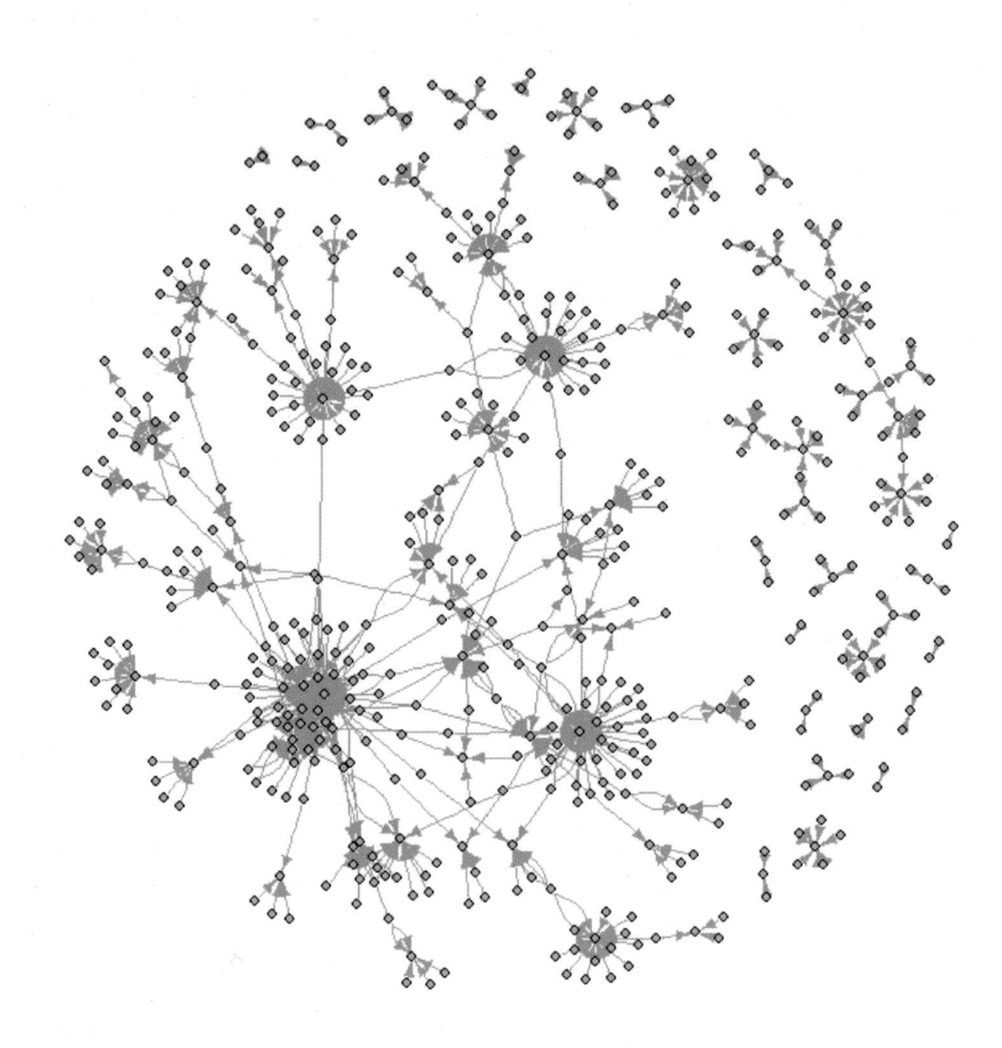

모양 바꾸어서 출력하기

```
> plot(g,layout=layout.kamada.kawai,vertex.size=2,edge.arrow.size=0.5,
    vertex.label=NA)
```

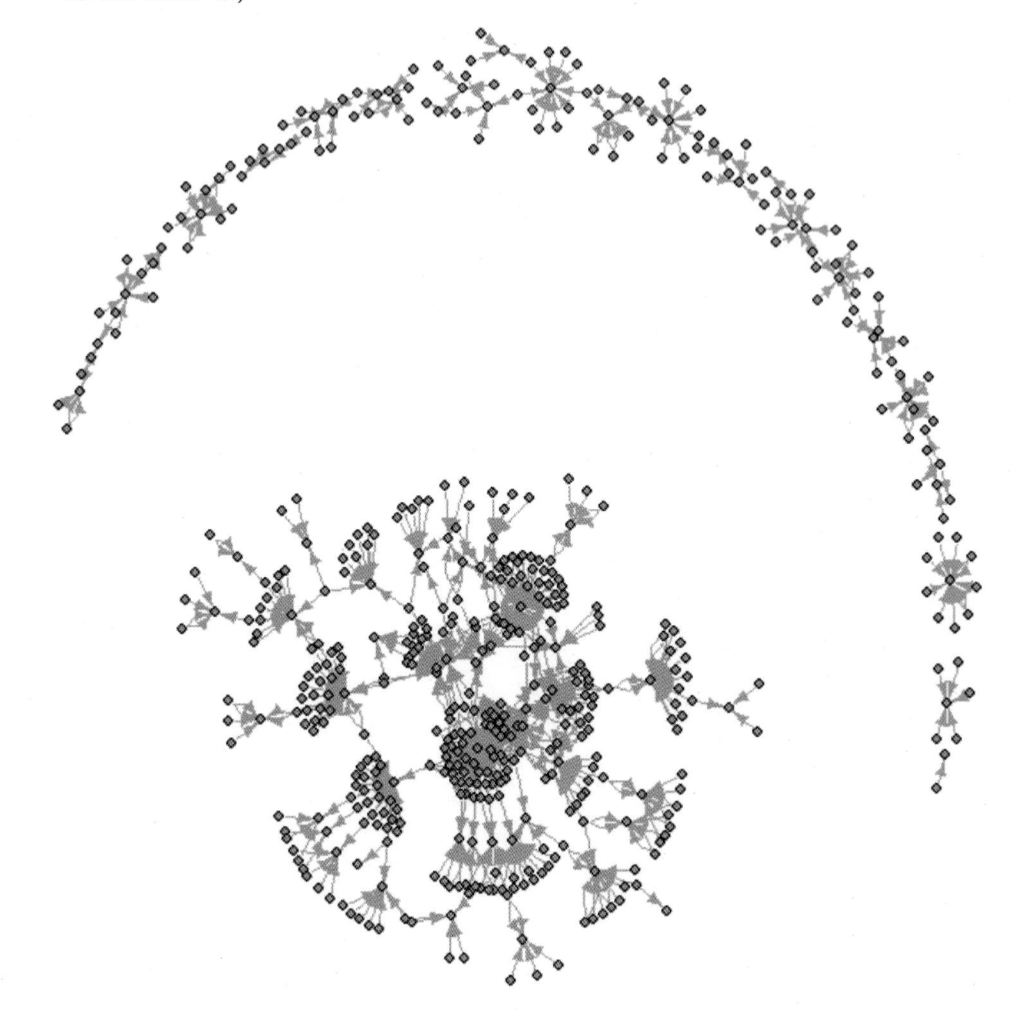

학생과 교수의 색상과 크기를 구분해서 출력하기

```
> g<-read.csv("군집분석.csv",head=T)
> graph <- data.frame(학생=g$학생,교수=g$교수)

> g <- graph.data.frame(graph,directed=T)
> g

> V(g)$name
> gubun1 <- V(g)$name
> gubun1
> gubun <- str_sub(gubun1,start=1,end=1)
> gubun
```

#아래 코드는 학생일 경우 컬러를 red로 하고 교수님일 경우 green으로 출력하는 코드임

```
> colors <- c()
+ for ( i in 1:length(gubun)) {
+  if (gubun[i] == 'S' ) {
+     colors <- c(colors,"red") }
+  else {
+    colors <- c(colors,"green") }
+ }
```

아래 코드는 학생일 경우 점의 크기를 2로 , 교수님일 경우 점의 크기를 6으로 하는 코드임

```
> sizes <- c()
+ for ( i in 1:length(gubun)) {
+   if (gubun[i] == 'S' ) {
+      sizes <- c(sizes,2) }
+  else {
+    sizes <- c(sizes,6) }
+  }

> plot(g,layout=layout.fruchterman.reingold,vertex.size=sizes,edge.arrow.size=0.5,
+     ,vertex.color=colors)

> savePlot("군집_색상크기조절_1.png",type="png")
```

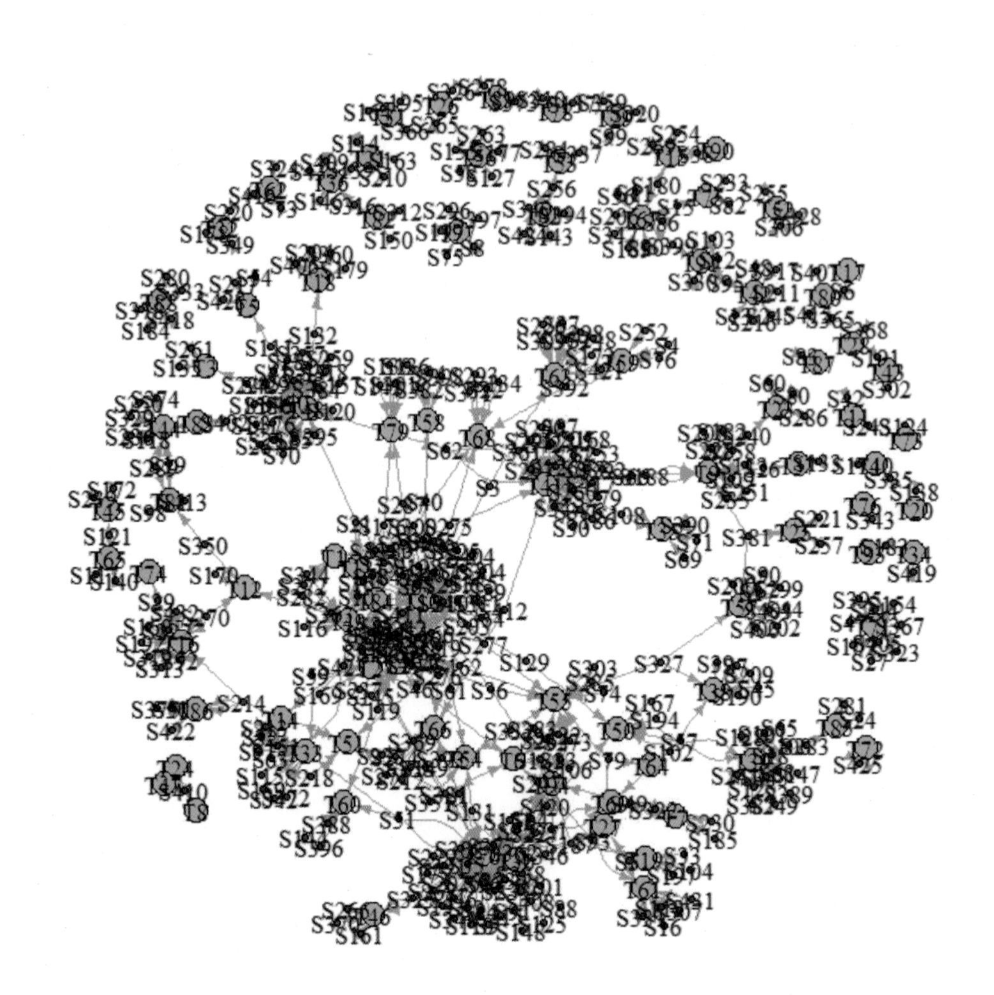

이름 없애기 - 위 그래프에서 이름부분이 너무 지저분해서 이름을 제거하고 출력하기

```
> plot(g,layout=layout.fruchterman.reingold,vertex.size=sizes,edge.arrow.size=0.5,
+       ,vertex.color=colors,vertex.label=NA)

> savePlot("군집_색상크기조절_2.png",type="png")
```

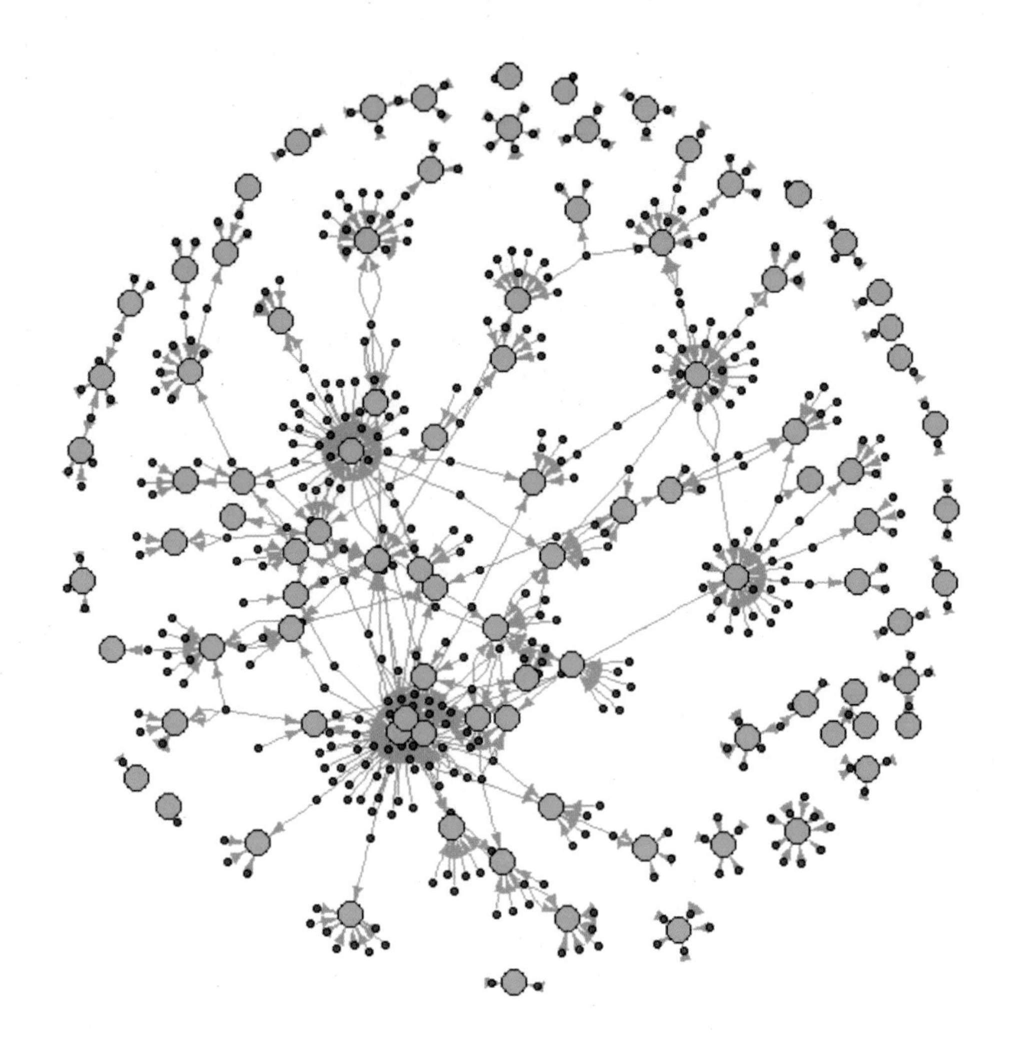

화살표 표시 없게 만들기

```
> plot(g,layout=layout.fruchterman.reingold,vertex.size=sizes,edge.arrow.size=0,
+     ,vertex.color=colors,vertex.label=NA)

> savePlot("군집_색상크기조절_3.png",type="png")
```

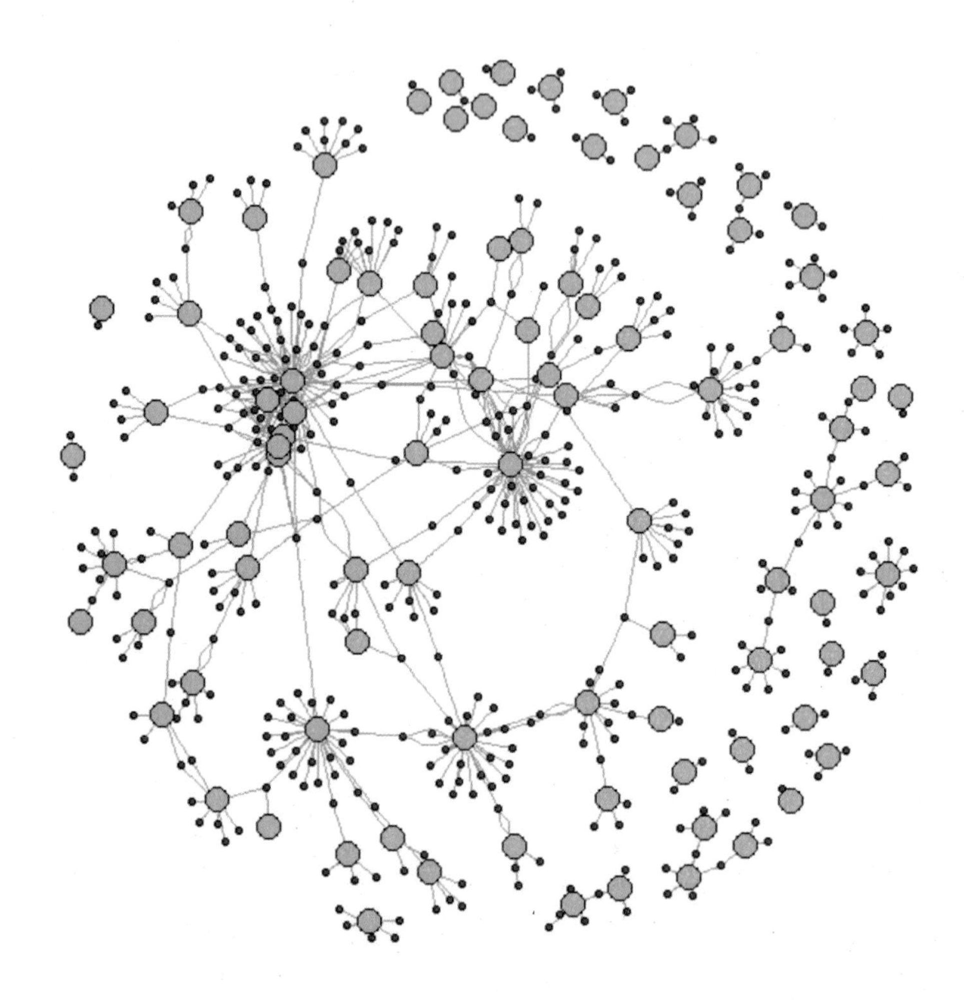

학생과 교수의 도형 모양 다르게 하고 화살표 없애고 색깔도 다르게 하기

```
> plot(g,layout=layout.kamada.kawai,vertex.size=sizes,edge.arrow.size=0,
+      ,vertex.color=colors,vertex.label=NA)

> savePlot("군집_색상크기조절_4.png",type="png")
```

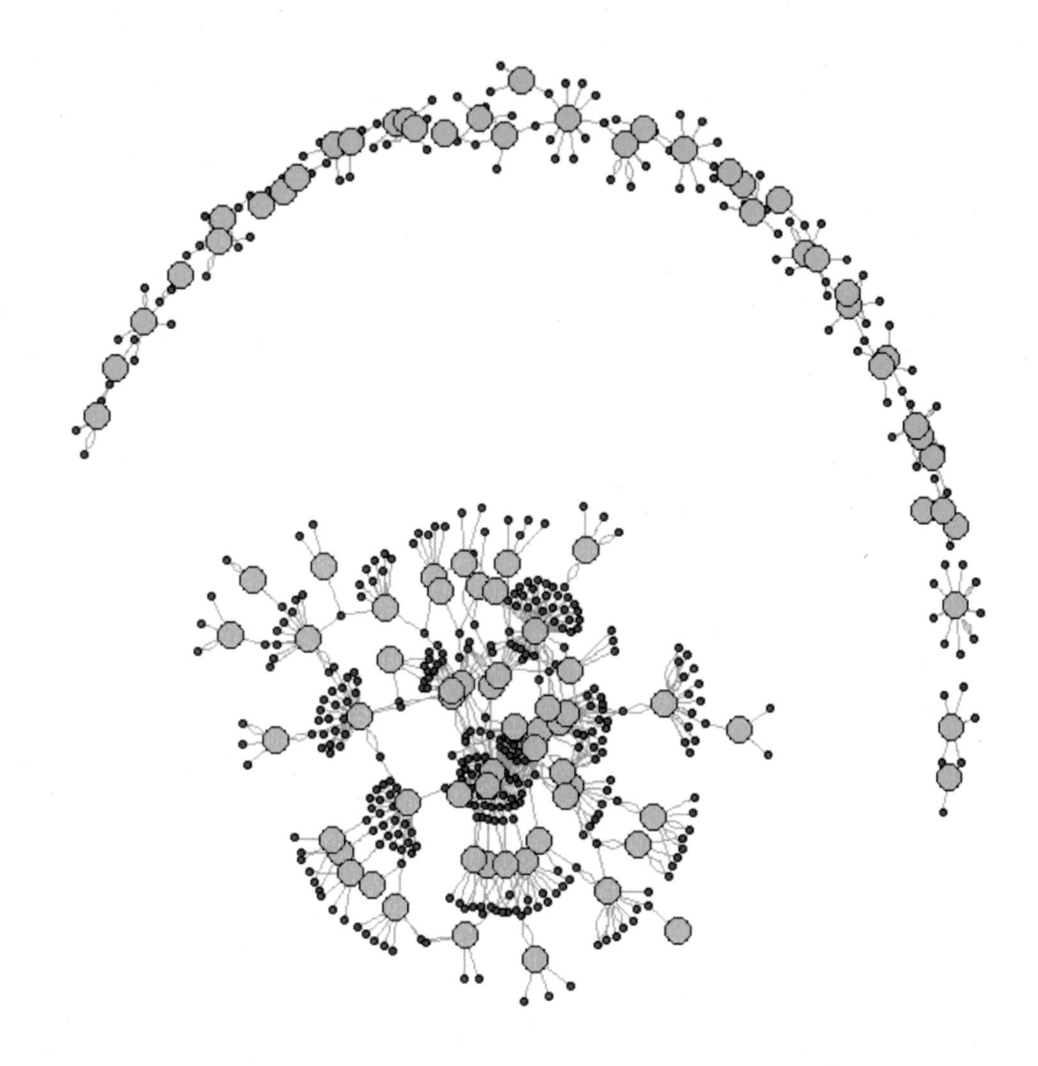

아래 코드는 교수님일 경우 모양을 square로 하고

학생일 경우 점의 모양을 circle로 하는 코드임

```
> shapes <- c()
> for ( i in 1:length(gubun)) {
+  if (gubun[i] == 'S' ) {
+     shapes <- c(shapes,"circle") }
+  else {
+    shapes <- c(shapes,"square") }
+ }

> plot(g,layout=layout.kamada.kawai,vertex.size=sizes,edge.arrow.size=0,
+     ,vertex.color=colors,vertex.label=NA,vertex.shape=shapes)

> savePlot("군집_색상크기조절_5.png",type="png")
```

d2Network( ) 패키지 활용하기

관계를 나타내주는 그래프를 한 가지 더 소개해드리겠습니다. d3Network( )라는 패키지를 이용하는 방법인데 이번 방법은 작업 결과를 html 파일로 저장합니다. 그 파일을 열어서 마우스로 모양을 움직일 수 있는 신기한 기능입니다.

```
> setwd("c:\\temp")
> install.packages("d3Network")
> library(d3Network)

> name <- c('Angela Bassett','Jessica Lange','Winona Ryder','Michelle Pfeiffer',
+ 'Whoopi Goldberg','Emma Thompson','Julia Roberts','Sharon Stone','Meryl Streep',
+ 'Susan Sarandon','Nicole Kidman')


> pemp <- c('Angela Bassett','Angela Bassett','Jessica Lange','Winona Ryder','Winona
Ryder',
+           'Angela Bassett','Emma Thompson', 'Julia Roberts','Angela Bassett',
+           'Meryl Streep','Susan Sarandon')

> emp <- data.frame(이름=name,상사이름=pemp)
> d3SimpleNetwork(emp,width=600,height=600,file="c:\\a_temp\\d3.html")
```

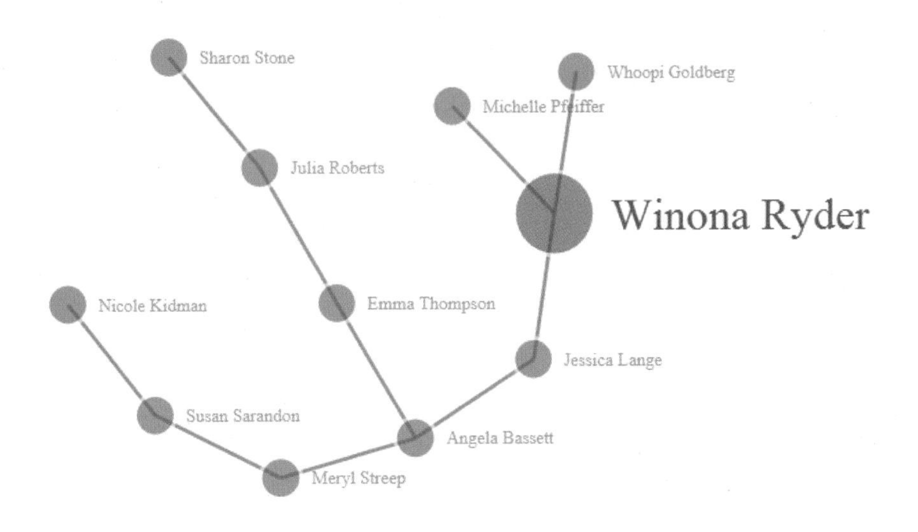

만약 웹 브라우저에서 차단된 컨텐츠 관련 창이 나오면 꼭 허용이나 실행을 선택해주세요.

꼭 직접 실행해서 마우스로 움직여보세요. 다음은 d3Network( ) 패키지로 메르스 환자의 감염 경로를 표시한 그림입니다.

```
> virus1 <- read.csv("메르스전염현황.csv",header=T)
> d3SimpleNetwork(virus1,width=600,height=600,file="c:\\a_temp\\mers.html")
```

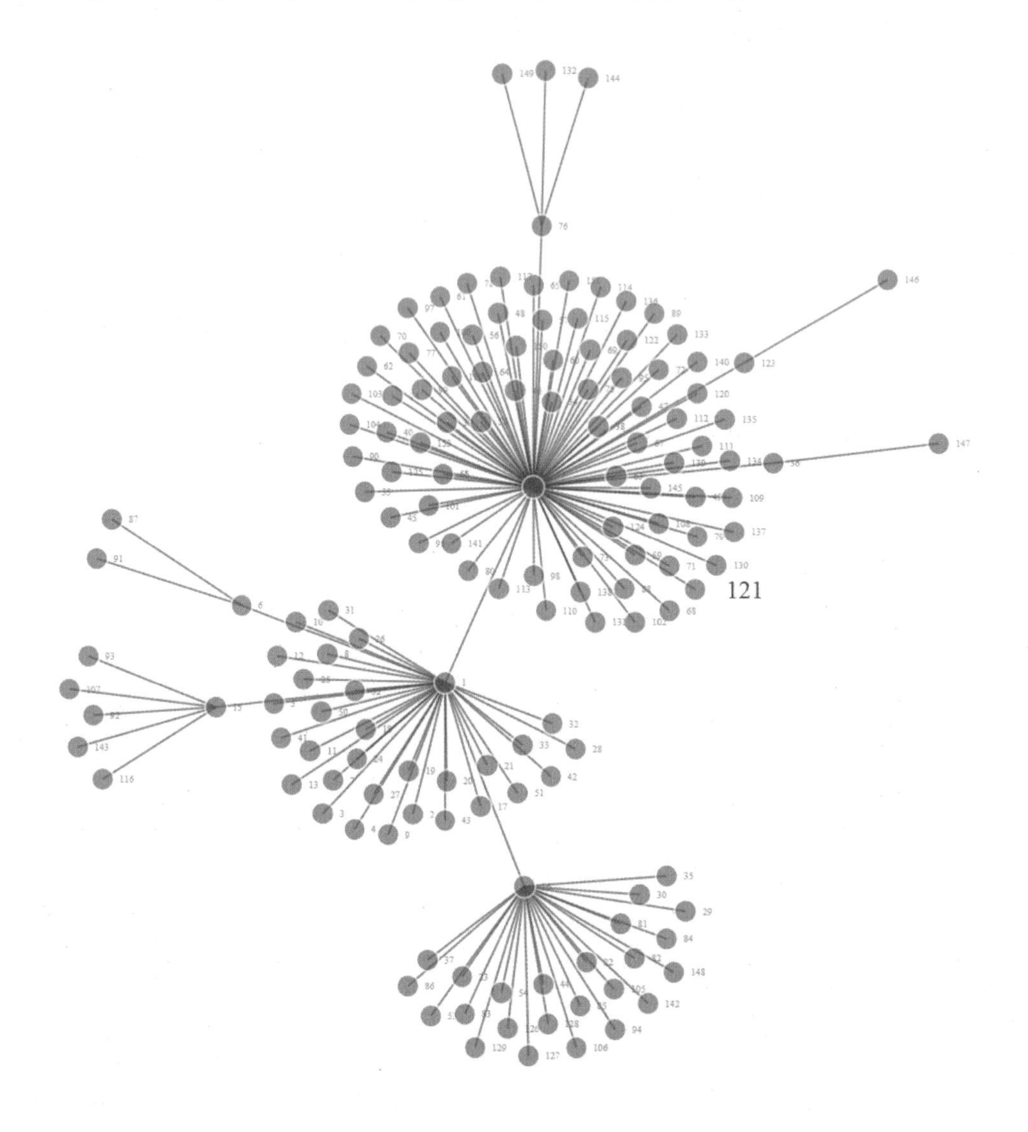

군집분석도 igraph를 사용하면 쉽게 표시할 수 있다는 거 아시겠죠? 열공하자구요.

참고로 역동적이고 멋진 차트를 만드는 방법들을 더 자세하게 정리하여 R랴줌 카페에 문서로 올렸습니다. 관심 있으신 독자께서는 꼭 문서를 다운로드하셔서 멋진 차트를 만들어보세요.

저 수준 작도 함수 사용하기

기존에 그려진 그래프에 추가적인 선이나 설명을 넣는 것을 말합니다. 앞의 여러 가지 차트에서 이미 범례나 각종 선을 추가하는 작업들을 했습니다. 그런 기능들을 정리해보겠습니다. 많이 사용되는 주요 함수들은 아래 표와 같습니다.

도 형	함 수
점	points( )
직선	lines( ), segments( ), abline( )
격자	grid( )
화살표	arrows( )
직사각형	rect( )
문자	text( ), mtext( ), title( )
테두리와 축	box( ), axis( )
범례	legend( )
다각형	polygon( )

```
> segments(2,2,3,3) : 점 (2,2)와 (3,3)을 지나는 선분 그리기
> arrows(5,5,7,7) : 점 (5,5)와 (7,7)을 지나는 화살표 그리기
> text(a,b,labels) : (a,b) 위치에 문자열 labels 부분을 출력하기
> text(2,8,"테스트", srt=45) : (2,8) 지점에 "테스트"라는 글자를 45도로 기울여 출력하기
```

위 옵션들을 사용해서 직접 그려보겠습니다.

```
> plot(1:15)
> abline(h=8)  # 선 긋기
> rect(1,6,3,8)  # 사각형 그리기
> arrows(1,1,5,5) # 화살표 그리기
> text(8,9,"TEXT")  # 글자 쓰기
> title("THIS IS TEST","SUB") # 제목 표시하기
```

ggplot2( ) 패키지를 활용한 시각화

R을 사용하여 그래픽으로 표현할 때 가장 많이 사용되는 패키지가 바로 ggplot2( ) 패키지입니다. 기본으로 내장된 시각화 패키지들이 표현력이 많이 부족했는데 해들리 위컴이라는 분이 아무 획기적이고도 멋진 이 패키지를 만들어서 배포를 하고 현재도 많은 기능을 개발하면서 수정까지 하고 있습니다. 이 패키지를 잘 사용하면 세계에서 유일한 그래프를 그릴 수도 있을 정도로 많은 훌륭한 기능들을 가지고 있지만 반면 기능이 너무 많아서 공부하는 내용 또한 아주 많습니다.

이 책에서도 ggplot2( ) 패키지의 모든 기능을 다 전해 드리기에는 시간과 분량 관계상 어렵고 반드시 알아야 하는 내용 위주로 전해드리겠습니다. 우선 ggplot2( ) 패키지를 사용하려면 아래와 같이

설치부터 해야겠죠?

```
> install.packages("ggplot2")
> library("ggplot2")
```

위 명령으로 ggplot2( ) 패키지를 설치하면 여러 가지의 그래프를 그릴 수 있는 geom 함수들을 아래 그림처럼 조회할 수 있습니다. 총 43개의 함수가 있는 것이 확인이 됩니다.

```
R Console
> library("ggplot2")
> apropos("^geom*_")
 [1] "geom_abline"       "geom_area"         "geom_bar"
 [4] "geom_bin2d"        "geom_blank"        "geom_boxplot"
 [7] "geom_col"          "geom_contour"      "geom_count"
[10] "geom_crossbar"     "geom_curve"        "geom_density"
[13] "geom_density_2d"   "geom_density2d"    "geom_dotplot"
[16] "geom_errorbar"     "geom_errorbarh"    "geom_freqpoly"
[19] "geom_hex"          "geom_histogram"    "geom_hline"
[22] "geom_jitter"       "geom_label"        "geom_line"
[25] "geom_linerange"    "geom_map"          "geom_path"
[28] "geom_point"        "geom_pointrange"   "geom_polygon"
[31] "geom_qq"           "geom_quantile"     "geom_raster"
[34] "geom_rect"         "geom_ribbon"       "geom_rug"
[37] "geom_segment"      "geom_smooth"       "geom_spoke"
[40] "geom_step"         "geom_text"         "geom_tile"
[43] "geom_violin"       "geom_vline"
> |
```

위와 같이 아주 많은 geom 함수들을 활용하여 다양한 그래프를 멋지게 그릴 수 있습니다. 이 책에서는 위에서 조회된 모든 함수들을 다 볼 수는 없고 아주 많이 사용되는 함수들 위주로 설명을 하겠습니다. 나머지 함수들은 다른 좋은 책이나 인터넷을 참고하시기 바랍니다. ggplot2( ) 패키지는 앞에서 이미 말한대로 아주 다양한 기능을 가지고 있다는 장점도 있지만 문법도 상당히 복잡하다는 단점도 있습니다. 하지만 아주 간단하게 문법을 정리하면 아래의 유형입니다.

ggplot(data , 옵션들) + geom함수 (옵션들) + geom함수 (옵션들) + ...

아래의 예제를 먼저 보면서 위 문법이 무슨 뜻인지 살펴본 후에 주요 함수들과 활용법을 살펴보겠습니다.

geom_line( ) - 선 그래프 그리기 함수

이 함수는 가장 기본적인 선을 그리는 함수입니다. 먼저 아래와 같이 연습용 데이터를 불러오세요. 실습에 사용할 연습용 데이터는 가상으로 만든 사원별 판매현황 데이터입니다.

```
> setwd("c:\\temp")
> data1 <- read.csv("사원별판매현황_홍길동.csv")
> data1
    이름    요일 실적
1 홍길동 월요일  100
2 홍길동 화요일   70
3 홍길동 수요일   80
4 홍길동 목요일   85
5 홍길동 금요일   65
6 홍길동 토요일   95
7 홍길동 일요일  120
> |
```

위 데이터를 사용해서 geom_line( ) 함수로 선 그래프를 아래와 같이 그렸습니다.

```
> ggplot(data1,aes(x=요일,y=실적,group=이름)) + geom_line( )
> |
```

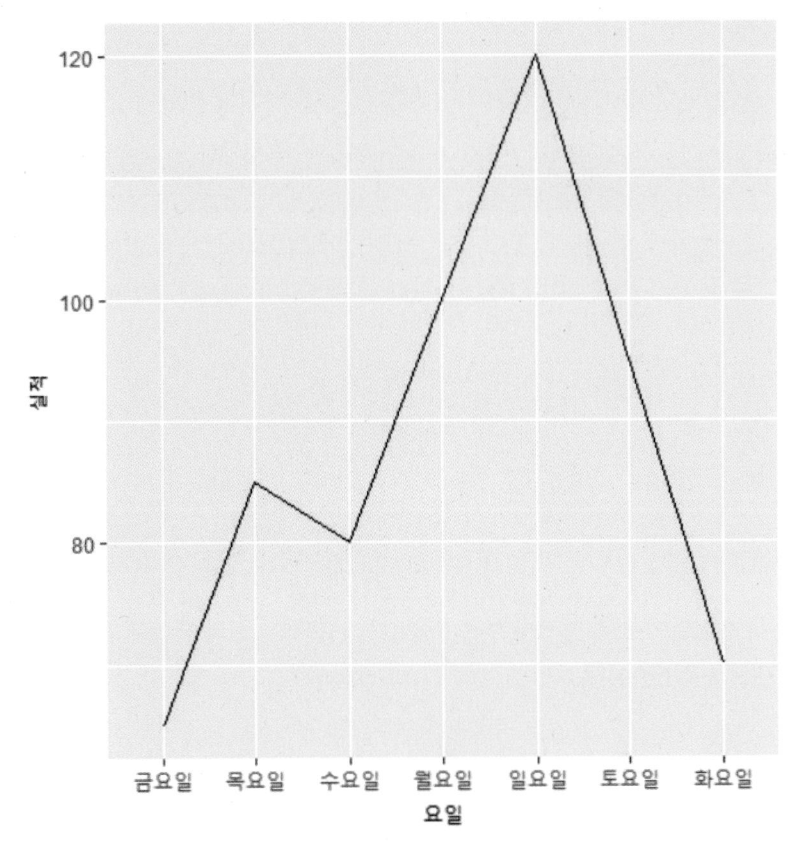

그런데 그림을 보면 x축의 요일이 월요일부터 안 나오고 금요일부터 출력되는 게 보이죠? 자동 정렬 기능 때문에 위와 같이 출력됩니다. 그래서 자동 정렬 기능을 비활성화하고 원래 컬럼에 있는 데이터 순서대로 출력을 시키는 옵션을 사용해서 다시 출력하겠습니다.

```
> days <- data1$요일
> gg1 <- ggplot(data1,aes(x=요일,y=실적,group=이름)) + geom_line( )
> gg1 + scale_x_discrete(limits=days)
> |
```

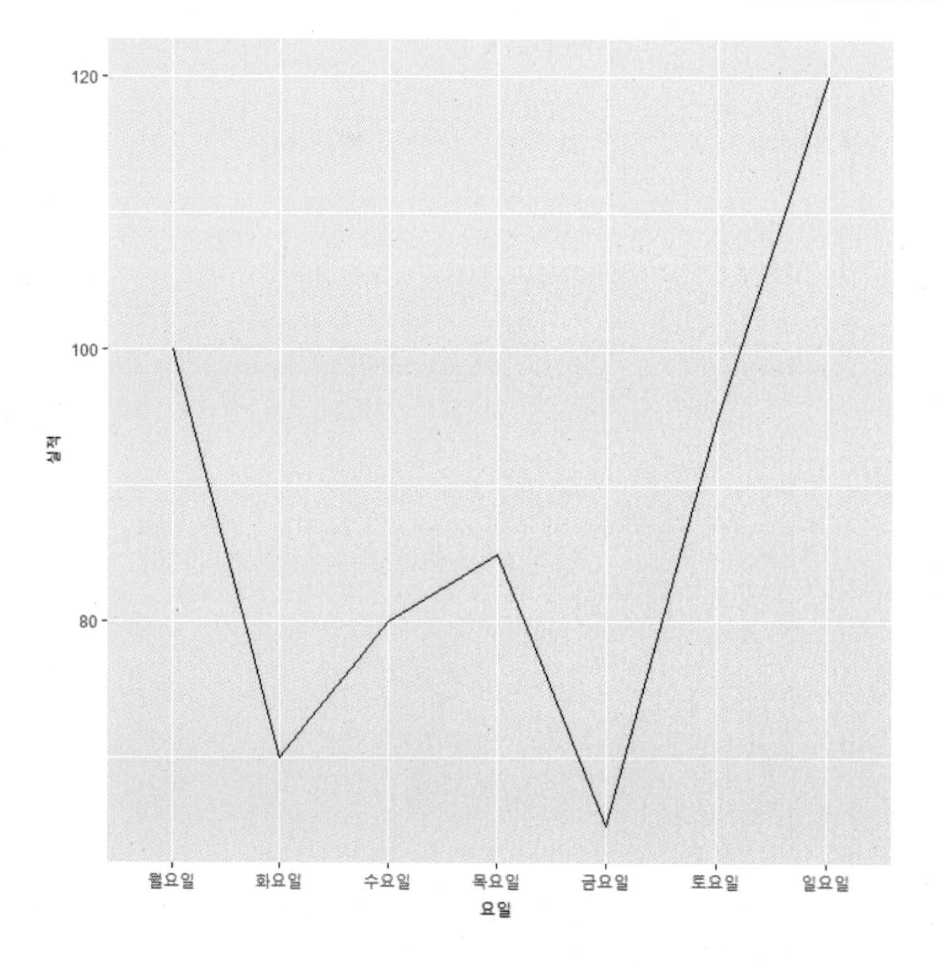

위와 같이 이제 x축의 항목 이름들이 원래 순서대로 출력됩니다. 이번에는 선의 색깔과 선 타입을 바꾸는 옵션을 사용해서 변화를 주겠습니다.

R Console

```
> gg1 <- ggplot(data1,aes(x=요일,y=실적,group=이름)) +
+         geom_line(linetype="dashed",color="blue",size=1 )
> gg1 + scale_x_discrete(limits=days)
> |
```

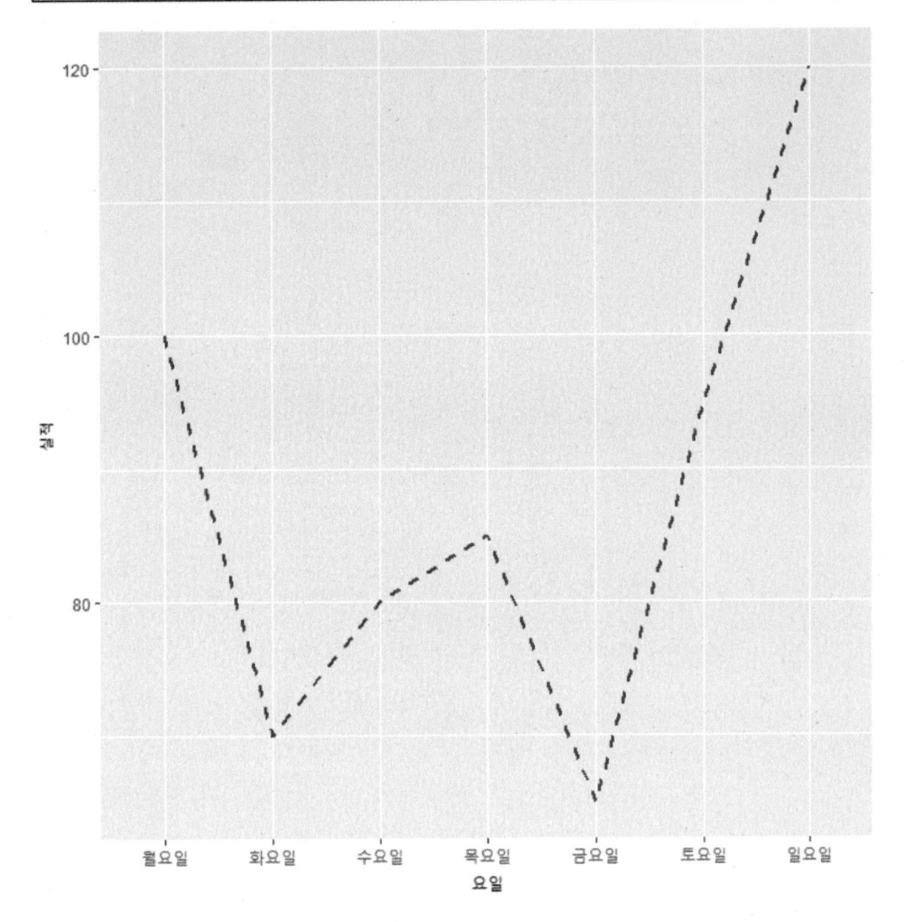

이번에는 여러 명의 데이터를 그래프로 출력하겠습니다. 아래 코드에서 group=이름 , color=이름 부분을 잘 이해해야 합니다.

R Console

```
> data2 <- read.csv("사원별판매현황_전체.csv")
> days2 <- unique(data2$요일)
> gg2 <- ggplot(data2,aes(x=요일,y=실적,group=이름,color=이름)) +
+         geom_line(linetype="dashed",size=1 )
> gg2 + scale_x_discrete(limits=days2)
> |
```

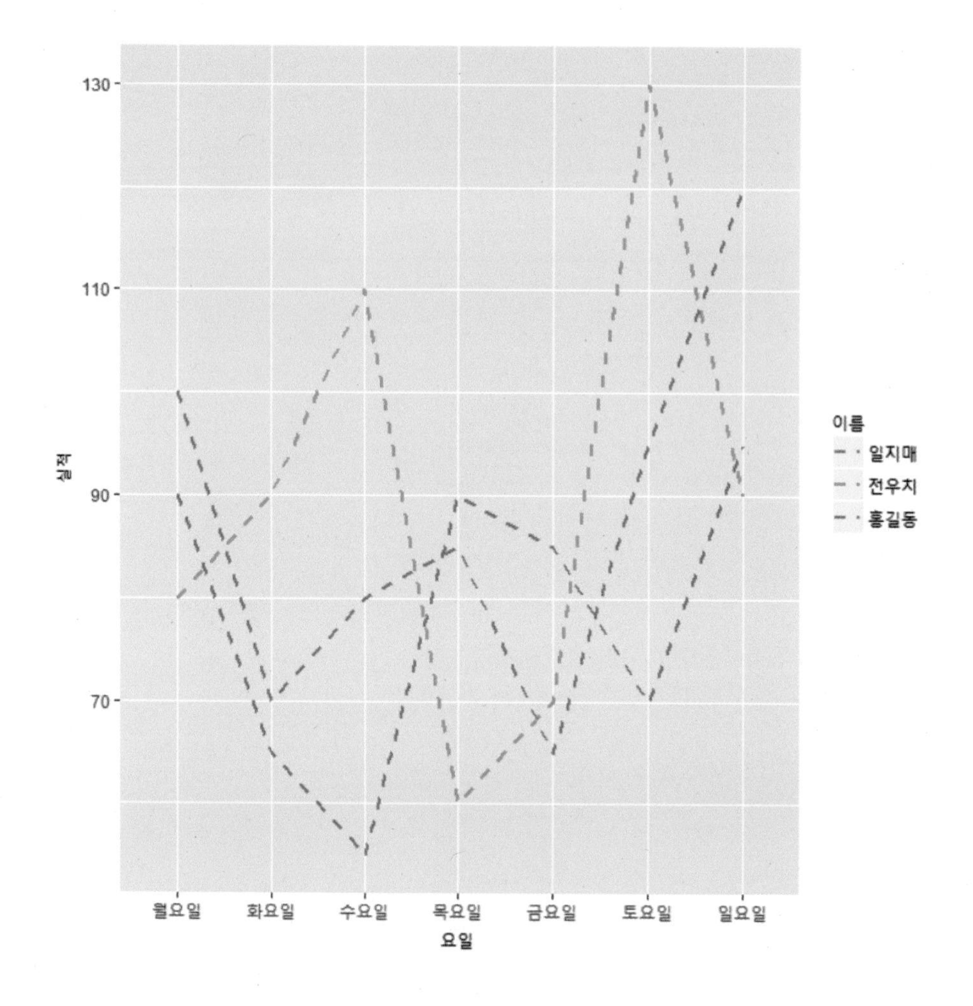

이번에는 선모양(linetype)을 사람 이름별로 다르게 지정해서 출력하겠습니다. 아래 명령에서 linetype=이름이라는 옵션이 이름별로 다른 색깔로 출력하는 옵션입니다.

R Console

```
> gg2 <- ggplot(data2,aes(x=요일,y=실적,group=이름,color=이름)) +
+         geom_line(aes(linetype=이름),size=1 )
>
> gg2 + scale_x_discrete(limits=days2)
> |
```

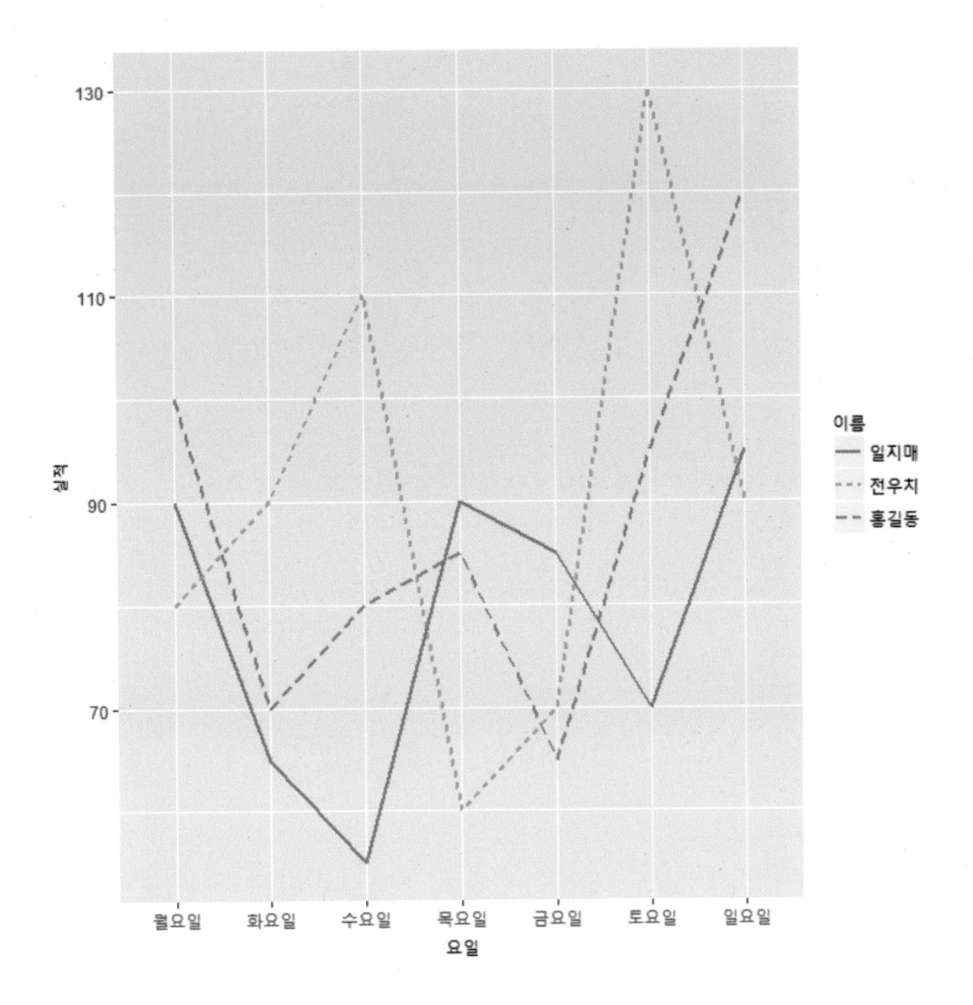

다양한 옵션들을 활용해서 여러 가지 모양의 선 그래프를 그릴 수 있다는 거 아시겠죠? 옵션이 많아서 약간 어려울 수 있지만 열심히 연습해주세요.

geom_point( ) – 점 그래프 그리기

이번에는 위에서 사용했던 동일한 데이터를 사용해서 점 그래프를 그려보겠습니다.

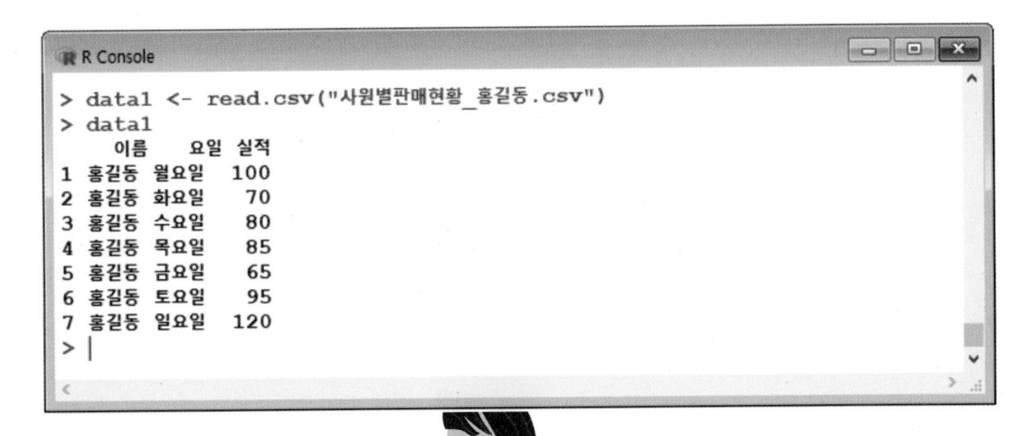


```
> data1 <- read.csv("사원별판매현황_홍길동.csv")
> data1
    이름   요일 실적
1 홍길동 월요일  100
2 홍길동 화요일   70
3 홍길동 수요일   80
4 홍길동 목요일   85
5 홍길동 금요일   65
6 홍길동 토요일   95
7 홍길동 일요일  120
> |
```

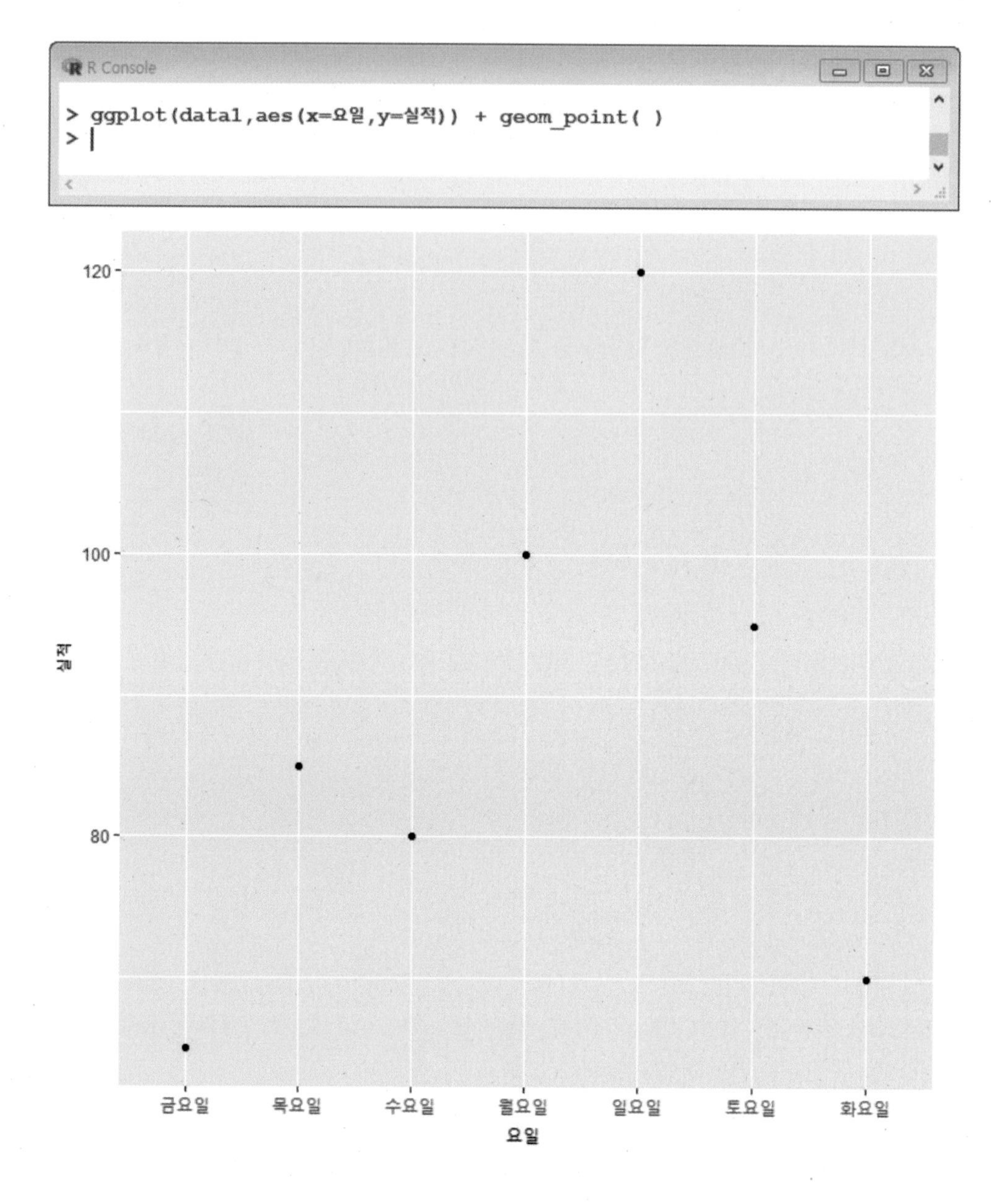

역시 요일이 자동 정렬되어 앞에서 본 옵션을 사용해서 자동 정렬 대신 요일 컬럼의 순서대로 출력하겠습니다.

```
> days <- data1$요일
> gg3 <- ggplot(data1,aes(x=요일,y=실적)) + geom_point( )
> gg3 + scale_x_discrete(limits=days)
>
```

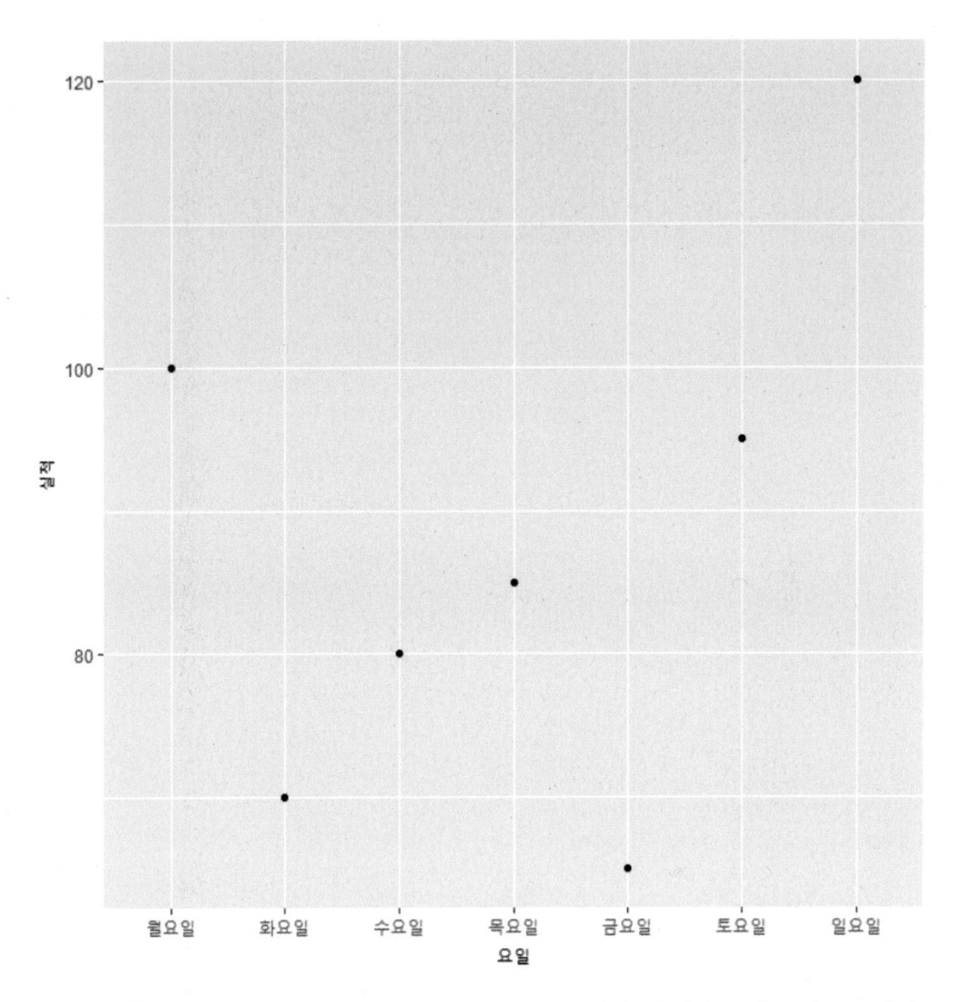

이번에는 옵션을 사용하여 그래프의 모양을 바꿔보겠습니다. 앞에서 그린 그래프는 점의 크기가 모두 동일했는데 이번에는 실적에 따라 점의 크기를 다르게 그리도록 옵션을 변경하겠습니다. 참고로 이 방법은 나중에 지도 작업을 할 때 아주 요긴하게 사용되는 방법입니다. 아래 그림에서 size=실적 옵션이 점의 크기를 실적으로 지정하는 옵션입니다.

R Console

```
> gg3 <- ggplot(data1,aes(x=요일,y=실적)) +
+        geom_point(shape=21, aes(size=실적),fill=("red") )
> gg3 + scale_x_discrete(limits=days)
>
```

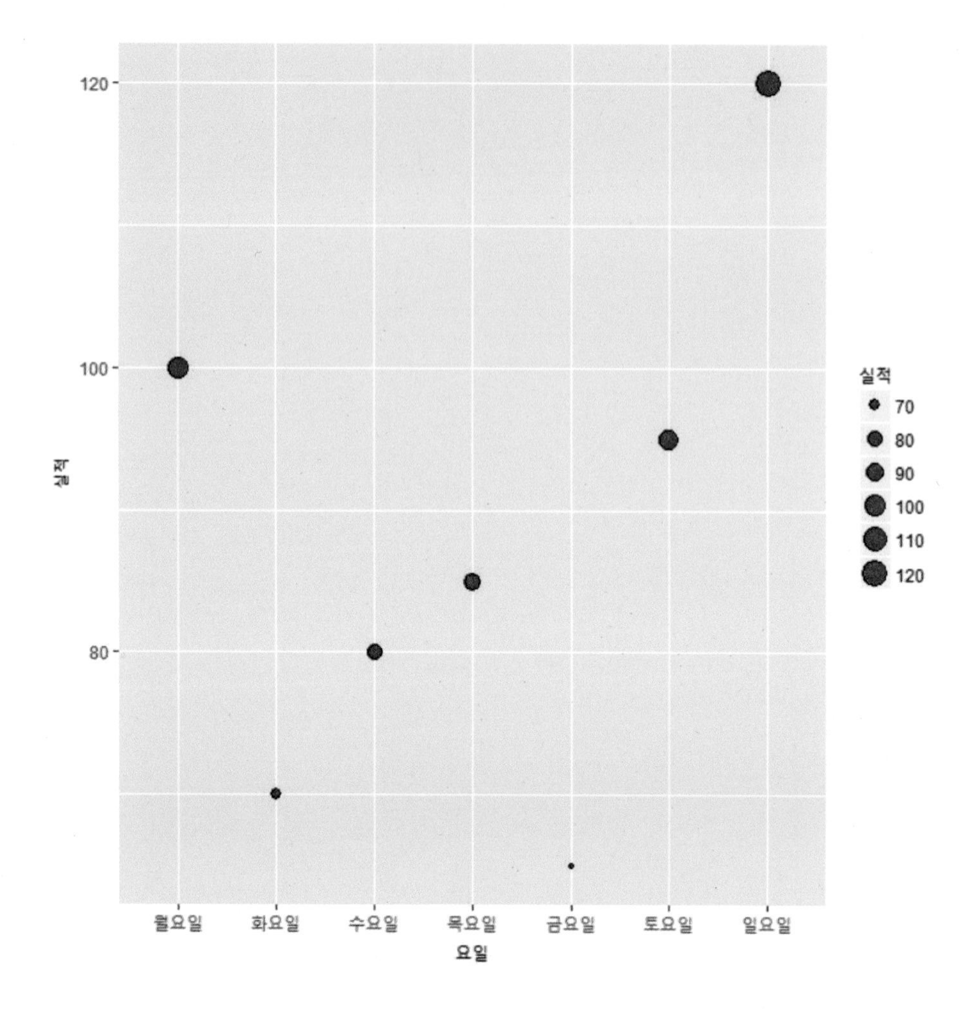

이번에는 shape 옵션을 사용하여 점의 모양을 다르게 설정하겠습니다.

R Console

```
> gg3 <- ggplot(data1,aes(x=요일,y=실적)) +
+        geom_point(shape=22, aes(size=실적),fill=("red") )
> gg3 + scale_x_discrete(limits=days)
> |
```

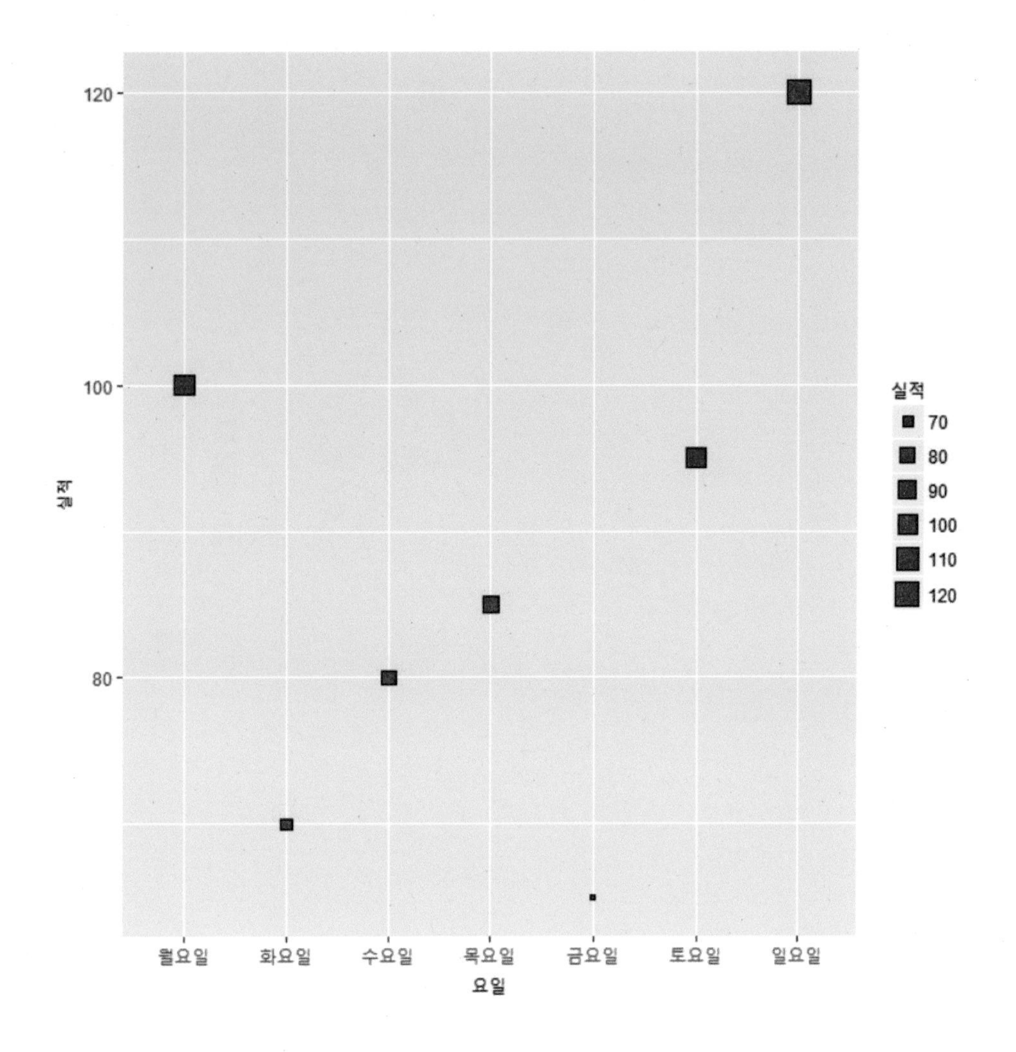

동일한 데이터라도 옵션을 어떻게 사용하는가에 따라서 그래프 모양이 많이 달라지는 것을 확인하셨죠?

이번에는 geom_line( ) 함수와 geom_point( ) 함수를 합쳐서 그래프를 더 멋지게 만들어보겠습니다. ggplot2( ) 패키지를 더 멋지게 만들어주는 특징이기도 하니까 잘 이해하고 사용해주세요.

```
R Console
>
> data2 <- read.csv("사원별판매현황_전체.csv")
> days2 <- unique(data2$요일)
>
> gg2 <- ggplot(data2 , aes(x=요일 , y=실적 , group=이름 , color=이름)) +
+        geom_line(aes(linetype=이름) , size=1) +
+        geom_point(shape=22 , aes(size=실적) , fill="red" )
> gg2 + scale_x_discrete(limits=days2)
>
```

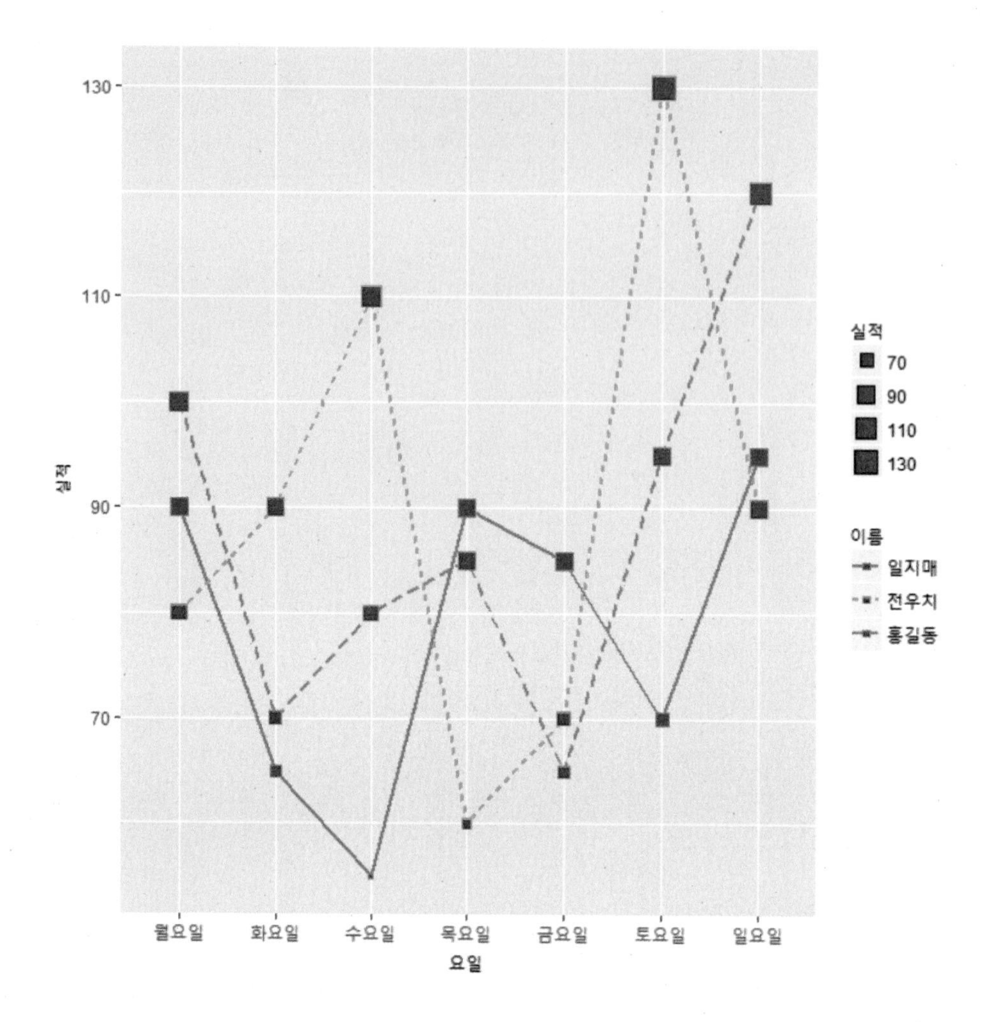

앞의 그림에서 사람 이름별로 네모의 색깔을 다르게 하려면 아래와 같이 옵션을 변경하면 됩니다. 아래 그림에서 첫번째 줄에서 fill=이름 옵션이 그 역할을 하고 있습니다.

```
R Console
> gg2 <- ggplot(data2,aes(x=요일,y=실적,group=이름,color=이름,fill=이름)) +
+        geom_line(aes(linetype=이름,size=1 )) +
+        geom_point(shape=22, aes(size=실적))
>
> gg2 + scale_x_discrete(limits=days2)
> |
```

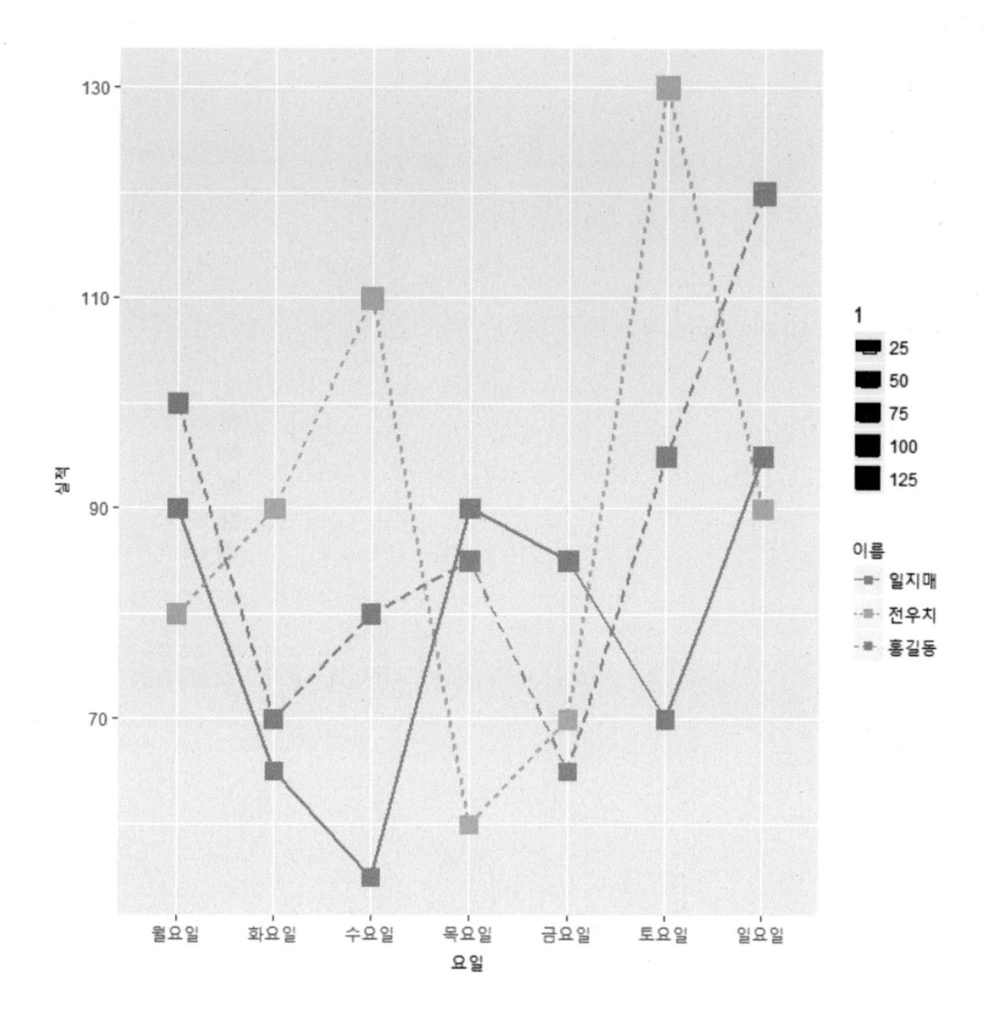

geom_abline( ) – 직선 그리기

이번에는 일직선을 그릴 수 있는 geom_abline( ) 함수를 활용하여 평균값을 표시하는 평균선을 추가 해보겠습니다. 아래 명령에서 mean 변수에 data2의 실적 평균을 구해서 저장한 후 geom_abline( ) 함수를 사용해서 직선을 그렸습니다. intercept는 y축에서의 높이를 의미하고 slope는 직선의 기울기를 의미합니다.

```
> mean <- mean(data2$실적)
> gg2 <- ggplot(data2,aes(x=요일,y=실적,group=이름,color=이름,fill=이름)) +
+        geom_line(aes(linetype=이름,size=1 )) +
+        geom_point(shape=22, aes(size=실적)) +
+        geom_abline(intercept=mean,slope=0,color="red",linetype=4)
> gg2 + scale_x_discrete(limits=days2)
> |
```

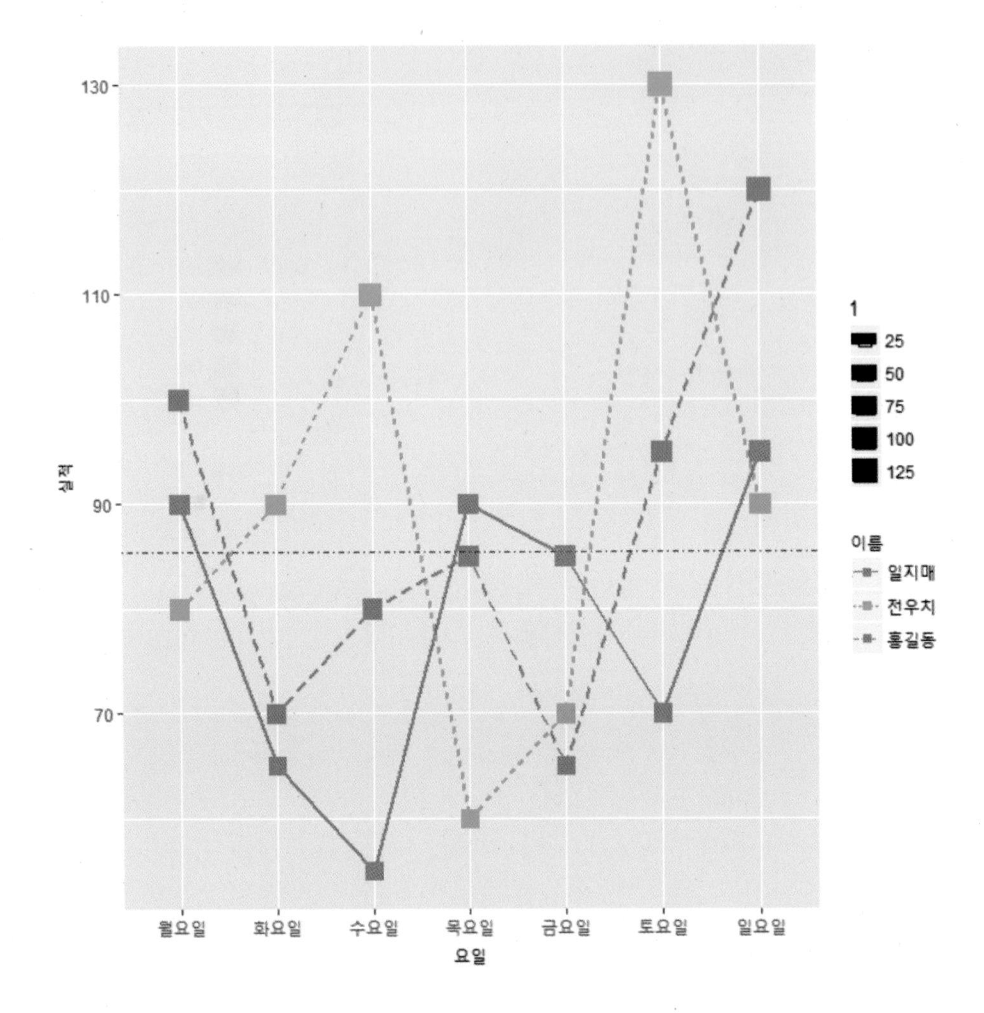

facet_wrap( ) 함수 – 화면 분할하기

여러 명의 데이터가 한꺼번에 보이니까 복잡하고 보기 불편하죠? 그래서 facet_wrap( ) 함수를 사용하여 사원별로 그래프를 분리해서 표시할 수도 있습니다. 아래 그림에서 facet_wrap(~이름) 옵션으로 사원 이름별로 그래프를 분리해서 출력을 했습니다.

```
R Console
> gg2 <- ggplot(data2,aes(x=요일,y=실적,group=이름,color=이름,fill=이름)) +
+        geom_line(aes(linetype=이름,size=1 )) +
+        geom_point(shape=22, aes(size=실적)) +
+        geom_abline(intercept=mean,slope=0,color="red",linetype=4) +
+        facet_wrap( ~이름)
> gg2 + scale_x_discrete(limits=days2)
> |
```

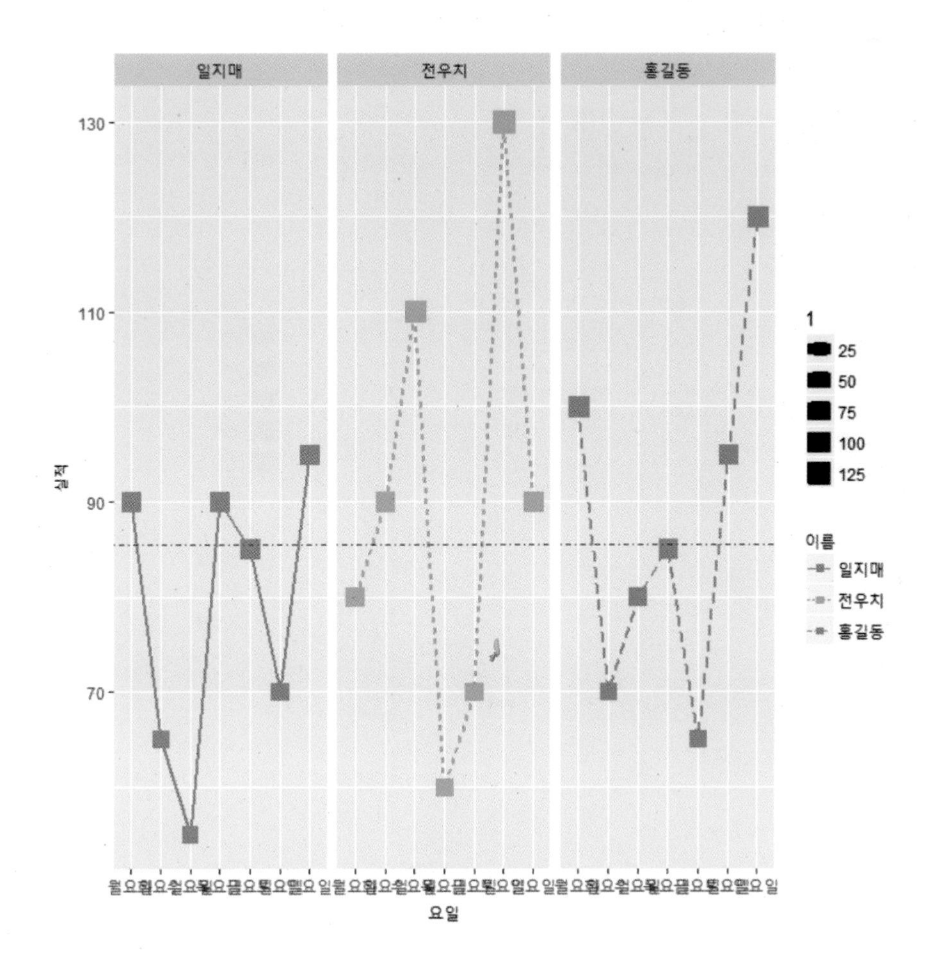

theme( ) 함수 – 그래프 예쁘게 만들기

위 그래프에서 맨 아래의 요일 부분이 글자가 겹쳐서 나와서 보기가 좋지 않습니다. 요일의 이름을 세로로 나오게 해서 더 보기 좋게 출력하도록 옵션을 수정하겠습니다. 이런 작업을 하려면 theme( ) 함수를 사용해야 하는데 theme( ) 함수에는 옵션이 아주 많습니다. theme( )함수는 그래프에서 제목이나 배경, 축 이름 등을 관리하는 함수로써 아주 요긴하게 사용됩니다. 우선 theme( ) 함수를 활용하여 그래프를 바꿔보겠습니다.

```
R Console
> mean <- mean(data2$실적)
> gg2 <- ggplot(data2,aes(x=요일,y=실적,group=이름,color=이름,fill=이름)) +
+         geom_line(aes(linetype=이름,size=1 )) +
+         geom_point(shape=22, aes(size=실적)) +
+         geom_abline(intercept=mean,slope=0,color="red",linetype=4) +
+         facet_wrap( ~이름 ) +
+         theme(axis.text.x=element_text(angle=90,hjust=1,vjust=1,
+                 size=10))
>
> gg2 + scale_x_discrete(limits=days2)
> |
```

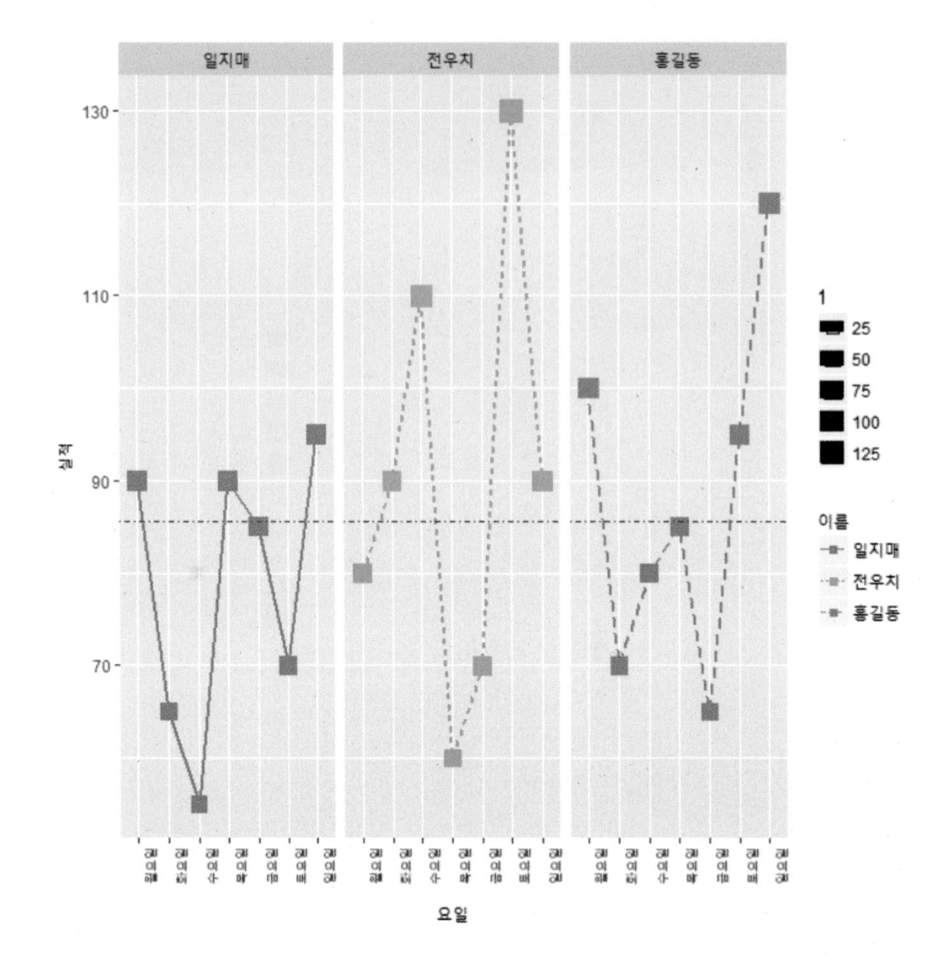

앞의 그림에서 theme( ) 함수를 사용해서 요일 이름을 세로로 변경했습니다. theme( ) 함수를 활용하면 훨씬 더 다양한 변화를 줄 수 있습니다.

이번에는 배경에 나오는 가로와 세로 선을 제거하고 배경 색깔과 맨 위의 이름 부분을 변경하겠습니다. 옵션이 많으니까 자세히 봐주세요.

R Console

```
> mean <- mean(data2$실적)
> gg2 <- ggplot(data2,aes(x=요일,y=실적,group=이름,color=이름,fill=이름)) +
+         geom_line(aes(linetype=이름,size=1 )) +
+         geom_point(shape=22, aes(size=실적)) +
+         geom_abline(intercept=mean,slope=0,color="red",linetype=4) +
+         facet_wrap( ~이름 ) +
+         theme(axis.text.x=element_text(angle=90,size=10),
+               panel.grid = element_blank( ) ,
+               panel.background = element_rect(fill="grey20"),
+               strip.background = element_rect(fill="cyan") )
>
> gg2 + scale_x_discrete(limits=days2)
> |
```

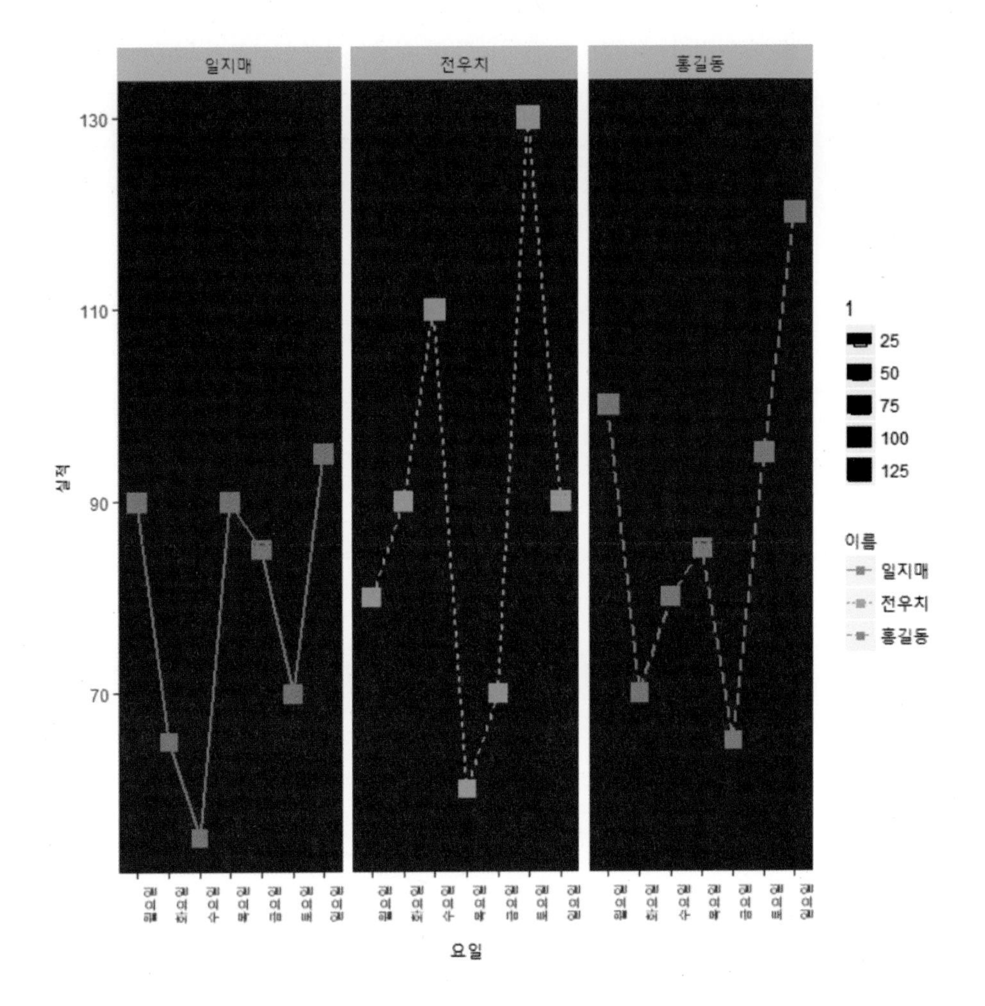

theme() 함수를 활용하니까 그래프의 모양이 많이 달라지죠? theme() 함수에는 우리가 살펴본 옵션들 말고도 아주 많은 옵션들이 있습니다. 어떤 옵션들이 있는지 옵션 이름을 살펴볼까요?

```
theme(line, rect, text, title, aspect.ratio, axis.title, axis.title.x,
      axis.title.x.top, axis.title.y, axis.title.y.right, axis.text, axis.text.x,
      axis.text.x.top, axis.text.y, axis.text.y.right, axis.ticks, axis.ticks.x,
      axis.ticks.y, axis.ticks.length, axis.line, axis.line.x, axis.line.y,
      legend.background, legend.margin, legend.spacing, legend.spacing.x,
      legend.spacing.y, legend.key, legend.key.size, legend.key.height,
      legend.key.width, legend.text, legend.text.align, legend.title,
      legend.title.align, legend.position, legend.direction, legend.justification,
      legend.box, legend.box.just, legend.box.margin, legend.box.background,
      legend.box.spacing, panel.background, panel.border, panel.spacing,
      panel.spacing.x, panel.spacing.y, panel.grid, panel.grid.major,
      panel.grid.minor, panel.grid.major.x, panel.grid.major.y, panel.grid.minor.x,
      panel.grid.minor.y, panel.ontop, plot.background, plot.title, plot.subtitle,
      plot.caption, plot.margin, strip.background, strip.placement, strip.text,
      strip.text.x, strip.text.y, strip.switch.pad.grid, strip.switch.pad.wrap, ...,
      complete = FALSE, validate = TRUE)
```

옵션 이름을 보기만 해도 눈과 머리가 아프죠? 위 옵션들을 잘 활용하시면 그래프가 아주 멋지게 변하니까 잘 활용해보세요. 옵션들에 대한 자세한 설명과 활용은 구글링을 하시거나 아래의 링크를 참고해보세요.

theme( ) 함수 참조 링크 : http://ggplot2.tidyverse.org/reference/theme.html

퀴즈

1. 주어진 "사원별판매현황_홍길동.csv" 파일을 활용하여 아래와 같은 그래프를 그리세요.

geom_line( ), geom_point( ), geom_abline( ), theme( ) 함수를 활용해야 합니다.

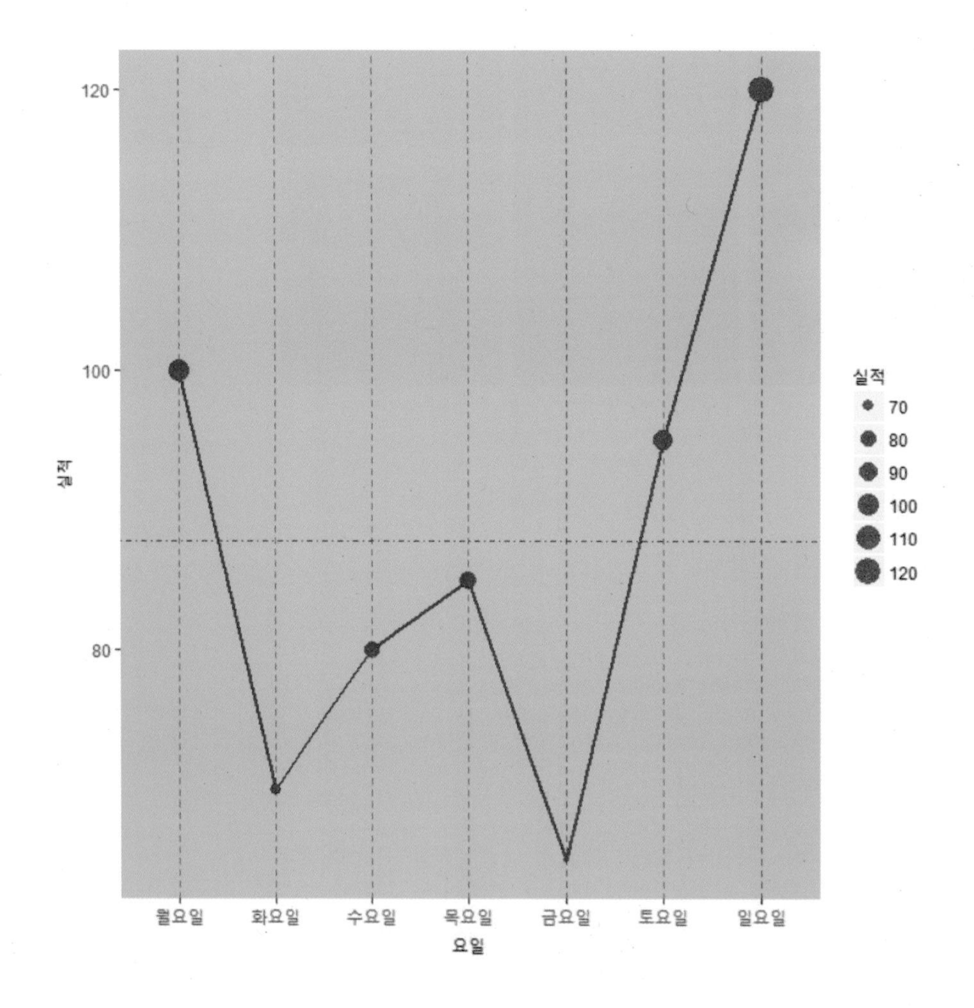

참고 사항

1. 실적별로 원의 크기가 다르게 나와야 합니다.
2. geom_line 함수에서 linetype = 1이고 color는 blue를 사용하세요.
3. 평균선 color는 red이며 linetype은 4번을 사용하세요.
4. 배경색깔은 cyan으로 채우세요.
5. 요일별로 세로로 그어진 선은 panel.grid.major.x 옵션으로 지정했으며 색상은 grey40이고 linetype은 2번으로 설정했습니다.
6. 가로선이 안 나오게 하려면 theme( ) 함수에서 panel.grid=element_blank( )를 사용하면 됩니다.

geom_bar( ) 함수 - bar chart 그리기

앞에서 사용한 "사원별판매현황_홍길동.csv" 데이터로 bar chart를 아래와 같이 그려보겠습니다.

```
R Console
> data1 <- read.csv("사원별판매현황_홍길동.csv")
> days <- data1$요일
> ggplot(data1,aes(x=요일,y=실적)) + geom_bar(stat="identity" ) +
+         scale_x_discrete(limits=days)
> |
```

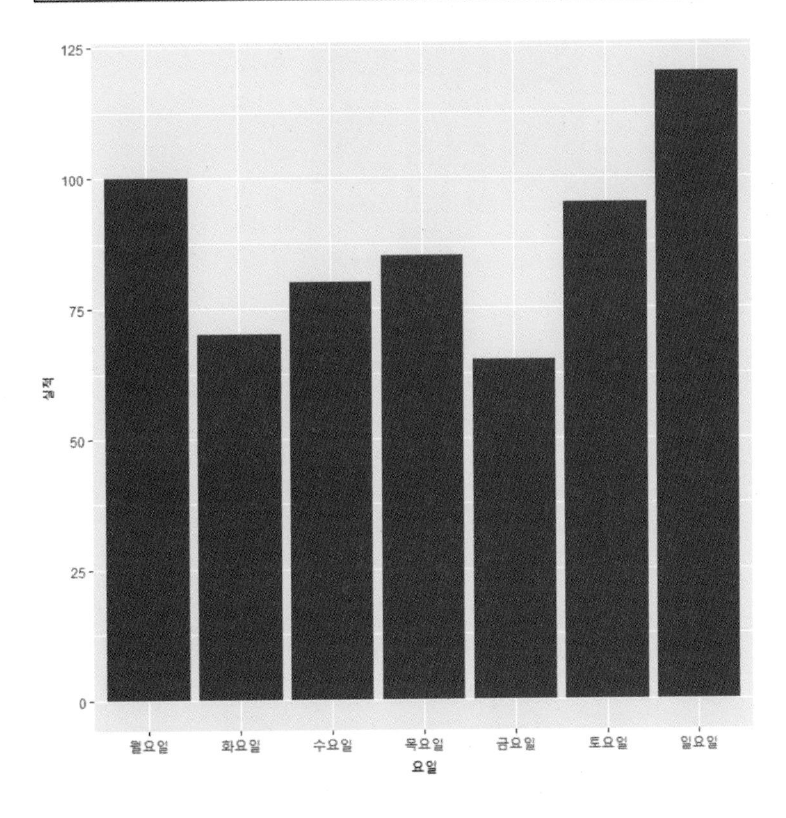

이번에는 bar의 색깔을 blue로 변경하겠습니다. 아래 그림은 fill 옵션을 사용하는 부분입니다.

```
R Console
> ggplot(data1,aes(x=요일,y=실적)) +
+         geom_bar(stat="identity" , fill="blue" ) +
+         scale_x_discrete(limits=days)
> |
```

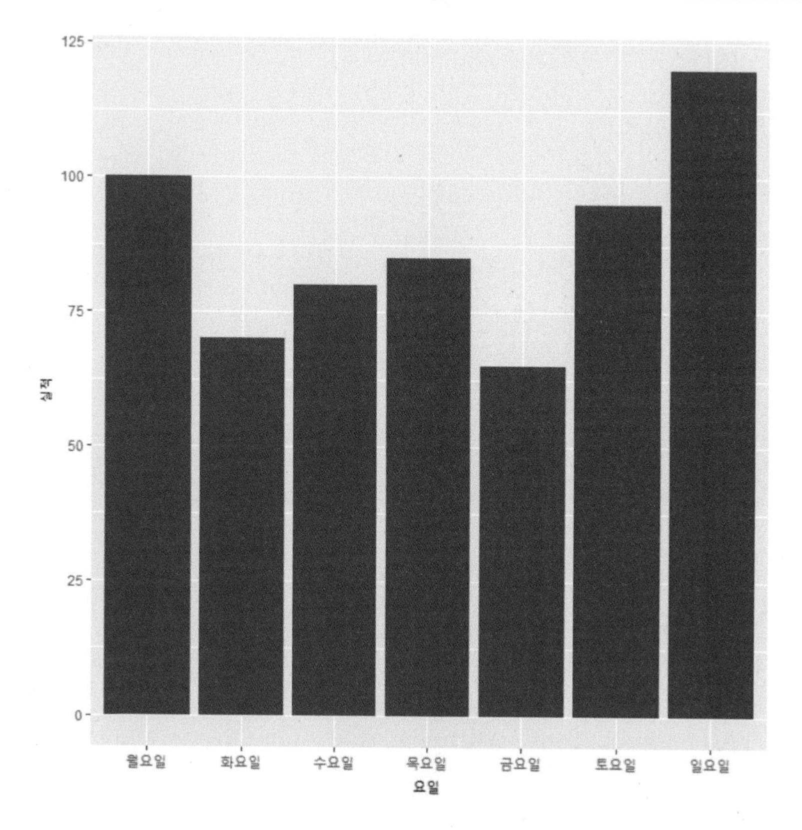

이번에는 실적별로 색깔을 다르게 지정하겠습니다. 실적이 90 이상이면 그래프 색깔을 red로 하고 나머지는 blue로 지정해서 그래프를 출력하겠습니다.

```
R Console
> col <- ifelse(data1$실적 >= 90 , "red" , "blue")
> col
[1] "red"  "blue" "blue" "blue" "blue" "red"  "red"
> ggplot(data1,aes(x=요일,y=실적)) +
+         geom_bar(stat="identity" , fill=col ) +
+         scale_x_discrete(limits=days)
> |
```

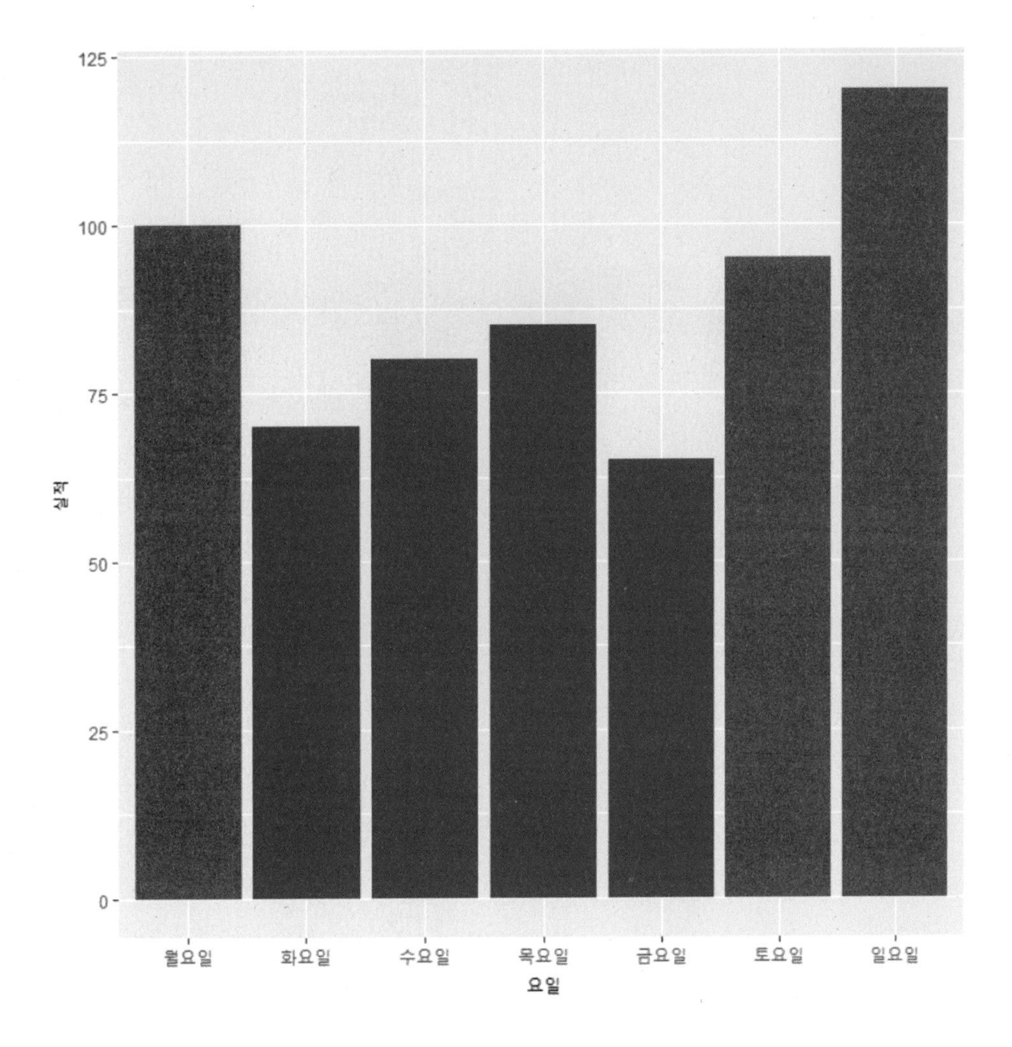

앞에서 살펴본 그래프는 x축 값의 이름(요일)으로 정렬을 해서 출력을 한 그래프인데 어떤 때는 값의 크기별로 정렬을 해야 할 경우도 있습니다. 이럴 경우는 아래와 같이 작업하면 됩니다. 요일 값을 실제 데이터(실적) 값이 작은 것부터 순서대로 order 함수를 이용해서 정렬을 했습니다.

```
>
> # 값의 크기가 작은 것부터 출력하기
> data1$요일 <- factor(data1$요일,
+                       levels=data1$요일[order(data1$실적)])
> col2 <- ifelse(sort(data1$실적) >= 90 , "red" , "blue")
>
> ggplot(data1,aes(x=요일,y=실적)) +
+        geom_bar(stat="identity", fill=col2)
> |
```

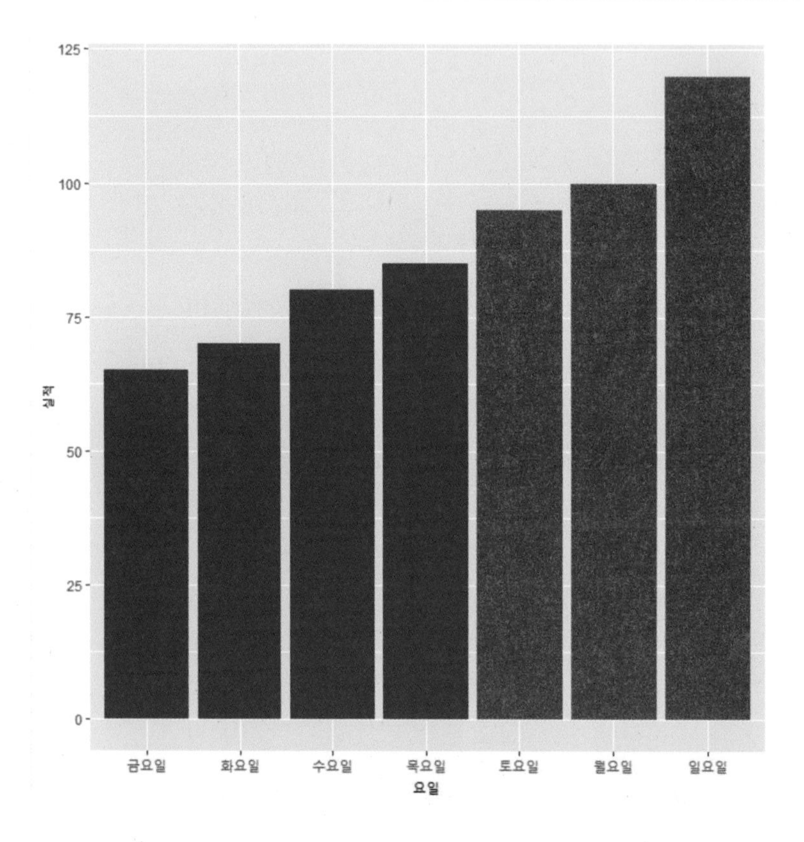

위 그림은 값이 작은 것부터 순서대로 출력을 시켰는데 만약 큰 것부터 출력을 시키려면 아래와 같이 하면 되겠죠?

```
> # 값의 크기가 큰 것부터 출력하기
> data1$요일 <- factor(data1$요일,
+                     levels=data1$요일[order(-data1$실적)])
>
> col3 <- ifelse(sort(data1$실적,decreasing=T) >= 90 , "red" , "blue")
>
> ggplot(data1,aes(x=요일,y=실적)) +
+        geom_bar(stat="identity" , fill=col3 )
> |
```

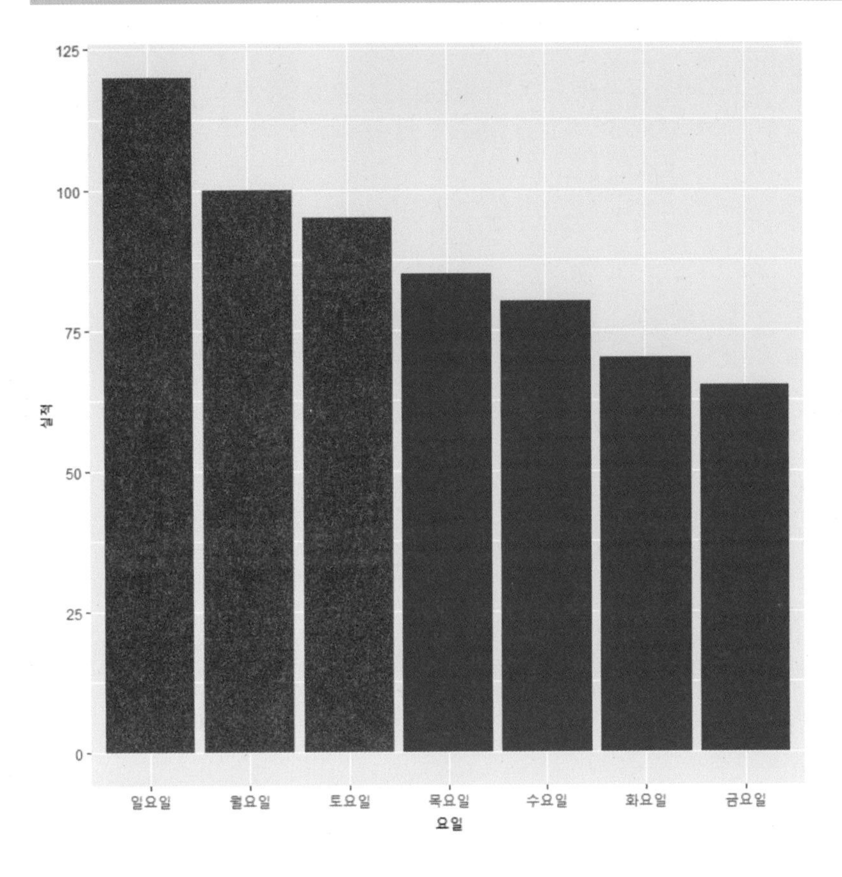

이번에는 여러 명의 데이터를 한꺼번에 표시하겠습니다.

```
> data2 <- read.csv("사원별판매현황_전체.csv")
> days2 <- unique(data2$요일)
> ggplot(data2,aes(x=요일,y=실적, fill=이름)) +
+        geom_bar(stat="identity" ) +
+        scale_x_discrete(limits=days2)
> |
```

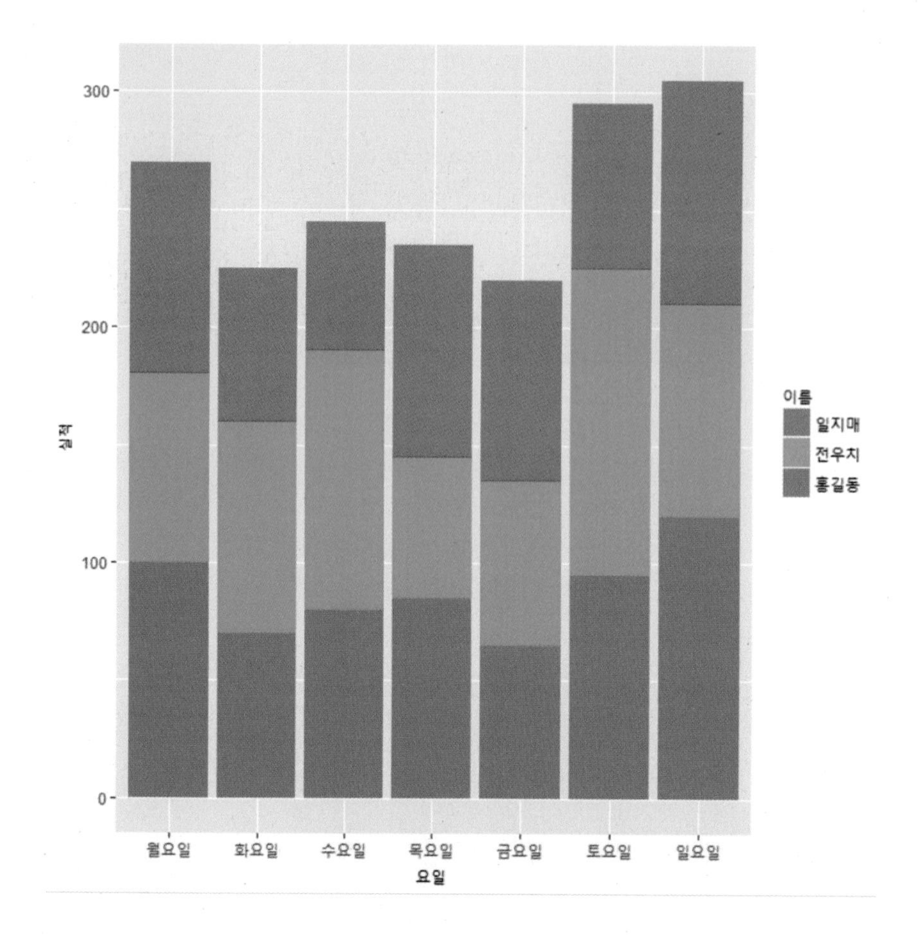

geom_text( ) 함수 - 그래프 위에 글씨 사용하기

이번에는 위 그래프에서 점수를 함께 출력하겠습니다. 이번 예제는 점수가 출력될 위치를 지정해야 해서 앞에서 배웠던 dplyr( ) 패키지를 활용해서 새로운 위치 컬럼을 만든 후 출력하는 방법을 보여주고 있으니 집중해서 잘 보세요.

```
R Console
> data3 <- data2 %>%
+          select(이름,요일,실적) %>%
+          group_by(요일) %>%
+          arrange(desc(이름)) %>%
+          mutate(위치=cumsum(실적)-0.5*실적)
> head(data3,5)
# A tibble: 5 x 4
# Groups:   요일 [5]
   이름    요일   실적   위치
  <fctr> <fctr> <int> <dbl>
1 홍길동 월요일    100  50.0
2 홍길동 화요일     70  35.0
3 홍길동 수요일     80  40.0
4 홍길동 목요일     85  42.5
5 홍길동 금요일     65  32.5
> |
```

위 그림에서 오른쪽 마지막 컬럼인 "위치" 컬럼에 점수를 표시할 위치값을 지정했습니다. 그리고 점수를 출력하기 위해서 geom_text( ) 함수를 사용했습니다. geom_text( ) 함수는 그림 위에 글씨를 출력해주는 함수입니다.

```
R Console
> ggplot(data3,aes(x=요일,y=실적, fill=이름)) +
+         geom_bar(stat="identity" ) +
+         geom_text(aes(y=위치,label=paste(실적,"만원")),size=3) +
+         scale_x_discrete(limits=days2)+
+         guides(fill=guide_legend(reverse=F))
> |
```

위 그림에서 guides 함수는 그래프 오른쪽에 나오는 legend 부분을 제어하기 위해 사용했습니다. 그래프의 순서와 legend의 순서를 동일하게 맞추는 옵션인데 reverse=T로 주면 역순으로 맞추고 위 예처럼 F로 주면 기본값으로 동작합니다. 만약 그래프를 그렸는데 legend와 그래프에서의 출력 순서가 다를 경우 reverse=T 옵션을 주면 일치하게 되는 것을 확인할 수 있습니다. 완성된 그림은 아래와 같습니다.

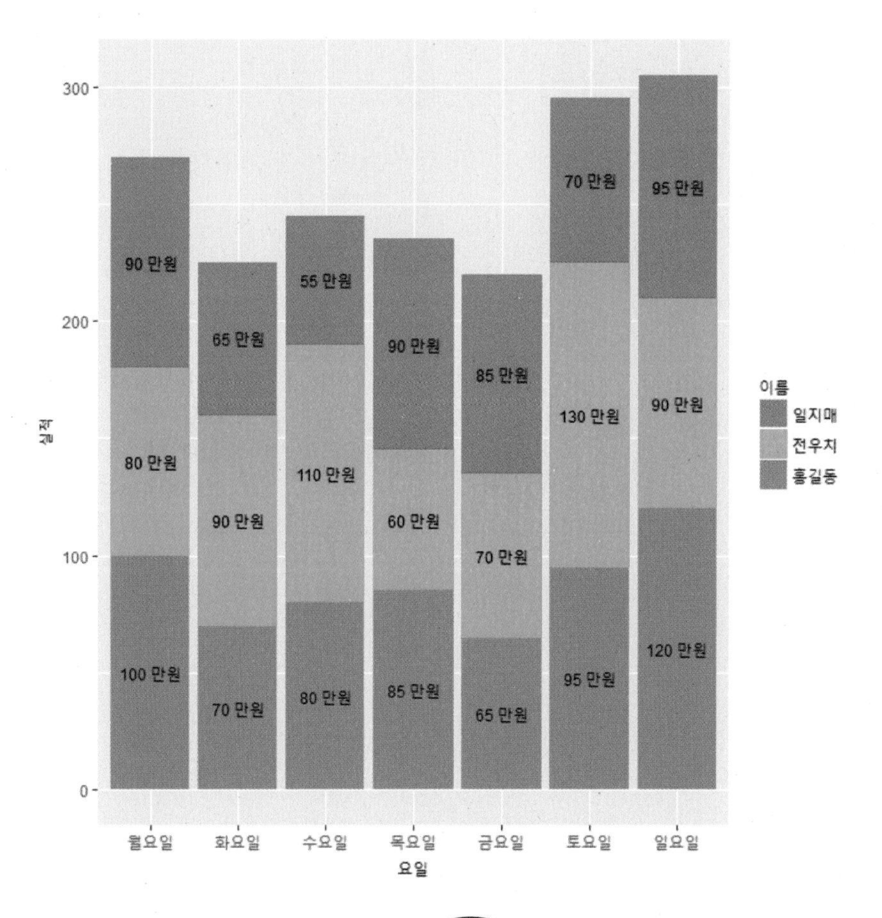

이 그래프를 잘 그리려면 dplyr( ) 패키지로 데이터를 만드는 연습을 많이 해야겠죠? 기초 문법이 중요하니까 많이 공부해주세요.

이번에는 같은 요일에서 사람 이름별로 옆으로 그룹핑해서 같이 보여주는 그래프를 그려볼까요?

```
R Console
> ggplot(data2,aes(x=요일,y=실적,fill=이름)) +
+        geom_bar(stat="identity", position="dodge") +
+        geom_text(aes(y=실적,label=paste(실적,"만원")),size=3,angle=90,
+                position = position_dodge(0.9)) +
+        scale_x_discrete(limits=days2)+
+        guides(fill=guide_legend(reverse=F))
> |
```

위 명령에서 position="dodge" 옵션을 사용하면 아래 그래프와 같이 옆으로 그룹핑해서 보여줍니다. 그리고 geom_text( ) 안에서 추가된 몇 가지 옵션들도 더 보이죠?

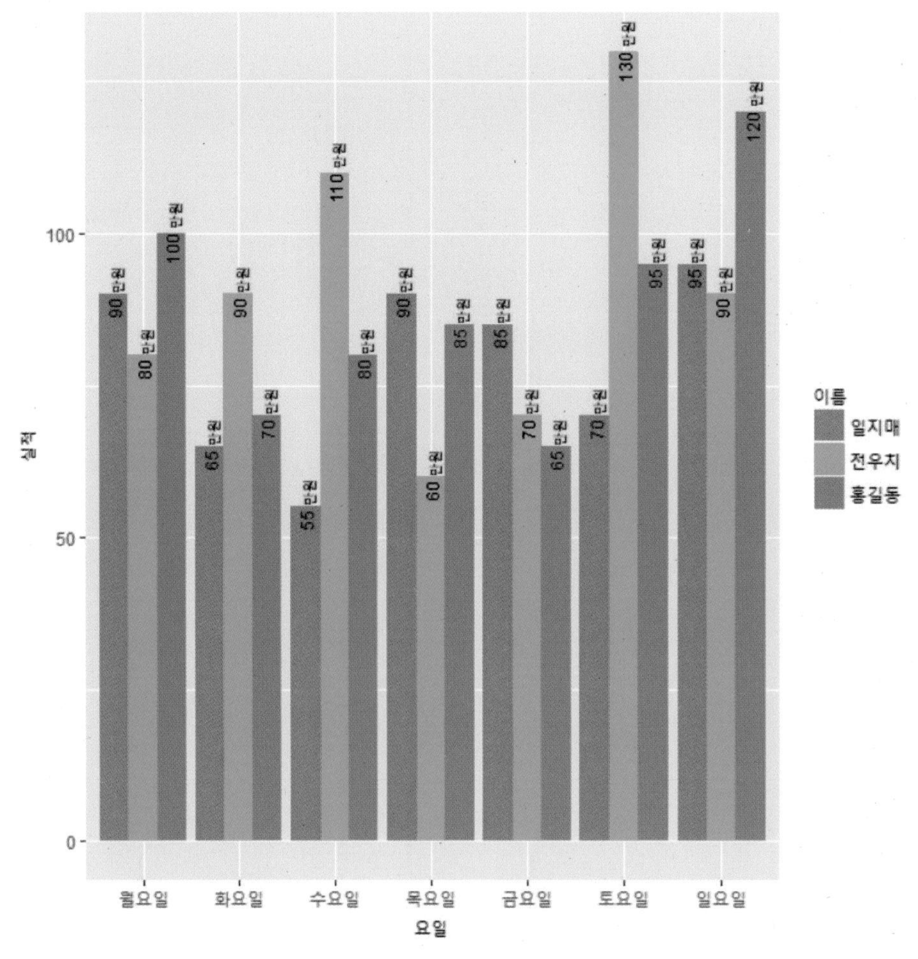

이번에는 사원이름별 요일별로 모아서 그래프를 그려보겠습니다. 이번 실습을 위해서 "사원별판매현황_전체2.csv" 파일을 사용하겠습니다. 아래 명령에서 "fill=요일" 옵션을 사용한 부분을 잘 봐주세요.

```
> data6 <- read.csv("사원별판매현황_전체2.csv")
> ggplot(data6,aes(x=이름,y=실적,fill=요일)) +
+         geom_bar(stat="identity", position="dodge" ) +
+         geom_text(aes(y=실적,label=paste(실적,"만원")),size=3,angle=90,
+                   hjust=1, position = position_dodge(0.9))
> |
```

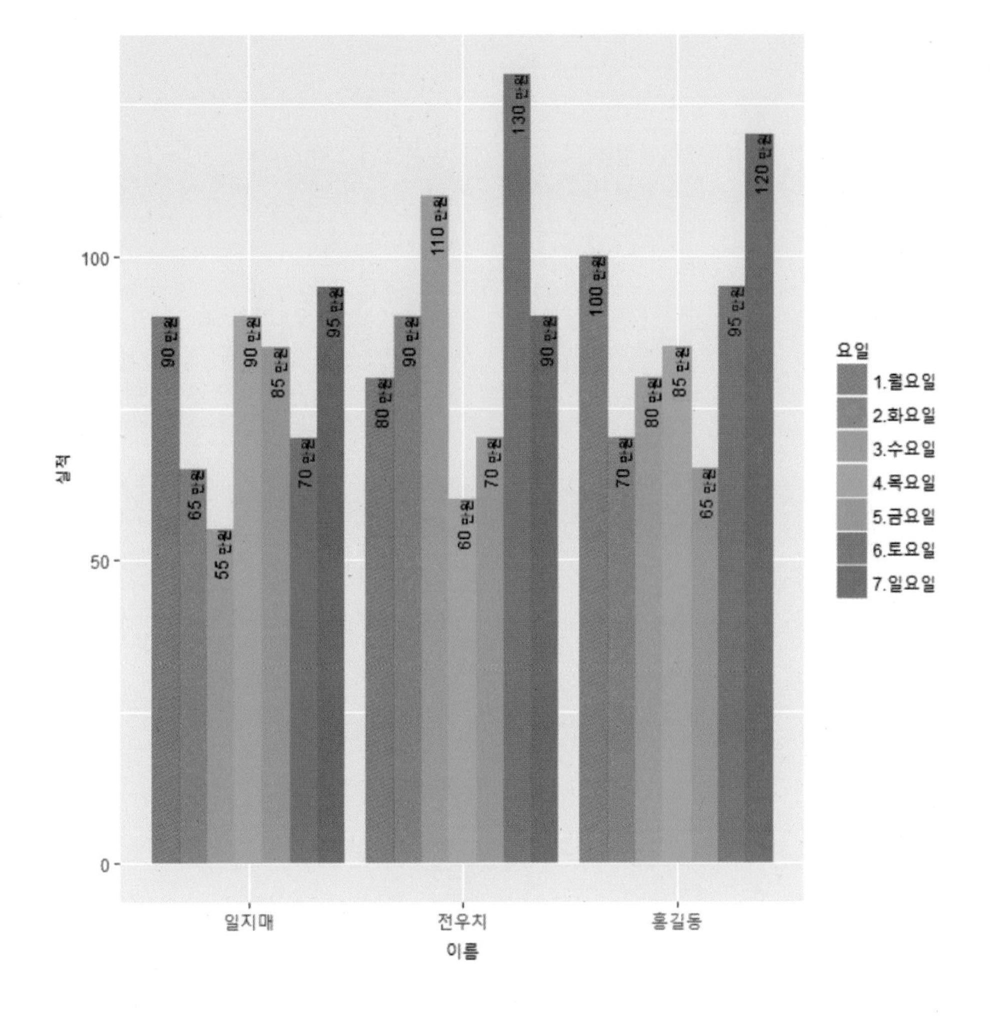

pie chart 그리기

geom_pie( )라는 명령어가 있으면 좋을 텐데 사실 이런 함수는 없습니다. 대신 geom_bar 함수와 coord_polar( ) 함수를 활용해서 만들 수 있습니다. 다음의 예를 보세요.

```
> data7 <- read.csv("시험성적.txt")
> data7
    이름 점수
1 홍길동   50
2 일지매   30
3 전우치   20
> bp<- ggplot(data7, aes(x="", y=점수, fill=이름))+
+            geom_bar(stat = "identity")
> bp
> |
```

위와 같이 bp를 실행하면 아래의 그림처럼 하나로 합쳐진 바 차트가 그려집니다.

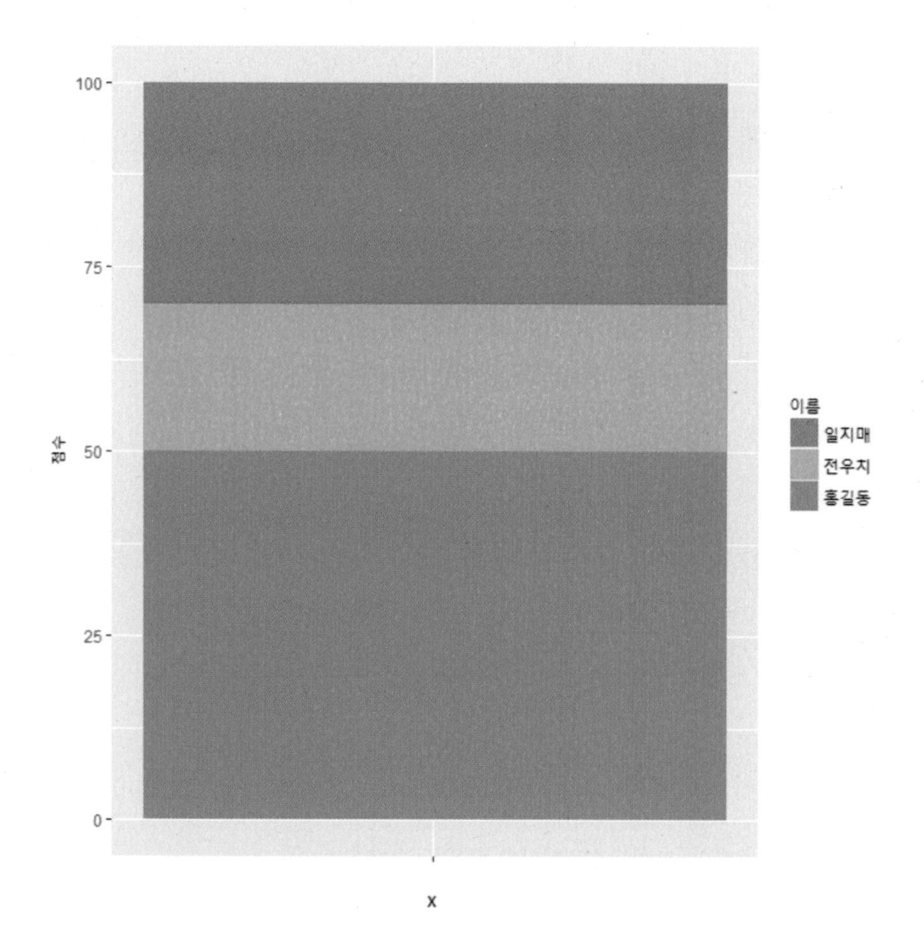

coord_polar( ) 함수는 둥글게 부채꼴 모양으로 그래프를 펼쳐주는 역할을 하는데 위의 바 차트를 부채꼴로 펼쳐서 pie 차트를 만드는 것입니다.

```
> pie <- bp + coord_polar("y", start=0)
> pie
> |
```

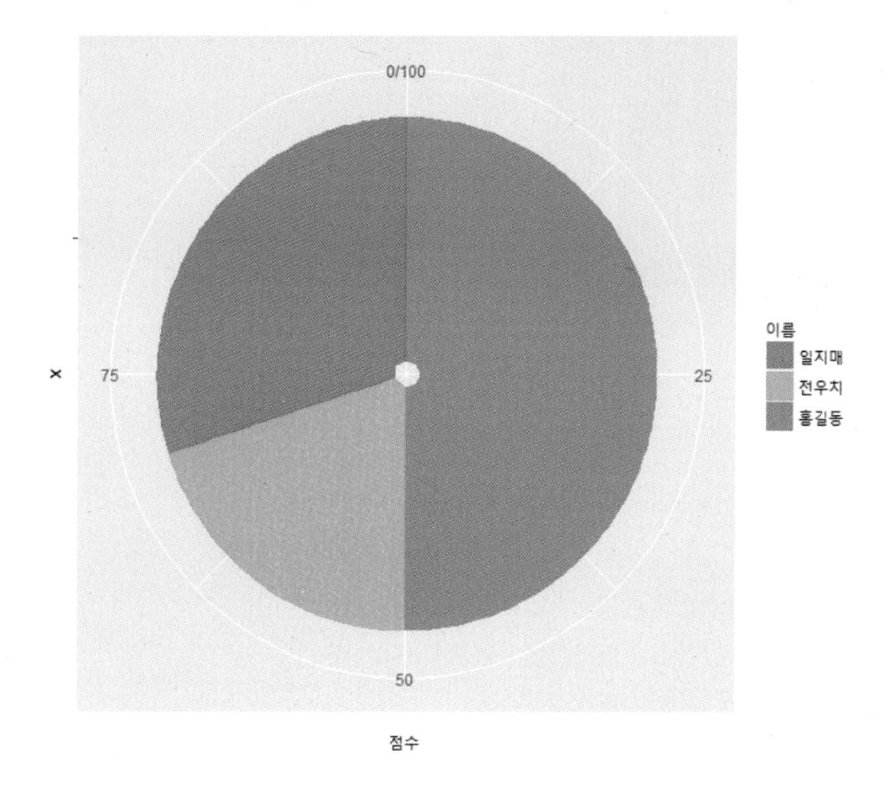

위와 같은 방법으로 pie chart도 작성할 수 있습니다.

퀴즈

뽀로로 정이 사는 나라에서 선거를 실시합니다. 후보자로 뽀로로 정, 루피 김, 에디 최 3명이 출마를 했는데 국민들에게 설문 조사를 한 결과 각 지역별 후보자별 예상 지지율 데이터가 나왔습니다. 주어진 "후보자별지역별예상지지율.csv" 데이터를 활용해서 아래와 같이 여러 가지 그래프로 표시하세요.

- 그래프 1

아래 그래프는 후보자들의 지지율을 지역별로 하나의 막대 그래프로 표현하고 지지율 데이터를 그래프 안에 수치로 표시했습니다.

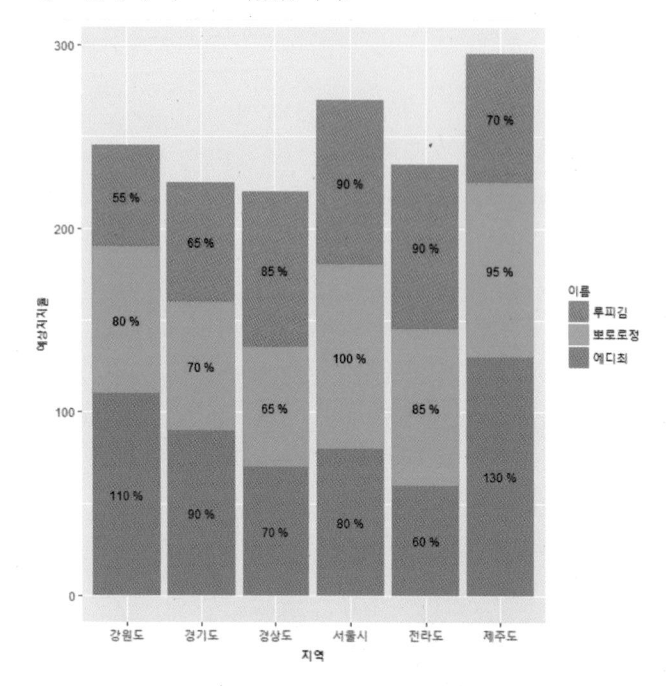

- 그래프 2

아래 그래프는 각 지역별로 묶어서 후보자별 지지율을 표시하고 있습니다.

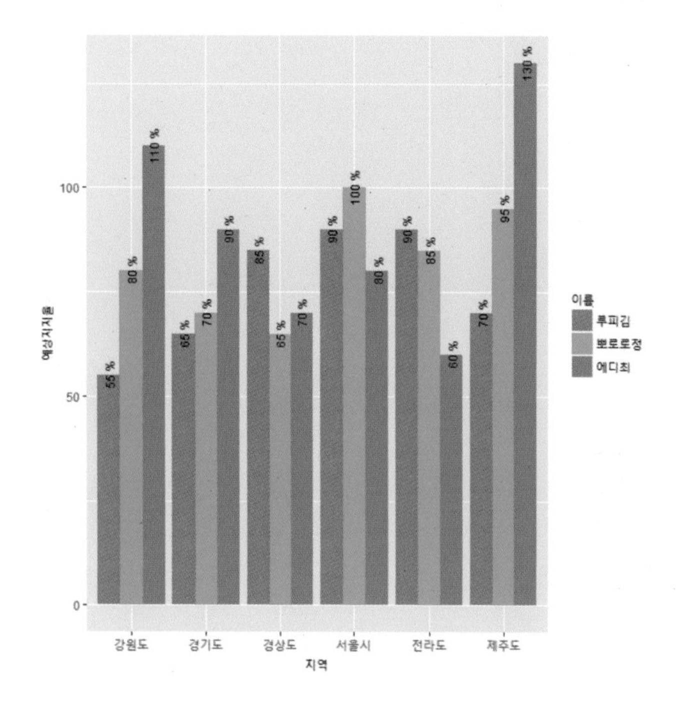

퀴즈

한글 텍스트 분석 과정에서 배웠던 경주 추천 여행지에서 추출된 키워드 중에서 많이 언급된 순서로 상위 15개만 추출하여 아래와 같이 그래프로 표현하세요. 단, 아래의 키워드는 저자가 추출한 상위 15개 이고 여러분들은 키워드가 다를 수 있으니 여러분들이 분석한 키워드 중에서 상위 15개를 추출한 후 아래와 같이 바 차트로 출력하면 됩니다.

조건

1. 색상은 무지개색(rainbow)으로 하되 개수는 단어의 개수만큼 색상을 지정하세요.

2. 바 차트의 끝부분에 아래 그림과 같이 언급된 빈도수를 표시해주세요.

- 그래프 1 : 추출된 키워드 이름 순서대로 출력하기

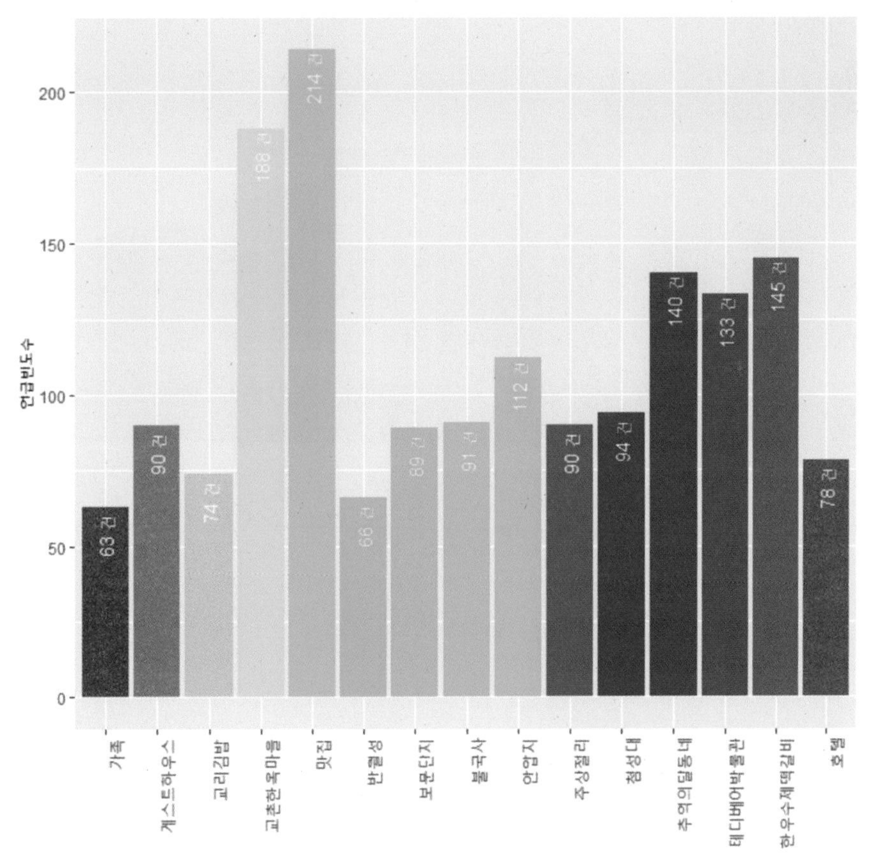

- 그래프 2 : 언급된 빈도수가 높은 것부터 출력하기

조건

1. 색상은 100건 이상 언급된 단어는 빨간색으로 하고 나머지는 파란색으로 지정하세요.

2. 바 차트의 끝부분에 아래 그림과 같이 언급된 빈도수를 표시해주세요.

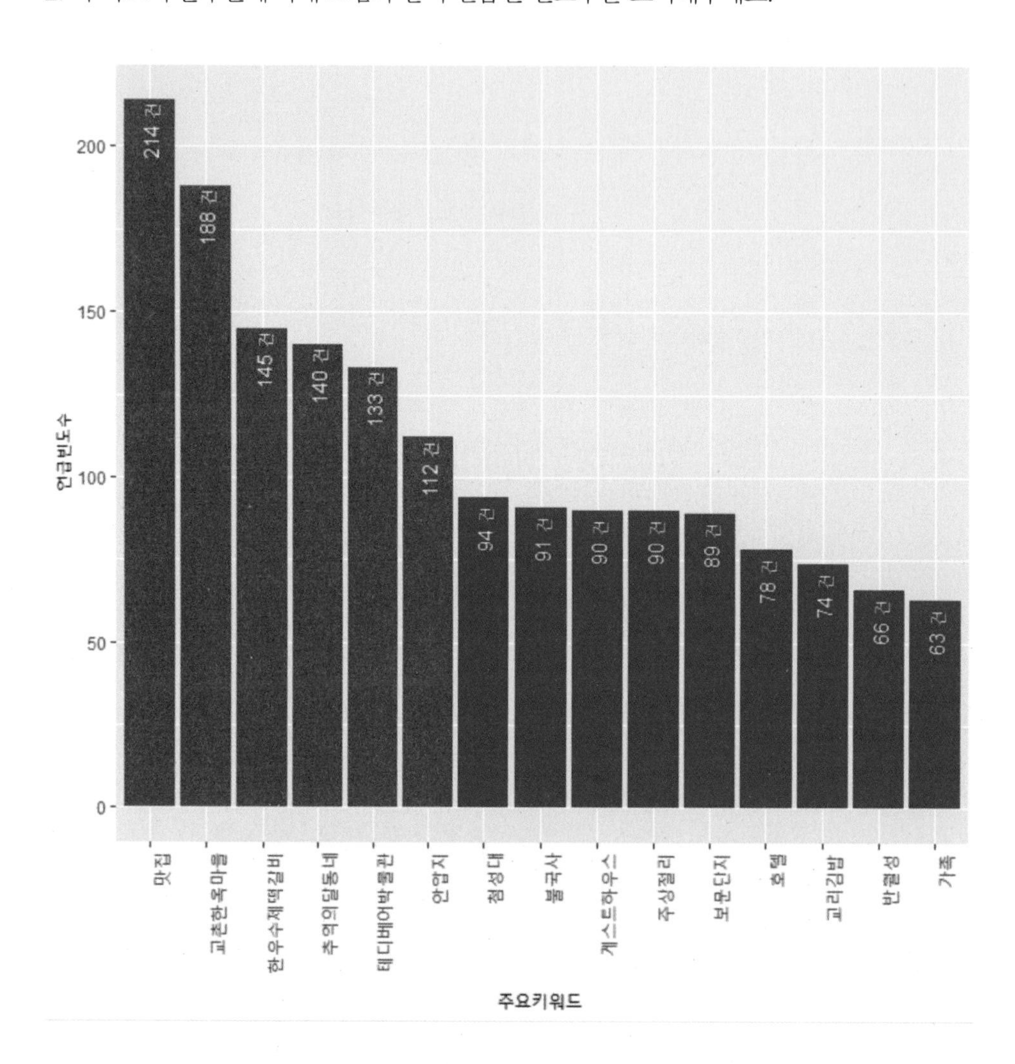

geom_boxplot( ) 함수 – box plot 그리기

이번에는 특정 구간별 데이터의 변화를 한눈에 보기 좋게 출력하는 box plot을 만들어주는 함수를 보겠습니다. 주로 주식 차트 같은 곳에서 많이 활용되고 있는데 아주 쉽게 그릴 수 있습니다. 아래 예는 학생 5명의 시험 성적을 box plot으로 그렸습니다.

```
R Console
> data8 <- read.csv("학생별시험성적_5명.csv")
> head(data8,6)
      이름 점수
1 뽀로로 정   85
2 뽀로로 정   98
3 뽀로로 정  100
4 뽀로로 정   81
5 뽀로로 정   77
6   루피 김   79
> ggplot(data8,aes(x=이름,y=점수))+ geom_boxplot()
> |
```

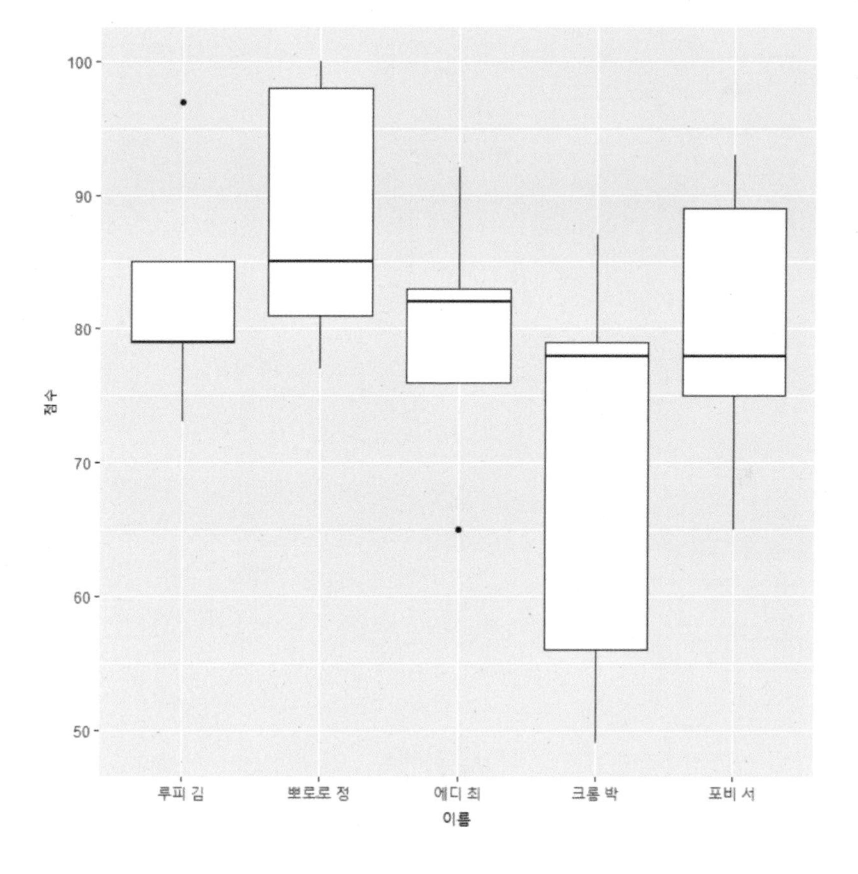

앞의 그림에서 루피 김, 에디 최 학생의 경우 아래 위로 점이 하나씩 있는 것이 보이죠? 바로 이상치 (outlier)라고 하는 부분인데요 box plot으로 표현할 때 저런 이상한 값이 나오는 경우가 가끔 있어요. 그래서 outlier 부분을 더 강조하는 옵션이 있습니다. 아래 옵션 중에서 outlier.colour와 outlier.shape, outlier.size 옵션이 아웃라이어 부분을 강조하는 역할을 하고 있어요.

```
> ggplot(data8,aes(x=이름,y=점수))+
+         geom_boxplot(outlier.colour="red", outlier.shape=2,
+                         outlier.size=4)
> |
```

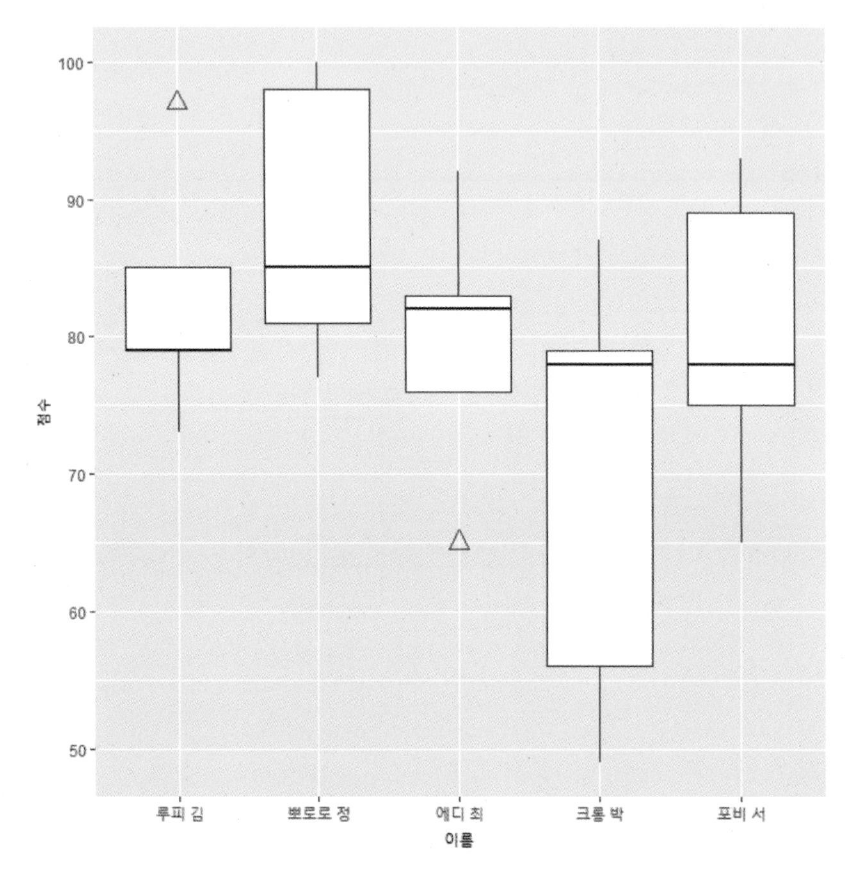

앞의 그림에서는 box plot으로 전체적인 윤곽을 위주로 보여주고 있지만 geom_point( ) 함수나 geom_jitter( ) 함수를 사용하면 실제 데이터들의 위치까지 함께 보여줄 수 있어요. 아래 그림을 보세요.

```
> ggplot(data8,aes(x=이름,y=점수))+
+         geom_boxplot(outlier.colour="red", outlier.shape=2,
+                         outlier.size=4) +
+         geom_point( )
> |
```

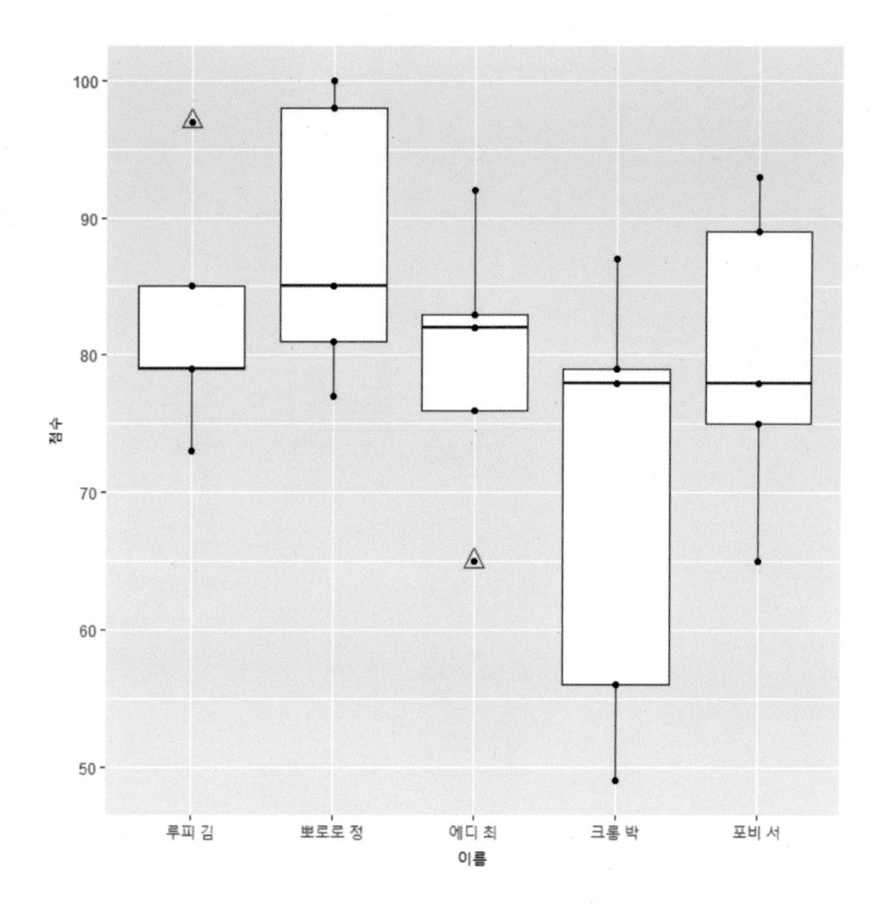

geom_point( ) 함수 대신 같은 위치에 geom_jitter( ) 함수를 넣고 그림을 그려보시면 차이점을 아실 거예요. 이번에는 각 학생별로 다른 색상으로 그래프를 그려볼까요? 아래 코드에서 fill=이름 옵션이 색상을 넣어주는 역할을 합니다.

```
R Console
> ggplot(data8,aes(x=이름,y=점수,fill=이름))+
+         geom_boxplot(outlier.colour="red", outlier.shape=2,
+                      outlier.size=4) +
+         geom_point( )
> |
```

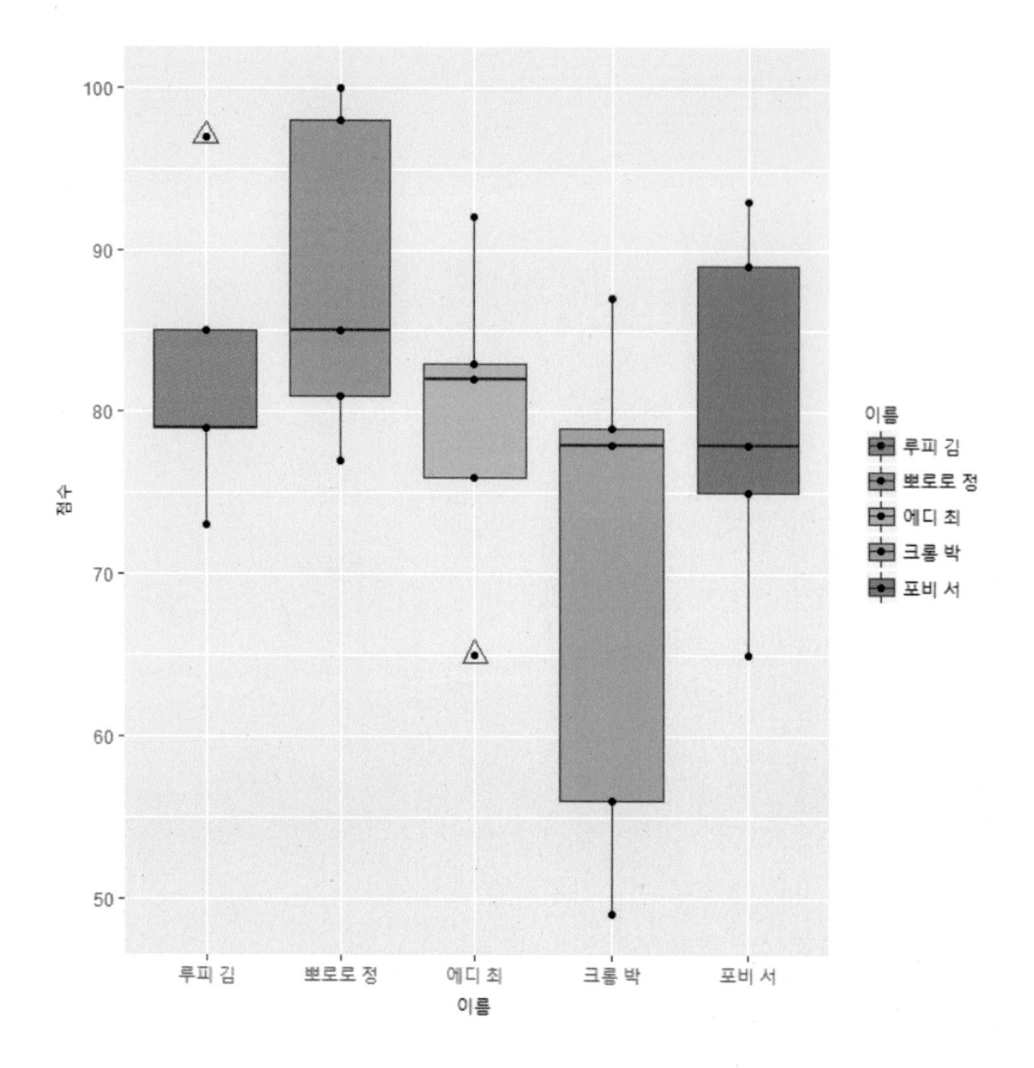

만약 색상을 지정할 때 직접 색상을 지정하고 싶으면 아래와 같이 하면 됩니다. 아래 코드에서 scale_fill_manual() 함수가 색상을 직접 지정할 때 사용하는 옵션입니다.

R Console

```
> ggplot(data8,aes(x=이름,y=점수,fill=이름))+
+        geom_boxplot(outlier.colour="red", outlier.shape=2,
+                     outlier.size=4) +
+        geom_point( ) +
+        scale_fill_manual(values=c("red", "blue", "yellow","cyan","pink"))
> |
```

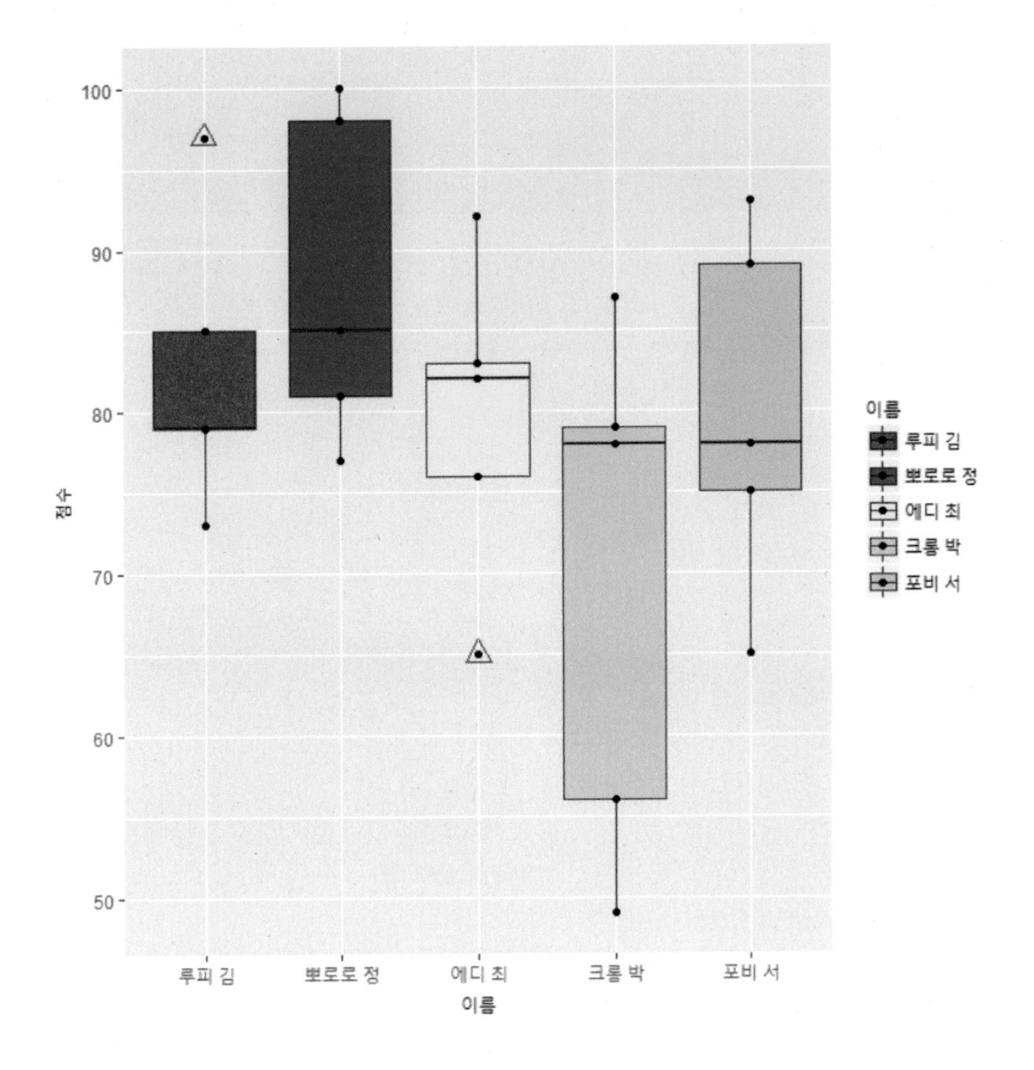

geom_histogram( ) 함수와 geom_density( ) 함수

이번에는 히스토그램과 확률 밀도 곡선을 그리는 함수를 살펴보겠습니다. 실습을 위해서 아래와 같이 랜덤 값으로 데이터를 먼저 생성해주세요.

```
R Console
> data9 <- data.frame(
+                      "성별" = factor(rep(c("F", "M"), each=200)),
+                      "몸무게" = c(round(rnorm(200, 55),0),
+                                 round(rnorm(200, 58),0))
+                    )
> head(data9,5)
  성별 몸무게
1    F    54
2    F    56
3    F    56
4    F    57
5    F    55
> |
```

위 데이터는 가상으로 남자와 여자 각 200명씩 성별과 몸무게를 생성한 데이터입니다. 위 데이터로 히스토그램을 먼저 아래와 같이 그려보겠습니다.

```
> ggplot(data9, aes(x = 몸무게)) +
+         geom_histogram(color="black", fill="cyan", alpha=0.8,binwidth=0.5)
> |
```

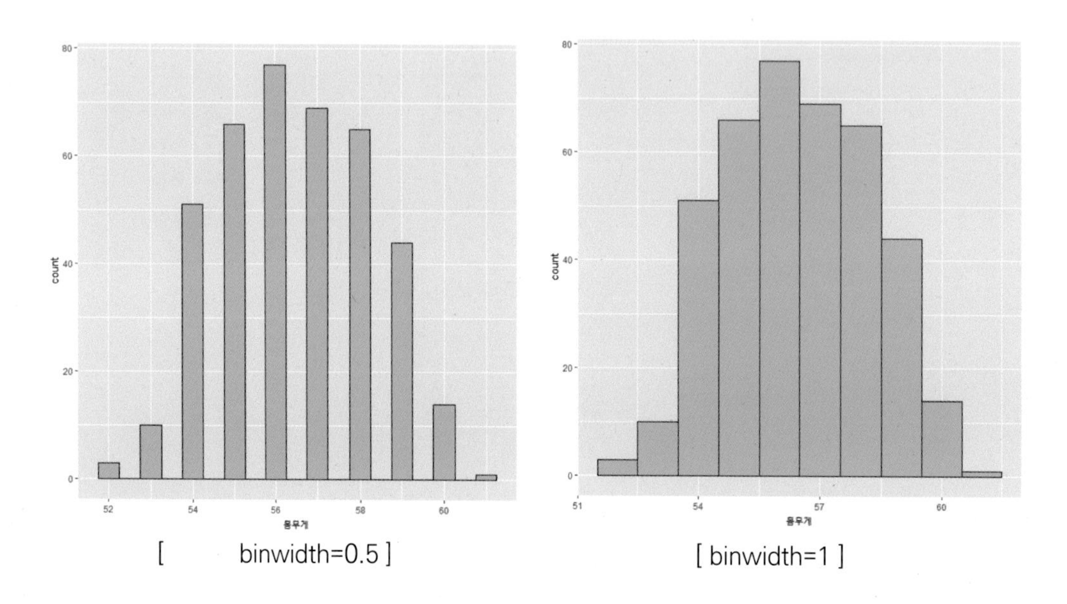

[binwidth=0.5] [binwidth=1]

이번에는 위 데이터를 geom_density( ) 함수를 사용하여 확률밀도 곡선으로 표시하겠습니다.

```
> ggplot(data9, aes(x = 몸무게)) +
+         geom_density(color="red",fill="yellow",alpha=0.5)
> |
```

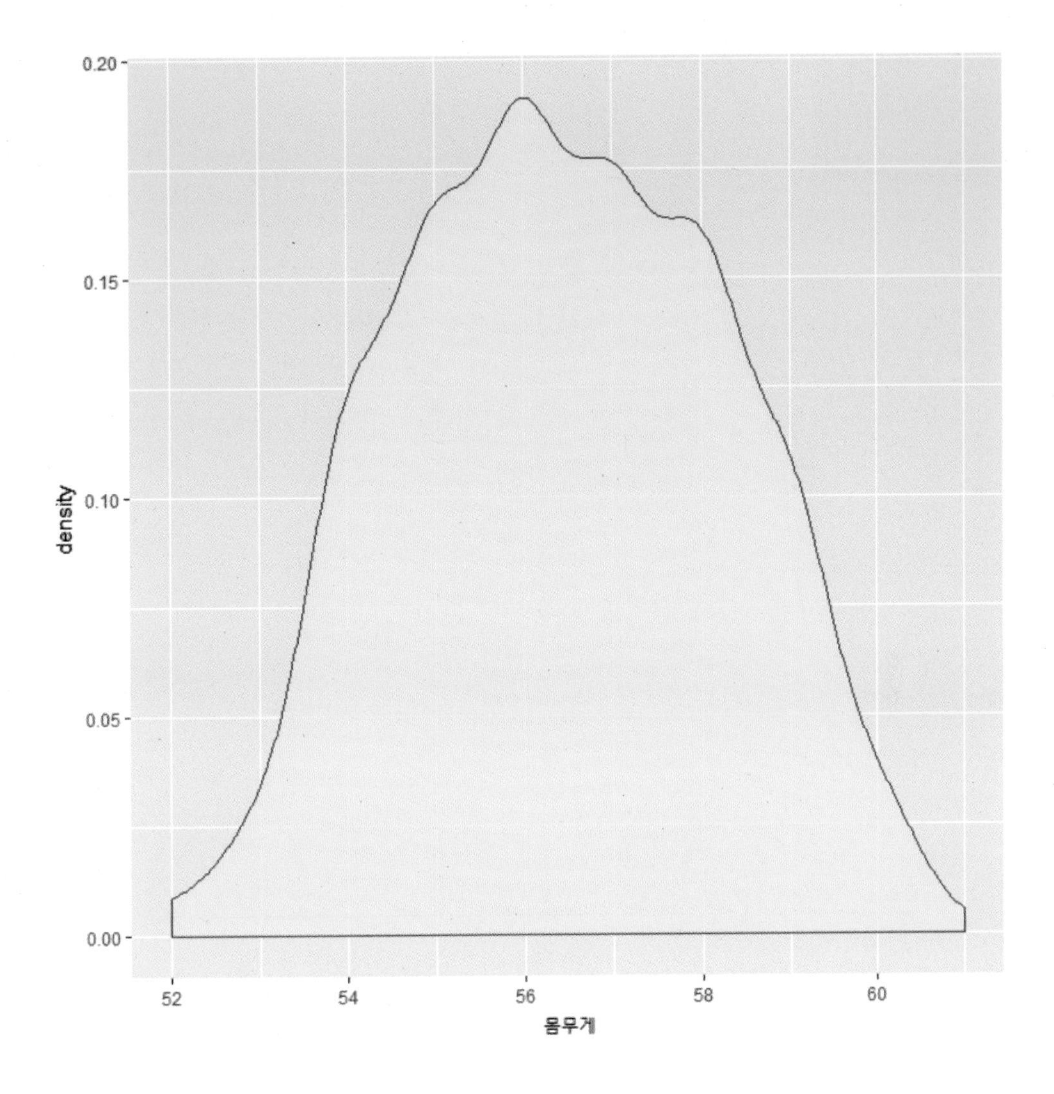

이번에는 몸무게 평균을 구해서 평균선을 함께 표시하는 방법입니다. 아래 명령에서 geom_vline() 함수를 활용하여 세로(Vertical) 라인을 그릴 수 있습니다.

R Console

```
> ggplot(data9, aes(x = 몸무게)) +
+         geom_density(color="black", fill="yellow", alpha=0.8)+
+         geom_vline(aes(xintercept=mean(몸무게)),
+                    color="red", linetype="dashed", size=1)
> |
```

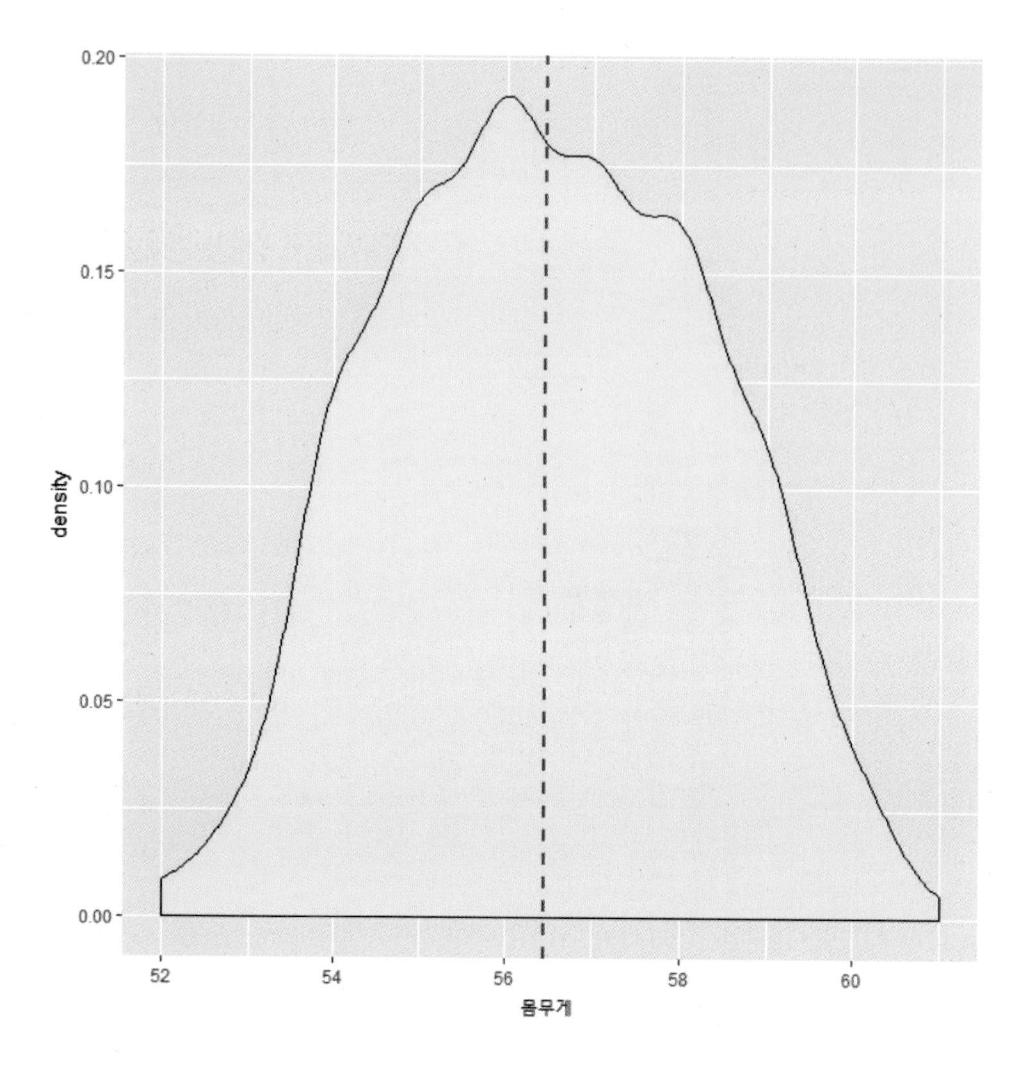

이번에는 값(성별) 별로 그래프를 따로 그리는 방법입니다.

```
> ggplot(data9, aes(x = 몸무게)) +
+         geom_density(aes(color=성별,fill=성별), alpha=0.8)
> |
```

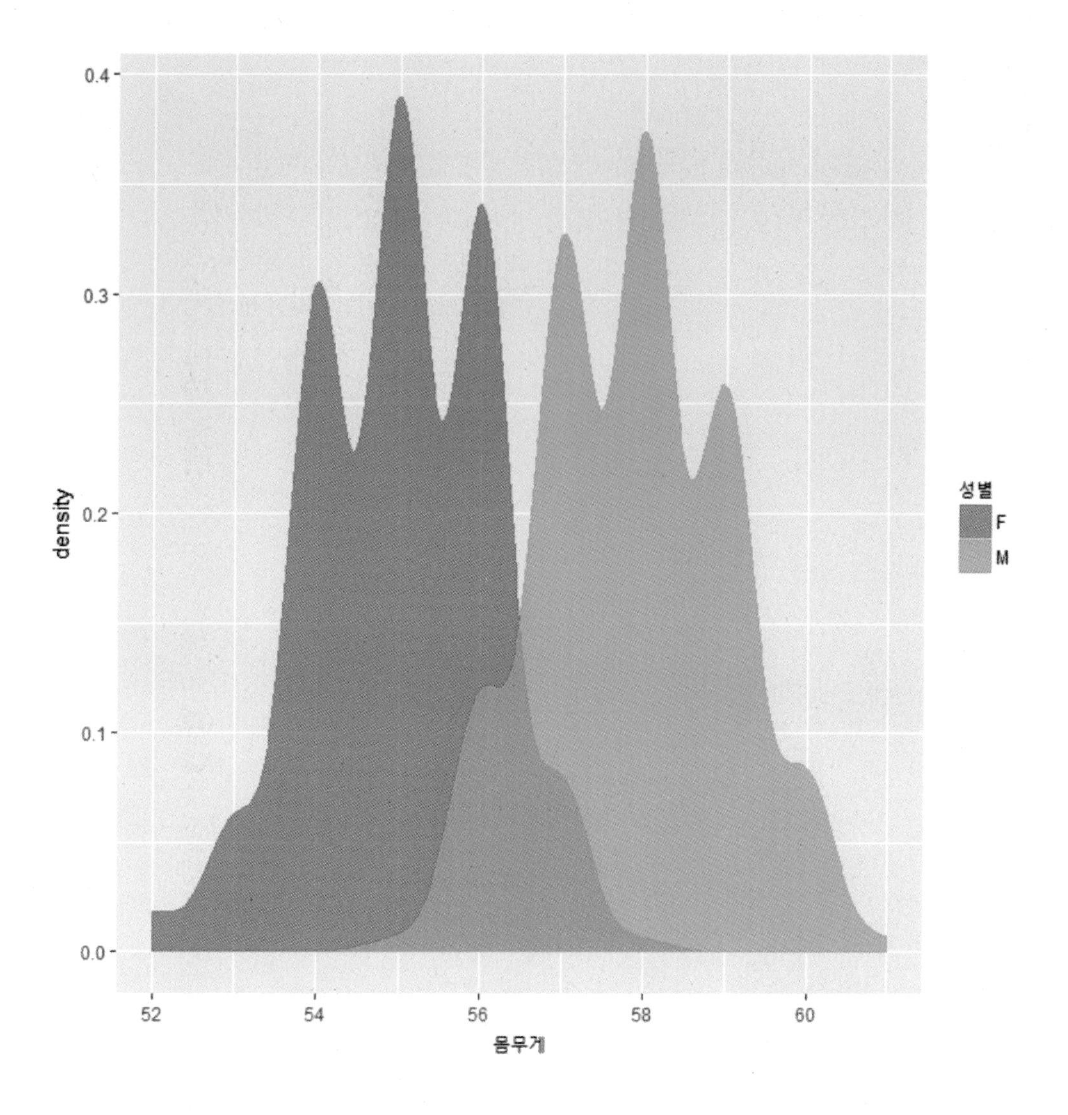

이번에는 항목별(남,여)로 따로 그래프를 그린 후 각각의 평균선을 표시하는 방법입니다. 이번 작업을 하기 위해서 먼저 dplyr( ) 패키지를 활용해서 성별로 그룹핑한 후 각각의 평균값을 먼저 구했습니다.

R Console

```
> data10 <- data9 %>%
+           group_by(성별) %>%
+           summarise(성별평균값 = mean(몸무게))
>
> ggplot(data9, aes(x = 몸무게)) +
+        geom_density(aes(color=성별,fill=성별), alpha=0.8)+
+        geom_vline(data = data10, aes(xintercept = 성별평균값),
+        linetype="dashed",size=1)
> |
```

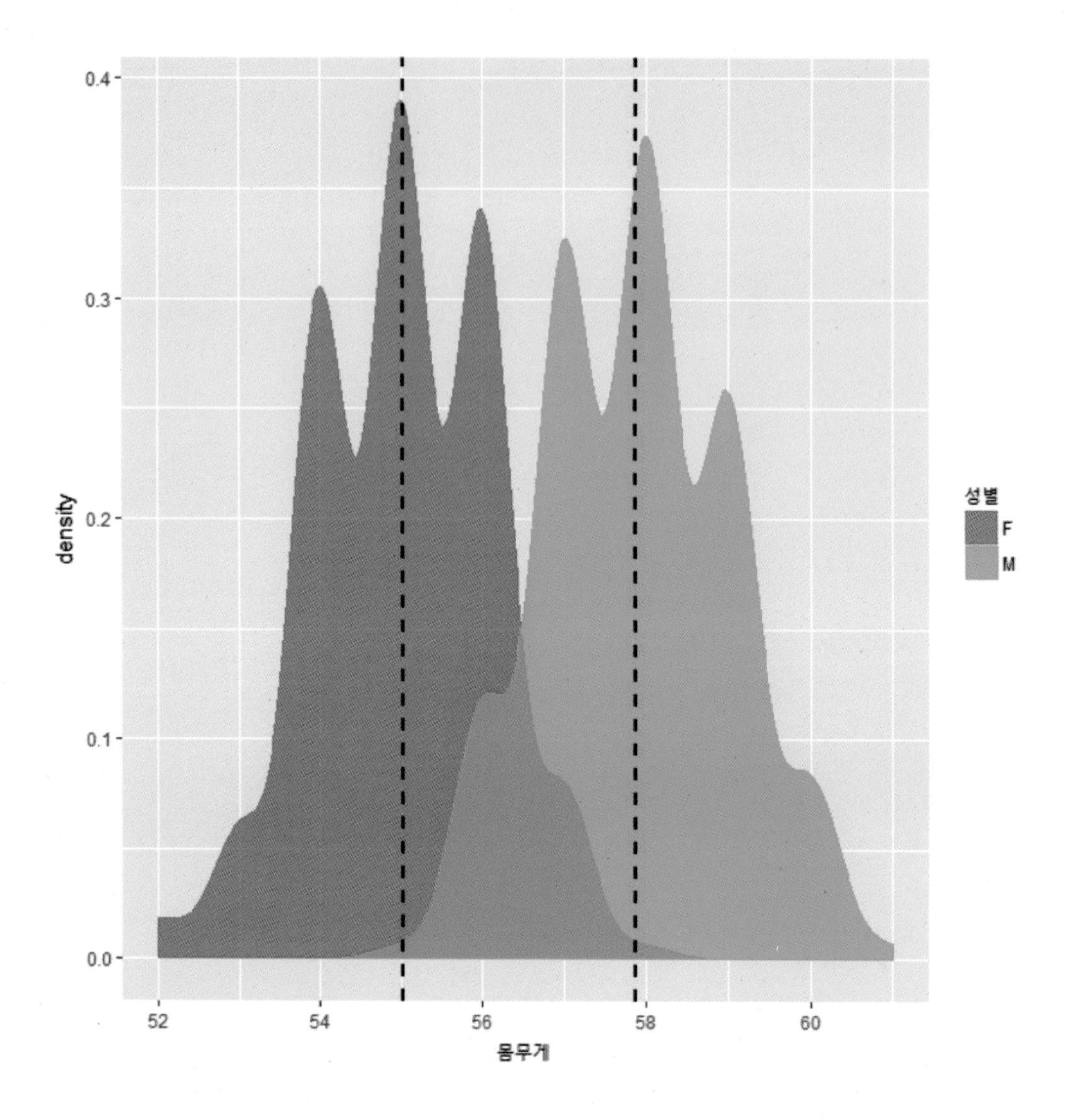

이번에는 geom_histogram( ) 함수와 geom_density( ) 함수를 함께 사용해서 히스토그램과 확률 밀도 곡선을 같이 그리는 방법입니다.

R Console

```
> ggplot(data9, aes(x = 몸무게 , y=..density.. )) +
+        geom_histogram(color="black", fill="cyan",binwidth=1) +
+        geom_density(color="red",fill="yellow",alpha=0.5)
> |
```

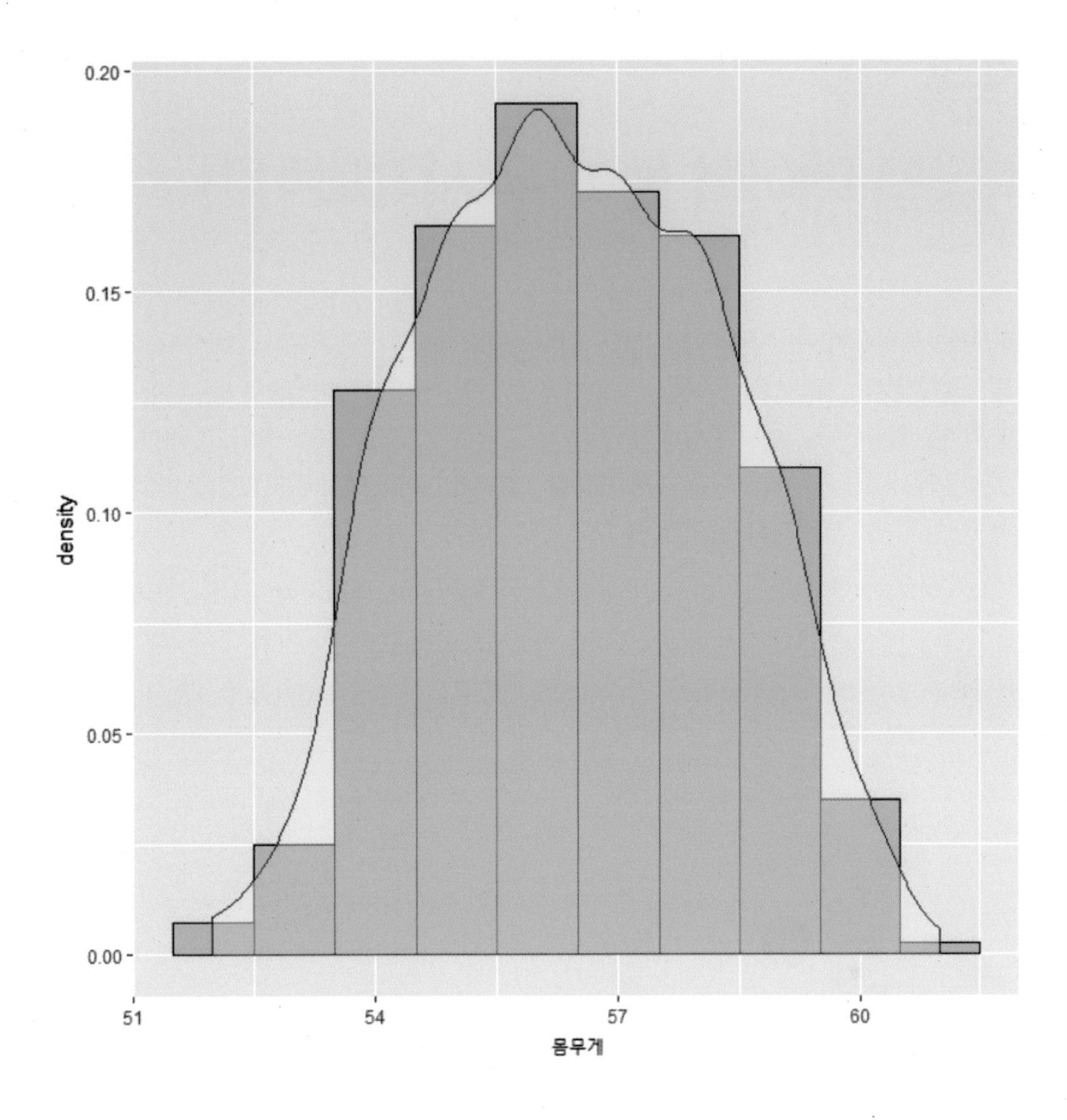

ggplot2( ) 패키지와 관련된 더 많은 내용들이 있지만 많이 사용되는 알맹이들만 간추려서 설명을 드렸으니까 여기서 언급된 내용들은 꼭 기억해주세요. 지금까지 R에서 많이 사용되는 시각화 관련 기능들을 살펴보았습니다.

3부 비정형 데이터 분석 후 시각화하기

현실세계에서 만들어지는 데이터는 그 형태나 내용, 분량 등이 아주 다양하고 많습니다. 그 데이터들을 분석해서 특정 패턴이나 특징들을 발견하고 더 나아가 미래에 일어날 일까지 예측하는 것은 정말 어려운 일입니다. 그래서 분석과 관련된 이론들과 분석 기법들이 많습니다. 그런 이론들과 분석 기법들의 대부분은 수학과 아주 깊은 연관성이 있어서 데이터 분석에 처음 입문하시는 분들이 배우기에는 무리가 있는 것도 사실입니다.

여기서는 어려운 이론들이나 공식, 분석기법들은 잠시 미루어두고 순수하게 R만으로 할 수 있는 여러 가지 분석 예제들을 사용해서 데이터 분석을 설명하고 있습니다. 이번 장의 미션을 한 단계씩 차근차근 익히면서 따라가다보면 어느새 실력이 아주 발전해 있는 것을 발견하게 될 것입니다.

참고로 지금부터 실습하고 실전에서도 많이 분석하는 비정형 텍스트 데이터를 수집하려면 일일이 수작업으로 대상 글을 복사 + 붙여넣기 방식으로 모으든지 크롤러라는 프로그램을 사용하여 수집을 해야 합니다. 당연히 크롤러 프로그램을 사용하는 것이 편하겠지요? 그런데 크롤러 프로그램이 아주 고가(수백만원~수억원)라서 구입하기가 정말 어렵습니다.

그래서 저는 파이썬을 사용하여 직접 크롤러 프로그램을 DIY하는 내용을 담은 책을 출간을 했습니다. 제가 쓴 〈왕초보! 파이썬 배워 크롤러 DIY하다!〉라는 책에 파이썬 프로그래밍 기초부터 시작하여 크롤러를 DIY하는 원리 등을 쉽고 자세하게 안내하고 있습니다. 파이썬과 크롤러 프로그램에 관심 있으신 분께서는 제가 쓴 책을 참고하세요.

현재 많이 사용되는 텍스트 분석 기법들 소개

핵심 키워드 추출 및 분석 : 단어의 출현 빈도 카운트 및 워드클라우드

단어들이 발생한 빈도 후 워드클라우드로 시각화하여 핵심 키워드를 도출

단어간의 관계 분석 : Co-occurrence Matrix

문서 내에서 동시에 빈번하게 출현하는 단어를 파악하여 단어간의 상관관계 계산

감성 분석(감정 분석) : 감성사전과 단어를 비교 대조하여 감정 점수 산출

긍정, 부정감성사전이 만들어져 있다면 사전과 대조하여 긍정단어와 부정단어의 빈도를 추출한 후 긍정단어가 나타나면 +1, 부정단어가 나타나면 -1의 점수를 부여해 문서의 감성을 수치화함

토픽 분석 : 문서 내에 어떤 주제나 이슈가 존재하는지 파악할 때 사용

- LSA : 분절된 단어들에 벡터값을 부여하고 차원축소를 하여 축소된 차원에서 근접한 단어들을 주제로 묶음

- LDA : 확률을 바탕으로 단어가 특정 주제에 존재할 확률과 문서에 특정 주제가 존재할 확률을 결합확률로 추정하여 토픽 추출

맥락에 따른 단어 및 문서 분석 : Bag of words, word2vec, doc2vec

- Bag of words : 텍스트 분석의 단위를 개별단어가 아닌 단어들의 모음으로 구분하는 방법(각 단어는 문서의 특징이 됨)

- word to vec : 문장(단어들의 모음) 자체를 뉴럴넷에 입력하여 뉴럴넷이 문장 내에 있는 단어들에 벡터값을 부여히게 함

위에서 소개한 방법들 외에도 계속 새로운 기법들이 개발되고 있습니다. 그만큼 우리도 열심히 공부를 계속해야겠죵? 이 책에서는 위 방법 중에서 핵심 키워드 추출 및 분석 방법을 집중적으로 살펴볼 예정입니다. 왜냐면 가장 기초이면서도 아주 중요하고 효과 또한 좋기 때문이지요. 나머지 방법들은 이 책의 다음 시리즈인 책에서 소개해드리기 위해서 지금 열심히 원고를 쓰고 있으니 완전 많이 기대해주세요.

텍스트 분석을 하기 위해 알아야 할 기본 지식들

R에서 영어를 처리하는 일반적인 방법

```
> txt1 <- "Start R programming with R-LOVE book."
> txt1
[1] "Start R programming with R-LOVE book."
```

```
> strsplit(txt1," ")
[[1]]
[1] "Start"        "R"            "programming" "with"         "R-LOVE"
[6] "book."
```

R에서 영어를 분석하여 특정 키워드를 찾을 때는 기본적으로 공백을 기준으로 분리한 후 명사나 찾으라고 지시한 단어나 품사를 찾게 됩니다. 원리가 아주 쉽죠?

R에서 한글을 처리하는 일반적인 방법

한글 역시 위에서 살펴본 영어처럼 공백을 기준으로 분리한 후 한글 사전을 활용하여 단어나 특정 품사들을 찾아냅니다. 그런데 영어와는 달리 한글은 좀 더 복잡한 내용들이 많습니다.

당장 워드클라우드를 만들고 싶겠지만 원리를 정확이 아셔야 하기 때문에 이번 내용을 자세히 보고 기억해주세요. 한글을 분석할 때 많이 사용하는 패키지가 KoNLP( ) 패키지라서 이 패키지를 기준으로 설명드리겠습니다.

공백을 기준으로 단어 분리하기

```
> install.packages("KoNLP")
> library("KoNLP")
> install.packages("stringr")
> library("stringr")
```

```
> txt2 <- "R랴줌 책으로 R 프로그래밍을 시작하세요~!"
> txt2
[1] "R랴줌 책으로 R 프로그래밍을 시작하세요~!"
```

```
> strsplit(txt2," ")
[[1]]
[1] "R랴줌"         "책으로"        "R"              "프로그래밍을"
[5] "시작하세요~!"
```

```
> extractNoun(txt2) # 명사를 추출하는 함수로 KoNLP( ) 패키지 안에 포함되어 있습니다.
[1] "R랴줌"       "책"          "R"            "프로그래밍" "시작"
```

품사까지 자세하게 출력하기 - SimplePos09( ) / SimplePos22( )함수 사용

```
> SimplePos09(txt2)
$'R랴줌'
[1] "R랴줌/N"

$책으로
[1] "책/N+으로/J"

$R
[1] "R/F"

$프로그래밍을
[1] "프로그래밍/N+을/J"

$'시작하세요~'
[1] "시작/N+하/X+세/E+요/J+~/S"

$'!'
[1] "!/S"
```

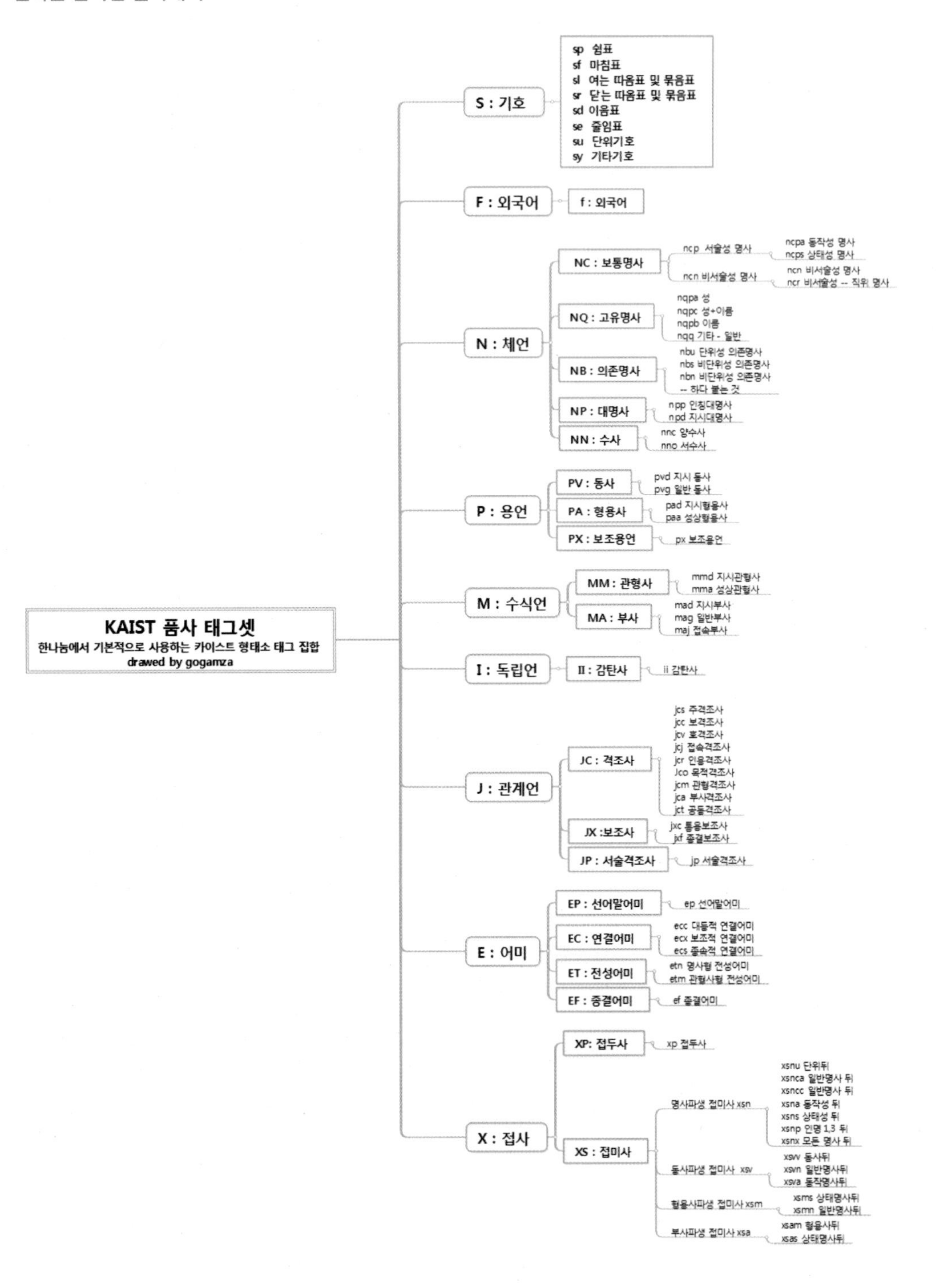
KAIST 품사 태그셋
한나눔에서 기본적으로 사용하는 카이스트 형태소 태그 집합
drawed by gogamza
S : 기호
sp 쉼표
sf 마침표
sl 여는 따옴표 및 묶음표
sr 닫는 따옴표 및 묶음표
sd 이음표
se 줄임표
su 단위기호
sy 기타기호
F : 외국어
f : 외국어
N : 체언
NC : 보통명사
ncp 서술성 명사
ncpa 동작성 명사
ncps 상태성 명사
ncn 비서술성 명사
ncn 비서술성 명사
ncr 비서술성 -- 직위 명사
NQ : 고유명사
nqpa 성
nqpc 성+이름
nqpb 이름
nqq 기타 - 일반
NB : 의존명사
nbu 단위성 의존명사
nbs 비단위성 의존명사
nbn 비단위성 의존명사
-- 하다 붙는 것
NP : 대명사
npp 인칭대명사
npd 지시대명사
NN : 수사
nnc 양수사
nno 서수사
P : 용언
PV : 동사
pvd 지시 동사
pvg 일반 동사
PA : 형용사
pad 지시형용사
paa 성상형용사
PX : 보조용언
px 보조용언
M : 수식언
MM : 관형사
mmd 지시관형사
mma 성상관형사
MA : 부사
mad 지시부사
mag 일반부사
maj 접속부사
I : 독립언
II : 감탄사
ii 감탄사
J : 관계언
JC : 격조사
jcs 주격조사
jcc 보격조사
jcv 호격조사
jcj 접속격조사
jcr 인용격조사
Jco 목적격조사
jcm 관형격조사
jca 부사격조사
jct 공동격조사
JX :보조사
jxc 통용보조사
jxf 종결보조사
JP : 서술격조사
jp 서술격조사
E : 어미
EP : 선어말어미
ep 선어말어미
EC : 연결어미
ecc 대등적 연결어미
ecx 보조적 연결어미
ecs 종속적 연결어미
ET : 전성어미
etn 명사형 전성어미
etm 관형사형 전성어미
EF : 종결어미
ef 종결어미
X : 접사
XP: 접두사
xp 접두사
XS : 접미사
명사파생 접미사 xsn
xsnu 단위뒤
xsnca 일반명사 뒤
xsncc 일반명사 뒤
xsna 동작성 뒤
xsns 상태성 뒤
xsnp 인명 1,3 뒤
xsnx 모든 명사 뒤
동사파생 접미사 xsv
xsvv 동사뒤
xsvn 일반명사뒤
xsva 동작명사뒤
형용사파생 접미사 xsm
xsms 상태명사뒤
xsmn 일반명사뒤
부사파생 접미사 xsa
xsam 형용사뒤
xsas 상태명사뒤

```
> txt3 <- "우리 모두 R랴줌 책으로 정말 재미있게 공부해요"
> txt4 <- SimplePos09(txt3)
> txt4
$'우리'
[1] "우리/N"

$모두
[1] "모두/M"

$R랴줌
[1] "R랴줌/N"

$책으로
[1] "책/N+으로/J"

$정말
[1] "정말/M"

$재미있게
[1] "재미있/P+게/E"

$공부해
[1] "공부해/N"

$요
[1] "요/M"

> txt_n <- str_match(txt4,'([A-Z가-힣]+)/N') # 명사 확인하기
> txt_n
     [,1]       [,2]
[1,] "우리/N"   "우리"
[2,] NA         NA
[3,] "R랴줌/N"  "R랴줌"
[4,] "책/N"     "책"
[5,] NA         NA
[6,] NA         NA
[7,] "공부해/N" "공부해"
[8,] NA         NA
>
> txt_p <- str_match(txt4,'([A-Z가-힣]+)/P')
> txt_p
     [,1]       [,2]
[1,] NA         NA
[2,] NA         NA
[3,] NA         NA
[4,] NA         NA
[5,] NA         NA
[6,] "재미있/P" "재미있"
[7,] NA         NA
[8,] NA         NA
>
> txt_np <- str_match(txt4,'([A-Z가-힣]+)/[NP]')
> txt_np
     [,1]       [,2]
[1,] "우리/N"   "우리"
[2,] NA         NA
```

```
[3,] "R랴줌/N"  "R랴줌"
[4,] "책/N"     "책"
[5,] NA         NA
[6,] "재미있/P" "재미있"
[7,] "공부해/N" "공부해"
[8,] NA         NA
>
>
```

한글 텍스트 분석하기 기초 지식

KoNLP( ) 패키지 기본 기능 익히기

이 패키지는 R에서 한국어를 보다 쉽게 사용하기 위해 "전희원" 님께서 만드신 아주 유용한 패키지입니다. 한국어 관련 작업에서는 대부분 다 사용이 됩니다. 이 패키지에 관련된 자세한 내용은 구글에서 "KoNLP in r"로 검색하시면 자세한 정보를 확인할 수 있습니다. 이 패키지에는 다양한 함수가 존재하는데 전체 내용을 다루기엔 지면 관계상 분량이 너무 많으므로 주로 사용되고 꼭 알아야 하는 함수에 대해 살펴보겠습니다.

extractNoun ( ) 함수 활용하기 - 한글의 명사 추출 함수

이 함수는 한글을 입력 받아서 명사를 추출해주는 역할을 합니다. 함수 이름을 쓸 때 대소문자를 특히 조심하세요. 이 함수는 Hannanum analyzer(한나눔 분석기)를 사용한다고 패키지의 저자가 밝히고 있습니다. 한나눔에 대해서 더 자세한 정보를 원하시는 분들은 http://kldp.net/projects/hannanum를 참고하시기 바랍니다.

- 문 법 : extractNoun(분석할 문장이나 변수)

- 사용예 :

```
> txt1 <- readLines("좋아하는과일.txt")
> txt1
[1] "나는 사과와 바나나를 좋아합니다."
[2] "나는 바나나 바나나 바나나 바나나 바나나가 최고 좋아요!"  # 바나나가 반복됨
[3] "나는 복숭아와 사과를 좋아합니다."                       # 동일한 글이 2개 중복됨
[4] "나는 복숭아와 사과를 좋아합니다."
[5] "나는 사과와 포도를 좋아합니다."
[6] "나는 파인애플과 복숭아를 좋아합니다."

# 위 예제 파일에서 2번줄과 3,4번줄을 유심히 봐주세요.
# 텍스트를 분석할 때 이런 일이 발생할 경우가 많은데 이런 데이터를 걸러내지 않으면
# 분석 결과가 왜곡될 수 있기 때문에 주의해야 합니다.

> txt2 <- extractNoun(txt1)
> txt2
[[1]]
[1] "나"      "사과"    "바나나"
```

```
[[2]]
[1] "나"       "바나나" "바나나" "바나나" "바나나" "바나나" "최고"

[[3]]
[1] "나"       "복숭아" "사과"

[[4]]
[1] "나"       "복숭아" "사과"

[[5]]
[1] "나"    "사과" "포도"

[[6]]
[1] "나"         "파인애플" "복숭아"
```

명사를 잘 찾아주는 것이 보이죠? 그런데 이 함수는 공백을 기준으로 단어를 판단합니다. 아래 예문처럼 띄어쓰기를 잘못하면 명사를 잘못 찾게 됩니다.

```
> vac <- "아기다리 고기다리던 방학이닷!"
> extractNoun(vac)
[1] "아기"       "다리"       "고기"       "다리"       "방학이닷"
```

이상하게 분류되는 것이 확인되시죠?

사전 활용하기

위에서 살펴본 바와 같이 extractNoun( ) 함수는 공백 단위로 단어를 만들고 명사를 골라냅니다. 그런데 이 함수는 과연 그 단어가 명사인지 아닌지는 어떻게 알까요? 내부적으로 가지고 있는 사전과 비교를 하기 때문에 알 수 있는 것입니다.

앞에서 배운 패키지가 설치되는 경로를 확인하는 명령어 생각나시죠? .libPaths( ) 명령으로 패키지가 설치된 폴더를 찾아가면 폴더 중에 KoNLP_dic라는 폴더가 있는데 그 안에 가면 backup과 current 폴더가 있고 current라는 폴더에 가면 dic_user.txt라는 파일이 사전 파일입니다. 사전 파일은 다음과 같은 형태입니다.

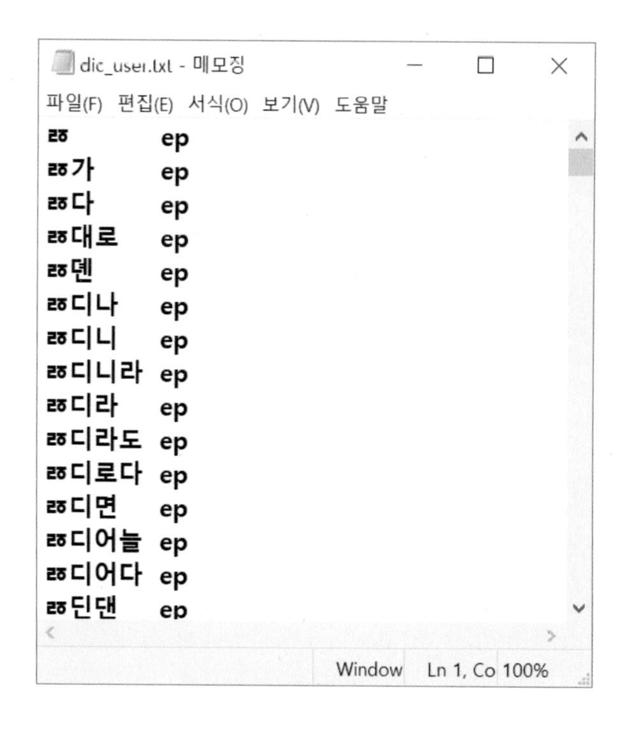

KoNLP( ) 패키지에서 사용하는 단어 사전은 몇 가지 종류가 있는데 SejongDic( )를 사용해도 되고 woorimalsam 사전을 사용해도 됩니다. 이 책에서는 woorimalsam 사전과 SejongDic 사전을 모두 사용하는데 여기서는 우선 woorimalsam 사전을 사용하는 방법을 소개해드리겠습니다. 아래와 같이 실행하면 됩니다.

```
> buildDictionary(ext_dic = "woorimalsam")
629897 words dictionary was built.
```

명령을 수행하면 위 내용과 같이 약 63만개의 단어가 사전에 추가됩니다. 이와 같이 사전을 사용하라고 설정한 후 한글 텍스트로 테스트해보겠습니다.

```
> txt_1 <- "우리는 유관순 열사와 안중근 의사가 독립투사임을 반드시 기억합시다"
> extractNoun(txt_1)
 [1] "우리"     "유관"     "순"       "열"       "사"       "안중"     "근"       "의
사"
 [9] "독립투사" "기억"     "합"       "
```

결과가 약간 생각과 다르게 나오죠? 유관순, 안중근 이런 단어들이 분리되어서 나오는 이유는 사전에 등록이 안 되었기 때문입니다. 위의 예에서 알 수 있듯이 정확한 한글 분석을 하기 위해서는 분석 작업을 하기 전에 해당 용어들을 사전에 아래와 같이 추가를 해야 합니다.

```
> buildDictionary(ext_dic = "woorimalsam",
+                 user_dic=data.frame(c("유관순","안중근"), "ncn"),
+                 replace_usr_dic = T)
```

```
629899 words dictionary was built.
```

사전에 단어를 추가한 후 다시 extractNoun()으로 분석하면 아래와 같이 나옵니다.

```
> extractNoun(txt_1)
[1] "우리"      "유관순"    "열"        "사"        "안중근"    "의사"
[7] "독립투사" "기억"      "합"
```

참고로 만약 사전에 추가해야 할 내용이 많을 경우는 추가할 단어를 파일에 저장해 둔 후 아래와 같이 자동으로 불러서 추가할 수 있습니다.

```
> setwd("c:\\temp")
> buildDictionary(ext_dic = "woorimalsam",
+                 user_dic=data.frame(readLines("mergefile.txt"), "ncn"),
+                 replace_usr_dic = T)

629910 words dictionary was built.
```

mergefile.txt 의 내용입니다.

mergefile.txt - 메모장
파일(F) 편집(E) 서식(O) 보기(V) 도움말(H)
홍길동
유관순
일지매
강감찬
정몽주
연애인
잔다르크
전우치
원균
의자왕
네로왕

위와 같이 사전에 추가해주니까 정확한 단어로 분석이 되죠? 그런데 한가지 더 미리 말씀드릴 것은 모든 단어가 100% 정확하게 분석이 되는 것은 아니라는 점입니다. 즉 사전에 등록을 해주어도 인식을 못하고 자꾸 이상한 단어로 인식해서 나오는 경우도 가끔 있습니다. 이것은 한글을 처리할 때 저 사전을 참고로 하여 판단(추측)을 하여 단어를 인식하기 때문에 나오는 현상인데 KoNLP() 패키지의 문제가 아니라 아직까지는 어쩔수 없는 기술적인 문제인 것 같습니다.

중복되는 값 제거하기

이번 예제를 위해 위에서 사용했던 데이터를 다시 살펴보겠습니다.

```
> txt1 <- readLines("좋아하는과일.txt")
> txt1
[1] "나는 사과와 바나나를 좋아합니다."
[2] "나는 바나나 바나나 바나나 바나나 바나나가 최고 좋아요!"
[3] "나는 복숭아와 사과를 좋아합니다."
[4] "나는 복숭아와 사과를 좋아합니다."
[5] "나는 사과와 포도를 좋아합니다."
[6] "나는 파인애플과 복숭아를 좋아합니다."
```

위 예에서 2번 줄을 보면 1 사람이 바나나를 5번 언급했습니다. 이 경우에는 5번으로 카운트되면 안 되고 1번으로 카운트가 되도록 코드가 작성되어야 더 정확한 결과가 나올 것입니다. 그리고 3번 줄과 4번줄은 완전 동일한 문장입니다. 즉 1명이 2번 작성을 했을 확률이 아주 높기에 제거를 해야 합니다. (이런 대표적인 예가 트위터 데이터의 리트윗 제거입니다) 이번에는 이렇게 중복인 데이터가 있을 경우 어떻게 처리를 해야 하는지 간단하게 살펴보겠습니다.

```
> txt1 <- readLines("좋아하는과일.txt")
> txt1
[1] "나는 사과와 바나나를 좋아합니다."
[2] "나는 바나나 바나나 바나나 바나나 바나나가 최고 좋아요!"
[3] "나는 복숭아와 사과를 좋아합니다."
[4] "나는 복숭아와 사과를 좋아합니다."
[5] "나는 사과와 포도를 좋아합니다."
[6] "나는 파인애플과 복숭아를 좋아합니다."
> txt2 <- extractNoun(txt1)
> txt2
[[1]]
[1] "나"     "사과"   "바나나"

[[2]]
[1] "나"     "바나나" "바나나" "바나나" "바나나" "바나나" "최고"

[[3]]
[1] "나"     "복숭아" "사과"

[[4]]
[1] "나"     "복숭아" "사과"

[[5]]
[1] "나"    "사과" "포도"

[[6]]
[1] "나"    "파인애플" "복숭아"

> txt3 <- unique(txt2)
> txt3
[[1]]
[1] "나"     "사과"   "바나나"

[[2]]
```

```
[1] "나"      "바나나"  "바나나"  "바나나"  "바나나"  "바나나"  "최고"

[[3]]
[1] "나"      "복숭아"  "사과"

[[4]]
[1] "나"      "사과"  "포도"

[[5]]
[1] "나"      "파인애플"  "복숭아"

> txt4 <- lapply(txt3,unique) # 각 리스트 안에서 중복되는 단어를 제거합니다
> txt4
[[1]]
[1] "나"      "사과"   "바나나"

[[2]]
[1] "나"      "바나나"  "최고"  # 이 줄이 중복이 제거되었죠?

[[3]]
[1] "나"      "복숭아"  "사과"

[[4]]
[1] "나"      "사과"  "포도"

[[5]]
[1] "나"      "파인애플"  "복숭아
```

실전에서도 반드시 위의 방법으로 중복되는 데이터들을 정리해야 합니다!

특정 단어를 제거하기

주어진 문장을 단어로 잘라내고 중복된 단어나 리스트를 제거한 후 결과를 보면 여전히 필요 없어서 제거되어야 할 단어들이 있습니다. 위의 예에서는 “나”, “최고” 등의 글자들이죠? 이번에는 필요 없는 글자들을 어떻게 제거하는지를 살펴보겠습니다.

```
> txt4
[[1]]
[1] "나"      "사과"    "바나나"

[[2]]
[1] "나"      "바나나" "최고"

[[3]]
[1] "나"      "복숭아" "사과"

[[4]]
[1] "나"     "사과" "포도"

[[5]]
[1] "나"         "파인애플" "복숭아"
```

먼저 특정 글자를 없애는 기능으로 gsub( ) 함수를 이용하겠습니다.

문법

gsub("변경전글자" , "변경후글자" , data)

```
> txt5 <- lapply(txt4, function(x) gsub("최고", "", x))
> txt5
[[1]]
[1] "나"      "사과"    "바나나"

[[2]]
[1] "나"      "바나나"    ""      #<- 이곳에 있던 "최고" 단어가 삭제되었습니다

[[3]]
[1] "나"      "복숭아" "사과"

[[4]]
[1] "나"    "사과" "포도"

[[5]]
[1] "나"        "파인애플" "복숭아"
```

만약 제거해야 할 글자가 많다면 위 코드를 여러 번 쓰는 것이 불편합니다. 그럴 땐 제거하고 싶은 단어를 파일에 별도로 저장한 후 반복문에서 불러와 제거하도록 코드를 작성하면 됩니다.

```
> txt <- readLines("gsub.txt")
> txt
> cnt_txt <- length(txt)
> cnt_txt
> for( i in 1:cnt_txt) {
+      txt5 <- lapply(txt4, function(x) gsub((txt[i]),"", x) )
+      }
> txt
```

위 방법을 이용하면 특정 글자를 다른 것으로 변경할 수도 있습니다. 아래의 예를 보세요.

```
> txt6 <- lapply(txt5, function(x) gsub("포도", "청포도", x))
> txt6
[[1]]
[1] "나"      "사과"    "바나나"

[[2]]
[1] "나"      "바나나" ""

[[3]]
[1] "나"      "복숭아" "사과"

[[4]]
[1] "나"      "사과"    "청포도"    # <- 포도가 청포도로 바꼈죠?

[[5]]
[1] "나"        "파인애플" "복숭아"
```

글자수를 지정하여 제거하기

이번에는 글자수로 제거하는 방법을 보여드리겠습니다. 아래 예는 txt6에 담겨있는 값 중에서 1글자보다 크고 6글자 이하인 것만 남기고 모두 삭제하는 코드입니다.

```
> txt7 <- lapply(txt6, function(x) {Filter(function(y) {nchar(y) <= 6 & nchar(y) > 1 },x)} )
> txt7
[[1]]
[1] "사과"    "바나나"

[[2]]
[1] "바나나"

[[3]]
[1] "복숭아" "사과"

[[4]]
[1] "사과"    "청포도"

[[5]]
[1] "파인애플" "복숭아"
```

만약 아래와 같이 쓴다면 1글자보다 크고 3글자 이하인 글자들만 남기라는 뜻이겠죠?

```
> txt8 <- lapply(txt7, function(x) {Filter(function(y) {nchar(y) <= 3 & nchar(y) > 1 },x)} )
> txt8
[[1]]
[1] "사과"    "바나나"

[[2]]
[1] "바나나"

[[3]]
[1] "복숭아" "사과"

[[4]]
[1] "사과"    "청포도"

[[5]]
[1] "복숭아"    # <- 여기 있던 파인애플이 삭제되었죠??
```

여기까지 한글 텍스트 분석을 위한 패키지인 KoNLP( ) 패키지와 여러 가지 함수들을 사용하여 글자를 바꾸거나 제거하는 방법들을 살펴보았습니다.

wordcloud( ) 패키지로 시각화하기

이 패키지는 Ian Fellows 님이 앞 실습에서 살펴본 워드 클라우드를 만들기 위해 제작한 패키지입니다. 이 패키지 역시 다양한 함수를 가지고 있지만 이번 실습에서 사용된 wordcloud 함수만 살펴보겠습니다. 전체 설명을 보시고 싶다면 구글에서 "wordcloud in r"로 검색해보세요.

문법

```
wordcloud(words,freq,scale=c(4,.5),min.freq=3,max.words=Inf,random.order=TRUE,
random.color=FALSE,rot.per=.1,colors="black",ordered.colors=FALSE,
use.r.layout=FALSE,fixed.asp=TRUE, ...)
```

주요 옵션 설명

- words : 출력할 단어들
- freq : 언급된 빈도수
- scale : 글자크기
- min.freq : 최소언급횟수지정 - 이 값 이상 언급된 단어만 출력합니다.
- max.words : 최대언급횟수지정. 이 값 이상 언급되면 삭제됩니다.
- random.order : 출력되는 순서를 임의로 지정합니다
- random.color : 글자 색상을 임의로 지정합니다.
- rot.per : 단어배치를 90 도 각도로 출력합니다.
- colors : 출력될 단어들의 색상을 지정합니다.
- ordered.colors : 이 값을 true 로 지정할 경우 각 글자별로 색상을 순서대로 지정할 수 있습니다.
- use.r.layout : 이 값을 false 로 할 경우 R 에서 c++ 코드를 사용할 수 있습니다.

색상 없이 워드 클라우드 생성하기

```
> install.packages("wordcloud")
> library("wordcloud")
> wordcloud(c(letters,LETTERS,0:9),seq(1,1000,len=62))
```

위 명령은 영어 소문자(letters), 대문자(LETTERS), 숫자(0:9)를 사용해서 Word Cloud를 생성하라는 명령어입니다.

색상을 사용해서 워드 클라우드 생성하기

```
> palete <- brewer.pal(9,"Set1")
> wordcloud(c(letters,LETTERS,0:9),seq(1,1000,len=62),colors=palete)
```

이 예제를 천천히 잘 분석하셔서 꼭 자신의 것으로 만드세요. 문법이 막히시는 분들은 이 책의 기초 문법 부분을 참고하세요.

이상으로 텍스트를 분석할 때 미리 알아야 할 사전 지식을 설명을 드렸습니다. 물론 더 많은 내용을 알고 있어야 하는데 실제 예제를 분석하면서 텍스트 마이닝을 자세히 배워보겠습니다.

서울시 응답소 페이지 분석하기

R을 활용하는 첫 번째 도전으로 인터넷으로 특정 정보나 키워드를 검색한 후 그 결과를 분석해서 Word Cloud 형태로 출력하는 것입니다. 첫 번째 예제로 서울시에서 운영하는 응답소 사이트에 시민들이 요청하는 불만사항이나 요청사항들을 분석하는 것입니다. 이 방법은 Text Mining이라는 기법의 한 종류이며 정확한 수치로 나오지는 않지만 눈에 보이는 시각적인 효과가 아주 큰 방법입니다.

원본 데이터 파일 일부

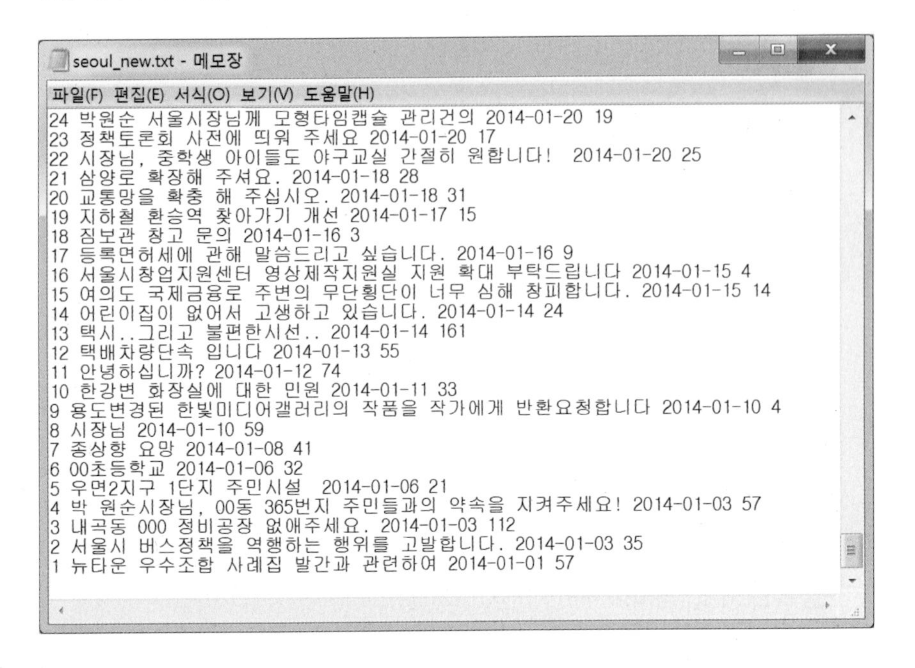

seoul_new.txt - 메모장

파일(F) 편집(E) 서식(O) 보기(V) 도움말(H)

```
24 박원순 서울시장님께 모형타임캡슐 관리건의 2014-01-20 19
23 정책토론회 사전에 띄워 주세요 2014-01-20 17
22 시장님, 중학생 아이들도 야구교실 간절히 원합니다!  2014-01-20 25
21 삼양로 확장해 주셔요. 2014-01-18 28
20 교통망을 확충 해 주십시오. 2014-01-18 31
19 지하철 환승역 찾아가기 개선 2014-01-17 15
18 징보관 창고 문의 2014-01-16 3
17 등록면허세에 관해 말씀드리고 싶습니다. 2014-01-16 9
16 서울시창업지원센터 영상제작지원실 지원 확대 부탁드립니다 2014-01-15 4
15 여의도 국제금융로 주변의 무단횡단이 너무 심해 창피합니다. 2014-01-15 14
14 어린이집이 없어서 고생하고 있습니다. 2014-01-14 24
13 택시..그리고 불편한시선.. 2014-01-14 161
12 택배차량단속 입니다 2014-01-13 55
11 안녕하십니까? 2014-01-12 74
10 한강변 화장실에 대한 민원 2014-01-11 33
9 용도변경된 한빛미디어갤러리의 작품을 작가에게 반환요청합니다 2014-01-10 4
8 시장님 2014-01-10 59
7 종상향 요망 2014-01-08 41
6 00초등학교 2014-01-06 32
5 우면2지구 1단지 주민시설  2014-01-06 21
4 박 원순시장님, 00동 365번지 주민들과의 약속을 지켜주세요! 2014-01-03 57
3 내곡동 000 정비공장 없애주세요. 2014-01-03 112
2 서울시 버스정책을 역행하는 행위를 고발합니다. 2014-01-03 35
1 뉴타운 우수조합 사례집 발간과 관련하여 2014-01-01 57
```

워드 클라우드 출력 결과 화면

Step 1. 서울시 응답소 페이지에 접속합니다.

(주소는 http://eungdapso.seoul.go.kr/입니다. 당연히 초기 화면은 다를 수 있어요.)

Step 2. 기간을 정해서 검색합니다.

이 책에서는 2014년 1월 1일부터 2014년 9월 30일까지 데이터를 분석해보겠습니다.

공개일	2014-01-01 ~ 2014-09-30 (입력예 : 2013-10-01)
검색어	검색어 구분 [검색]

▶ 신청하기 ▶ 결과보기 ▶ 이전 시장에게 바란다

번호	제목	공개일	조회수
305	무료법률상담에 대한 부탁의 말씀 입니다.	2014-09-27	2
304	[교통불편접수] 6715 버스(신월동->상암동)	2014-09-26	2
303	경기도 시흥시 아파트 화재~	2014-09-22	145
302	마곡지구 하자보수 관련	2014-09-22	57
301	가깝고도 먼 강남(성수동에서 압구정역 방면)	2014-09-22	83
300	청담나들목(제외지측)입구 주변지역안내도 정비 필요	2014-09-22	20
299	전 제주도 시민입니다만..	2014-09-16	2
298	지방자치제 실시로 소요되는 비용	2014-09-16	0
297	평생 살던 삶의 터전인 주택을 빼앗기게 생겼습니다ㅠ	2014-09-15	5
296	불법확장노점상 이전 및 원상복구 시장님께 강력 요청	2014-09-15	1

1 2 3 4 5 6 7 8 9 10 › »

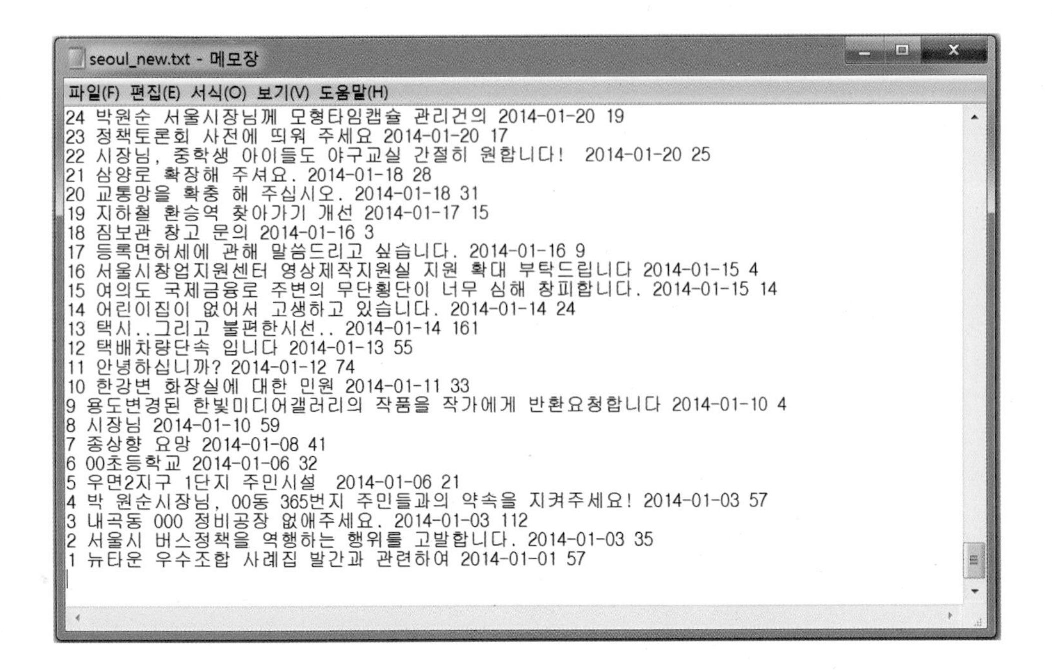

```
seoul_new.txt - 메모장
파일(F) 편집(E) 서식(O) 보기(V) 도움말(H)
24 박원순 서울시장님께 모형타임캡슐 관리건의 2014-01-20 19
23 정책토론회 사전에 띄워 주세요 2014-01-20 17
22 시장님, 중학생 아이들도 야구교실 간절히 원합니다!  2014-01-20 25
21 삼양로 확장해 주셔요. 2014-01-18 28
20 교통망을 확충 해 주십시오. 2014-01-18 31
19 지하철 환승역 찾아가기 개선 2014-01-17 15
18 짐보관 창고 문의 2014-01-16 3
17 등록면허세에 관해 말씀드리고 싶습니다. 2014-01-16 9
16 서울시창업지원센터 영상제작지원실 지원 확대 부탁드립니다 2014-01-15 4
15 여의도 국제금융로 주변의 무단횡단이 너무 심해 창피합니다. 2014-01-15 14
14 어린이집이 없어서 고생하고 있습니다. 2014-01-14 24
13 택시..그리고 불편한시선.. 2014-01-14 161
12 택배차량단속 입니다 2014-01-13 55
11 안녕하십니까? 2014-01-12 74
10 한강변 화장실에 대한 민원 2014-01-11 33
9 용도변경된 한빛미디어갤러리의 작품을 작가에게 반환요청합니다 2014-01-10 4
8 시장님 2014-01-10 59
7 종상향 요망 2014-01-08 41
6 00초등학교 2014-01-06 32
5 우면2지구 1단지 주민시설  2014-01-06 21
4 박 원순시장님, 00동 365번지 주민들과의 약속을 지켜주세요! 2014-01-03 57
3 내곡동 000 정비공장 없애주세요. 2014-01-03 112
2 서울시 버스정책을 역행하는 행위를 고발합니다. 2014-01-03 35
1 뉴타운 우수조합 사례집 발간과 관련하여 2014-01-01 57
```

Step 3 . 작업용 디렉터리를 먼저 지정합니다.

```
> setwd("c:\\a_temp")  # <-- 작업 디렉토리는 임의로 지정하세요.
```

작업 디렉터리란 R을 사용할 때 필요한 데이터들을 모아두는 장소이며 사용자가 임의의 폴더를 생성한 후 위 명령으로 지정하면 됩니다.

Step 4. 필요한 패키지를 설치한 후 R에 loading합니다.

```
> install.packages("KoNLP") # 한국어 관련 작업을 할 때 꼭 필요한 기능을 가진 패키지입니다.
> install.packages("wordcloud") # Word Cloud 작업을 해주는 패키지입니다.
> library(KoNLP)  # 설치된 패키지를 Loading합니다.
> library(wordcloud)
필요한 패키지를 로딩중입니다 : RColorBrewer

> useSejongDic() ## 한글이 저장되어 있는 세종사전을 사용함을 알려줍니다.
Backup was just finished!
370957 words dictionary was built.
```

만약 사전에 등록할 내용이 많을 경우에는 아래와 같이 사전에 추가할 내용을 파일로 저장을 한 후 반복적으로 불러서 사용하면 됩니다.

```
# > mergeUserDic(data.frame(readLines("mergefile.txt"), "ncn"))
```

Step 5. 분석할 원본 데이터를 변수로 읽어들입니다.

```
> data1 <- readLines("seoul_new.txt") # 원본 데이터를 읽어서 data1이라는 변수에 담습니다.
```

1. 변수란 작업할 데이터를 임시로 저장하는 그릇입니다. 만드는 방법은 "변수이름 <- 저장할 데이터"의 형태입니다.
2. readLines("대상파일명") 명령으로 텍스트 파일에 있는 내용을 R로 불러올 수 있습니다.

```
> head(data1,10)
 [1] "305 무료법률상담에 대한 부탁의 말씀 입니다. 2014-09-27 2 "
 [2] "304 [교통불편접수] 6715 버스(신월동->상암동) 2014-09-26 2 "
 [3] "303 경기도 시흥시 아파트 화재~ 2014-09-22 145 "
 [4] "302 마곡지구 하자보수 관련 2014-09-22 57 "
 [5] "301 가깝고도 먼 강남(성수동에서 압구정역 방면) 2014-09-22 83 "
 [6] "300 청담나들목(제외지측)입구 주변지역안내도 정비 필요 2014-09-22 20 "
 [7] "299 전 제주도 시민입니다만.. 2014-09-16 2 "
 [8] "298 지방자치제 실시로 소요되는 비용 2014-09-16 0 "
 [9] "297 평생 살던 삶의 터전인 주택을 빼앗기게 생겼습니다ㅠ 2014-09-15 5 "
[10] "296 불법확장노점상 이전 및 원상복구 시장님께 강력 요청 2014-09-15 1 "
```

Step 6. data1에 있는 문장에서 명사만 골라낸 후 data2 변수에 할당합니다.

```
> data2 <- extractNoun(data1)
> head(data2,5)
[[1]]
[1] "305"      "무료"     "법률상담" "부탁"     "말씀"     "2014"
[7] "-09"      "27"       "2"

[[2]]
[1] "304"                    "교통불편"               "접수"
[4] "6715"                   "버스(신월동->상암동)" "2014"
[7] "-09"                    "26"                     "2"

[[3]]
 [1] "303"     "경기"    "시흥시" "아파트" "화재"    "2014"    "-09"     "22"
 [9] "14"      "5"

[[4]]
[1] "302"      "마곡지구" "하자보수" "관련"     "2014"     "-09"
[7] "22"       "5"        "7"

[[5]]
 [1] "301"              "강남(성수동에서" "압구정"           "역"
 [5] "방면"             "2014"             "-09"              "22"
 [9] "8"                "3"
```

Step 7. 추출된 명사를 30개만 출력해서 확인합니다.

```
> head(unlist(data2), 30) # unlist라는 함수를 사용하니까 아래처럼 출력됩니다.
 [1] "305"                    "무료"                   "법률상담"
 [4] "부탁"                   "말씀"                   "2014"
 [7] "-09"                    "27"                     "2"
[10] "304"                    "교통불편"               "접수"
(이하 내용은 생략합니다)

> data3 <- unlist(data2)
```

list란 형태가 다른 여러 건의 데이터를 저장하는 저장소를 의미합니다. 그외에도 벡터, matrix, data frame 등이 있습니다 .list 형태를 벡터 형태로 변환하는 명령이 unlist( )입니다.

Step 8. 위 출력 결과에서 원하지 않는 내용 걸러내기 - 불용어 필터링하기

아래와 같이 gsub 함수를 이용하여 원하지 않는 내용은 걸러냅니다. gsub 함수 문법은 gsub("변경

전 글자","변경후 글자","원본데이터") 입니다.

```
> data3 <- gsub("\\d+","", data3) ##  <--- 모든 숫자 없애기
> data3 <- gsub("서울시","", data3)
> data3 <- gsub("서울","", data3)
> data3 <- gsub("요청","", data3)
> data3 <- gsub("제안","", data3)
> data3 <- gsub(" ","", data3)
> data3 <- gsub("-","",data3)


> head(data3,10)
 [1] ""           "무료"       "법률상담" "부탁"       "말씀"       ""
 [7] ""           ""           ""         ""
```

윗 줄에 보면 제거된 단어들이 공백으로 나와 있는 것이 확인됩니다.

Step 9. 공백과 1 글자를 Filter( ) 함수로 제거합니다.

아래 명령은 1글자보다 크고 10글자 이하인 단어만 남겨두고 모두 삭제하는 명령입니다.

```
> data4 <- Filter(function(x) {nchar(x) <= 10 & nchar(x) > 1} , data3)
> length(data4)
[1] 1100
```

Step 10. 화면에 그래픽으로 출력하기 전에 text 형태로 결과를 확인해봅니다.

```
> wordcount <- table(data4)
> head(sort(wordcount, decreasing=T),20)
data4
    00   관련   시장   버스   택시   개선   문제 지하철   관리   민원   설치
    16     14     14     13     11      9      8      8      7      7      7
  한강   공사   불법   불편   안전 어린이   이용   건의   공원
     7      6      6      6      6      6      6      5      5

> data3 <- gsub("00","",data3)
> data3 <- gsub("개선","", data3)
> data3 <- gsub("문제","", data3)
> data3 <- gsub("관리","", data3)
> data3 <- gsub("민원","", data3)
> data3 <- gsub("이용","", data3)
> data3 <- gsub("관련","", data3)
> data3 <- gsub("시장","", data3)

#==============================================================
#Tip : 위의 data3 <- gsub( ) 부분이 많이 반복되어서 힘들죠?
# 제거하고 싶은 단어를 파일에 저장한 후 아래와 같이 반복문으로 해결하면 됩니다.
# 이 예에서는 작업 디렉토리의 gsubfile.txt 로 저장했습니다.
#> txt <- readLines("gsubfile.txt")
#> txt
#> cnt_txt <- length(txt)
#> cnt_txt
#> for( i in 1:cnt_txt) {
#      data3 <-gsub((txt[i]),"",data3)
```

```
#      }
#> data3  <-- 제거되어 있을 거예요
#=============================================================
> data4 <- Filter(function(x) {nchar(x) <= 10 & nchar(x) > 1} , data3)
> wordcount <- table(data4)
> head(sort(wordcount, decreasing=T),20)
data4
    버스      택시   지하철      설치      한강      공사      불법      불편      안전    어
린이      건의
      13        11         8         7         7         6         6         6         6
6         5
    공원 마곡지구      시민   아파트    자전거      정책      필요      확대      강남
       5         5         5         5         5         5         5         5         4
```

Step 11. Word Cloud 형태로 그래픽으로 출력합니다

```
> palete <- brewer.pal(9,"Set1")
# 만약 모든 팔레트를 다 보고 싶다면 display.brewer.all( ) 함수를 실행해보세요.

# 아래 wordcloud에서 min.freq에 있는 항목이 언급된 횟수로 최소 3회 이상 언급된 단어만
# 출력하라는 예입니다. 다른 옵션도 변경하면서 테스트해보세요.
> wordcloud(names(wordcount),freq=wordcount,scale=c(5,1),rot.per=0.5, min.freq=3,
+ random.order=F,random.color=T,colors=palete)
```

아무래도 서울시민들이 이용하는 운송수단에 대한 건의나 불만사항들이 가장 많은 것 같습니다. 글씨 크기가 클수록 많이 추천된 것입니다. 버스, 지하철, 택시 관련 내용이 많이 보이네요.

위 출력 그림을 보고 더 정확한 데이터 추출을 위해 본인에 맞게 더 수정할 수도 있겠지요? 손이 제법 많이 가는 번거로움은 있지만 비정형 데이터를 조금의 수고로 위와 같이 만들 수 있다는 것이 참 매력적인 부분인 것 같습니다.

참고로 서울시 응답소 페이지에 있는 2014년 게시글과 2015년 게시글을 모두 모아서 아래의 주소에서 추가로 제공해드리고 있습니다. 관심 있으신 분께서는 R라둠 카페로 가서 내려받아 분석해보세요.

여고생은 어디를 가장 고치고 싶을까요?

검색어를 "여고생 성형"으로 조사해서 그 결과를 워드 클라우드로 만드는 예제입니다. 앞에서 본 예제와 중복되는 내용이 많아서 충분히 하실 수 있다고 생각합니다.

#네이버에서 "여고생 성형"으로 검색한 후
#지식인 결과를 크롤링해서 remake.txt 파일로 저장했습니다.
#당연히 손으로 크롤링 안 하고 크롤러 만들어서 했겠죠? ^^

Step 1. 주요 패키지를 설치하고 로딩해서 분석할 준비를 합니다

```
> setwd("c:\\r_temp")   # 작업 디렉토리 지정
```

[참고] 작업 디렉터리란 R을 사용할 때 필요한 데이터들을 모아 두는 장소이며 사용자가 임의의 폴더를 생성한 후 위 명령으로 지정하면 됩니다.

```
> install.packages("KoNLP")   #필수 패키지 설치
> install.packages("wordcloud")  #필수 패키지 설치
> library(KoNLP)  # 필수 패키지 로딩
> library(wordcloud) # 필수 패키지 로딩
> useSejongDic() # 세종 사전 사용 지정
```

Step 2. 분석할 파일을 불러와서 내용을 확인합니다

```
> data1 <- readLines("remake.txt")
> head(data1,10)
 [1] "여고생쌍커플수술후부작용어떻하죠?재수술? 의사답변  2012.01.28  안녕하세요 대한의사협회 네이버 지식iN 의료 상담 성형외과 전문의 김진왕 입니다. 문의 주신 내용 잘보았습니다.... 따라서 성형외과전문의 선생님과 직접 온라인과 오프라인 상으로 충분한 상담을 하신후 신중한 선택을 하시어 적절한... 건강 > 의료상담 > 외과  답변수 3  추천수 0  조회수 326  "
 [2] ""
 [3] "18살 여고생이에여ㅎ   "
 [4] "18살 여고생이에여ㅎ 수능끗나고 바로 성형하러...  의사답변  2013.06.08  하이닥-네이버 지식iN 성형외과 상담의 한형일 입니다. 성형 수술이 무슨 공업용 상품이 아니므로 수는 끝나고... 직접 성형외과 상담을 해야합니다. 질문내용에 좋은 답글이 되었길 바랍니다. 감사합니다건강 > 의료상담 > 성형외과  답변수 2  추천수 0  조회수 2458  "
 [5] "코성형 나이 의사답변  2013.09.21  의협.네이버 지식인 성형외과 상담의 이세환입니다. 코수술이 궁금하시군요. 대부분의 코수술을 대학이후에... 자세한 내용은 성형외과를 방문하여 확인하시기 바랍니다. 비용은 네이버 정책에 의해 말씀드릴 수는 없습니다. 성형외과... 건강 > 의료상담 > 성형외과  답변수 3  추천수 0  조회수 2170  "
 [6] ""
 [7] "16살 쌍수 (쌍커풀 수"
 [8] "16살 쌍수 (쌍커풀 수술) 성형외과 추천 의사답변  5일전  하이닥-네이버 지식iN 성형외과 상담의 박범진 입니다. 직접 상태를 보지않은 상태에서 정확한 답변을 드리기 쉽지... 하지만 정확한 판단은 눈성형 수술에 경험이 많은 성형외과 전문의를 찾아 본인의 눈상태에 대한 판단을 듣고... 건강 > 의료상담 > 성형외과  답변수 6  추천수 1  조회수 107  "
 [9] "고3 여고생 탈모ㅜ 의사답변  2014.09.17  안녕하세요. 하이닥-네이버 지식iN 피부과
```

```
상담의 강진수 입니다. 탈모로 고민이 많으시군요. 모발에는 각각이 성장 주기가 있어 수명
을 다한 모발이 빠지는 것은 정상이며 하루에 100개 이상이 빠져야 탈모라고 말할 수 있기
때문에 빠진... 건강 > 의료상담 > 피부과  답변수 4  추천수 0  조회수 666  "
[10] ""
```

Step 3. 명사를 추출합니다

```
> data2 <- extractNoun(data1)
> head(data2,3)
[[1]]
 [1] "여고생쌍커플수술후부작용어떻하죠" "재수"
 [3] "술"                               "의사"
 [5] "답변"                             "2012."
 [7] "01."                              "28"
 [9] "안녕"                             "대한의사협회"
[11] "네이버"                           "지식iN"
[13] "의료"                             "상담"
[15] "성형외과"                         "전문"
[17] "김진왕"                           "문"
[19] "내용"                             "잘보았습니다..."
[21] "성형외과"                         "전문"
[23] "선생님"                           "온라인"
[25] "오프"                             "라인"
[27] "상"                               "충분"
[29] "한"                               "상담"
[31] "신중"                             "한"
[33] "선택"                             "적절"
[35] "한"                               "건강"
[37] "의료상담"                         "외과"
[39] "답변"                             "수"
[41] "3"                                "추천"
[43] "수"                               "0"
[45] "조회"                             "수"
[47] "32"                               "6"

[[2]]
[1] ""

[[3]]
[1] "18"    "살"    "여고" "생이" "^ㅎ"
```

Step 4. 불용어를 확인한 후 제거합니다.

```
> data3 <- unlist(data2)
> data3 <- Filter(function(x) {nchar(x) <= 10 & nchar(x) > 1} , data3)
> head(data3, 30)
 [1] "재수"             "의사"             "답변"             "2012."
 [5] "01."              "28"               "안녕"             "대한의사협회"
 [9] "네이버"           "지식iN"           "의료"             "상담"
[13] "성형외과"         "전문"             "김진왕"           "내용"
[17] "잘보았습니다..." "성형외과"         "전문"             "선생님"
[21] "온라인"           "오프"             "라인"             "충분"
[25] "상담"             "신중"             "선택"             "적절"
[29] "건강"             "의료상담"

> data3 <- gsub("\\d+","", data3)
```

```
> data3 <- gsub("쌍수","쌍꺼풀",data3)
> data3 <- gsub("쌍커풀","쌍꺼풀",data3)
> data3 <- gsub("메부리코","매부리코",data3)
> data3 <- gsub("\\.","",data3)
> data3 <- gsub(" ","",data3)
> data3 <- gsub("\\'","",data3)
> head(data3,10)
 [1] "재수"         "의사"         "답변"         ""
 [5] ""             ""             "안녕"         "대한의사협회"
 [9] "네이버"       "지식iN"
```

```
> data4 <- Filter(function(x) {nchar(x) <= 10 & nchar(x) > 1} , data3)
> length(data4)
[1] 1717
```

```
> wordcount <- table(data4)
> head(sort(wordcount, decreasing=T),20) # 가장 많이 언급된 상위 20개만 확인합니다
data4
     성형외과          답변      의료상담        추천        의사
          134           129            63          63          62
         상담          조회          건강        수술      지식iN
           61            60            58          53          39
하이닥-네이버          성형          경우        전문      쌍꺼풀
           34            26            23          21          17
       네이버          질문        한형일        안녕    성형수술
           15            14            14          12          10
```

Step 5. 추가 불용어를 제거합니다.

```
> txt <- readLines("성형gsub.txt") # 제거하고 싶은 단어 목록을 불러옵니다
```

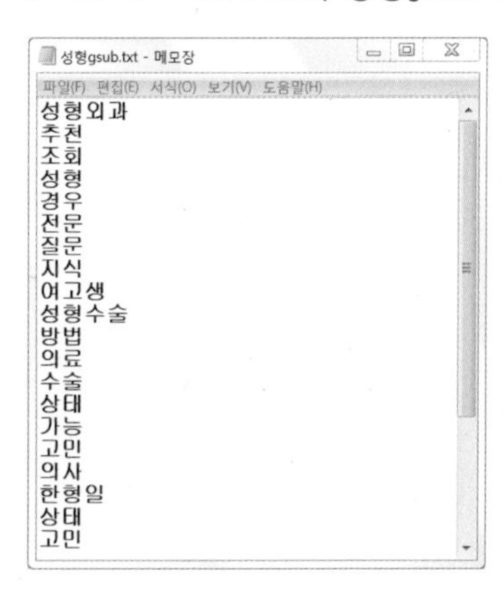
성형gsub.txt - 메모장
파일(F) 편집(E) 서식(O) 보기(V) 도움말(H)
성형외과
추천
조회
성형
경우
전문
질문
지식
여고생
성형수술
방법
의료
수술
상태
가능
고민
의사
한형일
상태
고민

```
> txt
> cnt_txt <- length(txt)
> cnt_txt
> i <- 1
> for( i in 1:cnt_txt) {
      data3 <-gsub((txt[i]),"",data3)
      }
```

[참고]
for (변수 in 반복횟수){
  반복할 문장 1
  반복할 문장 2 .....

```
> head(data3,10)

 [1] "재수" ""       ""       ""       ""       ""       ""       ""       ""       ""

> data4 <- Filter(function(x) {nchar(x) <= 10 & nchar(x) > 1} , data3)
> length(data4)
[1] 676

> wordcount <- table(data4)
> head(sort(wordcount, decreasing=T),30)
data4
  쌍꺼풀 매부리코     성장   앞트임     얼굴     지방     교정     시술
      18        9        7        7        7        7        6        6
    피부     병원     하루     효과     눈매     대학     두통     때문
       6        5        5        5        4        4        4        4
    모양     비용     비중     사각     사람   선생님   속눈썹     연골
       4        4        4        4        4        4        4        4
    오늘     이식   입니다     정확     필요     확인
       4        4        4        4        4        4
```

Step 6. 워드 클라우드를 생성합니다.

```
> palete <- brewer.pal(9,"Set1")
> wordcloud(names(wordcount),freq=wordcount,scale=c(5,1),rot.per=0.25,min.freq=2,
+ random.order=F,random.color=T,colors=palete)
```

많은 여고생들이 앞트임과 쌍꺼풀 수술에 관심이 많은 거 같습니다. 할 수 있겠죠? 참고로 라식 수술 관련 궁금한 부분을 모아 놓은 파일은 R라줌 카페에서 내려받아서 분석해보세요.

성형 수술 부작용 관련 키워드 분석하기

네이버에서 "성형수술 부작용"으로 검색한 후 원본 파일 생성함.

주어진 remake2.txt 파일을 분석하여 아래와 같은 워드 클라우드를 생성하세요.

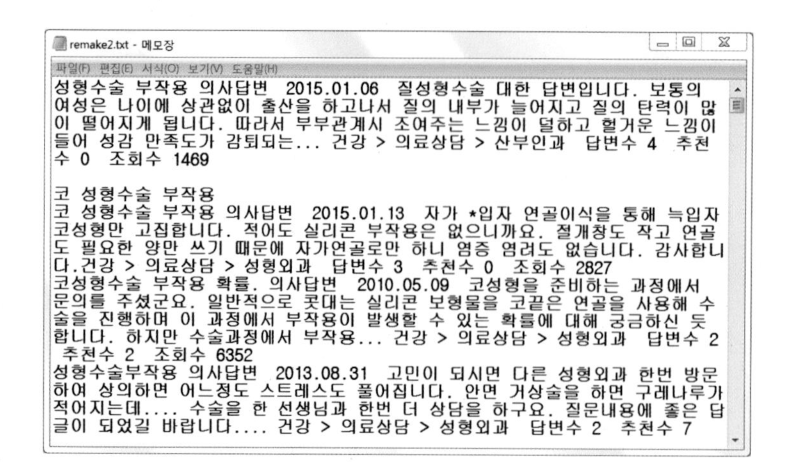

remake2.txt - 메모장

파일(F) 편집(E) 서식(O) 보기(V) 도움말(H)

성형수술 부작용 의사답변 2015.01.06 질성형수술 대한 답변입니다. 보통의 여성은 나이에 상관없이 출산을 하고나서 질의 내부가 늘어지고 질의 탄력이 많이 떨어지게 됩니다. 따라서 부부관계시 조여주는 느낌이 덜하고 헐거운 느낌이 들어 성감 만족도가 감퇴되는... 건강 > 의료상담 > 산부인과 답변수 4 추천수 0 조회수 1469

코 성형수술 부작용
코 성형수술 부작용 의사답변 2015.01.13 자가 *입자 연골이식을 통해 늑입자 코성형만 고집합니다. 적어도 실리콘 부작용은 없으니까요. 절개창도 작고 연골도 필요한 양만 쓰기 때문에 자가연골로만 하니 염증 염려도 없습니다. 감사합니다.건강 > 의료상담 > 성형외과 답변수 3 추천수 0 조회수 2827
코성형수술 부작용 확률. 의사답변 2010.05.09 코성형을 준비하는 과정에서 문의를 주셨군요. 일반적으로 콧대는 실리콘 보형물을 코끝은 연골을 사용해 수술을 진행하며 이 과정에서 부작용이 발생할 수 있는 확률에 대해 궁금하신 듯 합니다. 하지만 수술과정에서 부작용... 건강 > 의료상담 > 성형외과 답변수 2 추천수 2 조회수 6352
성형수술부작용 의사답변 2013.08.31 고민이 되시면 다른 성형외과 한번 방문하여 상의하면 어느정도 스트레스도 풀어집니다. 안면 거상술을 하면 구레나루가 적어지는데.... 수술을 한 선생님과 한번 더 상담을 하구요. 질문내용에 좋은 답글이 되었길 바랍니다.... 건강 > 의료상담 > 성형외과 답변수 2 추천수 7

결과 화면

제주도 추천 여행코스 찾기

이번 예제는 인터넷으로 제주도 여행 추천 코스를 찾아내는 예입니다. 이번 예제는 stringr 패키지를 사용해서 불필요한 데이터를 걸러내는 작업이 추가되었습니다. 다음 실습을 보실 때 그 부분을 특히 주의해서 봐주세요.

원본 파일

jeju.txt - 메모장

파일(F) 편집(E) 서식(O) 보기(V) 도움말(H)

제주도 여행코스는 숙소가 어디인지에 따라 달라질 수 있어요.
대략적으로 제주도 여행일정을 만들었는데요,
꼭 이대로 가실 필요는 없구요..제주도 여행 준비하시는데 작은 도움이라도 됐으면
합니다.*^^*
● 제주도 관광지 입장료는 모바일할인쿠폰을 이용하시면 할인받을 수 있어요.
6월4일부터 징검다리 연휴가 되버려서 예약을 서두르셔야 할텐데, 질문자님께서 원하는 가격대
의 숙소는 아는곳이 없어서 도움을 드리지 못하겠네요. 렌트카는 AVIS, 제주렌트카, 대한통운
렌트카 등 전국 체인업체를 이용하시면 무난합니다.

1일차 (12:40 제주도착)

점심(순옥이네명가 또는 소문난웰빙국수) - 애월해안도로 드라이브 경유 - 협재해변 산책 - 오
설록 -

세계자동차박물관 - 중문랜드(저녁 제주향토음식뷔페,중문흑돼지맛집& 실탄사격) - 숙소 (중문)

2일차 : 천제연폭포 - 주상절리 - 점심(돌하르방밀면) -외돌개 -이중섭거리 & 이중섭미술관 -
숙소 (서귀포)

3일차 : 쇠소깍 - 휴애리 - 점심(성읍민속마을 돌집식당) - 성산일출봉 - 비자림(유모차이동가
능) - 월정리해변 - 숙소(공항 인근)

4일차 : 11:30 제주출발예정 - 10:30까지 공항

항공은 저가항공사를 이용하시고 날짜 요일 시간대별로 요금이 다르고 인터넷으로 예약하시는게
유리하고 렌트는 같은 차종으로 업체 몇 곳 비교해 보시면 되구

결과 화면

```
> setwd("c:\\r_temp")
> install.packages("KoNLP")
> install.packages("wordcloud")
> install.packages("stringr")
> library(KoNLP)
```

```
> library(wordcloud)
> library(stringr)
> useSejongDic()
```

위 사전에 제주도 관광지명이 정확하게 안 들어 있기 때문에 아래와 같이 수동으로 추가합니다.

```
> mergeUserDic(data.frame(readLines("제주도여행지.txt"), "ncn"))
22 words were added to dic_user.txt.
경고메시지(들):
'mergeUserDic' is deprecated.
Use 'buidDictionary()' instead.
See help("Deprecated")
```

data.frame 이란 R 에서 데이터를 저장할 때 표와 같은 형태를 말합니다.

```
> txt <- readLines("jeju.txt")
> head(txt,3)
[1] "제주도 여행코스는 숙소가 어디인지에 따라 달라질 수 있어요."
[2] "대략적으로 제주도 여행일정을 만들었는데요,"
[3] "꼭 이대로 가실 필요는 없구요..제주도 여행 준비하시는데 작은 도움이라도 됐으면 합
니다.*^^*"
```

```
> place <- extractNoun(txt)
> head(place,3)
[[1]]
[1] "제주" "여행" "코스" "숙소" "어디" "지"   "수"

[[2]]
[1] "대략적" "제주"   "여행"   "일정"

[[3]]
[1] "필요"     "없구요.." "제주"     "여행"     "준비"     "도움"
[7] "합니"
```

```
> cdata <- unlist(place)
> place2 <- str_replace_all(cdata,"[^[:alpha:]]","")
```

str_replace_all(원본데이터 , 찾을 글자 , 바꿀 글자)

```
> txt2<- readLines("제주도여행코스gsub.txt")
> txt2
 [1] "제주"     "통운"     "전국"     "체인"     "업체"     "질문"
 [7] "가격"     "무난"     "여행"     "검색"     "코스"     "숙소"
[13] "준비"     "다운로드" "조회수"   "추천수"   "추천"     "답변수"
[19] "첫째날"   "첫쨋날"   "좋구요"   "이런거"   "둘째날"   "셋째날"
[25] "세쨋날"   "토요일"   "일요일"   "시간"     "항공"     "관광지"
[31] "입장료"   "저가"     "항공사"   "도움"     "대략"     "요금"
[37] "이용"     "\\\\-"    "이용"     "공항"     "해안"     "드라이브"
[43] "경유"     "바다"     "전망"     "하루"     "렌트카"   "하시"
[49] "예약"     "사진"     "위치"     "필요"     "할인"     "출발"
[55] "가능"     "소요"     "일정"     "하게"     "근처"     "중간"
[61] "다양"     "첫날"     "도착"     "용머"     "바위"     "유명"
[67] "정도"     "이동"     "무료 체험" "둘째"     "체험"     ""
> cnt_txt <- length(txt2)
> cnt_txt
[1] 72
```

```
> for( i in 1:cnt_txt) {
+       place2 <-gsub((txt2[i]),"",place2)
+       }
> head(place2,10)
 [1] ""      ""      ""      ""      "어디" "지"    "수"    "적"    ""      ""
>
> place3 <- Filter(function(x) {nchar(x) <= 10 & nchar(x) > 1} , place2)
> head(place3,10)
 [1] "어디"          "없구요"        "합니"          "모바일쿠폰을"
 [5] "월일부터"      "징검다리"      "연휴"          "되버려서"
 [9] "아는곳이"      "AVIS"

> wordcount <- table(place3)
> head(sort(wordcount, decreasing=T),30)
place3
      우도   주상절리     박물관   섭지코지       중문     산방산       녹차
        18         12         11         10         10          9          8
  에코랜드     오설록 성산일출봉       신창     용두암       일출       정상
         8          8          7          7          7          7          7
      대장     송악산       식당       주도       폭포       풍경   해수욕장
         6          6          6          6          6          6          6
      공원       관광       구석     분화구       산책       생각   신라호텔
         5          5          5          5          5          5          5
      야간       연폭
         5          5

> palete <- brewer.pal(8,"Set1")
> wordcloud(names(wordcount),freq=wordcount,scale=c(5,1),rot.per=0.5,min.freq=4,
+   random.order=F,random.color=T,colors=palete)
```

블로거들이 추천하는 서울 명소 분석하기

원본파일 "seoul_go.txt" 파일을 사용하여 아래와 같이 블로거들이 추천하는 서울 명소들을 워드 클라우드로 생성하세요.

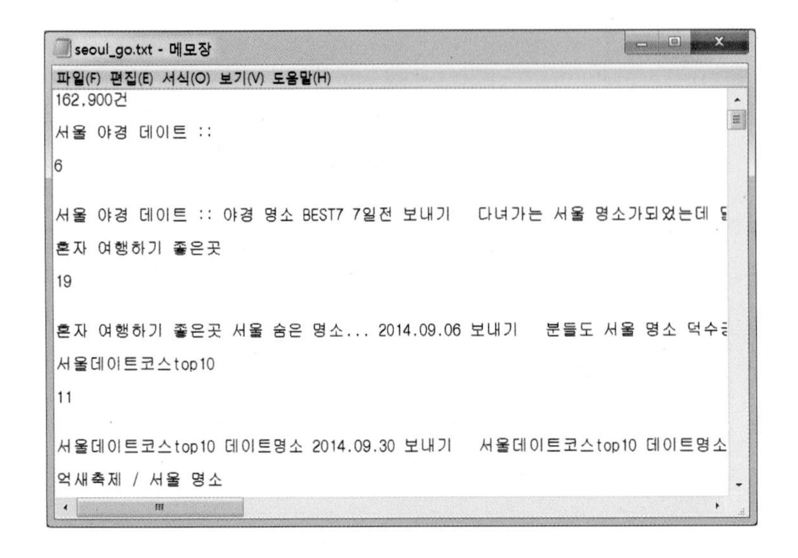
seoul_go.txt - 메모장

파일(F) 편집(E) 서식(O) 보기(V) 도움말(H)

162,900건

서울 야경 데이트 ::

6

서울 야경 데이트 :: 야경 명소 BEST7 7일전 보내기 다녀가는 서울 명소가되었는데

혼자 여행하기 좋은곳

19

혼자 여행하기 좋은곳 서울 숨은 명소... 2014.09.06 보내기 분들도 서울 명소 덕수

서울데이트코스top10

11

서울데이트코스top10 데이트명소 2014.09.30 보내기 서울데이트코스top10 데이트명소

억새축제 / 서울 명소

블로거 추천 서울 명소 분석

연설문 분석 후 WordCloud 생성하기

이번 예제는 故 노무현 대통령님의 당선자 시절 당선소감 전문을 분석해서 어떤 단어가 많이 언급되었는지 워드 클라우드로 출력하는 것입니다. 아주 유명한 예제입니다. 원문 사이트는 'http://christiantoday.co.kr/view.htm?id=166419'이며 R라뮤 카페의 실습용 데이터 중에서 noh.txt 파일에 연설문 내용 전문이 있습니다.

원문 내용 일부

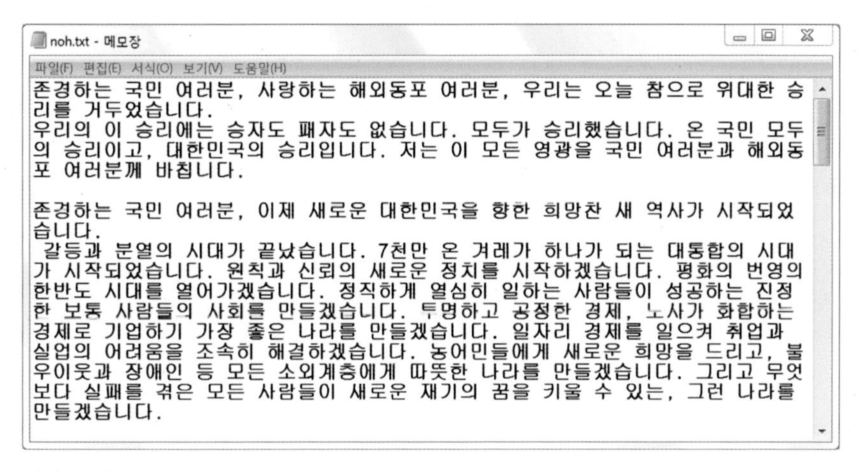

noh.txt - 메모장

파일(F) 편집(E) 서식(O) 보기(V) 도움말(H)

존경하는 국민 여러분, 사랑하는 해외동포 여러분, 우리는 오늘 참으로 위대한 승리를 거두었습니다.
우리의 이 승리에는 승자도 패자도 없습니다. 모두가 승리했습니다. 온 국민 모두의 승리이고, 대한민국의 승리입니다. 저는 이 모든 영광을 국민 여러분과 해외동포 여러분께 바칩니다.

존경하는 국민 여러분, 이제 새로운 대한민국을 향한 희망찬 새 역사가 시작되었습니다.
 갈등과 분열의 시대가 끝났습니다. 7천만 온 겨레가 하나가 되는 대통합의 시대가 시작되었습니다. 원칙과 신뢰의 새로운 정치를 시작하겠습니다. 평화의 번영의 한반도 시대를 열어가겠습니다. 정직하게 열심히 일하는 사람들이 성공하는 진정한 보통 사람들의 사회를 만들겠습니다. 투명하고 공정한 경제, 노사가 화합하는 경제로 기업하기 가장 좋은 나라를 만들겠습니다. 일자리 경제를 일으켜 취업과 실업의 어려움을 조속히 해결하겠습니다. 농어민들에게 새로운 희망을 드리고, 불우이웃과 장애인 등 모든 소외계층에게 따뜻한 나라를 만들겠습니다. 그리고 무엇보다 실패를 겪은 모든 사람들이 새로운 재기의 꿈을 키울 수 있는, 그런 나라를 만들겠습니다.

결과 화면

故 노무현 대통령님 연설문 분석

소스 코드

```
>setwd("c:\\r_temp")
>install.packages("KoNLP")
>install.packages("wordcloud")
>library(KoNLP)
>library(wordcloud)
.
> noh_1 <- readLines("noh.txt")
> head( noh_1,5)
[1] "존경하는 국민 여러분, 사랑하는 해외동포 여러분, 우리는 오늘 참으로 위대한 승리를 거두었습니다. "
[2] "우리의 이 승리에는 승자도 패자도 없습니다. 모두가 승리했습니다. 온 국민 모두의 승리이고, 대한민국의 승리입니다. 저는 이 모든 영광을 국민 여러분과 해외동포 여러분께 바칩니다." [3] ""
[4] "존경하는 국민 여러분, 이제 새로운 대한민국을 향한 희망찬 새 역사가 시작되었습니다."
[5] " 갈등과 분열의 시대가 끝났습니다. 7천만 온 겨레가 하나가 되는 대통합의 시대가 시작되었습니다. 원칙과 신뢰의 새로운 정치를 시작하겠습니다. 평화의 번영의 한반도 시대를 열어가겠습니다. 정직하게 열심히 일하는 사람들이 성공하는 진정한 보통 사람들의 사회를 만들겠습니다. 투명하고 공정한 경제, 노사가 화합하는 경제로 기업하기 가장 좋은 나라를 만들겠습니다. 일자리 경제를 일으켜 취업과 실업의 어려움을 조속히 해결하겠습니다. 농어민들에게 새로운 희망을 드리고, 불우이웃과 장애인 등 모든 소외계층에게 따뜻한 나라를 만들겠습니다. 그리고 무엇보다 실패를 겪은 모든 사람들이 새로운 재기의 꿈을 키울 수 있는, 그런 나라를 만들겠습니다. "

> noh_2 <- extractNoun(txt)
> head(noh_2,3)
[[1]]
 [1] "존경"     "국민"     "여러분"   "사랑"     "해외동포" "여러분"
 [7] "우리"     "오늘"     "참"       "위대"     "한"       "승리"

[[2]]
 [1] "우리"     "승리"     "승자"     "패자"     "모두"     "승리"
 [7] "국민"     "모두"     "승리"     "대한"     "민국"     "승리"
[13] "저"       "영광"     "국민"     "여러분"   "해외동포" "여러분"

[[3]]
[1] ""
> noh_3 <- unlist(noh_2)
> length(noh_3)
[1] 478

> noh_4 <- Filter(function(x) {nchar(x) >= 2} ,noh_3)
> wordcount <- table(noh_4)
> head(sort(wordcount, decreasing=T),30)
noh_4
   국민    우리  여러분  대통령    선거    사상    승리    경제    대한
     26      17      13       9       6       5       5       4       4
   민국    성공    시대    시작    이번    정부    존경    최초    하게
      4       4       4       4       4       4       4       4       4
   희망      21    나라    발전    사람    세계    위대    일류    정치
      4       3       3       3       3       3       3       3       3
   평화    하기 한.미간
      3       3       3
```

```
> palete <- brewer.pal(9,"Set1")
> wordcloud(names(wordcount),freq=wordcount,scale=c(5,0.5),rot.per=0.5,min.freq=1,
+  random.order=F,random.color=T,colors=palete)
```

이 방법은 정부 정책이나 대통령 연설문 분석 등의 작업에서 실제 아주 많이 사용됩니다.

영어 문서 분석하기- 스티브 잡스 연설문 분석하기

한글 문서를 분석할 경우에는 KoNLP 패키지를 사용했지만 영어 문서일 경우는 KoNLP 패키지보다 tm 패키지가 더 정확하기 때문에 tm 패키지를 사용하겠습니다. tm 패키지에 대한 사용방법과 원리를 설명하고 tm 패키지로 스티브 잡스의 스탠포드 대학교 연설문을 분석해보겠습니다.

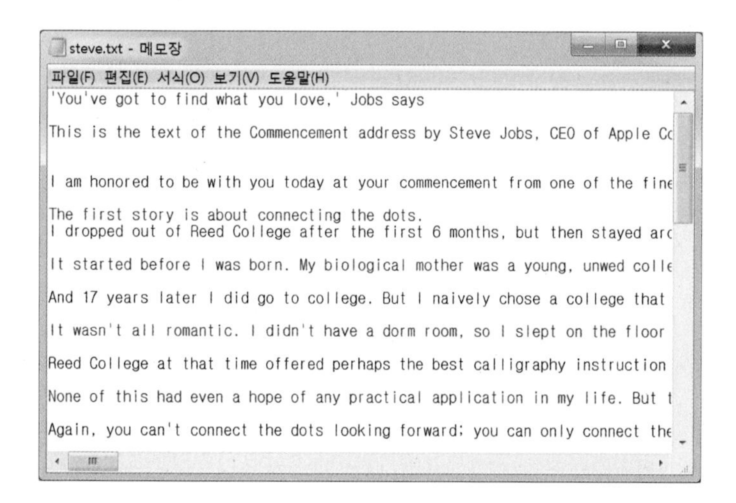
steve.txt - 메모장

파일(F) 편집(E) 서식(O) 보기(V) 도움말(H)

'You've got to find what you love,' Jobs says

This is the text of the Commencement address by Steve Jobs, CEO of Apple Co

I am honored to be with you today at your commencement from one of the fine

The first story is about connecting the dots.
I dropped out of Reed College after the first 6 months, but then stayed arc

It started before I was born. My biological mother was a young, unwed colle

And 17 years later I did go to college. But I naively chose a college that

It wasn't all romantic. I didn't have a dorm room, so I slept on the floor

Reed College at that time offered perhaps the best calligraphy instruction

None of this had even a hope of any practical application in my life. But t

Again, you can't connect the dots looking forward; you can only connect the

something started got decided months looking way death years great know love one apple first didnt stay dont life later ever work best just want every college get next company never now dropped computer everything find parents

tm 패키지 실습에 사용될 테스트용 파일은 아래와 같습니다. 이건 어렵지 않으니까 직접 만드셔도 되겠죠? 메모장 열어서 아래와 같이 입력하신 후 작업 디렉토리에 tm_test1.txt으로 저장해주세요.

I like apple and banana , but hate cherry.
I love banana , but not mango
I hate peach , but like cherry
I want to eat grape ~!

위와 같이 4줄로 되어 있는 tm_test1.txt 파일을 불러와서 tm 패키지를 활용해서 분석하는 방법을 보여드리겠습니다. 아래 설명에서 편의상 입력하는 명령어는 빨간색으로, 출력 결과는 검은색으로 표시합니다. 눈으로만 보고넘어가지 마시고 꼭 직접 타이핑하시면서 따라해보세요.

Step 1. 작업 디렉토리 지정해야겠죠?

```
> setwd("c:\\a_temp")
```

Step 2. 필요한 패키지를 설치합니다. 여기서는 tm 패키지와 wordcloud 패키지를 설치합니다.

```
> install.packages("wordcloud")
> install.packages("tm")
> library("wordcloud")
> library("tm")
```

Step 3. 데이터를 불러옵니다.

```
> data1 <- readLines("tm_test1.txt")
> data1

[1] "I like apple and banana , but hate cherry."
[2] "I love banana , but not mango"
[3] "I hate peach , but like cherry"
[4] "I want to eat grape ~!"
```

```
class(data1)  # data1의 유형이 벡터 형태입니다.
[1] "character"
```

만약 mac을 사용한다면 로딩한 글씨가 깨질 경우 아래 코드에서 주석을 제거해서 utf-8로 변환을 해야 글씨가 깨지지 않고 잘 보입니다.

```
#data1 <- iconv(data1,"WINDOWS-1252","UTF-8")
```

Step 4. 위 4줄을 tm 패키지가 처리할 수 있는 형태인 Corpus (말뭉치) 형태로 변환합니다.

```
> corp1 <- VCorpus(VectorSource(data1)) # 벡터이므로 VectorSource( ) 함수 사용함
> corp1                                 # Dataframe의 경우 DataframeSource( ) 함수 씀.
<<VCorpus>>
Metadata:  corpus specific: 0, document level (indexed): 0
Content:  documents: 4
```

위 corp1 명령의 결과에서 documents : 4 부분이 중요합니다.

document란 tm 패키지가 작업할 수 있는 특별한 형태를 의미하며 일반적으로는 1 줄이 1개의 document가 됩니다. 위의 경우 원본 파일이 총 4줄이라 documents : 4입니다.

```
> inspect(corp1) # corpus 안의 내용 살펴보기

<<VCorpus>>
Metadata:  corpus specific: 0, document level (indexed): 0
Content:  documents: 4

[[1]]  # 첫번째 줄을 corpus로 변환한 내용입니다.
<<PlainTextDocument>>
Metadata:  7
Content:  chars: 42   # 1 번째 줄이 42 글자라는 뜻입니다. 세어보세요.

[[2]] # 두번째 줄을 corpus로 변환한 내용입니다.
<<PlainTextDocument>>
Metadata:  7
Content:  chars: 29

[[3]] # 세번째 줄을 corpus로 변환한 내용입니다.
<<PlainTextDocument>>
Metadata:  7
Content:  chars: 30

[[4]] # 네번째 줄을 corpus로 변환한 내용입니다.
```

```
<<PlainTextDocument>>
Metadata:  7
Content:  chars: 22

# tm 패키지가 분석 할 수 있는 Term-Document 형식의 Matrix로 변환해야 합니다.

> tdm <- TermDocumentMatrix(corp1)
> tdm
<<TermDocumentMatrix (terms: 15, documents: 4)>>
Non-/sparse entries: 20/40
Sparsity           : 67%
Maximal term length: 7
Weighting          : term frequency (tf)

#위 결과에서 초록색 줄을 유심히 보세요.
# terms : 15는 총 15개의 단어를 골랐다는 뜻이고 documents :4는 소스가 4개의 문장이라는
# 뜻입니다. sparsity가 67%는 tdm 안에 0인 원소가 67% 라는 의미입니다.

# Term-Document Matrix는 tm 패키지만 볼 수 있으므로 일반적으로 사용되는 Matrix로 변환
함
# 그래야 사람이 내용을 확인하기 쉽습니다.

> m <- as.matrix(tdm)
> m
         Docs
Terms     1  2  3  4
  and     1  0  0  0
  apple   1  0  0  0
  banana  1  1  0  0
  but     1  1  1  0
  cherry   0  0  1  0
  cherry   1  0  0  0
  eat      0  0  0  1
  grape    0  0  0  1
  hate     1  0  1  0
  like      1  0  1  0
  love      0  1  0  0
  mango   0  1  0  0
  not      0  1  0  0
  peach    0  0  1  0
  want     0  0  0  1
```

위와 같이 결과가 조회됩니다. 위 결과를 해석해보면 첫번째 Terms인 and는 1번 문장에는 나오고 (1), 2, 3, 4번은 모두 0이므로 나오지 않는다는 의미입니다. 앞의 원본 파일을 한번 더 볼까요?

```
I like apple and banana , but hate cherry.
I love banana , but not mango
I hate peach , but like cherry
I want to eat grape ~!
```

정말 첫 번째 문장에만 and 가 있고 나머지 줄에는 없죠? 다른 Terms 도 그렇게 해석하면 됩니다. 그런데 추출된 Terms 들을 잘 보면 별 의미 없는 단어들이 보입니다. 예를 들어 and , but , not 같은 전치사 , 접속사 같은 단어들 말이죠. 이런 단어들을 불용어라고 부르고 이런 단어들을 미리 정의해 놓고 사용하면 제거됩니다. corpus 안에 있는 불용어나 제거 하고 싶은 단어를 제거하는 방법은 tm_map() 함수를 이용하면 됩니다. 아래의 예를 보세요.

```
> corp2 <- tm_map(corp1,stripWhitespace) # 여러개의 공백을 하나의 공백으로 변환합니다
> corp2 <- tm_map(corp2,tolower) # 대문자가 있을 경우 소문자로 변환합니다
> corp2 <- tm_map(corp2,removeNumbers) # 숫자를 제거합니다
> corp2 <- tm_map(corp2,removePunctuation)  # 마침표,콤마,세미콜론,콜론 등의 문자 제거
> corp2 <- tm_map(corp2,PlainTextDocument)
> sword2 <- c(stopwords('en'),"and","but","not") # 기본 불용어 외 불용어로 쓸 단어 추가하기
> corp2 <- tm_map(corp2,removeWords,sword2) # 불용어 제거하기 (전치사 , 관사 등)
```

불용어나 공백등이 제거된 후 다시 Term-Document Matrix를 생성해서 볼까요?

```
> tdm2 <- TermDocumentMatrix(corp2)
> tdm2
<<TermDocumentMatrix (terms: 11, documents: 4)>> # terms 가 4 개 줄었죠?
Non-/sparse entries: 15/29
Sparsity           : 66%
Maximal term length: 6
Weighting          : term frequency (tf)
```

Matrix로 변환해서 내용을 확인해보겠습니다.

```
> m2 <- as.matrix(tdm2)
> m2
        Docs
Terms     character(0)  character(0)  character(0)  character(0)
  apple             1             0             0             0
  banana            1             1             0             0
  cherry            1             0             1             0
  eat               0             0             0             1
  grape             0             0             0             1
  hate              1             0             1             0
  like              1             0             1             0
  love              0             1             0             0
  mango             0             1             0             0
  peach             0             0             1             0
want                0             0             0             1
> class(m2)
[1] "matrix"
```

위 결과를 보면 tm_map( )으로 제거한 and , but , not이 사라진 것이 확인됩니다. 그런데 Docs의 이름이 character(0)로 변환되어 어떤 문서인지 구분이 안 됩니다. 그래서 Matrix 명령어 중 colnames( )로 Docs 이름을 변경하겠습니다.

```
> colnames(m2) <- c(1:4)
> m2
        Docs
Terms    1  2  3  4
  apple  1  0  0  0
  banana 1  1  0  0
  cherry  1  0  1  0
  eat     0  0  0  1
  grape   0  0  0  1
  hate    1  0  1  0
  like     1  0  1  0
  love     0  1  0  0
  mango   0  1  0  0
  peach    0  0  1  0
  want     0  0  0  1
```

위와 같이 단어들이 추출되었습니다. 보기가 불편하죠? 그래서 위 결과를 단어별로 집계를 해보겠습니다.

```
> freq1 <- sort(rowSums(m2),decreasing=T)
> head(freq1,20)

banana cherry   hate   like  apple    eat  grape   love  mango  peach   want
     2      2      2      2      1      1      1      1      1      1      1
```

위 결과처럼 행의 합계를 구할 때는 rowSums( ) 함수를 사용하면 됩니다. 만약 컬럼별로 집계를 하고 싶다면 아래와 같이 colSums( ) 함수를 사용하세요.

```
> freq2 <- sort(colSums(m2),decreasing=T)
> head(freq2,20)

1 3 2 4
5 4 3 3
```

만약 Term Document Matrix에서 특정 회수 이상 언급된 것들만 출력하고 싶을 경우 아래와 같이 findFreqTerms( ) 사용하세요.

```
> findFreqTerms(tdm2,2)
[1] "banana" "cherry" "hate"   "like"
```

만약 특정 단어와 상관 관계를 찾고 싶을 경우 아래와 같이 findAssocs( ) 사용하세요. 먼저 apple 단어와 상관계수가 0.5 이상인 값들만 출력하는 예입니다.

```
> findAssocs(tdm2,"apple",0.5)
$apple
banana cherry   hate   like
  0.58   0.58   0.58   0.58
> findAssocs(tdm2,"apple",0.6)
```

```
$apple
numeric(0)  # 없을 경우 왼쪽과 같이 0으로 나옵니다.
```

위 2 가지 함수를 사용해서 Term Document Matrix 내의 데이터를 쉽게 조회할 수 있어요. 위와 같이 집계된 내용을 워드 클라우드로 표현하겠습니다.

```
> library(RColorBrewer)
> palete <- brewer.pal(7,"Set3")
> wordcloud(names(freq1),freq=freq1,scale=c(5,1),min.freq=1,colors=palete,random.order=F,random.color=T)
```

이번 예제는 앞에서 배웠던 내용을 활용해보는 시간입니다. 앞에서 이야기한대로 스티브 잡스가 스탠포드 대학교에서 연설한 연설문을 tm( ) 패키지를 사용하여 분석해보겠습니다. 앞에서 자세하게 설명했으니 여기서는 간략하게 설명하겠습니다. 분석용 파일은 R라줌 카페에서 내려받으세요.

```
> setwd("c:\\a_temp")
> data1 <- readLines("steve.txt")
> data1
 [1] "'You've got to find what you love,' Jobs says"
 [2] ""
 [3] "This is the text of the Commencement address by Steve Jobs, CEO of Apple Computer and of Pixar Animation Studios, delivered on June 12, 2005."
 [4] ""
 [5] ""
 [6] "I am honored to be with you today at your commencement from one of the finest universities in the world. I never graduated from college. Truth be told, this is the closest I've ever gotten to a college graduation. Today I want to tell you three
```

```
stories from my life. That's it. No big deal. Just three stories. "
 [7] ""
 [8] "The first story is about connecting the dots. "
 [9] "I dropped out of Reed College after the first 6 months, but then stayed around as
a drop-in for another 18 months or so before I really quit. So why did I drop out? "
```
(지면 관계상 이하 내용은 생략하겠습니다)

만약 mac 을 사용할 경우 아래 코드에서 주석을 제거해서 utf-8로 변환을 해야 합니다. data1 <- iconv(data1,"WINDOWS-1252","UTF-8")

```
> corp1 <- VCorpus(VectorSource(data1)) # 말뭉치로 변환하기
> corp1
<<VCorpus>>
Metadata:  corpus specific: 0, document level (indexed): 0
Content:  documents: 59

> inspect(corp1) # corpus 안의 내용 살펴보기
<<VCorpus>>
Metadata:  corpus specific: 0, document level (indexed): 0
Content:  documents: 59
[[1]]
<<PlainTextDocument>>
Metadata:  7
Content:  chars: 45

[[2]]
<<PlainTextDocument>>
Metadata:  7
Content:  chars: 0
```
(지면 관계상 이하 내용은 생략합니다)

tm_map( ) 함수는 corpus 안에 있는 문서의 내용을 지정된 형태로 변경해주는 역할을 합니다.

```
> corp2 <- tm_map(corp1,stripWhitespace) # 여러개의 공백을 하나의 공백으로 변환합니다
> corp2 <- tm_map(corp2,tolower) # 대문자가 있을 경우 소문자로 변환합니다
> corp2 <- tm_map(corp2,removeNumbers) # 숫자를 제거합니다
> corp2 <- tm_map(corp2,removePunctuation) # 마침표,콤마,세미콜론,콜론 등 문자 제거합니다
> corp2 <- tm_map(corp2,PlainTextDocument)
> stopword2 <- c(stopwords('en'),"and","but") # 기본 불용어 외에 불용어로 쓸 단어 추가하기
> corp2 <- tm_map(corp2,removeWords,stopword2) # 불용어 제거하기 (전치사 , 관사 등)
```

아래 코드에서 wordLengths 옵션은 몇 글자 이상 되는 단어들만 가져와서 Term Document Matrix 를 생성하는 명령으로 wordLengths(1,Inf)는 최소 1글자부터 최대 글자수는 무제한입니다. 단어가 많을 때 특정 글자수 이상의 단어만 골라와서 사용할 때 아주 많이 사용됩니다.

```
> corp3 <- TermDocumentMatrix(corp2,control=list(wordLengths=c(1,Inf)))
> corp3
<<TermDocumentMatrix (terms: 611, documents: 59)>>
Non-/sparse entries: 924/35125
Sparsity           : 97%
Maximal term length: 14
Weighting          : term frequency (tf)
```

```
> findFreqTerms(corp3,10) # TermDocumentMatrix  에서 10 회 이상 언급된 단어 출력하기
[1] "college" "life"

> findAssocs(corp3,"apple",0.5) # apple 단어와 0.5 이상의 상관관계 있는 단어 출력하기

$apple
    company       fired       adult     billion       board    creation
       0.87        0.78        0.73        0.73        0.73        0.73
devastating   directors     diverge     earlier   employees  eventually
       0.73        0.73        0.73        0.73        0.73        0.73
    falling       focus      garage        gone        grew       grown
       0.73        0.73        0.73        0.73        0.73        0.73
       hard       hired       lucky    publicly    released       sided
       0.73        0.73        0.73        0.73        0.73        0.73
  talented         two          us     visions        well      worked
       0.73        0.73        0.73        0.73        0.73        0.73
        woz     started        went       began        year        just
       0.73        0.71        0.68        0.67        0.64        0.62
      loved     thought       pixar
       0.58        0.53        0.52

> corp4 <- as.matrix(corp3)
> corp4
```

(출력 결과가 너무 길어 생략하겠습니다)

```
> freq1 <- sort(rowSums(corp4),decreasing=T)
> freq2 <- sort(colSums(corp4),decreasing=T)
> head(freq2,20)
character(0)   character(0)   character(0)   character(0)   character(0)
          77             71             68             65             63
character(0)   character(0)    character(0)   character(0)   character(0)
          62             55              52             49             49

character(0) character(0)   character(0) character(0)   character(0)
          48           47             45           43             37
character(0) character(0)   character(0)  character(0)   character(0)
          37           37             30            28             24
```

위와 같이 컬럼 이름이 character(0) 으로 되면 안된다고 했죠? corp4 에 총 몇 개의 컬럼이 있는지 확인 후 숫자로 변경하겠습니다.

```
> dim(corp4)
[1] 611  59          # 행 수: 611 행 , 컬럼 수 : 59 개 라는 의미 입니다.


> colnames(corp4) <- c(1:59)
> freq2 <- sort(colSums(corp4),decreasing=T)
```

위 결과에서 5회 이상 언급된 단어들만 모아서 워드 클라우드로 표현하기

```
> library(RColorBrewer)
> palete <- brewer.pal(7,"Set3")
> wordcloud(names(freq1),freq=freq1,scale=c(5,1),min.freq=5,colors=palete,
```

```
+       random.order=F, random.color=T)
> legend(0.3,1 ,"스티브 잡스 연설문 분석        ",cex=1,fill=NA,border=NA,bg="white",
+       text.col="red",text.font=2,box.col="red")
```

여기서는 tm( ) 패키지를 이용해서 워드클라우드 그리는 예제만 살펴봤지만 현업에서는 이것과 함께 연관 단어를 찾아내는 것을 더 많이 사용합니다. 즉 apple이란 단어를 언급한 사람이 함께 언급한 단어는 무엇인가? 이런 식으로 어떤 단어와 연관적으로 사용된 단어를 찾아내는 것이 중요하거든요. (이 내용은 살짝 어려워서 이 책의 다음 시리즈에서 자세히 설명해드리겠습니다.)

국민들의 창업 관련 키워드 분석하기

요즘 경기가 많이 나쁘죠? 너도 나도 어렵다는 이야기를 많이 합니다. 특히 취업이 많이 어려워서 고민들 많으시죠? 이번에는 창업과 관련된 이슈들이 어떤 것들이 있는지 분석해보겠습니다. 주어진 원본 파일을 분석하여 연령대별 창업 관련 주요 키워드들을 워드 클라우드로 출력하세요.

20대 창업 관련 분석

주어진 job_20.txt 파일을 분석하여 아래와 같이 워드 클라우드로 출력하세요.

30대 창업 관련 분석

주어진 job_30.txt 파일을 분석하여 아래와 같이 워드 클라우드로 출력하세요.

40대 창업 관련 분석

주어진 job_40.txt 파일을 분석하여 아래와 같이 워드 클라우드로 출력하세요.

50대 창업 관련 분석

주어진 job_50.txt 파일을 분석하여 아래와 같이 워드 클라우드로 출력하세요.

워드 클라우드 종합 연습문제 1

공동구매 요청사항을 분석해서 가장 인기 있는 아이템 찾기

모 인터넷 카페에서 공동구매 요청 게시판에 회원들이 공동구매 요청을 한 항목들을 분석해서 어떤 제품을 가장 많이 요청했는지 알아보는 예제입니다. 주어진 yeca_1.txt 파일을 분석해서 공동구매 요청이 많은 항목들을 아래와 같이 워드 클라우드로 표현하세요.

979946	실리트 비전 e30 냄비 [4]	맑고향기롭게28	06:56	270	0
979911	보네이도 633 공구해주세요 [1]	도명맘	01:50	72	0
979904	필립스 에어프라이어요~ [2]	모카한잔	01:22	147	1
979875	맥북	민서앤드류	00:08	45	0
979791	포항부추진액공구해주세요^^ [2]	폴이맘	2014.11.22	46	0
979690	키친에이드 블렌더 공구 원해요~~ [6]	너와나	2014.11.22	53	0
979638	덴비..	원파	2014.11.22	191	0
979565	보이로 전기요 커버 공구해주세요~	쿠치나	2014.11.22	51	0
979229	울트라크린 공구부탁드려요	rkh8733	2014.11.22	41	0
979171	락앤락 인터락 공구해 주세요	나무	2014.11.21	33	0
979080	보이로풋워머	리우	2014.11.21	67	0
978876	토르말린 핫케어 공구 언제 다시 하나요? [1]	날비움	2014.11.21	73	0
978838	마늘 "꾹~"짜는 것,, 스텐으로 된 것 [2]	금은방	2014.11.21	126	0
978801	밀레청소기,강황가루,리필이요! [3]	세카	2014.11.21	175	0
978755	vbc까사요	빨강고양이	2014.11.21	57	0

공동구매 요청내역 분석

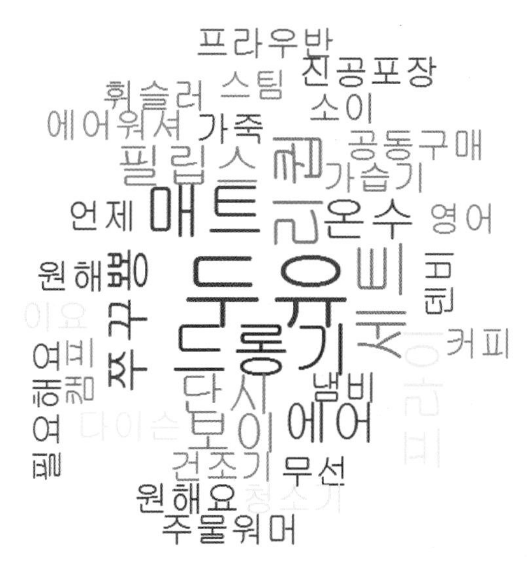

워드 클라우드 종합 연습문제 2

고객 불만 게시판 분석해서 불만 요인 파악하기

주어진 new_myray.txt 파일을 분석해서 고객 불만 게시판에서 많이 언급되고 있는 불만 사항들을 아래 결과화면처럼 워드 클라우드로 표현하세요.

207842	주행중 뛰는현상	haha7599 ★	2014.11.19	52
207536	레이터보 일발시동 불량 [2]	꠲인천꠲날아라고도리 ★	2014.11.14	128
207528	엔진경고등 ㅜㅜ [1]	J TOP ★	2014.11.14	68
207323	제가 예민한가봐요 ... [5]	꠲노원꠲ 니니네 ★	2014.11.12	112
207284	오토큐에서 긁힌거 어떻게해야되요?ㅜㅜ [2]	내차붕붕이 ★	2014.11.11	136
206874	뒷 드럼 교체... [10]	꠲서울꠲ 춤추는 레이 ★	2014.11.06	291
206409	브레이크 소음	내차붕붕이 ★	2014.11.01	94
206198	혹시 시트열선 리콜전화 받으신분 계신가요? [1]	꠲경기꠲ 레길 ★	2014.10.29	204
206048	? [6]	은서한서맘 ★	2014.10.28	114
206046	냉각수 누유로 공업사 수차례 방문수리결과 엔진 교체 [8]	꠲경기꠲ 레길 ★	2014.10.28	202
206032	여러가지 소음	whchoi	2014.10.28	94
205983	운전할때 이상한소리?나요 [7]	내차붕붕이 ★	2014.10.27	169
	운전할때 이상한소리?나요	레이LOVE	2014.11.16	25
205936	브레이크작동시 기어 봉에서 딸깍하는 느낌이 오는대...	꠲서울꠲깜동이만두 ★	2014.10.27	125
	브레이크작동시 기어 봉에서 딸깍하는 느낌이 오는대...	꠲서울꠲ 춤추는 레이 ★	2014.10.27	95

고객 불만 게시판 분석

wordcloud2 패키지 활용하기

지금까지 분석 결과를 시각화할 때 wordcloud( ) 패키지를 사용했습니다. 그런데 wordcloud2( )라는 재미있는 패키지가 있어서 추가로 소개해드립니다. rapply( ) 함수를 사용하는 코드로 변경한 내용도 소개해드립니다. 사실, rapply( ) 함수를 쓰든 sapply( ) 함수를 쓰든 크게 상관 없으니 독자님의 취향대로 하시면 됩니다만 다양한 코드를 보시는 것이 더 좋을 거 같아서요. 앞에서 분석했던 다산 콜센터 상담 내역자료 중 일부만 가져와서 분석해보겠습니다. 설명 생략하고 소스 코드만 적겠습니다. 아마 설명이 없어도 앞에서 배운 내용들이 대부분이라 다 이해하실 것이라 굳게 믿습니다.

소스코드

Step 1. 필요한 패키지들을 설치하고 실행합니다.

```
>setwd("c:\\a_temp")
>install.packages("KoNLP")
>install.packages("stringr")
>install.packages("wordcloud2") # 이 패키지를 사용해서 시각화 합니다

>library(wordcloud2)
>library(stringr)
>library(KoNLP)
>useSejongDic()
```

Step 2. 데이터를 불러와서 명사(키워드)를 추출합니다.

```
>data1 <- readLines("다산콜센터상담내역_연습.txt")
>head(data1,20)
>data2 <- unique(data1)

>dasan_1 <- extractNoun(data2)
>head(dasan_1,5)
[[1]]
[1] "\"동호대교" "도"          "소파"        "차량"        "파손"
[6] "담당부서"   "문"

[[2]]
 [1] "정릉동"          "227"             "-215"            "이사"
 [5] "전입"            "신고"            "가능"            "한"
 [9] "행정동주민센터" "문"              "의"

[[3]]
[1] "471버스에" "옷"          "두"          "문"          "의"

[[4]]
[1] "불법주정차" "신고"        "차량"        "이동"        "민원"
[6] "취소"       "요"          "청"

[[5]]
[1] "강북구" "여성"   "안심"   "귀가"   "스카우"
>
> dasan_2 <- lapply(dasan_1, unique)
```

```
> dasan_3 <- unlist(dasan_2)

> dasan_2 <- lapply(dasan_1, unique)
> dasan_3 <- unlist(dasan_2)
> dasan_3 <- str_replace_all(dasan_3,"[^[:alpha:][:blank:]]","")
> dasan_3 <- gsub("민원", "", dasan_3)
> dasan_3 <- gsub("접수", "", dasan_3)
> dasan_3 <- gsub("한지", "", dasan_3)
> dasan_3 <- gsub("원전", "민원전화", dasan_3)
> dasan_3 <- gsub("자동이체", "수도요금자동이체", dasan_3)
>
> dasan_4 <- Filter(function(x) {nchar(x) <= 10 & nchar(x) > 1} , dasan_3)
>
```

Step 3. 각 단어별 언급 빈도수를 집계합니다.

```
> wordcount <- table(dasan_4)
> head(wordcount,5)
dasan_4
    ABC마트 ab형간염검사          Aia          AIA           am
          1            1            1            1            2
> head(sort(wordcount, decreasing=T),30)
dasan_4
          가능             확인             연결             신청
           483              471              432              406
          요청           보건소             강남             발급
           316              278              264              259
      전화번호             신고             폐렴           과태료
           246              237              230              229
          납부           담당자             접종             버스
           221              220              213              209
          관련             방법             시간         수도요금
           206              206              206              205
        송파구           자동차             번호           서초구
           192              188              184              177
      구비서류             구청 수도요금자동이체         명의변경
           167              158              158              156
        강서구           서울시
           146              145
>
```

Step 4. 필요없는 단어들을 다시 제거 합니다.

```
> txt <- readLines("다산콜gsub.txt")
> txt
 [1] "문의"   "요청"   "민원"   "접수"   "현장"   "가능"   "연결"   "확인"
 [9] "신고"   "신청"   "한지"   "발급"   "관련"   "담당자" "방법"   "시간"
[17] "중단"   "상담"   "서울시" "부서"   "등록"   "금액"   "변경"
> cnt_txt <- length(txt)
> cnt_txt
[1] 23
> for( i in 1:cnt_txt) {
+       dasan_4 <- gsub((txt[i]),"", dasan_4)
+       }
> head(dasan_4,5)
[1] "동호대교" "소파"     "차량"     "파손"     "담당"
```

Step 5. 한번더 필터링이 완료된 단어들을 언급 빈도수로 집계해서 확인합니다.

```
>wordcount2 <- table(dasan_4)
>wordcount2
>head(sort(wordcount2 , decreasing=T),100)
```

Step 6. 많이 언급된 키워드를 wordcloud2( ) 패키지로 시각화 합니다.

```
> wordcloud2(wordcount2 , gridSize=1 , size=0.5 , shape="star")
```

위 명령을 수행하면 결과가 웹 브라우저에서 보입니다. 만약 웹 브라우저에서 경고창이 나오면 허용을 눌러주세요.

출력 결과

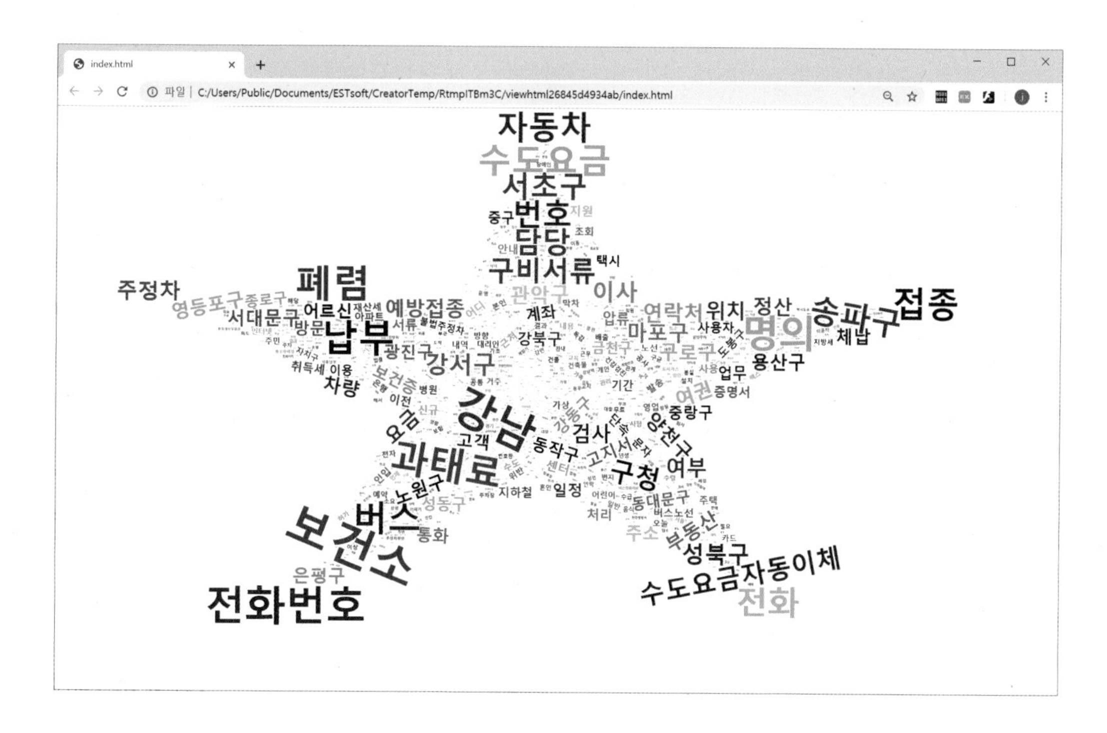

위 명령에서 shape= 옵션에 현재는 star인데 이것을 diamond나 circle 등 다른 것으로 바꿔서 실행하시면 모양이 바뀌는 것을 보실 수 있어요. 신기하죵? 여기까지 비정형 텍스트 데이터를 분석하여 워드 클라우드로 표현하는 다양한 예제들을 살펴보았습니다.

비정형 데이터 분석 후 다양한 그래프 그리기

R의 큰 장점 중 한 가지가 비정형 데이터를 쉽게 분석해서 다양한 그래프로 표현할 수 있다는 것입니다. 비정형 데이터를 분석해서 다양한 그래프로 표현하는 방법을 살펴보겠습니다.

"제주도 여행코스 추천" 검색어 결과를 그래프로 표시하기

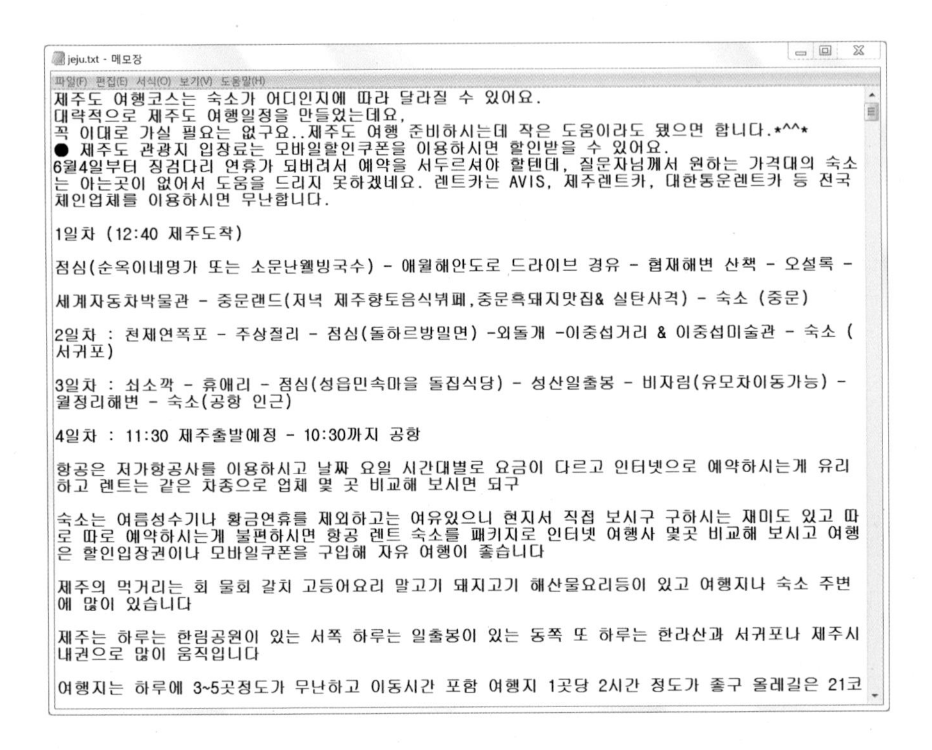

jeju.txt - 메모장

파일(F) 편집(E) 서식(O) 보기(V) 도움말(H)

제주도 여행코스는 숙소가 어디인지에 따라 달라질 수 있어요.
대략적으로 제주도 여행일정을 만들었는데요,
꼭 이대로 가실 필요는 없구요..제주도 여행 준비하시는데 작은 도움이라도 됐으면 합니다.*^^*
● 제주도 관광지 입장료는 모바일할인쿠폰을 이용하시면 할인받을 수 있어요.
6월4일부터 징검다리 연휴가 되버려서 예약을 서두르셔야 할텐데, 질문자님께서 원하는 가격대의 숙소는 아는곳이 없어서 도움을 드리지 못하겠네요. 렌트카는 AVIS, 제주렌트카, 대한통운렌트카 등 전국 체인업체를 이용하시면 무난합니다.

1일차 (12:40 제주도착)

점심(순옥이네명가 또는 소문난웰빙국수) - 애월해안도로 드라이브 경유 - 협재해변 산책 - 오설록 -

세계자동차박물관 - 중문랜드(저녁 제주향토음식뷔페,중문흑돼지맛집& 실탄사격) - 숙소 (중문)

2일차 : 천제연폭포 - 주상절리 - 점심(돌하르방밀면) -외돌개 -이중섭거리 & 이중섭미술관 - 숙소 (서귀포)

3일차 : 쇠소깍 - 휴애리 - 점심(성읍민속마을 돌집식당) - 성산일출봉 - 비자림(유모차이동가능) - 월정리해변 - 숙소(공항 인근)

4일차 : 11:30 제주출발예정 - 10:30까지 공항

항공은 저가항공사를 이용하시고 날짜 요일 시간대별로 요금이 다르고 인터넷으로 예약하시는게 유리하고 렌트는 같은 차종으로 업체 몇 곳 비교해 보시면 되구

숙소는 여름성수기나 황금연휴를 제외하고는 여유있으니 현지서 직접 보시구 구하시는 재미도 있고 따로 따로 예약하시는게 불편하시면 항공 렌트 숙소를 패키지로 인터넷 여행사 몇곳 비교해 보시고 여행은 할인입장권이나 모바일쿠폰을 구입해 자유 여행이 좋습니다

제주의 먹거리는 회 물회 갈치 고등어요리 말고기 돼지고기 해산물요리등이 있고 여행지나 숙소 주변에 많이 있습니다

제주는 하루는 한림공원이 있는 서쪽 하루는 일출봉이 있는 동쪽 또 하루는 한라산과 서귀포나 제주시내권으로 많이 움직입니다

여행지는 하루에 3~5곳정도가 무난하고 이동시간 포함 여행지 1곳당 2시간 정도가 좋구 올레길은 21코

소스 코드

```
> setwd("c:\\a_temp")
> install.packages("KoNLP")
> install.packages("stringr")
> library(KoNLP)
> library(stringr)
> useSejongDic()

> mergeUserDic(data.frame(readLines("제주도여행지.txt"), "ncn"))

> jeju_1 <- readLines("jeju.txt")
> head(jeju_1,5)
[1] "제주도 여행코스는 숙소가 어디인지에 따라 달라질 수 있어요."
[2] "대략적으로 제주도 여행일정을 만들었는데요,"
[3] "꼭 이대로 가실 필요는 없구요..제주도 여행 준비하시는데 작은 도움이라도 됐으면 합
니다.*^^*"
[4] "● 제주도 관광지 입장료는 모바일할인쿠폰을 이용하시면 할인받을 수 있어요."
[5] "6월4일부터 징검다리 연휴가 되버려서 예약을 서두르셔야 할텐데, 질문자님께서 원하는
가격대의 숙소는 아는곳이 없어서 도움을 드리지 못하겠네요. 렌트카는 AVIS, 제주렌트카,
대한통운렌트카 등 전국 체인업체를 이용하시면 무난합니다."
```

```
>
> jeju_2 <- extractNoun(jeju_1)
> head(jeju_2,3)
[[1]]
[1] "제주" "여행" "코스" "숙소" "어디" "지"   "수"

[[2]]
[1] "대략적" "제주"   "여행"   "일정"

[[3]]
[1] "필요"      "없구요.." "제주"      "여행"      "준비"      "도움"
[7] "합니"



> jeju_3 <- unlist(jeju_2)
> jeju_4 <- str_replace_all( jeju_3,"[^[:alpha:]]","")
> head(jeju_4,20)
 [1] "제주"   "여행"   "코스"   "숙소"   "어디"   "지"     "수"     "대략적"
 [9] "제주"   "여행"   "일정"   "필요"   "없구요" "제주"   "여행"   "준비"
[17] "도움"   "합니"   ""       "제주"
> txt <- readLines("제주도여행코스gsub.txt")
> head(txt,10)
 [1] "제주" "통운" "전국" "체인" "업체" "질문" "가격" "무난" "여행" "검색"
> cnt_txt <- length(txt)
> for( i in 1:cnt_txt) {
+       jeju_4 <-gsub((txt[i]),"",jeju_4)
+       }
> head(jeju_4,20)
 [1] ""   ""   ""   ""   ""   "지" "수" "적" ""   ""   ""   ""   "없" ""
[15] ""   ""   ""   ""   ""   ""
> jeju_5 <- Filter(function(x) {nchar(x) <= 10 & nchar(x) > 1} , jeju_4)
>
> wordcount <- table(jeju_5)
> head(sort(wordcount, decreasing=T),30)
jeju_5
      우도   주상절리   섭지코지       중문     산방산       녹차   에코랜드
        18         12         10         10          9          8          8
    오설록 성산일출봉       신창     용두암       일출       정상       대장
         8          7          7          7          7          7          6
    송악산       식당   중문단지       폭포       풍경   해수욕장       경관
         6          6          6          6          6          6          5
      구석     분화구       산책       신라   애월도로       야간       연폭
         5          5          5          5          5          5          5
    외돌개       이곳
         5          5
```

가장 추천 수가 많은 상위 10개를 골라서 pie형 그래프로 출력합니다.

```
> top10 <- head(sort(wordcount, decreasing=T),10)
> pie(top10,main="제주도 추천 여행 코스 TOP 10")
```

pie(출력값 , 여러 옵션들)

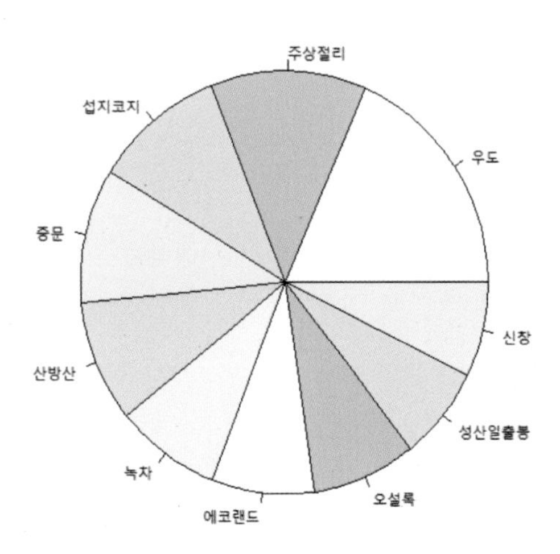

색상을 변경하여 출력하기

```
> pie(top10,col=rainbow(10),radius=1,main="제주도 추천 여행 코스 TOP 10")
```

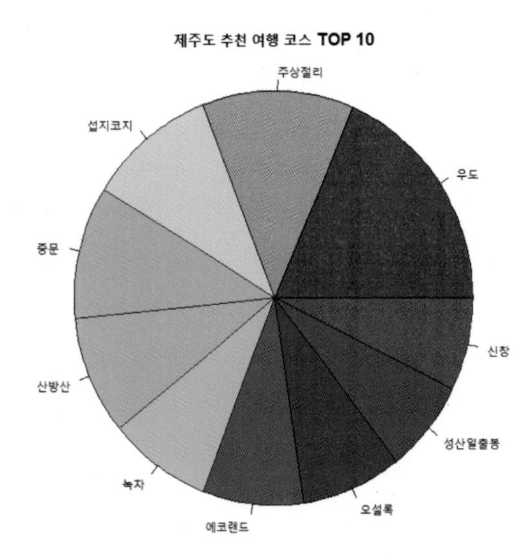

수치값을 함께 출력하기

```
>pct <- round(top10/sum(top10) * 100 ,1)
> names(top10)
 [1] "우도"       "주상절리"   "섭지코지"   "중문"       "산방산"
 [6] "녹차"       "에코랜드"   "오설록"     "성산일출봉" "신창"
>lab <- paste(names(top10),"\n",pct,"%")
>pie(top10,main="제주도 추천 여행 코스 TOP 10",col=rainbow(10), cex=0.8,labels = lab)
```

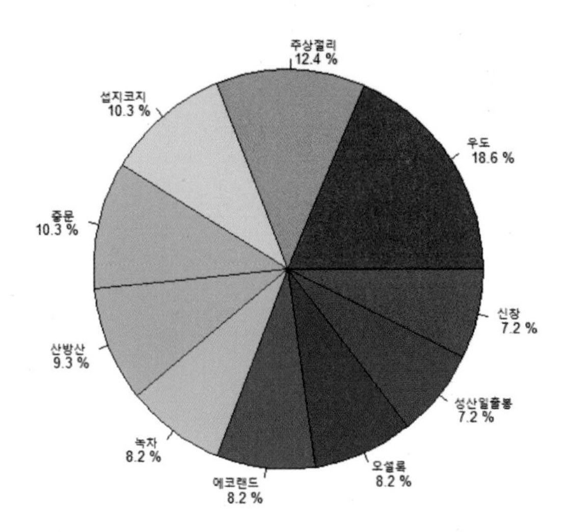

bar 형태의 그래프로 표시하기

```
> bchart <- head(sort(wordcount, decreasing=T),10)
> bchart
jeju_5
     우도  주상절리  섭지코지      중문    산방산      녹차  에코랜드    오설록 성산일출봉      신창
       18        12        10        10         9         8         8         8          7         7

> bp <- barplot(bchart,  main = "제주도 추천 여행 코스 TOP 10 ", col = rainbow(10),
+        cex.names=0.7, las = 2,ylim=c(0,25))
```

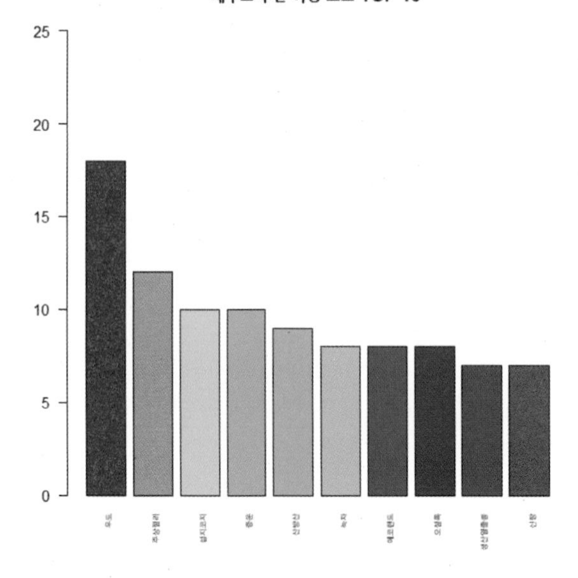


```
> pct <- round(bchart/sum(bchart) * 100 ,1)
> pct
jeju_5
    우도   주상절리   섭지코지       중문      산방산        녹차   에코랜드   오설록  성산일출봉        신창
    18.6       12.4       10.3       10.3       9.3        8.2       8.2       8.2        7.2        7.2
>text(x = bp, y = bchart*1.05, labels = paste("(",pct,"%",")"), col = "black", cex =
0.7)
>text(x = bp, y = bchart*0.95, labels = paste(bchart,"건"), col = "black", cex = 0.7)
```

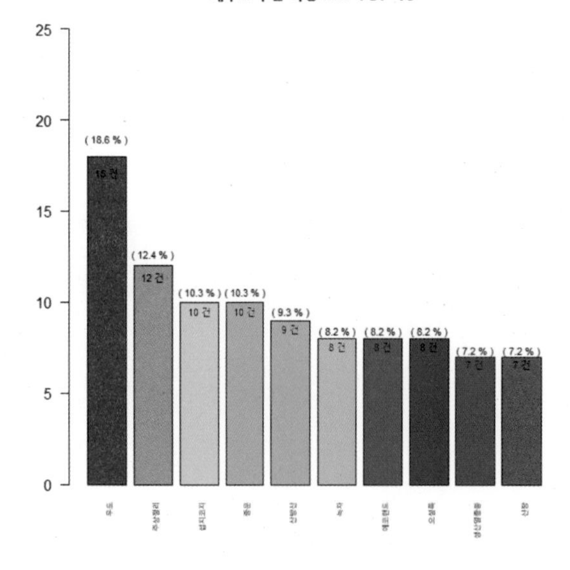

옆으로 누운 바 그래프 그리기

```
> barplot(bchart,main="제주도 추천 여행 코스 Top 10",col=rainbow(10),
+         xlim=c(0,25),cex.name=0.7,las=1,horiz=T)
> text(y = bp, x = bchart*0.9, labels = paste(bchart,"건"), col = "black", cex = 0.7)
> text(y = bp, x = bchart*1.15, labels = paste("(",pct,"%",")"), col = "black", cex =
0.7)
```

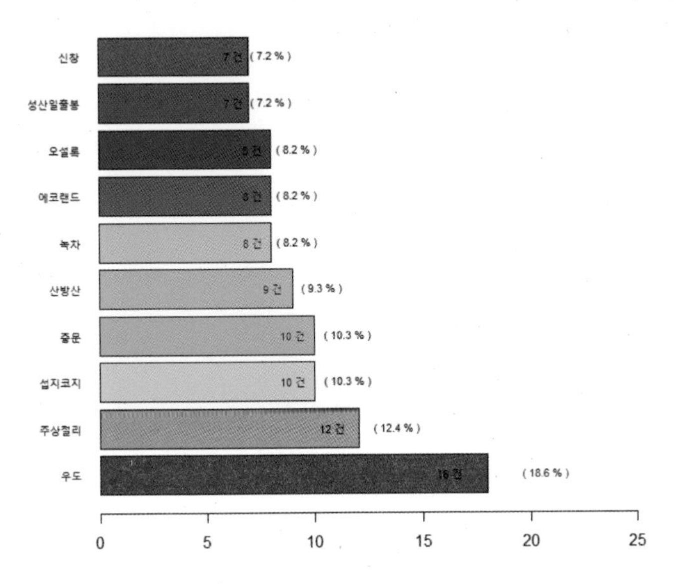

위 데이터를 3D Pie Chart 로 표현합니다. 3D Pie Chart 를 사용하려면 plotrix 라는 패키지가 추가로 필요합니다. 패키지 설치 안내 부분인 이 책의 0부의 해당 부분을 참고하세요.

```
> install.packages("plotrix")
> library(plotrix)
> th_pct <- round(bchart/sum(bchart) * 100,1)
> th_names <- names(bchart)
> th_labels <- paste(th_names,"\n","(",th_pct,")")
> pie3D(bchart , main="제주도 추천 여행 코스 Top 10" , col=rainbow(10),
+       cex=0.3,labels=th_labels,explode=0.05)
```

제주도 추천 여행 코스 Top 10

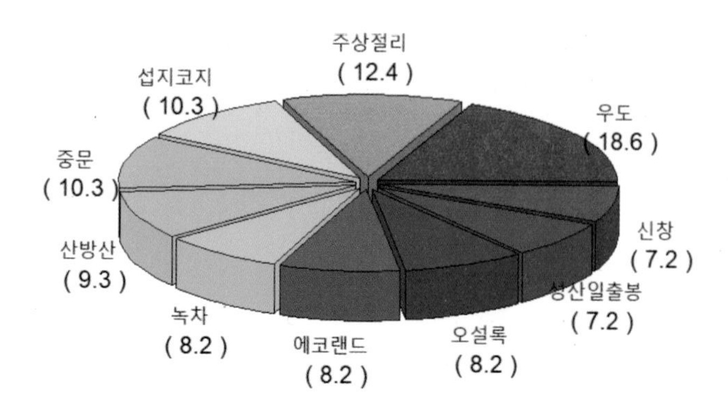

"프로포즈 선물" 검색어 분석 결과를 그래프로 표시하기

이번 미션은 사람들이 선호하는 프로포즈 선물이 무엇인지 조사해서 그 결과를 그래프로 표현하는 것입니다. 검색 사이트에서 "프로포즈 선물"로 검색해서 나온 결과가 저장된 propose.txt 파일을 분석해서 아래와 같이 그래프로 출력하세요(파일은 R라뭄 카페에 있습니다).

원본파일 일부

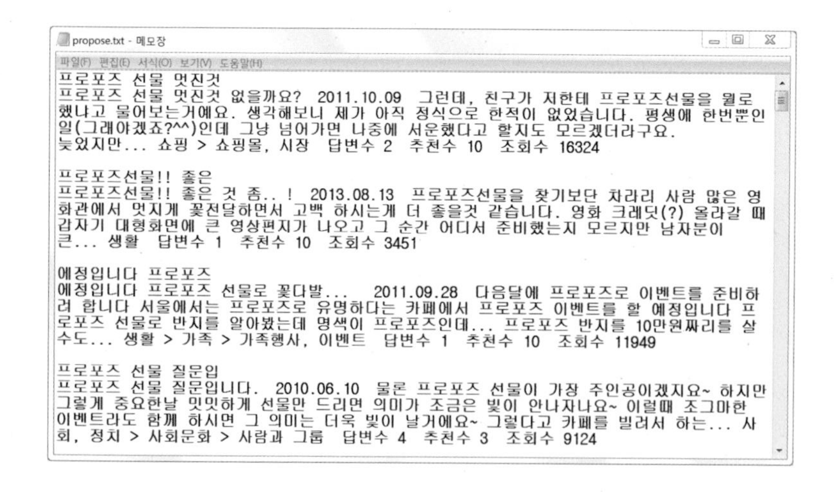

propose.txt - 메모장

파일(F) 편집(E) 서식(O) 보기(V) 도움말(H)

프로포즈 선물 멋진것
프로포즈 선물 멋진것 없을까요? 2011.10.09 그런데, 친구가 지한테 프로포즈선물을 뭘로 했냐고 물어보는거예요. 생각해보니 제가 아직 정식으로 한적이 없었습니다. 평생에 한번뿐인 일(그래야겠죠?^^)인데 그냥 넘어가면 나중에 서운했다고 할지도 모르겠더라구요. 늦었지만... 쇼핑 > 쇼핑몰, 시장 답변수 2 추천수 10 조회수 16324

프로포즈선물!! 좋은
프로포즈선물!! 좋은 것 좀.. ! 2013.08.13 프로포즈선물을 찾기보단 차라리 사람 많은 영화관에서 멋지게 꽃전달하면서 고백 하시는게 더 좋을것 같습니다. 영화 크레딧(?) 올라갈 때 갑자기 대형화면에 큰 영상편지가 나오고 그 순간 어디서 준비했는지 모르지만 남자분이 큰... 생활 답변수 1 추천수 10 조회수 3451

예정입니다 프로포즈
예정입니다 프로포즈 선물로 꽃다발... 2011.09.28 다음달에 프로포즈로 이벤트를 준비하려 합니다 서울에서는 프로포즈로 유명하다는 카페에서 프로포즈 이벤트를 할 예정입니다 프로포즈 선물로 반지를 알아봤는데 명색이 프로포즈인데... 프로포즈 반지를 10만원짜리를 살수도... 생활 > 가족 > 가족행사, 이벤트 답변수 1 추천수 10 조회수 11949

프로포즈 선물 질문입
프로포즈 선물 질문입니다. 2010.06.10 물론 프로포즈 선물이 가장 주인공이겠지요~ 하지만 그렇게 중요한날 밋밋하게 선물만 드리면 의미가 조금은 빛이 안나자나요~ 이럴때 조그마한 이벤트라도 함께 하시면 그 의미는 더욱 빛이 날거에요~ 그렇다고 카페를 빌려서 하는... 사회, 정치 > 사회문화 > 사람과 그룹 답변수 4 추천수 3 조회수 9124

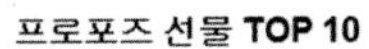

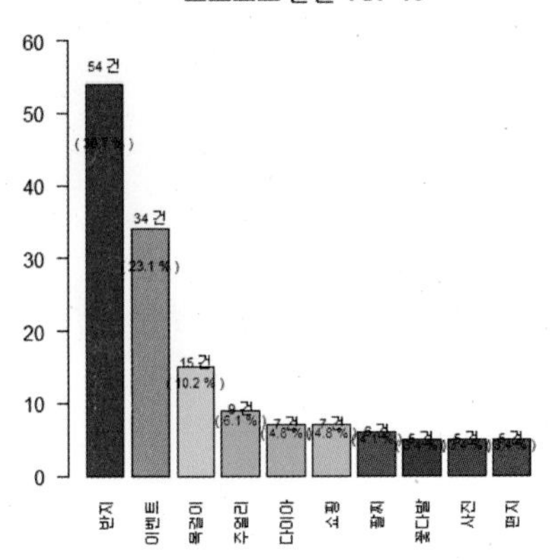

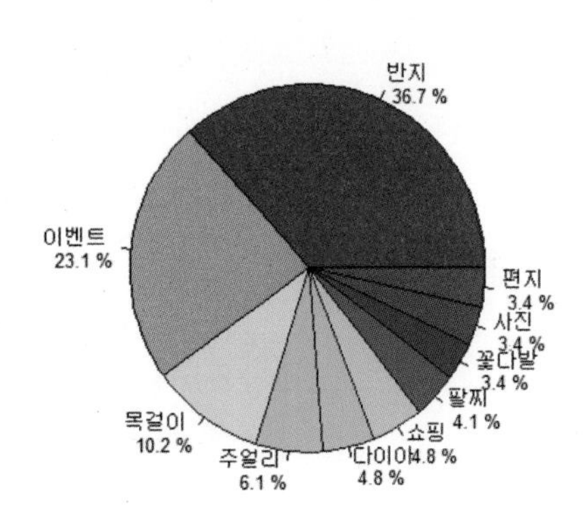

고객 불만 게시판 분석 후 결과를 그래프로 표시하기

워드 클라우드 실습에서 사용했던 고객 불만 사항 중에서 상위 10가지를 찾은 후 여러 가지 Chart로 표시를 합니다. 단, 불만사항의 접수 건수에 따라 그래프의 색상을 다르게 출력하겠습니다.

원본 게시판 일부

207842	주행중 뛰는현상		2014.11.19	52
207536	레이터보 일발시동 불량 [2]		2014.11.14	128
207528	엔진경고등 ㅜㅜ [1]		2014.11.14	68
207323	제가 예민한가봐요 ... [5]		2014.11.12	112
207284	오토큐에서 긁힌거 어떻게해야되요?ㅜㅜ [2]		2014.11.11	136
206874	뒷 드럼 교체... [10]		2014.11.06	291
206409	브레이크 소음		2014.11.01	94
206198	혹시 시트열선 리콜전화 받으신분 계신가요? [1]		2014.10.29	204
206048	? [6]		2014.10.28	114
206046	냉각수 누유로 공업사 수차례 방문수리결과 엔진 교체 [8]		2014.10.28	202
206032	여러가지 소음		2014.10.28	94
205983	운전할때 이상한소리?나요 [7]		2014.10.27	169
	↳ 운전할때 이상한소리?나요		2014.11.16	25
205936	브레이크작동시 기어 봉에서 딸깍하는 느낌이 오는대...		2014.10.27	125
	↳ 브레이크작동시 기어 봉에서 딸깍하는 느낌이 오는대...		2014.10.27	95

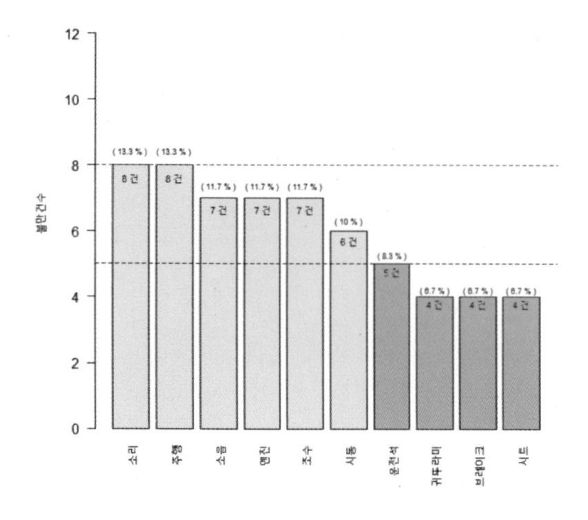

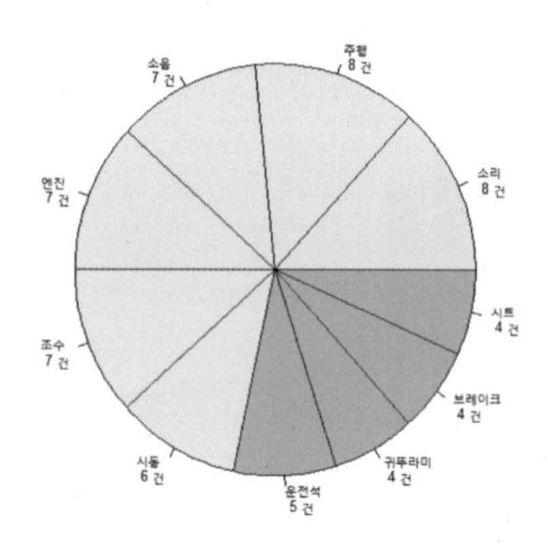

Bar chart 소스 코드

```
> setwd("c:\\a_temp")
> install.packages("KoNLP")
> install.packages("stringr")
> library(KoNLP)
> library(stringr)
> myray_1 <- readLines("new_myray.txt")
> myray_2 <- extractNoun(myray_1)
> myray_3 <- unlist(myray_2)
> myray_3 <- str_replace_all(myray_3,"[^[:alpha:]]","")
> head(myray_3,20)
 [1] ""         "주행"     "중"       "뛰는현"   "상"       "h"
 [7] "a"        "h"        "a"        ""         ""         ""
[13] ""         ""         ""         ""         ""         ""
[19] ""         "레이터보"
>
> myray_4 <- Filter(function(x) {nchar(x) <= 10 & nchar(x) > 1} , myray_3)
> myray_4 <- gsub(" ","-",myray_4)
> myray_4 <- gsub("교체","",myray_4)
> myray_4 <- gsub("작동","",myray_4)
> myray_4 <- gsub("교환","",myray_4)
> myray_4 <- gsub("ㅠㅠ","",myray_4)
> myray_4 <- gsub("\\d+","",myray_4)
> myray_4 <- gsub("\\.","",myray_4)
>
> myray_5 <- Filter(function(x) {nchar(x) <= 10 & nchar(x) > 1} , myray_4)
> wordcount <- table(myray_5)
>
> myray_6 <- head(sort(wordcount, decreasing=T),10)
> myray_6
myray_5
    소리     주행     소음     엔진     조수     시동   운전석 귀뚜라미
       8        8        7        7        7        6        5        4
```

```
브레이크      시트
       4         4
```

상위 10개의 항목으로 Bar Chart를 그립니다. (불만 건수가 1-5건이면 green 색으로 표시하고 6-9 건이면 yellow 색으로 표시하고 10 건 이상일 경우는 빨강색(red) 으로 표시되는 bar chart 로 만들겠습니다)

```
> colors <- c()
> for ( i in 1:length(myray_6)) {
+   if (myray_6[i] >= 10 ) {
+      colors <- c(colors,"red") }
+   else if (myray_6[i] >= 6 ){
+      colors <- c(colors,"yellow") }
+   else {
+     colors <- c(colors,"green") }
+  }
>
> colors
 [1] "yellow" "yellow" "yellow" "yellow" "yellow" "yellow" "green"  "green"
 [9] "green"  "green"

>bchart <- barplot(my_ray4,main="고객 불만 사항 상위 TOP 10", ylab="불만건수" ,
+           names.arg=names(my_ray4),col=colors,las=2 , ylim=c(0,13))
> text(x = bchart, y = my_ray4*0.95, labels = paste(my_ray4,"건"), col = "black", cex
= 0.7)
>pct <- round(my_ray4/sum(my_ray4) * 100 ,1)
>text(x = bchart, y = my_ray4*1.05, labels = paste("(",pct,"%",")"), col = "black",
cex = 0.6)
>abline(h=8,col="red",lty=2,lwd=1)
>abline(h=5,col="black",lty=2,lwd=1)
```

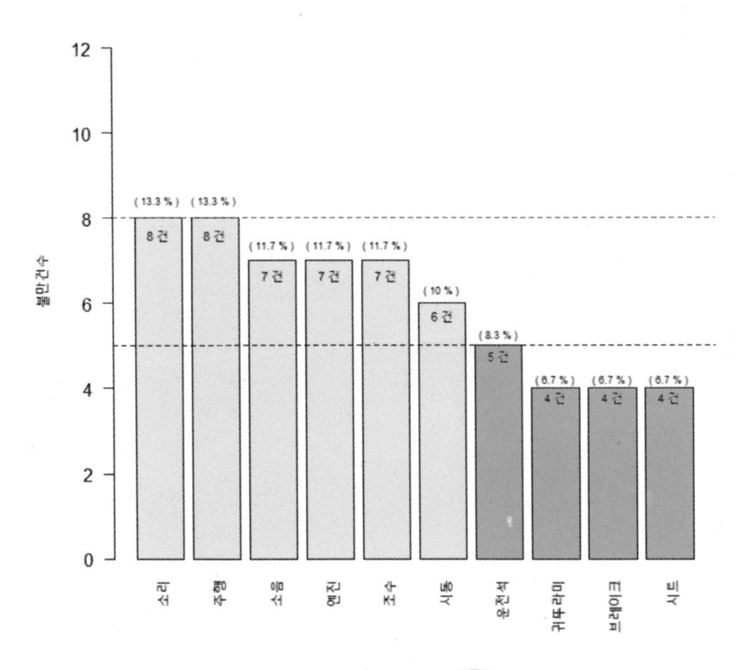

Pie Chart 소스 코드

```
> colors <- c()
> for ( i in 1:length(myray_6)) {
+   if (myray_6[i] >= 10 ) {
+      colors <- c(colors,"red") }
+   else if (myray_6[i] >= 6 ){
+      colors <- c(colors,"yellow") }
+   else {
+     colors <- c(colors,"green") }
+  }
> colors
 [1] "yellow" "yellow" "yellow" "yellow" "yellow" "yellow" "green"  "green"
 [9] "green"  "green"
> lab <- paste(names(myray_6),"\n",myray_6,"건")
> pie(myray_6,main="고객 불만 사항 상위 Top 10",col=colors,
+      cex=0.8,labels = lab)
```

결과 화면

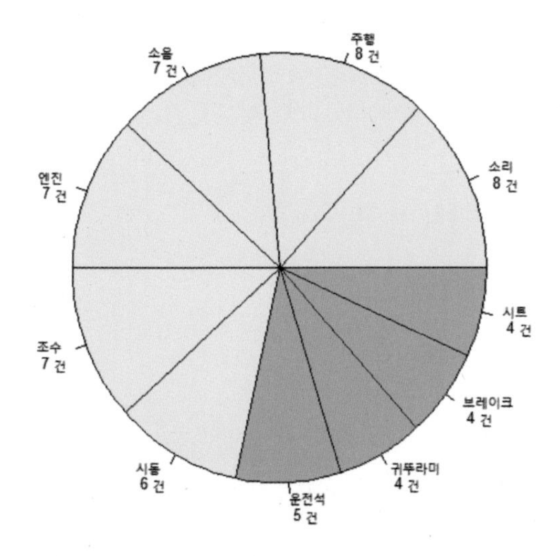

그래프 종합 연습문제 1

특정 키워드만 골라서 그래프로 표시해 줘!

이번 미션은 oracle_alert_testdb.log 파일을 분석해서 에러 코드별로 집계한 후 많이 발생한 상위 10개의 에러코드를 추출해서 다양한 그래프로 표현하는 미션입니다.

출력화면 1

많이 발생한 오라클 에러 코드-건별 출력

출력화면 2

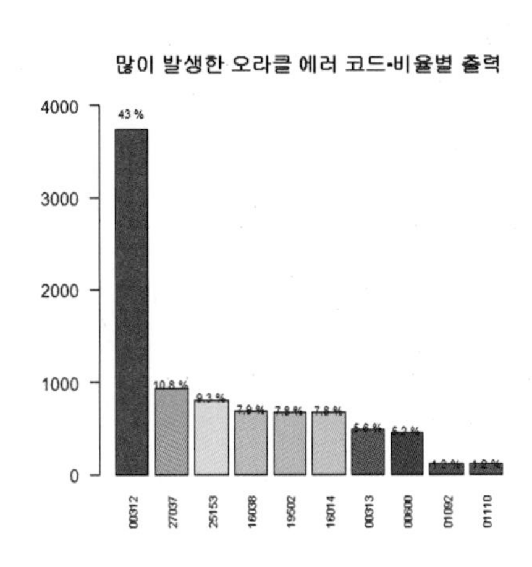

출력화면 3

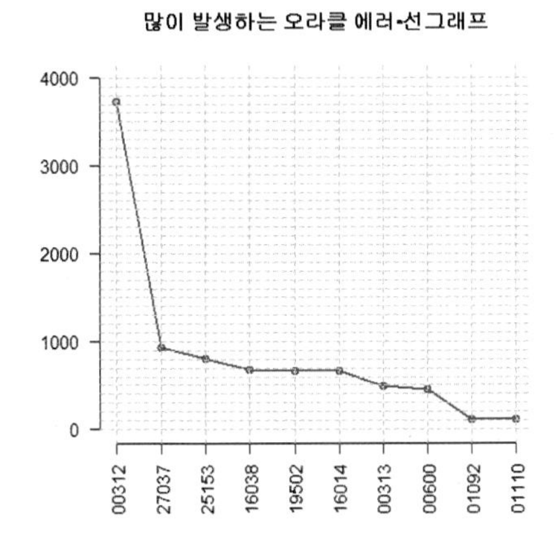

출력화면 4

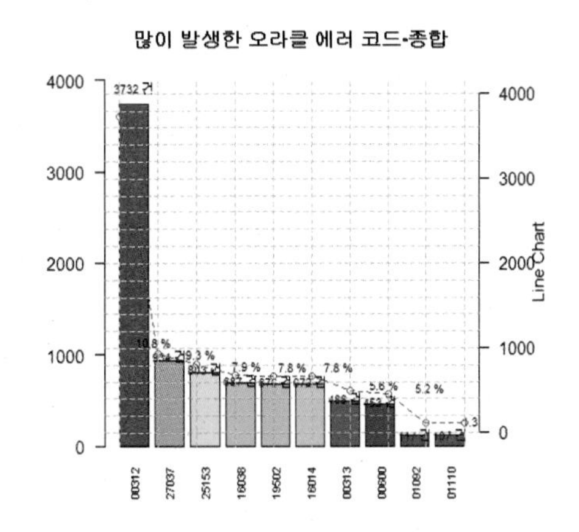

그래프 종합 연습문제 2

연령별 창업 고민을 그래프로 표현하기

주어진 job_20.txt, job_30.txt, job_40.txt, job_50.txt 파일을 분석하여 아래와 같이 연령대별 창업 관련 고민을 그래프로 표현하세요.

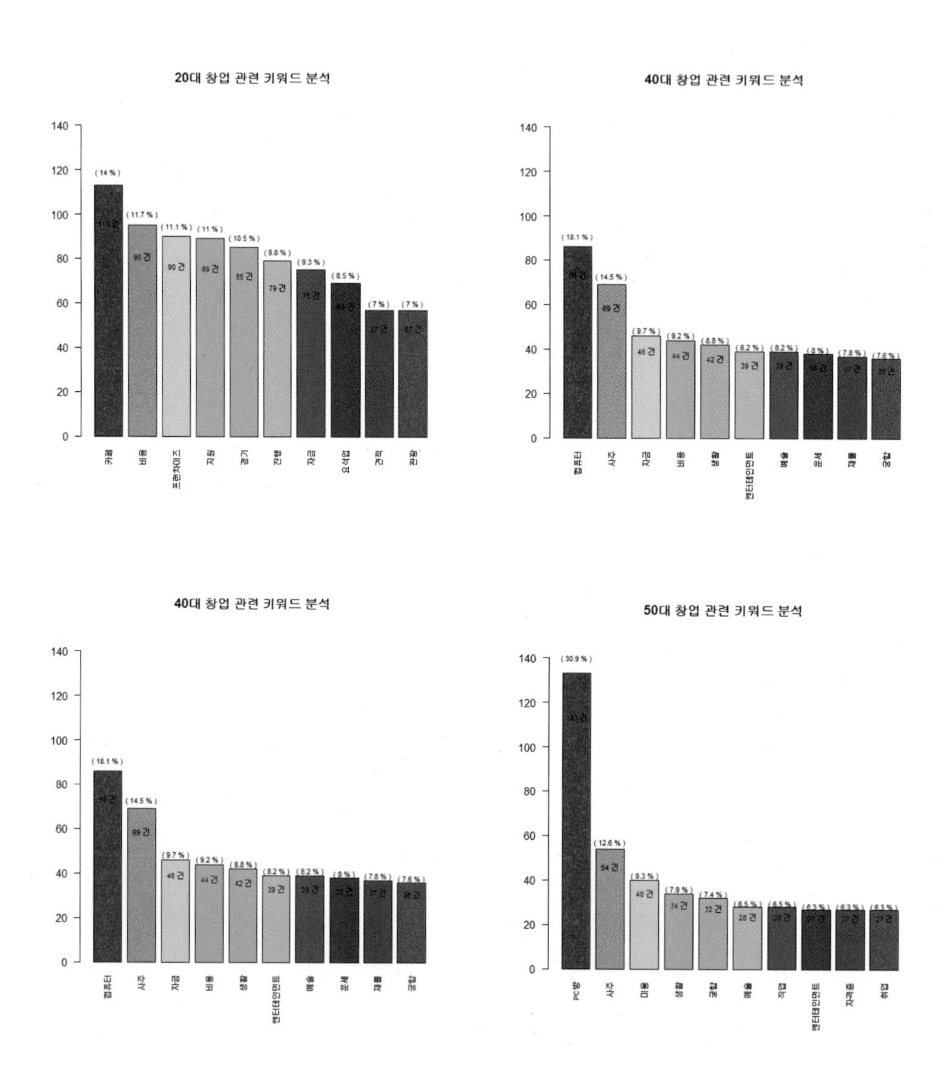

여기까지 비정형 텍스트 데이터를 분석하여 주요 키워드를 추출한 후 워드 클라우드와 다양한 그래프로 시각화하는 방법들을 살펴보았습니다.

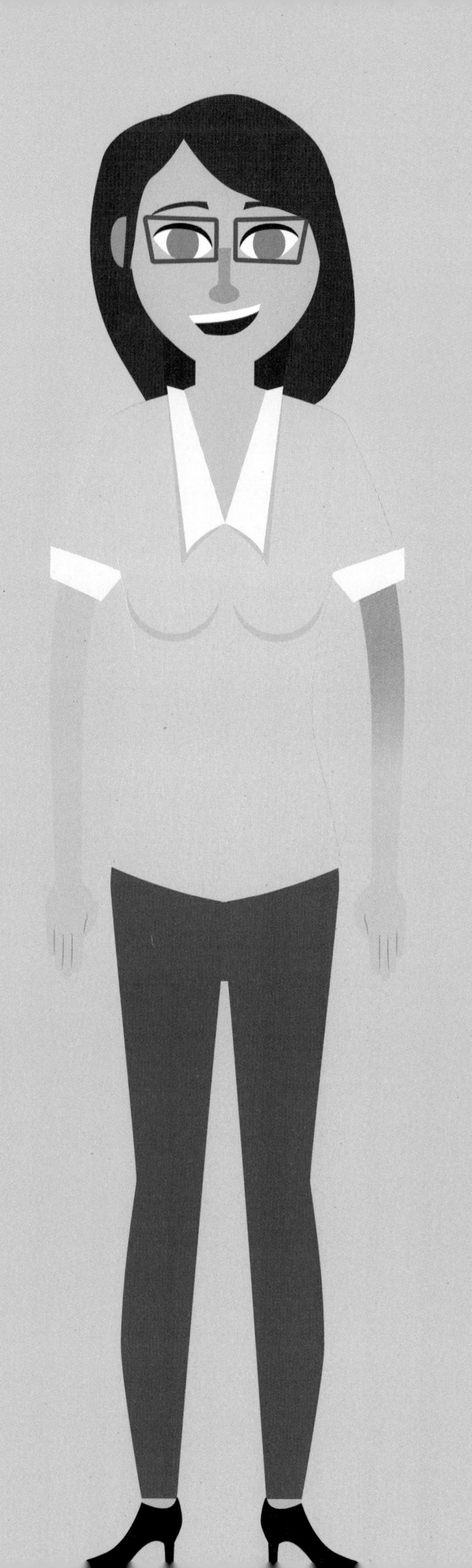

통계 파트를 시작하며

4부와 5부로 이어지는 이번 파트의 주제는 통계입니다. R 프로그램을 처음 만든 분들이 통계학자라는 것을 알고 계세요? R 프로그램은 다른 유료의 패키지들에 견주어 결코 뒤지지 않는 통계 분석 함수를 제공합니다. 게다가 세계 여러 나라의 사용자들이 만든 추가 패키지도 제공되기 때문에, 어떤 분석을 할 수 있는 함수가 하나씩만 있는 것도 아니에요.

우리는 데이터 탐색부터 시작하여, 기본적인 통계 분석까지 함께 공부해보려고 합니다. 앞에서 배운 데이터의 종류를 기억하시죠? 여기에서는 그중 data.frame 유형의 정형 데이터를 사용해서 진행해보려 합니다. 강의가 어떻게 전개되는지 설명해보겠습니다.

4부. 데이터 분석 흐름잡기에서는 데이터 분석의 전반적인 흐름을 따라가보려고 합니다. 데이터를 처음 만나서 R 프로그램에 로드하는 것으로 시작하여, 자료의 생김새를 파악하고, 의미 있는 결론을 도출해내는 과정입니다. 여기서는 하나의 데이터만을 사용합니다.

구체적으로 살펴보면, 먼저 **데이터 구조 파악하기**에서 데이터를 로드한 후 그 구조를 알아보고, **각 변수를 파악하여 이후 분석 준비하기**에서 중요한 변수의 특징과 형태를 파악합니다. 여기까지 데이터에 대한 전반적인 파악을 마치면, 데이터로부터 도출할 수 있는 기본적인 통계적 가설을 검정하는 단계로 들어갑니다.

차이 검정하기에서는 그룹 간 평균의 차이가 있는지를 검정합니다. **연관성 검정하기**에서는 변수들간의 연관성의 존재 여부를 검정합니다. **영향력 검정하기**에서는 어떤 변수를 다른 변수들을 사용하여 설명하고 예측할 수 있는지의 여부를 검정합니다.

4부에서는 분석 방법에 대한 자세한 설명은 생략하고, 자세한 내용은 **5부. 데이터 분석 연습하기**에서 다양한 예제를 가지고 설명하게 됩니다.

5부는 앞에서 죽 훑어온 여러가지 분석 방법을 다양한 예제를 가지고 구체적으로 연습하는 부분입니다. **데이터 탐색**은 4부의 **데이터 구조 파악하기**와 **각 변수를 파악하여 이후 분석 준비하기**에 해당하는 단계입니다. **데이터 구조 파악하기**에서 데이터를 로드해서 그 구조를 파악하고, **기초적인 통계량 산출하기**에서 기술통계량을 산출합니다. 결측치나 이상치의 존재를 파악하고 필요 시 다른 값으로 대체하는 방법도 여기서 다룹니다.

통계 검정은 4부의 **차이 검정하기**, **연관성 검정하기**, 그리고 **영향력 검정하기**에 해당하는 단계입니다. 차이 검정에 해당하는 'T-검정'과 '일원배치 분산분석', 연관성 검정에 해당하는 '상관분석'과 '교차분석', 영향력 검정에 해당하는 '선형 회귀분석'으로 이루어져 있습니다.

4부에서 생소한 용어가 나오더라도 책을 덮어버리지 마세요. 끝까지 죽 따라가 보시면 5부에서 하나하나 공부하기가 한결 편하실 거에요.

추가로 R라줌 카페에서 내려받으실 수 있는 것들을 말씀드릴게요.

부록1. 데이터 정보에는 예제와 연습문제에서 사용한 데이터를 정리하였습니다. 사용한 16개의 데이터는 R 기본 패키지인 {datasets}, 추가 패키지인 {MASS}와 {dplyr}, 그리고 UC Irvine 머신러닝 저장소의 오픈 데이터로 이루어져 있으며, 각각의 분석을 연습하기에 적합한 것을 선택하여 사용하였습니다. 마지막으로, **부록2. 연습문제 결과**는 5부에서 제시한 연습문제에 대한 풀이입니다.

통계 파트는 RStudio를 사용하여 진행하였습니다. RStudio를 사용하지 않는 분들은 R에서 작업하시더라도 전혀 문제가 없습니다. 편한 것으로 사용하세요~.

4부
데이터 분석 흐름 잡기

데이터 분석 과정의 전체적인 흐름을 따라가며, 앞으로 배울 내용을 알아봅니다.

데이터 구조 파악하기

함께 분석해볼 자료는 제공된 realestate.csv입니다. 이 자료는 대만 뉴 타이페이 시의 부동산 가격에 대한 시장 데이터로, 출처는 UC Irvine 머신러닝 저장소입니다. 이 장은 데이터를 불러오고, 그 구조를 파악하는 단계입니다.

realestate.csv : 자료에 대한 설명과 UC Irvine서버에서 'Real estate valuation Data Set' 데이터를 내려받아 해당 파일로 가공한 과정을 「부록1.15.realestate.csv」에서 확인할 수 있습니다. UC Irvine 머신러닝 저장소 : https://archive.ics.uci.edu/ml/datasets.php
원본 자료 : realestate.csv - R랴줌 카페에서 파일을 다운로드하세요.

작업공간 지정하기

데이터를 분석하려면 먼저 데이터를 R에 로드해야겠죠? 제공된 realestate.csv데이터를 지정한 작업공간 디렉토리에 넣고, 사용할 작업공간을 지정합니다.

```
> setwd("사용할 작업공간의 위치")
```

데이터를 R 프로그램에 불러오기 위하여, 제공된 realestate.csv 파일을 미리 지정한 작업공간 폴더에 넣고 시작합니다. 작업공간에 파일이 잘 들어가 있는지 확인하기 위하여 list.flies() {base} 함수를 사용합니다.

데이터 불러오기

```
> list.files()

[1] "book.Rproj"                          "missing.csv"
[3] "Real estate valuation data set.xlsx" "realestate.csv"
[5] "student-mat.csv"                     "student-por.csv"
[7] "student.csv"
```

제 작업공간에는 realestate.csv가 존재합니다. 여러분의 작업공간에도 잘 들어가 있는지 확인하세요.

read.csv() {utils} 함수를 사용하여 작업공간에 있는 'realestate.csv' 데이터를 불러옵니다.

```
> raw_estate <- read.csv("realestate.csv")
> estate <- raw_estate
```

불러온 데이터를 raw_estate의 이름으로 저장하고, 원 데이터의 보존을 위하여 estate 이름으로 다시 저장하여 사용합니다. 분석 중 처음

불러온 데이터로 되돌아가고 싶으면 마지막 행을 다시 실행하세요.

미리보기

데이터가 잘 들어왔는지 확인하기 위하여 자료의 첫 부분을 미리보기합니다.

```
> head(estate)
```

```
  No     date  age    station stores latitude longitude price
1  1 2012.917 32.0   84.87882     10 24.98298  121.5402  37.9
2  2 2012.917 19.5  306.59470      9 24.98034  121.5395  42.2
3  3 2013.583 13.3  561.98450      5 24.98746  121.5439  47.3
4  4 2013.500 13.3  561.98450      5 24.98746  121.5439  54.8
5  5 2012.833  5.0  390.56840      5 24.97937  121.5425  43.1
6  6 2012.667  7.1 2175.03000      3 24.96305  121.5125  32.1
```

'순서(No)', '거래 날짜(date)', '연식(age)', '가장 가까운 MRT역과의 거리(station)', '도보 생활권에 있는 편의점의 개수(stores)', '위도(latitude)', '경도(longitude)', '집의 단위당 가격(price)'의 8개 변수를 가지고 있습니다.

속성 파악하기

데이터의 속성을 파악합니다.

```
> class(estate)
```

```
[1] "data.frame"
```

data.frame의 속성을 가지고 있습니다.

관측치와 변수의 개수, 그리고 개별 변수의 속성을 파악합니다.

구조 파악하기

```
> str(estate)
```

```
'data.frame':	414 obs. of  8 variables:
 $ No       : int  1 2 3 4 5 6 7 8 9 10 ...
 $ date     : num  2013 2013 2014 2014 2013 ...
 $ age      : num  32 19.5 13.3 13.3 5 7.1 34.5 20.3 31.7 17.9 ...
 $ station  : num  84.9 306.6 562 562 390.6 ...
 $ stores   : int  10 9 5 5 5 3 7 6 1 3 ...
 $ latitude : num  25 25 25 25 25 ...
 $ longitude: num  122 122 122 122 122 ...
 $ price    : num  37.9 42.2 47.3 54.8 43.1 32.1 40.3 46.7 18.8 22.1 ...
```

414개 관측치와 8개의 변수를 가지고 있습니다. '순서(No)', '편의점의 개수(stores)' 변수는 정수형(int) 이고, 나머지 변수들은 실수형(num) 입니다.

외부의 데이터를 R 프로그램에 불러오고, 데이터의 형태를 간단하게 파악해보았습니다. 이제 다음 단계로 넘어갈게요.

각 변수를 파악하여 이후 분석 준비하기

데이터의 기초적인 통계량을 산출하는 단계입니다. 이 단계에서 파악한 개별 변수의 특징과 분포 형태를 기반으로 하여 이후 분석을 준비하게 됩니다.

기술통계량 산출하기

데이터의 변수별 기술통계량을 산출합니다.

```
> summary(estate)
```

```
       No             date           age            station           stores
 Min.   :  1.0   Min.   :2013   Min.   : 0.000   Min.   :  23.38   Min.   : 0.000
 1st Qu.:104.2   1st Qu.:2013   1st Qu.: 9.025   1st Qu.: 289.32   1st Qu.: 1.000
 Median :207.5   Median :2013   Median :16.100   Median : 492.23   Median : 4.000
 Mean   :207.5   Mean   :2013   Mean   :17.713   Mean   :1083.89   Mean   : 4.094
 3rd Qu.:310.8   3rd Qu.:2013   3rd Qu.:28.150   3rd Qu.:1454.28   3rd Qu.: 6.000
 Max.   :414.0   Max.   :2014   Max.   :43.800   Max.   :6488.02   Max.   :10.000
    latitude       longitude         price
 Min.   :24.93   Min.   :121.5   Min.   :  7.60
 1st Qu.:24.96   1st Qu.:121.5   1st Qu.: 27.70
 Median :24.97   Median :121.5   Median : 38.45
 Mean   :24.97   Mean   :121.5   Mean   : 37.98
 3rd Qu.:24.98   3rd Qu.:121.5   3rd Qu.: 46.60
 Max.   :25.01   Max.   :121.6   Max.   :117.50
```

각 변수의 기술통계량을 산출한 결과 중 4개의 주요 변수에 대하여 정리하면,
- 연식(age) : 범위(=최대값-최소값)는 0 ~43.8년, 평균은 17.713년입니다.
- 역과의 거리(station) : 범위는 23.38~6488.02m, 평균은 1083.89m입니다.
- 편의점의 개수(stores) : 범위는 0~10개, 평균은 4.094개입니다.
- 가격(price) : 범위는 단위당 7.60~117.50만, 평균은 단위당 37.98만 타이완 달러입니다.

결측치 파악하기

이제 결측치(missing value)가 존재하는지 확인합니다.

```
> table(is.na(estate))
```

```
FALSE
 3312
```

결측치를 가지고 있지 않습니다.

기술통계량 산출과 결측치 확인이 너무 간단하게 끝났죠? 그러면 여기서 잠깐, estate 데이터를 가지고 어떤 분석을 할 수 있을지 생각해 볼까요? 생소한 내용이 많이 나와도 너무 놀라지 마세요. 뒤에서 하나씩 다룰 거에요.

주요 변수 살펴보기

주어진 변수들 중 '가격(price)', '연식(age)', '역과의 거리(station)', '편의점의 개수(stores)'의 4개 변수가 분석에 의미 있게 사용될 것으로 보입니다. 우리는 이 4개의 주요 변수를 사용합니다.

4개 변수 모두 양적 자료로 이루어져 있으므로, 상관분석을 사용하여 변수들 간의 연관성을 검정할

수 있습니다. 그리고, 선형 회귀분석을 사용하여 '연식(age)', '역과의 거리(station)', '편의점의 개수(stores)' 변수들로 '가격(price)' 변수를 설명할 수 있는지를 분석할 수 있습니다.

추가로 더 생각해볼 수 있는 것은, 양적 자료인 '연식(age)', '역과의 거리(station)', '편의점의 개수(stores)'의 자료값을 범주화 하여 새로운 범주형 변수를 생성하고 분석을 진행하는 것입니다. T-검정 과 일원배치 분산분석을 사용하여 범주형 변수의 수준 간 '가격(price)'에 차이가 있는지, 교차분석을 사용하여 범주형 변수들 간에 연관성이 있는지를 분석해볼 수 있습니다. 여기까지가 우리가 해보려는 것들이에요.

이제 시작해보겠습니다! 바로 앞에서 분석 방법 열거하면서 양적 변수라면~, 범주형 변수라면~ 했던 것 생각나시죠? 우선 각 변수를 알아야 어떤 분석 방법을 사용해야 할지 결정할 수 있어요. 먼저 4개의 주요 변수에 대하여 하나씩 살펴봅니다. 앞에서 언급했던 '연식(age)', '역과의 거리(station)', '편의점의 개수(stores)' 변수의 범주화 작업도 함께해보겠습니다.

가격(price) 변수 파악하기

첫번째로, '가격(price)' 변수에 대하여 알아봅니다.

```
> attach(estate)
```

사용할 estate 데이터를 지정합니다.

기술통계량을 산출합니다.

```
> summary(price)
```

```
 Min. 1st Qu.  Median    Mean 3rd Qu.    Max.
 7.60   27.70   38.45   37.98   46.60  117.50
```

범위 는 단위당 7.60~117.50만, 평균 은 단위당 37.98만 타이완 달러입니다.

변수가 어떤 형태로 분포되어 있는지를 알아보기 위하여 왜도와 첨도를 출력합니다. 왜도와 첨도는 앞의 summary() {base} 함수를 사용하여 출력할 수 없으므로 추가 패키지를 설치하여 아래와 같이 출력하겠습니다.

```
> #install.packages("agricolae")
> library(agricolae)
> skewness(price)
```

```
[1] 0.5998526
```

```
> kurtosis(price)
```

```
[1] 2.179097
```

왜도(0.5998526)>0이므로 크기가 작은 방향으로 자료값이 몰려 있고, 첨도(2.179097)>0이므로 정규분포보다 뾰족한 형태를 가진 분포입니다.

숫자로 파악해본 분포의 형태를 그래프 를 사용하여 시각적으로 표현해보겠습니다.

```
> par(mfrow=c(2,2))
> boxplot(price,col="green",main="boxplot(price)")
> hist(price,main="histogram")
> plot(density(price),main="densityplot")
> barplot(price[order(price)],main="barplot")
```

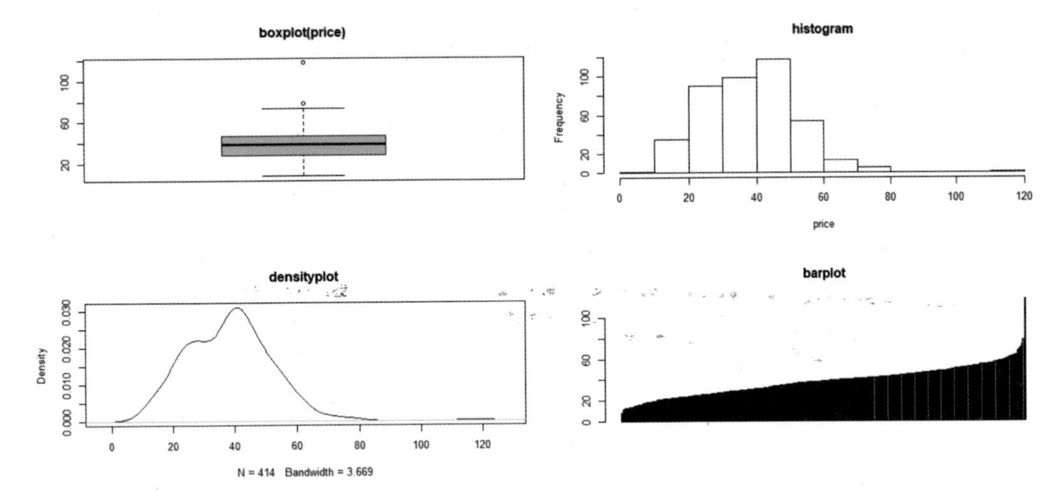

상자 그림, 히스토그램, 밀도 그림, 크기 순으로 정렬한 막대 그림을 출력한 결과입니다. 자료값이 작은 방향으로 분포가 치우쳐 있으며, 큰 방향으로 몇 개의 이상치 가 존재하는 것을 확인할 수 있습니다.

이상치(outlier)는 전체 분포를 감안했을 때 정상적이지 않다고 의심되는 자료를 뜻합니다. 가격이 너무 비싼 집들, 즉 크기가 큰 방향에 존재하는 이상치의 자료값을 그대로 인정하고 분석을 진행해야 할지, 아니면 제외하는 등의 처리를 해야 할지를 판단해야겠죠? 여기서는 이상치가 있는 관측치를 구분해내기 위하여 잠깐 간단한 핸들링 작업을 해볼 거예요. 이상치 구분 기준은 많이 사용하는 기준(사분위범위의 1.5배를 넘는 경우)을 사용합니다. 사분위범위는 1사분위수 와 3사분위수 의 차를 의미합니다. 먼저 1사분위수와 3사분위수를 계산하여 q1과 q3에 저장하겠습니다.

```
> q1 <- fivenum(price)[2]; q1
[1] 27.7
```

1사분위수는 27.7입니다.

```
> q3 <- fivenum(price)[4]; q3
[1] 46.6
```

3사분위수는 46.6입니다.

사분위범위(=3사분위수-1사분위수)을 계산하여 iqr에 저장합니다.

```
> iqr <- q3-q1; iqr
[1] 18.9
```

사분위범위(=q3-q1)는 18.9입니다.

이상치 경계가 되는 값을 계산합니다. 3사분위수보다 '사분위범위의 1.5배'만큼 더 큰 값이 위쪽 이상치 경계가 되고, 1사분위수보다 '사분위범위의 1.5배'만큼 더 작은 값이 아래쪽 이상치 경계가 됩니다. 위쪽 이상치 경계를 계산하여 out_top에, 아래쪽 이상치 경계를 계산하여 out_bottom에 저장합니다.

```
> out_top <- q3+iqr x 1.5; out_top
[1] 74.95
```

3사분위수보다 '사분위범위의 1.5배(=iqr x 1.5)'만큼 더 큰 값을 계산한 결과 74.95가 출력되었습니다. 이 값은 위쪽 이상치 경계를 나타냅니다.

```
> out_bottom <- q1-iqr x 1.5; out_bottom
[1] -0.65
```

1사분위수에서 '사분위범위의 1.5배(=iqr x 1.5)'만큼 더 작은 값을 계산한 결과 -0.65가 출력되었습니다. 이 값은 아래쪽 이상치 경계를 나타냅니다.

위쪽 이상치 경계(out_top)보다 크거나, 아래쪽 이상치 경계(out_bottom)보다 작은 자료값이 우리가 확인하려고 하는 이상치입니다. which() {base} 함수를 사용하면 해당 자료의 행 번호를 출력할 수 있습니다.

```
> out <- which(price>out_top | price<out_bottom); out
[1] 221 271 313
```

221, 271, 313행의 자료값이 이상치인 것으로 확인되었습니다. 그 값을 out에 저장합니다.

slice() {dplyr} 함수를 사용하여 '가격(price)' 변수에 이상치 자료값을 가지고 있는 행 전체를 출력합니다.

```
> # install.packages("dplyr")
> library(dplyr)
> slice(estate,out)
   No     date  age  station stores latitude longitude price
1 221 2013.333 37.2 186.5101      9 24.97703  121.5426  78.3
2 271 2013.333 10.8 252.5822      1 24.97460  121.5305 117.5
3 313 2013.583 35.4 318.5292      9 24.97071  121.5407  78.0
```

221, 271, 313행이 출력되었습니다.

이 관측치들을 그대로 사용하는 것이 좋을지를 결정하기 위하여 전체 기술통계량을 산출하여 비교해보려고 합니다.

```
> summary(estate[c("age","station","stores","price")])
```

```
      age             station             stores            price
 Min.   : 0.000   Min.   :  23.38   Min.   : 0.000   Min.   :  7.60
 1st Qu.: 9.025   1st Qu.: 289.32   1st Qu.: 1.000   1st Qu.: 27.70
 Median :16.100   Median : 492.23   Median : 4.000   Median : 38.45
 Mean   :17.713   Mean   :1083.89   Mean   : 4.094   Mean   : 37.98
 3rd Qu.:28.150   3rd Qu.:1454.28   3rd Qu.: 6.000   3rd Qu.: 46.60
 Max.   :43.800   Max.   :6488.02   Max.   :10.000   Max.   :117.50
```

가격이 너무 비싸기 때문에 이상치로 여겨지는 관측치들과 주요 변수들의 기술통계량을 비교해 볼게요. '편의점 개수(stores)'의 평균(Mean)은 4.094개이고 최대 10개인데, 221번과 313번 집의 경우 9개나 되는 편의점이 주변에 있습니다. '연식(age)'의 평균은 17.713년이고, 1사분위수 해당 값이 9.025년이므로 271번 집의 연식은 10.8년으로 낮은 축에 속합니다. 그리고, 'MRT역과의 거리(station)'가 252.5855m로 1사분위수(1st Qu.)인 289.32m 보다도 가까이에 있습니다.

다른 관점에서도 생각해볼 수 있겠지만, 이 정도로만 살펴보더라도 가격 이상치로 분류된 세 개의 관측치의 자료를 분석에서 제외할 필요는 없을 것 같습니다.

연식(age) 변수 파악하기

두번째로, '연식(age)' 변수에 대하여 알아봅니다.

```
> summary(estate$age)
```

```
  Min. 1st Qu.  Median    Mean 3rd Qu.    Max.
 0.000   9.025  16.100  17.713  28.150  43.800
```

범위는 0~43.800년, 평균 17.713년입니다.

```
> #library(agricolae)
> skewness(age); kurtosis(age)
```

```
[1] 0.3829262
[1] -0.8771201
```

왜도(0.3829262)>0이므로 크기가 작은 방향으로 자료값이 몰려 있고, 첨도(-0.8771201)<0이므로 정규분포보다 완만한 형태를 가진 분포입니다.

```
> par(mfrow=c(2,2))
> boxplot(age,col="pink",main="boxplot(age)")
> hist(age,main="histogram")
> plot(density(age),main="densityplot")
> barplot(age[order(age)],main="barplot")
```

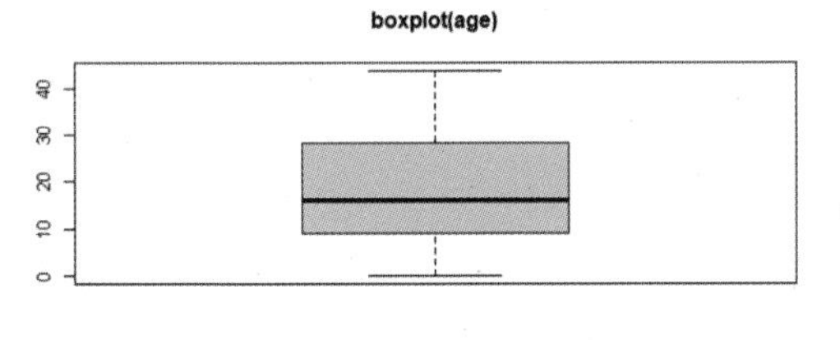

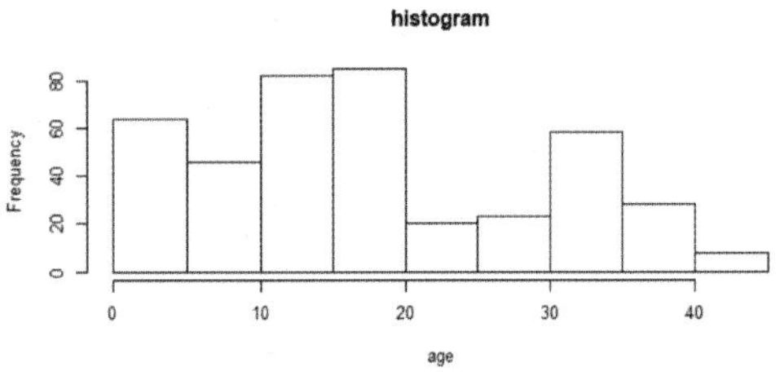

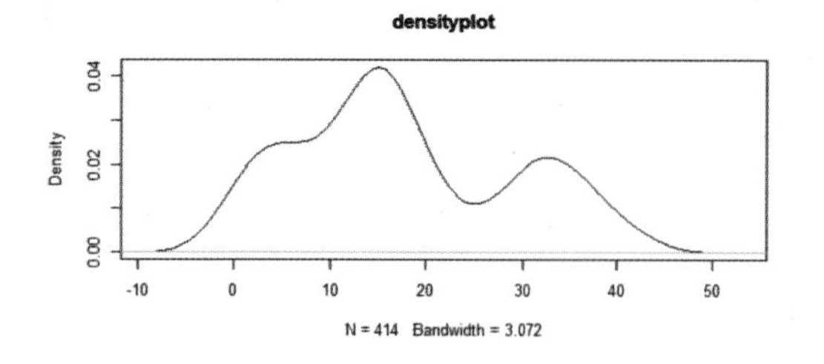

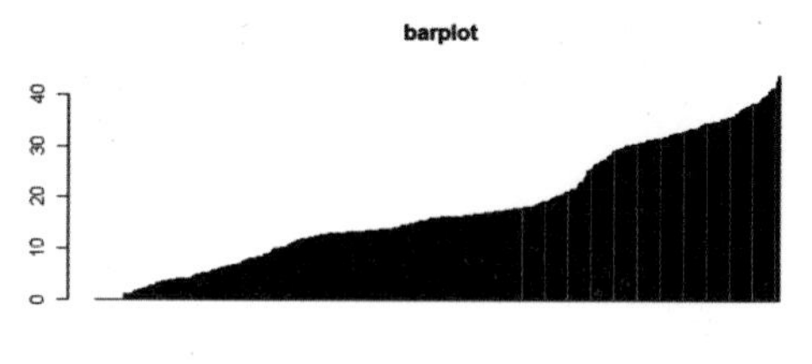

자료값이 작은 방향으로 조금 치우쳐 있으며, 이상치는 보이지 않습니다. 연식이 10~20년에 많이 몰려 있고, 0인 자료도 다수 존재하는 것을 알 수 있습니다. 또, 연식이 오래된 집들 중에는 30~35년의 자료가 많이 나타납니다.

'연식(age)' 변수부터는 이후 분석을 위하여 범주화합니다. 이 변수는 일반적인 기준을 따라 10년 단위로 수준을 정하고 범주화 하겠습니다. 단, 연식이 0인 경우는 특별한 의미가 있고, 그 수가 적지 않으므로 "new" 수준으로 구분할게요. 아래는 신축, 10년 이하, 20년 이하, 30년 이하, 30년 초과의 5개 수준으로 범주화 하여 '연식 그룹(g_age)' 변수를 생성하는 과정입니다.

```
> estate$g_age <- ifelse(estate$age==0,"new",
+                         ifelse(estate$age<=10,"-10y",
+                                ifelse(estate$age<=20,"-20y",
+                                       ifelse(estate$age<=30,"-30y", "30y+"))))
```

0인 경우 "new" 수준으로, 0 초과 10 이하인 경우 "-10y" 수준으로, 10 초과 20 이하인 경우 "-20y" 수준으로, 20 초과 30 이하인 경우 "-30y" 수준으로, 그 외의 경우 "30y+" 수준으로 범주화 하였습니다.

범주화한 '연식 그룹(g_age)' 변수에 순서가 있는 범주형(ord.factor) 의 속성을 부여합니다.

```
> estate$g_age <- factor(estate$g_age,
+                         levels=c("new","-10y","-20y","-30y","30y+"),
+                         ordered=TRUE)
```

수준은 "new", "-10y", "-20y", "-30y", "30y+"로 지정하였습니다.

생성한 '연식 그룹(g_age)' 변수의 수준별 빈도수를 확인합니다.

```
> attach(estate)
> table(g_age)
```

```
g_age
 new -10y -20y -30y 30y+
  17   93  167   43   94
```

데이터가 변경되었으므로 사용할 estate 데이터를 다시 지정합니다. "-20y(10년 초과 20년 이하)"의 자료가 167건으로 가장 많습니다. 다른 수준에 비하여 "신축(new)" 수준의 빈도가 낮으나, 의미상의 필요에 의해 구분하였습니다.

역과의 거리(station) 변수 파악하기

세번째로, '역과의 거리(station)' 변수에 대하여 알아봅니다.

```
> summary(station)
```

```
 Min. 1st Qu.  Median    Mean 3rd Qu.    Max.
23.38  289.32  492.23 1083.89 1454.28 6488.02
```

범위는 23.38~6488.02m, 평균 1083.89m입니다.

```
> #library(agricolae)
> skewness(station); kurtosis(station)
```

```
[1] 1.888757
[1] 3.207868
```

왜도(1.888757)>0이므로 크기가 작은 방향으로 자료값이 몰려 있고, 첨도(3.207868)>0이므로 정규분포보다 뾰족한 형태를 가진 분포입니다.

```
> par(mfrow=c(2,2))
> boxplot(station,col="coral",main="boxplot(station)")
> hist(station,main="histogram")
> plot(density(station),main="densityplot")
> barplot(station[order(station)],main="barplot")
```

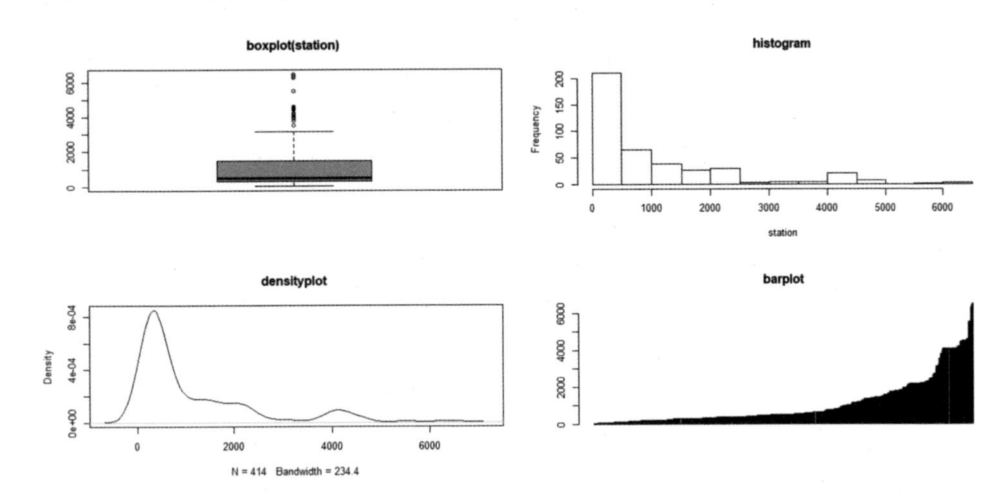

자료값이 작은 방향으로 심하게 치우쳐 있고, 큰 방향에 다수의 이상치가 존재합니다. 그리고, 500m 이하인 자료가 많은 부분을 차지하고 있다는 것을 히스토그램과 밀도 그림을 통하여 확인할 수 있습니다.

크기가 큰 방향에 존재하는 이상치의 자료값을 그대로 인정하고 분석을 진행해야 할지, 아니면 결측치로 변환하는 등의 처리를 해야할지를 판단하기 위하여 자료값을 확인하겠습니다. 앞의 '가격(price)' 변수에서처럼 이상치를 구분하여 출력하려고 합니다. 1사분위수를 q1에 저장하고, 3사분위수를 q3에 저장한 후, 사분위범위를 계산합니다.

```
> q1 <- fivenum(station)[2]; q1
```

```
[1] 289.3248
```

1사분위수는 289.3248입니다.

```
> q3 <- fivenum(station)[4]; q3
```

```
[1] 1455.798
```

3사분위수는 1455.798입니다.

```
> iqr <- q3-q1; iqr
```

```
[1] 1166.473
```

사분위범위는 1166.473입니다.

이상치 경계가 되는 값을 계산합니다. 3사분위수보다 '사분위범위의 1.5배'만큼 더 큰 값이 위쪽 이상치 경계가 되고, 1사분위수보다 '사분위범위의 1.5배'만큼 더 작은 값이 아래쪽 이상치 경계가 됩니다. 위쪽 이상치 경계를 계산하여 out_top에, 아래쪽 이상치 경계를 계산하여 out_bottom에 저장합니다.

```
> out_top <- q3+iqr x 1.5; out_top
[1] 3205.508
```

3사분위수보다 '사분위범위의 1.5배(=iqr x 1.5)'만큼 더 큰 값을 계산한 결과 3205.508이 출력되었습니다. 이 값은 '역과의 거리(station)'변수의 위쪽 이상치 경계를 나타냅니다.

```
> out_bottom <- q1-iqr x 1.5; out_bottom
[1] -1460.385
```

1사분위수보다 '사분위범위의 1.5배(=iqr x 1.5)'만큼 더 작은 값을 계산한 결과 -1460.385가 출력되었습니다. 이 값은 '역과의 거리(station)'변수의 아래쪽 이상치 경계를 나타냅니다.

위 아래 이상치 경계를 넘어서는 자료를 찾아내어 출력합니다.

```
> out <- which(station>out_top | station<out_bottom); out
 [1]   9  31  36  41  42  49  50  59  74  88  90 117 118 149 155 156 163 171 177 181
[21] 184 190 195 227 232 233 250 256 299 321 330 332 348 383 385 395 410
```

```
> length(out)
[1] 37
```

37개의 이상치가 발견되었습니다.

```
> # install.packages("dplyr")
> library(dplyr)
> slice(estate,out)
   No     date  age  station stores latitude longitude price g_age
1   9 2013.500 31.7 5512.038      1 24.95095  121.4846  18.8  30y+
2  31 2013.500 25.9 4519.690      0 24.94826  121.4959  22.1  -30y
3  36 2013.500 13.9 4079.418      0 25.01459  121.5182  27.3  -20y
```

(이하 생략)

이상치가 포함된 관측치의 개수가 전체 데이터의 거의 10%를 차지하고 있네요. 다른 경우라면 조사가 필요할 수도 있겠지만, 여기서 우리는 믿을만한 오픈 데이터를 사용하고 있으므로 나타난 자료를 그대로 인정하고 진행하도록 할게요.

변수를 범주화하여 '역과의 거리 그룹(g_station)' 변수를 생성하려고 합니다. 앞의 그래프를 통하

여 500m 이하인 자료가 많은 부분을 차지하고 있는 것을 반영하여, 범주화 기준을 500m로 정하겠습니다.

```
> estate$g_station <- ifelse(estate$station<=500,"-500m","500m+")
> estate$g_station <- factor(estate$g_station,
+                            levels=c("-500m","500m+"),ordered=TRUE)
```

500 이하인 경우 "-500m" 수준으로, 그 외의 경우 "500m+" 수준으로 범주화하고 순서가 있는 범주형(ord.factor)의 속성을 부여합니다.

생성한 '역과의 거리 그룹(g_station)' 변수의 수준별 빈도수를 확인합니다.

```
> attach(estate)
> table(g_station)
```

```
g_station
-500m 500m+
  211   203
```

데이터가 변경되었으므로 사용할 estate 데이터를 다시 지정합니다. 2개의 수준을 가진 '역과의 거리 그룹(g_station)'은 500m 이하 수준과 500m 초과 수준이 거의 비슷한 비율로 나누어져 있습니다.

편의점의 개수(stores) 변수 파악하기

마지막으로, '편의점의 개수(stores)' 변수에 대하여 알아봅니다.

```
> summary(stores)
```

```
 Min. 1st Qu.  Median    Mean 3rd Qu.    Max.
0.000   1.000   4.000   4.094   6.000  10.000
```

'편의 점의 개수(stores)'의 범위는 0~10개, 평균 4.094개입니다.

```
> #library(agricolae)
> skewness(stores); kurtosis(stores)
```

```
[1] 0.1546066
[1] -1.065751
```

왜도(0.1546066)>0이므로 크기가 작은 방향으로 자료값이 몰려 있고, 첨도(-1.065751)<0이므로 정규분포보다 완만한 형태를 가진 분포입니다.

```
> par(mfrow=c(2,2))
> boxplot(stores,col="cyan",main="boxplot(stores)")
> hist(stores,main="histogram")
> plot(density(stores),main="densityplot")
> barplot(stores[order(stores)],main="barplot")
```

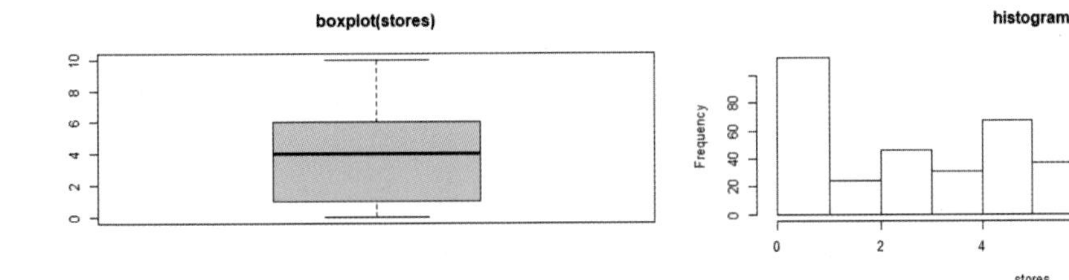

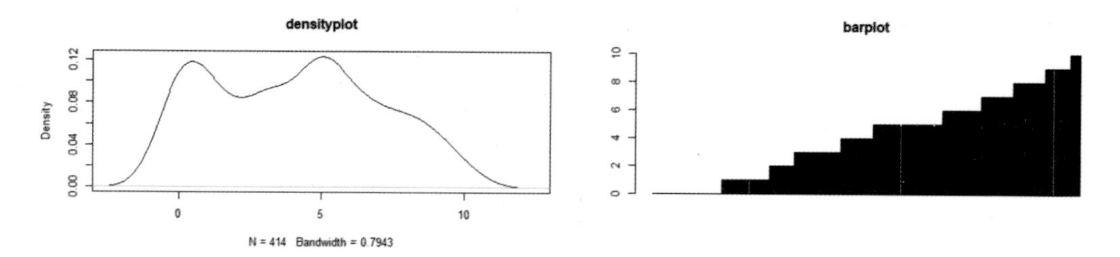

자료값이 작은 방향으로 치우쳐 있으며, 이상치는 보이지 않습니다. 0인 자료값이 상당수 나타났고, 다른 변수들과 달리 정수형(int) 속성을 가진 자료이므로 마지막의 크기 순으로 정렬한 막대 그림이 계단형 그래프로 표현되었습니다.

변수를 범주화하여 '편의점의 개수 그룹(g_stores)' 변수를 생성하려고 합니다. 많이 나타난 "0개"를 구분하고, 변수의 평균(Mean)이 4.094개인 것을 감안하여 "4개 이하(-4)", 그리고 "5개 초과(5+)"의 수준으로 범주화하겠습니다.

```
> estate$g_stores <- ifelse(estate$stores==0,"none",
+                           ifelse(estate$stores<=4,"-4","5+"))
> estate$g_stores <- factor(estate$g_stores,
+                           levels=c("none","-4","5+"),ordered=TRUE)
```

0인 경우 "none" 수준으로, 4 이하인 경우 "-4" 수준으로, 그 외의 경우 "5+" 수준으로 범주화하고 순서가 있는 범주형(ord.factor)의 속성을 부여합니다.

```
> attach(estate)
> table(g_stores)

g_stores
none   -4   5+
  67  147  200
```

데이터가 변경되었으므로 사용할 estate 데이터를 다시 지정합니다. '편의점의 개수 그룹(g_stores)'은 "없음(none)", "4개 이하(-4)", "5개 이상(5+)"의 3개의 수준을 가지고 있습니다.

이상으로 '연식(age)' 변수를 사용하여 '연식 그룹(g_age)'을, '역과의 거리(station)' 변수를 사용하여 '역과의 거리 그룹(g_station)'을, '편의점의 개수(stores)' 변수를 사용하여 '편의점의 개수 그룹(g_stores)'을 생성하였습니다. 생성한 3개의 변수의 속성은 범주형입니다.

범주형 변수 생성 후

생성한 변수를 확인하기 위하여 다시 estate 데이터의 미리보기를 합니다.

```
> head(estate)

  No     date  age    station stores latitude longitude price g_age g_station
1  1 2012.917 32.0   84.87882     10 24.98298  121.5402  37.9  30y+     -500m
2  2 2012.917 19.5  306.59470      9 24.98034  121.5395  42.2  -20y     -500m
3  3 2013.583 13.3  561.98450      5 24.98746  121.5439  47.3  -20y     500m+
4  4 2013.500 13.3  561.98450      5 24.98746  121.5439  54.8  -20y     500m+
5  5 2012.833  5.0  390.56840      5 24.97937  121.5425  43.1  -10y     -500m
6  6 2012.667  7.1 2175.03000      3 24.96305  121.5125  32.1  -10y     500m+
```

```
  g_stores
1       5+
2       5+
3       5+
4       5+
5       5+
6       -4
```

'연식 그룹(g_age)', '역과의 거리 그룹(g_station)', '편의점의 개수(g_stores)' 세 변수가 새로 생성되었습니다.

estate 데이터의 구조를 다시 확인합니다.

```
> str(estate)
'data.frame':	414 obs. of  11 variables:
 $ No       : int  1 2 3 4 5 6 7 8 9 10 ...
 $ date     : num  2013 2013 2014 2014 2013 ...
 $ age      : num  32 19.5 13.3 13.3 5 7.1 34.5 20.3 31.7 17.9 ...
 $ station  : num  84.9 306.6 562 562 390.6 ...
 $ stores   : int  10 9 5 5 5 3 7 6 1 3 ...
 $ latitude : num  25 25 25 25 25 ...
 $ longitude: num  122 122 122 122 122 ...
 $ price    : num  37.9 42.2 47.3 54.8 43.1 32.1 40.3 46.7 18.8 22.1 ...
 $ g_age    : Ord.factor w/ 5 levels "new"<"-10y"<"-20y"<..: 5 3 3 3 2 2 5 4 5 3 ...
 $ g_station: Ord.factor w/ 2 levels "-500m"<"500m+": 1 1 2 2 1 2 2 1 2 2 ...
 $ g_stores : Ord.factor w/ 3 levels "none"<"-4"<"5+": 3 3 3 3 3 2 3 3 2 2 ...
```

생성된 세 변수들은 순서가 있는 범주형(ordered factor)의 속성을 가지고 있으며, 'g_age'는 5개("new"< "-10y" < "-20y", 'g_station'은 2개("-500m"<"500m+"), 'g_stores'는 3개의 수준("none"<"-4"<"5+")으로 구성되어 있습니다.

estate 데이터의 기술통계량을 다시 산출합니다.

```
> summary(estate)
       No             date           age            station            stores
 Min.   :  1.0   Min.   :2013   Min.   : 0.000   Min.   :  23.38   Min.   : 0.000
 1st Qu.:104.2   1st Qu.:2013   1st Qu.: 9.025   1st Qu.: 289.32   1st Qu.: 1.000
 Median :207.5   Median :2013   Median :16.100   Median : 492.23   Median : 4.000
 Mean   :207.5   Mean   :2013   Mean   :17.713   Mean   :1083.89   Mean   : 4.094
 3rd Qu.:310.8   3rd Qu.:2013   3rd Qu.:28.150   3rd Qu.:1454.28   3rd Qu.: 6.000
 Max.   :414.0   Max.   :2014   Max.   :43.800   Max.   :6488.02   Max.   :10.000
    latitude       longitude         price          g_age      g_station    g_stores
 Min.   :24.93   Min.   :121.5   Min.   :  7.60   new : 17   -500m:211   none: 67
 1st Qu.:24.96   1st Qu.:121.5   1st Qu.: 27.70   -10y: 93   500m+:203   -4  :147
 Median :24.97   Median :121.5   Median : 38.45   -20y:167               5+  :200
 Mean   :24.97   Mean   :121.5   Mean   : 37.98   -30y: 43
 3rd Qu.:24.98   3rd Qu.:121.5   3rd Qu.: 46.60   30y+: 94
 Max.   :25.01   Max.   :121.6   Max.   :117.50
```

새로 생성된 변수들은 질적 변수 인 범주형 자료이므로, 기존의 변수들과는 달리 '수준별 빈도수'가 출력되었습니다.

이상으로 estate 데이터의 주요 변수의 생김새에 대하여 알아보고, 이후 분석을 위하여 범주화하여 3개의 범주형 변수를 생성하였습니다.

차이 검정하기

앞에서 생성한 범주형 변수들을 사용하여 수준 간 평균의 차이를 검정하는 단계입니다. 평균의 차이를 검정하기 위하여 먼저 변수 내 수준의 개수를 알아야 합니다. 그에 따라서 사용하는 분석 방법이 달라지기 때문입니다.

첫번째로, 앞에서 생성한 범주형 변수 중 '역과의 거리 그룹(g_station)' 변수의 수준에 따라서 '가격(price)'의 평균에 차이가 있는지를 알아보려고 합니다. 범주형 변수 내 수준의 개수에 따라서 다른 검정 방법을 사용한다고 했었죠? 간단하게 정리하면, 수준이 2개일 때는 T-검정, 그 외에는 일원배치 분산분석을 사용할 거에요.

역과의 거리에 따라 집의 가격에 차이가 있을까?

어떤 검정 방법을 사용할 것인지를 선택하기 위하여 '역과의 거리 그룹(g_station)' 변수 내 수준의 개수를 파악해볼게요.

```
> attach(estate)
```

사용할 estate 데이터를 지정합니다.

```
> str(g_station)
Ord.factor w/ 2 levels "-500m"<"500m+": 1 1 2 2 1 2 2 1 2 2 ...
```

2개의 수준을 가지고 있습니다.

2개의 수준을 가진 변수를 기준으로 평균의 차이를 검정할 때 사용하는 방법은 'T-검정'입니다. 분석 방법과 결과물의 해석 방법에 대하여는 다음 장에서 설명하기로 하고, 여기서는 가설 검정 의 결과만 기술할게요. 결론만 이해하면서 따라와주세요.

```
> t.test(price~g_station,var.equal=TRUE)

        Two Sample t-test

data:  price by g_station
t = 16.018, df = 412, p-value < 2.2e-16
alternative hypothesis: true difference in means is not equal to 0
95 percent confidence interval:
 14.77415 18.90759
sample estimates:
mean in group -500m mean in group 500m+
           46.23791            29.39704
```

〈가설 검정〉
귀무가설(H0) : '역과의 거리 그룹(g_station)'의 "-500m"와 "500m+" 2개의 수준에서, '가격(price)'의 평균이 같습니다.
대립가설(H1) : '역과의 거리 그룹(g_station)'의 "-500m"와 "500m+" 2개의 수준에서, '가격(price)'의 평균에 차이가 있습니다.
→ p-value(〈2.2e-16) 〈 α(=0.05) 이므로, 귀무가설을 기각합니다.
◈ 분석 결과 : p-value 〈 0.05 이므로, 유의수준 0.05에서 "역과의 거리가 500m이하인 집의 가격"의 평균은 "500m가 넘는 집의 가격"의 평균과 유의한 차이가 있습니다.

상자 그림과 밀도 그림을 사용하여 2개의 수준 간 분포의 차이를 시각화합니다.

```
> par(mfrow=c(1,2))
> boxplot(price~g_station, col=c("deeppink","darkblue"),
+         main="boxplot(price~g_station")
> plot(density(subset(estate,g_station=="-500m")$price),col="deeppink",
+      main="densityplot")
> lines(density(subset(estate,g_station=="500m+")$price),col="darkblue")
```

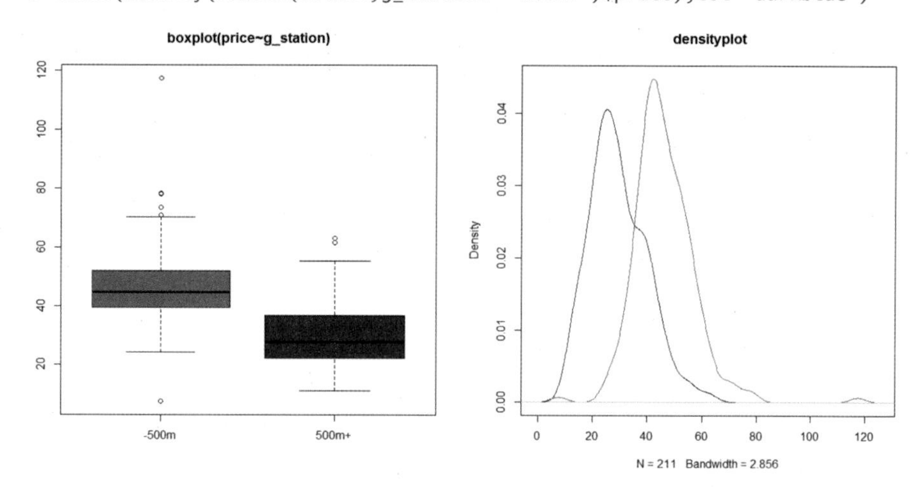

"-500m" 수준의 가격이 높게 나타나는 것을 확인할 수 있습니다.

편의점의 개수에 따라 집의 가격에 차이가 있을까?

두번째로, 앞에서 생성한 범주형 변수 중 '편의점의 개수 그룹(g_stores)' 변수의 수준에 따라서 '가격(price)'의 평균에 차이가 있는지를 알아보려고 합니다. 어떤 검정 방법을 사용할 것인지를 선택하기 위하여 '편의점의 개수 그룹(g_stores)' 변수 내 수준의 개수를 파악합니다.

```
> str(g_stores)

Ord.factor w/ 3 levels "none"<"-4"<"5+": 3 3 3 3 3 2 3 3 2 2 ...
```

3개의 수준을 가지고 있습니다.

3개의 수준을 가진 경우, 평균의 차이를 검정할 때 사용하는 분석 방법은 '일원배치 분산분석'입니다.

```
> aov_g_stores <- aov(price~g_stores)
> summary(aov_g_stores)

             Df Sum Sq Mean Sq F value Pr(>F)
g_stores      2  26791   13395   110.8 <2e-16 ***
Residuals   411  49671     121
---
Signif. codes:  0 ‘***’ 0.001 ‘**’ 0.01 ‘*’ 0.05 ‘.’ 0.1 ‘ ’ 1
```

〈가설 검정〉
귀무가설(H0) : '편의점의 개수 그룹(g_stores)' 3개의 수준에서 '가격(price)'의 평균이 같습니다.

대립가설(H1) : '편의점의 개수 그룹(g_stores)' 3개의 수준에서 '가격(price)'의 평균이 모두 같은 것은 아닙니다.
→ p-value(<2e-16) < α(=0.05) 이므로, 귀무가설을 기각합니다.
◈ 분석 결과 : p-value < 0.05 이므로, 유의수준 0.05에서 "편의점의 개수 그룹"에 따라서 가격에 유의한 차이가 있습니다.

분석 결과 3개의 수준 중 가격의 평균에 차이가 있는 수준이 있다는 것을 알게 되었습니다. 하지만 이 결과 만으로는 어떤 수준 간에 유의한 차이가 있는지를 확인할 수는 없습니다. 그것을 확인하기 위하여 사용하는 분석 방법을 사후검정이라고 합니다. 여기서는 duncan의 사후검정 방법을 사용해볼게요.

```
> #library(agricolae)
> duncan.test(aov_g_stores,"g_stores", alpha=0.05,console=TRUE)
```

```
Study: aov_g_stores ~ "g_stores"

Duncan's new multiple range test
for price

Mean Square Error:  120.853

g_stores,  means

        price      std   r  Min   Max
-4   32.23741 11.70104 147 11.2 117.5
5+   46.05950 10.05601 200  7.6  78.3
none 26.46269 12.03376  67 11.6  55.3

Groups according to probability of means differences and alpha level( 0.05 )

Means with the same letter are not significantly different.

        price groups
5+   46.05950      a
-4   32.23741      b
none 26.46269      c
```

3개의 수준("없음(none)", "4개 이하(-4)", "5개 초과(5+)") 모두 가격의 차이가 나타납니다. 개수가 많아질수록 가격의 평균이 높은 것도 확인할 수 있습니다.

상자 그림과 밀도 그림을 사용하여 3개의 수준 간 분포의 차이를 시각화합니다.

```
> par(mfrow=c(1,2))
> boxplot(price~g_stores, col=c("deeppink","darkblue","gray"),
+         main="boxplot(price_g_stores)")
> plot(density(subset(estate,g_stores=="none")$price),col="deeppink",
+      main="densityplot")
> lines(density(subset(estate,g_stores=="-4")$price),col="darkblue")
> lines(density(subset(estate,g_stores=="5+")$price), col="gray")
```

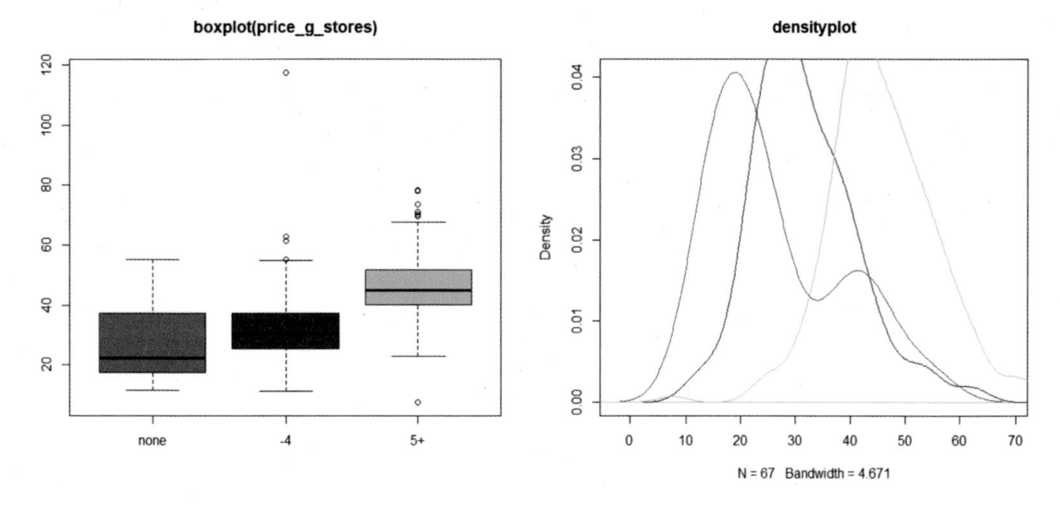

"없음(none)", "4개 이하(-4)", "5개 이상(5+)"의 순서로 '가격(price)'의 평균이 높아지는 것을 확인할 수 있습니다.

연식에 따라 집의 가격에 차이가 있을까?

마지막으로, 앞에서 생성한 범주형 변수 중 '연식 그룹(g_age)' 변수의 수준에 따라서 '가격(price)'의 평균에 차이가 있는지를 알아보려고 합니다. 어떤 검정 방법을 사용할 것인지를 선택하기 위하여 '연식 그룹(g_age)' 변수 내 수준의 개수를 파악합니다.

```
> str(g_age)
```

```
Ord.factor w/ 5 levels "new"<"-10y"<"-20y"<..: 5 3 3 3 2 2 5 4 5 3 ...
```

5개의 수준을 가지고 있습니다

5개의 수준을 가지고 있으므로, 앞의 경우와 마찬가지로 '일원배치 분산분석'을 사용합니다.

```
> aov_g_age <- aov(price~g_age)
> summary(aov_g_age)
```

```
             Df Sum Sq Mean Sq F value Pr(>F)
g_age         4  13775    3444   22.47 <2e-16 ***
Residuals   409  62686     153
---
Signif. codes:  0 '***' 0.001 '**' 0.01 '*' 0.05 '.' 0.1 ' ' 1
```

〈가설 검정〉
귀무가설(H0) : '연식 그룹(g_age)' 5개의 수준에서 '가격(price)의 평균이 같습니다.
대립가설(H1) : '연식 그룹(g_age)' 5개의 수준에서 '가격(price)'의 평균이 모두 같은 것은 아닙니다.
→ p-value(〈2e-16) 〈 α(=0.05) 이므로, 귀무가설을 기각합니다.
◈ 분석 결과 : p-value 〈 0.05 이므로, 유의수준 0.05에서 "연식 그룹"에 따라서 가격에 유의한 차이가 있습니다.

분석 결과 5개의 수준 중 가격의 평균에 차이가 있는 수준이 있다는 것을 알게 되었습니다. 어떤 수준 간에 유의한 차이가 있는지를 확인하기 위하여 이번에는 scheffe의 사후검정 방법을 사용하겠습니다.

```
> #library(agricolae)
> scheffe.test(aov_g_age,"g_age",alpha=0.05,console=TRUE)
>
> subset(estate,g_age=="30y+")

Study: aov_g_age ~ "g_age"

Scheffe Test for price

Mean Square Error  : 153.2677

g_age,  means

        price      std   r  Min   Max
-10y 45.23226 11.69606  93 21.7  63.9
-20y 34.13832 13.04382 167  7.6 117.5
-30y 31.19535 10.37956  43 13.2  46.7
30y+ 37.81277 12.81821  94 12.2  78.3
new  54.13529 11.32547  17 37.9  73.6

Alpha: 0.05 ; DF Error: 409
Critical Value of F: 2.393755

Groups according to probability of means differences and alpha level( 0.05 )

Means with the same letter are not significantly different.

        price groups
new  54.13529      a
-10y 45.23226      a
30y+ 37.81277      b
-20y 34.13832      b
-30y 31.19535      b
```

2개의 수준("신축(new)", "10년 이하(-10y)")이 하나의 그룹으로, 3개의 수준("20년 이하(-20y)", "30이하(-30y)", "30년 초과(30y+)")이 다른 하나의 그룹으로 구분되었습니다. 그런데, "30년 초과(30y+)" 수준의 평균이 제일 낮지가 않네요? 여기서는 다루지 않지만, "30년 초과(30y+)"인 경우의 평균 가격이 높게 나온 이유를 파악해보는 것도 필요할 것 같습니다.

상자 그림과 밀도 그림을 사용하여 5개의 수준 간 분포의 차이를 시각화합니다.

```
> par(mfrow=c(1,2))
> boxplot(price~g_age, col=c("deeppink","darkblue","darkorange",
+                              "aquamarine4","chocolate"),
+          main="boxplot(price~g_age)")
> plot(density(subset(estate,g_age=="new")$price),col="deeppink",
+      main="densityplot")
> lines(density(subset(estate,g_age=="-10y")$price),col="darkblue")
> lines(density(subset(estate,g_age=="-20y")$price),col="darkorange")
> lines(density(subset(estate,g_age=="-30y")$price),col="aquamarine4")
> lines(density(subset(estate,g_age=="30y+")$price),col="chocolate"),
```

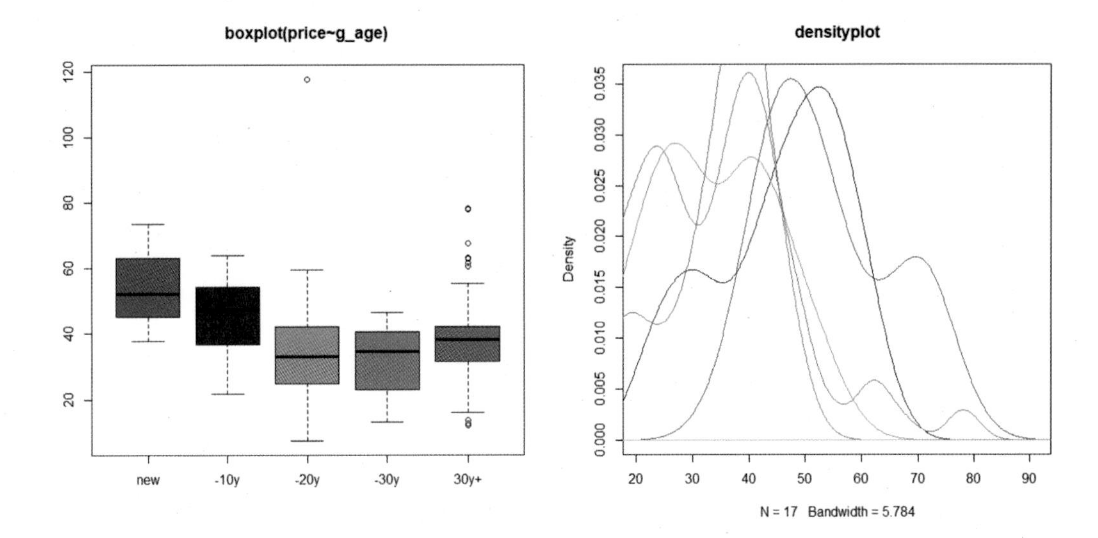

이상으로 앞에서 범주화 한 변수들을 사용하여 수준별 가격의 평균 차이를 비교하는 검정을 해 보았습니다.

연관성 검정하기

이번 장은 변수간의 연관성을 검정하는 단계입니다. 여기서는 사용하는 두 가지 분석 방법을 구분하는 기준은 변수의 속성입니다. 여기서 다룰 내용 중 양적 변수간의 연관성을 검정하는 '상관분석'과 범주형 변수간의 연관성을 검정하는 '교차분석'은 5부에서 자세하게 설명합니다.

집의 가격은 연식/역과의 거리/편의점의 개수와 연관성이 있을까?

```
> attach(estate)
```

사용할 estate 데이터를 지정합니다.

먼저 '가격(price)' 변수가 '연식(age)', '역과의 거리(station)', 그리고 '편의점의 개수(stores)' 변수와연관성이 있는지를 알아보려고 합니다. 어떤 검정 방법을 사용할 것인지를 선택하기 위하여 4개의 변수의 속성을 파악합니다.

```
> str(estate[c("age","station","stores","price")])
```

```
'data.frame':    414 obs. of  4 variables:
 $ age    : num  32 19.5 13.3 13.3 5 7.1 34.5 20.3 31.7 17.9 ...
 $ station: num  84.9 306.6 562 562 390.6 ...
 $ stores : int  10 9 5 5 5 3 7 6 1 3 ...
 $ price  : num  37.9 42.2 47.3 54.8 43.1 32.1 40.3 46.7 18.8 22.1 ...
```

4개의 변수의 속성은 '실수형(num)' 또는 '정수형(int)'로 모두 양적 자료입니다.

양적 자료인 두 변수의 연관성을 검정할 때 사용하는 분석 방법은 '상관분석'입니다. 여기서는 '상관

계수'만을 산출할게요.

```
> cor(age,price)
[1] -0.210567
```

'연식(age)'과 '가격(price)'은 낮은 음의 상관관계(-21.0567%)를 가지고 있습니다. 즉, 연식이 높으면 가격이 낮아지지만 그 상관성은 낮습니다.

```
> cor(station,price)
[1] -0.6736129
```

'역과의 거리(station)'와 '가격(price)'은 음의 상관관계(-67.36129%)를 가지고 있습니다. 즉, MRT역과의 거리가 멀면 가격은 낮아집니다.

```
> cor(stores,price)
[1] 0.5710049
```

'편의점의 개수(stores)'와 '가격(price)'은 양의 상관관계(57.10049%)를 가지고 있습니다. 즉, 도보 가능한 편의점의 개수가 많으면 가격은 높아집니다.

변수들간의 산점도를 사용하여 그 분포를 시각화합니다.

```
> par(mfrow=c(1,3))
> plot(age,price,main="plot(age,price)")
> plot(station,price,main="plot(station,price)")
> plot(stores,price,main="plot(stores,price)")
```

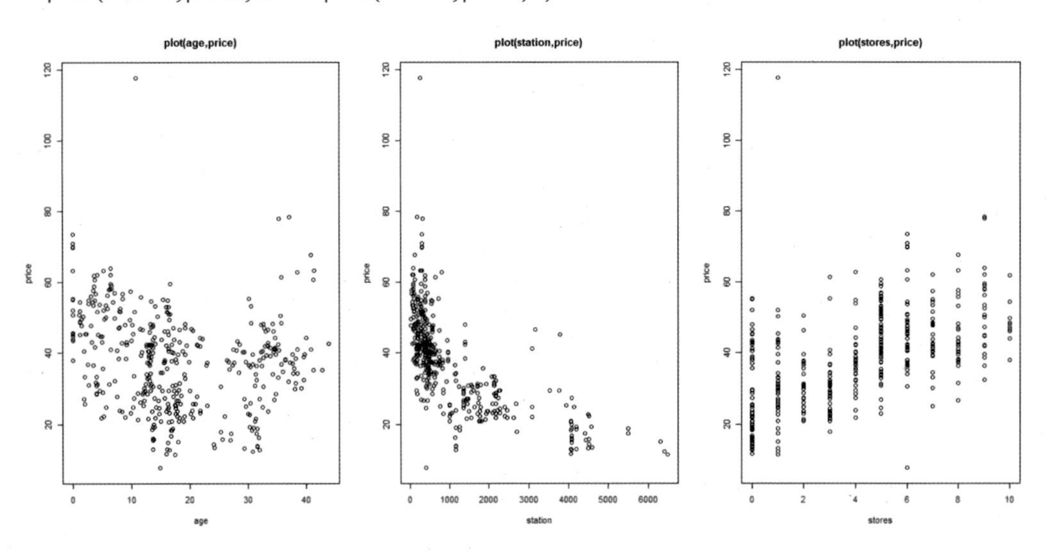

'연식(age)'과 '가격(price)'의 산점도는 약한 음의 연관성을, '역과의 거리(station)'과 '가격(price)'의 산점도는 음의 연관성을, '편의점의 개수(stores)'와 '가격(price)'은 양의 연관성을 보이는 것을 확인할 수 있습니다.

여러 변수를 사용하여 한꺼번에 산점도를 그릴 수도 있습니다. 가로축과 세로축의 비율이 달라져서 다른 그래프처럼 보이지만 같은 것입니다.

```
> par(mfrow=c(1,1))
```

```
> plot(estate[c("price","age","station","stores")])
```

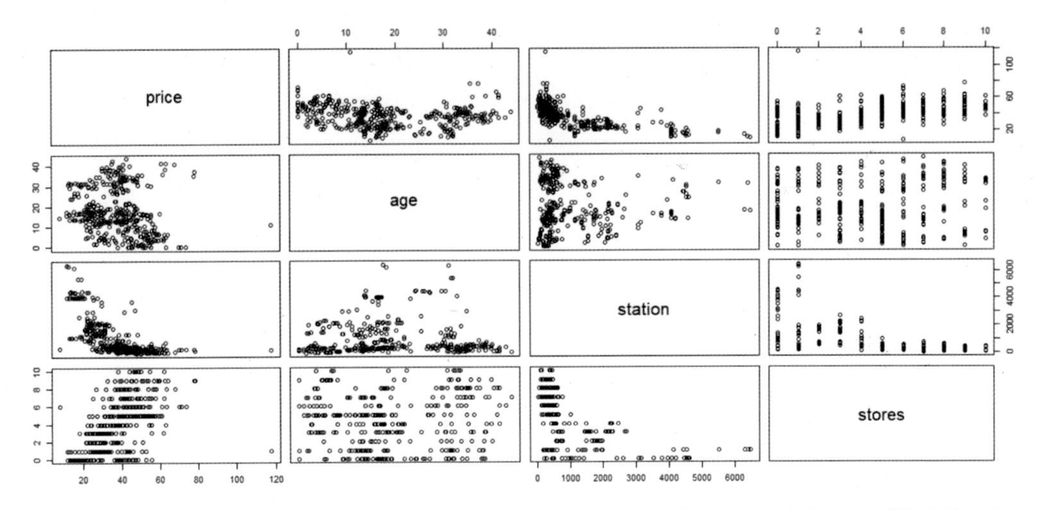

'연식(age)'과 '가격(price)', '역과의 거리(station)' 그리고 '가격(price)' 사이에는 음의 상관관계가, '편의점의 개수(stores)'와 '가격(price)' 사이에는 양의 상관관계가 있는 것으로 보입니다.

역과의 거리와 편의점의 개수는 연관성이 있을까?

다음으로, '역과의 거리 그룹(g_station)'과 '편의점의 개수 그룹(g_stores)' 변수 간에 연관성이 있는지를 알아보려고 합니다. 어떤 검정 방법을 사용할 것인지를 선택하기 위하여 해당 변수의 속성을 파악합니다.

```
> str(estate[c("g_station","g_stores")])

'data.frame':    414 obs. of  2 variables:
 $ g_station: Ord.factor w/ 2 levels "-500m"<"500m+": 1 1 2 2 1 2 2 1 2 2 ...
 $ g_stores : Ord.factor w/ 3 levels "none"<"-4"<"5+": 3 3 3 3 3 2 3 3 2 2 ...
```

변수의 속성은 '순서가 있는 범주형(Ord.factor)'로 범주형 자료입니다.

범주형 자료인 두 변수의 연관성을 검정할 때 사용하는 분석 방법은 '교차분석'입니다.

```
> table_ss <- table(g_station,g_stores)
>
> #install.packages("gmodels")
> library(gmodels)
> CrossTable(table_ss,expected=TRUE,prop.r=TRUE,prop.c=FALSE,
+            prop.t=FALSE,prop.chisq=FALSE)

   Cell Contents
|-------------------------|
|                       N |
|              Expected N |
|           N / Row Total |
|-------------------------|


Total Observations in Table:  414
```

```
             | g_stores
   g_station |       none |         -4 |         5+ |  Row Total |
-------------|------------|------------|------------|------------|
       -500m |          9 |         23 |        179 |        211 |
             |     34.147 |     74.920 |    101.932 |            |
             |      0.043 |      0.109 |      0.848 |      0.510 |
-------------|------------|------------|------------|------------|
       500m+ |         58 |        124 |         21 |        203 |
             |     32.853 |     72.080 |     98.068 |            |
             |      0.286 |      0.611 |      0.103 |      0.490 |
-------------|------------|------------|------------|------------|
Column Total |         67 |        147 |        200 |        414 |
-------------|------------|------------|------------|------------|

Statistics for All Table Factors


Pearson's Chi-squared test
------------------------------------------------------------
Chi^2 =  229.9817     d.f. =  2     p =  1.14846e-50
```

〈가설 검정〉
귀무가설(H0) : '역과의 거리 그룹(g_station)'과 '편의점의 개수 그룹(g_stores)'는 서로 연관성이 없습니다.
대립가설(H1) : '역과의 거리 그룹(g_station)'과 '편의점의 개수 그룹(g_stores)'는 서로 연관성이 있습니다.
→ p-value(=1.4846e-50) 〈 α(=0.05) 이므로, 귀무가설을 기각합니다.
◈ 분석 결과 : p-value 〈 0.05 이므로, 유의수준 0.05에서 "MRT역과의 거리 그룹"과 "편의점의 개수 그룹"은 서로 연관성이 있습니다.

기대치 비교 그래프를 사용하여 어느 수준에서 차이가 나타나는지를 시각화합니다.

```
> #install.packages("vcd")
> #library(vcd)
> assoc(table_ss,shade=TRUE)
```

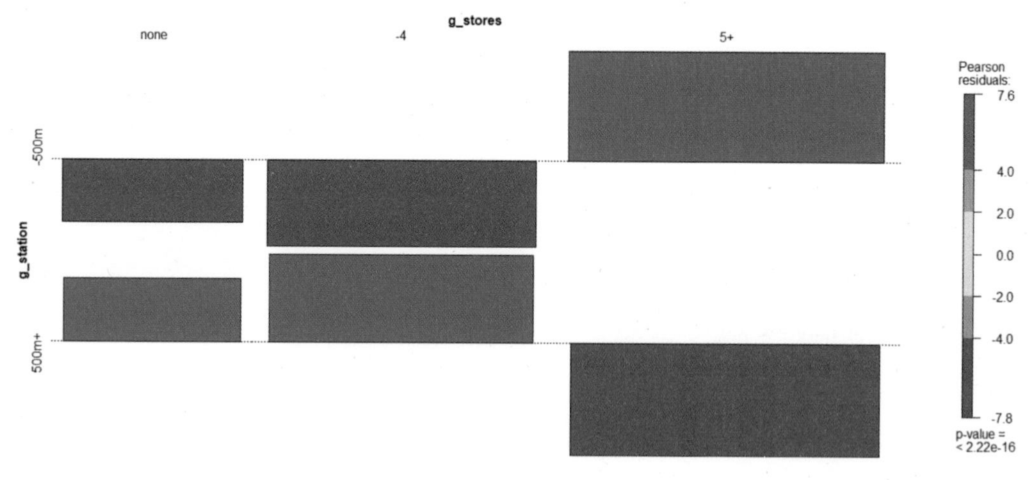

MRT역과의 거리가 500m 이하이고, 편의점의 개수가 5개 이상인 경우가 기대치보다 높게 나타납니다.

역과의 거리와 집의 연식은 연관성이 있을까?

이번에는, '역과의 거리 그룹(g_station)'과 '연식 그룹(g_age)' 변수 간에 연관성이 있는지를 알아보겠습니다. 어떤 검정 방법을 사용할 것인지를 선택하기 위하여 해당 변수의 속성을 파악합니다.

```
> str(estate[c("g_station","g_age")])

'data.frame':	414 obs. of  2 variables:
 $ g_station: Ord.factor w/ 2 levels "-500m"<"500m+": 1 1 2 2 1 2 2 1 2 2 ...
 $ g_age    : Ord.factor w/ 5 levels "new"<"-10y"<"-20y"<..: 5 3 3 3 2 2 5 4 5 3 ...
```

변수의 속성은 '순서가 있는 범주형(Ord.factor)'로 범주형 자료입니다.

앞에서와 마찬가지로 범주형 자료인 두 변수의 연관성을 검정하기 위하여 '교차분석'을 합니다.

```
> table_sa <- table(g_station,g_age)
>
> #library(gmodels)
> CrossTable(table_sa,expected=TRUE,prop.r=TRUE,prop.c=FALSE,
+            prop.t=FALSE,prop.chisq=FALSE)

   Cell Contents
|-------------------------|
|                       N |
|              Expected N |
|           N / Row Total |
|-------------------------|


Total Observations in Table:  414


             | g_age
   g_station |       new |      -10y |      -20y |      -30y |      30y+ | Row Total |
-------------|-----------|-----------|-----------|-----------|-----------|-----------|
       -500m |        17 |        59 |        69 |        12 |        54 |       211 |
             |     8.664 |    47.399 |    85.114 |    21.915 |    47.908 |           |
             |     0.081 |     0.280 |     0.327 |     0.057 |     0.256 |     0.510 |
-------------|-----------|-----------|-----------|-----------|-----------|-----------|
       500m+ |         0 |        34 |        98 |        31 |        40 |       203 |
             |     8.336 |    45.601 |    81.886 |    21.085 |    46.092 |           |
             |     0.000 |     0.167 |     0.483 |     0.153 |     0.197 |     0.490 |
-------------|-----------|-----------|-----------|-----------|-----------|-----------|
Column Total |        17 |        93 |       167 |        43 |        94 |       414 |
-------------|-----------|-----------|-----------|-----------|-----------|-----------|


Statistics for All Table Factors

 Pearson's Chi-squared test
------------------------------------------------------------
Chi^2 =  39.09682     d.f. =  4     p =  6.6529e-08
```

〈가설 검정〉
귀무가설(H0) : '역과의 거리 그룹(g_station)'과 '연식 그룹(g_age)'은 서로 연관성이 없습니다.
대립가설(H1) : '역과의 거리 그룹(g_station)'과 '연식 그룹(g_age)'은 서로 연관성이 있습니다.
→ p-value(=6.6529e-08) 〈 α(=0.05) 이므로, 귀무가설을 기각합니다.
◈ 분석 결과 : p-value 〈 0.05 이므로, 유의수준 0.05에서 "MRT역과의 거리 그룹"과 "집의 연식 그룹"은 서로 연관성이 있습니다.

그래프를 사용하여 어느 수준에서 차이가 나타나는지를 시각화합니다.

```
> #library(vcd)
> assoc(table_sa,shade=TRUE)
```

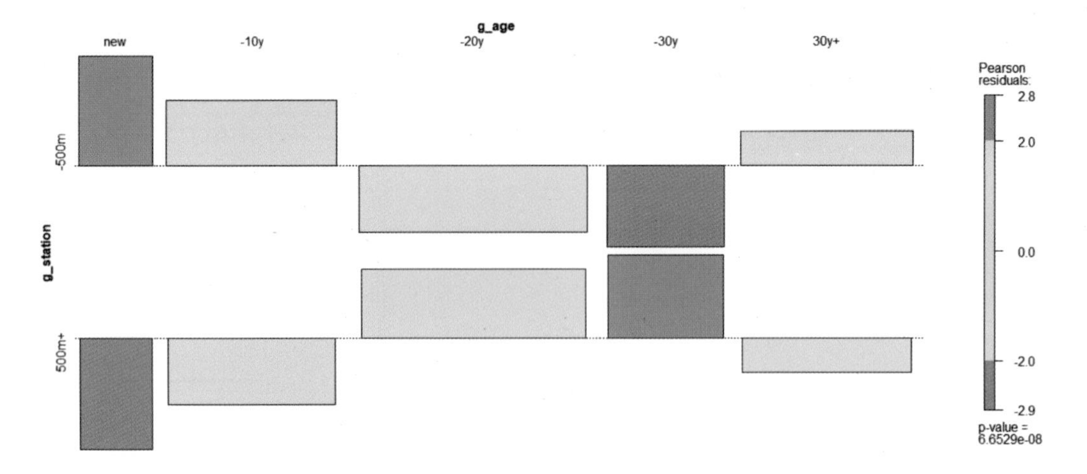

MRT역과의 거리가 500m 이하이고 신축, 10년 이하, 30년 초과인 경우가 기대치보다 많이 나타납니다.

편의점의 개수와 집은 연식은 연관성이 있을까?

마지막으로, '편의점의 개수 그룹(g_stores)'와 '연식 그룹(g_age)' 변수 간에 연관성이 있는지를 알아보려고 합니다. 어떤 검정 방법을 사용할 것인지를 선택하기 위하여 해당 변수의 속성을 파악합니다.

```
> str(estate[c("g_stores","g_age")])
'data.frame':	414 obs. of  2 variables:
 $ g_stores: Ord.factor w/ 3 levels "none"<"-4"<"5+": 3 3 3 3 3 2 3 3 2 2 ...
 $ g_age   : Ord.factor w/ 5 levels "new"<"-10y"<"-20y"<..: 5 3 3 3 2 2 5 4 5 3 ...
```

변수의 속성은 '순서가 있는 범주형(Ord.factor)'로 범주형 자료입니다.

두 자료가 범주형 변수이므로 앞에서와 같이 '교차분석'을 합니다.

```
> table_sag <- table(g_stores,g_age)
>
> #library(gmodels)
> CrossTable(table_sag,expected=TRUE,prop.r=TRUE,prop.c=FALSE,
+            prop.t=FALSE,prop.chisq=FALSE)
```

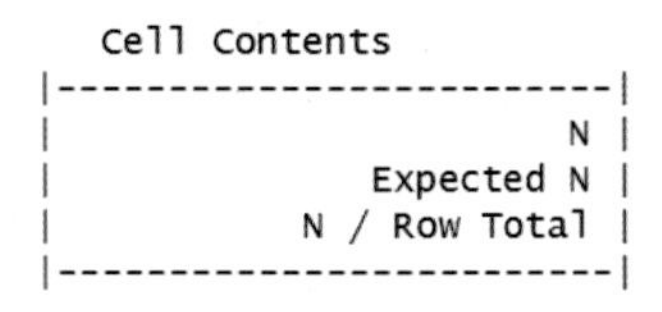

```
   Cell Contents
|-------------------------|
|                       N |
|              Expected N |
|           N / Row Total |
|-------------------------|


Total Observations in Table:  414


             | g_age
    g_stores |       new |      -10y |      -20y |      -30y |      30y+ | Row Total |
-------------|-----------|-----------|-----------|-----------|-----------|-----------|
        none |         5 |         8 |        34 |         8 |        12 |        67 |
             |     2.751 |    15.051 |    27.027 |     6.959 |    15.213 |           |
             |     0.075 |     0.119 |     0.507 |     0.119 |     0.179 |     0.162 |
```

```
-------------|-----------|-----------|-----------|-----------|-----------|-----------|
          -4 |         3 |        24 |        72 |        18 |        30 |       147 |
             |     6.036 |    33.022 |    59.297 |    15.268 |    33.377 |           |
             |     0.020 |     0.163 |     0.490 |     0.122 |     0.204 |     0.355 |
-------------|-----------|-----------|-----------|-----------|-----------|-----------|
          5+ |         9 |        61 |        61 |        17 |        52 |       200 |
             |     8.213 |    44.928 |    80.676 |    20.773 |    45.411 |           |
             |     0.045 |     0.305 |     0.305 |     0.085 |     0.260 |     0.483 |
-------------|-----------|-----------|-----------|-----------|-----------|-----------|
Column Total |        17 |        93 |       167 |        43 |        94 |       414 |
-------------|-----------|-----------|-----------|-----------|-----------|-----------|

Statistics for All Table Factors


Pearson's Chi-squared test
------------------------------------------------------------
Chi^2 =  27.58397     d.f. =  8     p =  0.0005601745



Warning message:
In chisq.test(t, correct = FALSE, ...) :
  Chi-squared approximation may be incorrect
```

〈가설 검정〉
 귀무가설(H0) : '편의점의 개수 그룹(g_stores)'과 '연식 그룹(g_age)'은 서로 연관성이 없습니다.
 대립가설(H1) : '편의점의 개수 그룹(g_stores)'과 '연식 그룹(g_age)'은 서로 연관성이 있습니다.
→ p-value(=0.0005601745) 〈 α(=0.05) 이므로, 귀무가설을 기각합니다.
◈ 분석 결과 : p-value 〈 0.05 이므로, 유의수준 0.05에서 편의점의 개수 그룹"과 "연식 그룹"은 서로 연관성이 있습니다.

하지만, 이 경우는 여기서 분석을 마무리 하기에는 좀 무리가 있습니다. 왜냐하면, 교차표에서 빈도가 너무 작은 칸이 발생했기 때문입니다. 이런 경우에는 수준을 통합하여 재분석 하는 것이 필요합니다. 빈도수가 작은 칸이 발생하지 않도록 수준을 통합하기 위하여 "신축(new)"과 "10년 이하(-10y)" 2개의 수준을 "신축~10년이하(new-10y)"로 통합한 "연식 그룹2(g_age2)" 변수를 생성하겠습니다.

```
> estate$g_age2 <- ifelse(estate$age<=10,"-10y",
+                        ifelse(estate$age<=20,"-20y","20y+"))
>
> estate$g_age2 <- factor(estate$g_age2,
+                        levels=c("-10y","-20y","20y+"),
+                        ordered=TRUE)
```

'연식(age)'을 3개의 수준("10년 이하(-10y)", "10년 초과 20년 이하(-20y)", "20년 초과(20y+)")으로 범주화 하여 '연식 그룹2(g_age2)' 변수를 생성하고, 범주화 된 변수에 순서가 있는 범주형(ord.factor)의 속성을 부여합니다.

'연식 그룹2(g_age2)' 변수 생성 후 수준별 빈도를 출력합니다.

```
> attach(estate)
> table(g_age2)

g_age2
-10y -20y 20y+
 110  167  137
```

데이터가 변경되었으므로 사용할 estate 데이터를 다시 지정합니다. '연식 그룹2(g_age2)' 변수는 3개의 수준(-10y, -20y, 20y+)을 가지고 있으며, 각각의 빈도수는 110, 167,137입니다.

'편의점의 개수 그룹(g_stores)'과 새로 생성한 '연식 그룹2(g_age2)'를 사용하여 다시 교차분석을 합니다.

```
> table_sag2 <- table(g_stores,g_age2)
>
> library(gmodels)
> CrossTable(table_sag2,expected=TRUE,prop.r=TRUE,prop.c=FALSE,
+            prop.t=FALSE,prop.chisq=FALSE)

   Cell Contents
|-------------------------|
|                       N |
|              Expected N |
|           N / Row Total |
|-------------------------|


Total Observations in Table:  414


             | g_age2
    g_stores |      -10y |      -20y |      20y+ | Row Total |
-------------|-----------|-----------|-----------|-----------|
        none |        13 |        34 |        20 |        67 |
             |    17.802 |    27.027 |    22.171 |           |
             |     0.194 |     0.507 |     0.299 |     0.162 |
-------------|-----------|-----------|-----------|-----------|
          -4 |        27 |        72 |        48 |       147 |
             |    39.058 |    59.297 |    48.645 |           |
             |     0.184 |     0.490 |     0.327 |     0.355 |
-------------|-----------|-----------|-----------|-----------|
          5+ |        70 |        61 |        69 |       200 |
             |    53.140 |    80.676 |    66.184 |           |
             |     0.350 |     0.305 |     0.345 |     0.483 |
-------------|-----------|-----------|-----------|-----------|
Column Total |       110 |       167 |       137 |       414 |
-------------|-----------|-----------|-----------|-----------|

 Statistics for All Table Factors


 Pearson's Chi-squared test
------------------------------------------------------------
 Chi^2 =  20.02756     d.f. =  4     p =  0.0004931823
```

〈가설 검정〉

귀무가설(H0) : '편의점의 개수 그룹(g_stores)'과 '연식 그룹2(g_age2)'은 서로 연관성이 없습니다.

대립가설(H1) : '편의점의 개수 그룹(g_stores)'과 '연식 그룹2(g_age2)'은 서로 연관성이 있습니다.

→ p-value(=0.0004931823) 〈 α(=0.05) 이므로, 귀무가설을 기각합니다.

◈ 분석 결과 : p-value 〈 0.05 이므로, 유의수준 0.05에서 편의점의 개수(없음, 4개이하, 5개이상)와 집의 연식(10년이하, 20년이하, 20년초과)은 서로 연관성이 있습니다.

그래프를 사용하여 어느 수준에서 차이가 나타나는지를 시각화합니다.

```
> library(vcd)
> assoc(table_sag2,shade=TRUE)
```

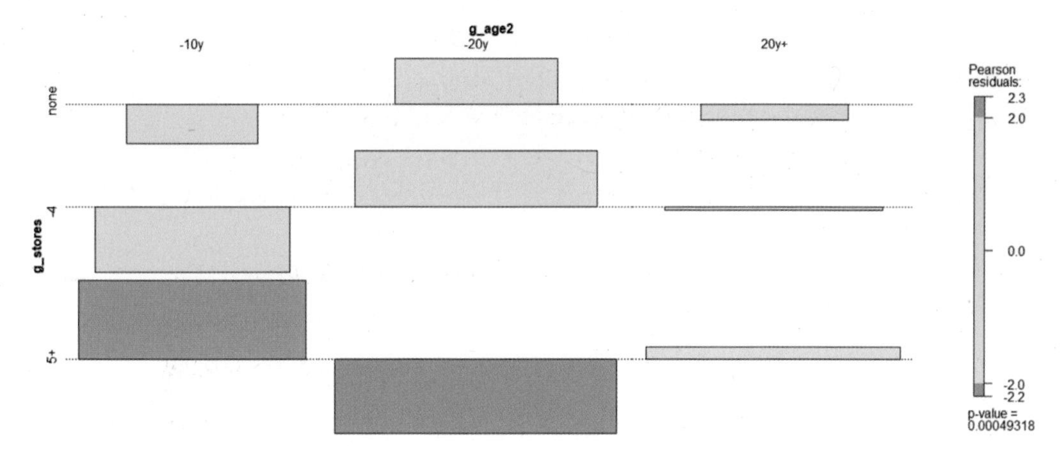

편의점의 개수가 5개 이상인 경우를 보면, 연식이 10년 이하인 경우가 기대치보다 많고, 연식이 10년 초과 20년 이하인 경우가 기대치보다 적은 것을 확인할 수 있습니다.

영향력 검정하기

변수간의 영향력을 검정하는 단계입니다. 종속변수를 설명하는 독립변수들이 한 개 또는여러 개인 경우를 다룹니다.

```
> attach(estate)
```

사용할 estate 데이터를 지정합니다.

분석에 사용할 주요 변수들의 속성을 알아봅니다.

```
> str(estate[c("price","age","station","stores")])
```

```
'data.frame':	414 obs. of  4 variables:
 $ price  : num  37.9 42.2 47.3 54.8 43.1 32.1 40.3 46.7 18.8 22.1 ...
 $ age    : num  32 19.5 13.3 13.3 5 7.1 34.5 20.3 31.7 17.9 ...
 $ station: num  84.9 306.6 562 562 390.6 ...
 $ stores : int  10 9 5 5 5 3 7 6 1 3 ...
```

4개의 변수는 실수형(num) 또는 정수형(int)으로 모두 양적 변수입니다.

독립변수 를 '연식(age)', '역과의 거리(station)', 그리고 '편의점의 개수(stores)'로 하고 종속변수 를 '가격(price)'으로 하여, 독립변수들이 종속변수를 설명할 수 있는지를 검증하고자 합니다. 독립변수와 종속변수가 모두 양적 자료이므로 '선형 회귀분석'을 합니다.

먼저, '연식(age)', '역과의 거리(station)', 그리고 '편의점의 개수(stores)' 3개의 변수 각각을 독립변수로 하여 종속변수인 '가격(price)'을 설명할 수 있는지를 검증해보겠습니다. 이렇게 독립변수가 1개일 때, '단순 선형 회귀분석'을 사용합니다.

연식으로 집의 가격을 설명할 수 있을까?

첫번째로 '연식(age)'을 독립변수로 하여 종속변수인 '가격(price)'을 설명하는 경우입니다.

```
> reg_age <- lm(price~age)
> summary(reg_age)

Call:
lm(formula = price ~ age)

Residuals:
    Min      1Q  Median      3Q     Max 
-31.113 -10.738   1.626   8.199  77.781 

Coefficients:
            Estimate Std. Error t value Pr(>|t|)    
(Intercept) 42.43470    1.21098  35.042  < 2e-16 ***
age         -0.25149    0.05752  -4.372 1.56e-05 ***
---
Signif. codes:  0 '***' 0.001 '**' 0.01 '*' 0.05 '.' 0.1 ' ' 1

Residual standard error: 13.32 on 412 degrees of freedom
Multiple R-squared:  0.04434,	Adjusted R-squared:  0.04202 
F-statistic: 19.11 on 1 and 412 DF,  p-value: 1.56e-05
```

독립변수인 '연식(age)'을 사용하여 종속변수인 '가격(price)'을4.434% 설명할 수 있으며, 추정된 회귀식은 "가격(price) = 42.43470 – 0.25149 x 연식(age)"입니다.

〈가설 검정〉
귀무가설(H0) : '연식(age)'은 '가격(price)'과 회귀 관계가 없습니다.
대립가설(H1) : '연식(age)'은 '가격(price)'과 회귀 관계가 있습니다.
→ p-value(1.56e-05) 〈 α(=0.05) 이므로, 귀무가설을 기각합니다.
◈ 분석 결과 : p-value 〈 0.05 이므로, 유의수준 0.05에서 '연식(age)'은 '가격(price)'와 회귀 관계가 있습니다.

독립변수와 종속변수의 산점도에 추정된 회귀식을 추가하여 시각화합니다.

```
> par(mfrow=c(1,1)); plot(age,price,main="plot(price~age)")
> abline(reg_age,col="red",lwd=2)
```

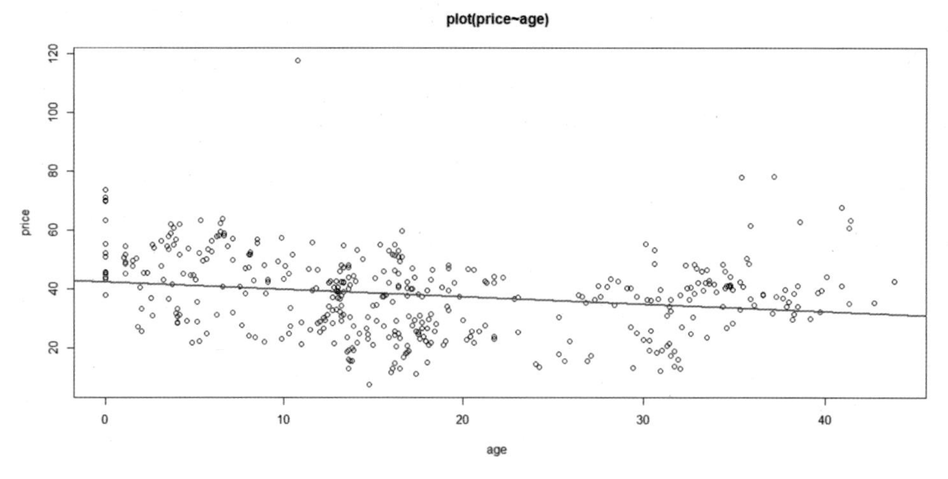

'연식(age)'와 '가격(price)'의 산점도에 추정된 회귀식을 추가한 그래프입니다.

역과의 거리로 집의 가격을 설명할 수 있을까?

이제 '역과의 거리(station)'를 독립변수로 하여 종속변수인 '가격(price)'을 설명하는 경우입니다.

```
> reg_station <- lm(price~station)
> summary(reg_station)

Call:
lm(formula = price ~ station)

Residuals:
    Min      1Q  Median      3Q     Max 
-35.396  -6.007  -1.195   4.831  73.483 

Coefficients:
              Estimate Std. Error t value Pr(>|t|)    
(Intercept) 45.8514271  0.6526105   70.26   <2e-16 ***
station     -0.0072621  0.0003925  -18.50   <2e-16 ***
---
Signif. codes:  0 '***' 0.001 '**' 0.01 '*' 0.05 '.' 0.1 ' ' 1

Residual standard error: 10.07 on 412 degrees of freedom
Multiple R-squared:  0.4538,	Adjusted R-squared:  0.4524 
F-statistic: 342.2 on 1 and 412 DF,  p-value: < 2.2e-16
```

독립변수인 '역과의 거리(station)'를 사용하여 종속변수인 '가격(price)'을 45.38% 설명할 수 있으며, 추정된 회귀식은 "가격(price) = 45.8514271 - 0.0072621 x 역과의 거리(station)" 입니다.

〈가설 검정〉
귀무가설(H0) : '역과의 거리(station)'는 '가격(price)'과 회귀 관계가 없습니다.
대립가설(H1) : '역과의 거리(station)'는 '가격(price)'과 회귀 관계가 있습니다.
→ p-value(〈2e-16) 〈 α(=0.05) 이므로, 귀무가설을 기각합니다.
◈ 분석 결과 : p-value 〈 0.05 이므로, 유의수준 0.05에서 '역과의 거리(station)'는 '가격(price)'와 회귀 관계가 있습니다.

독립변수와 종속변수의 산점도에 추정된 회귀식을 추가하여 시각화합니다.

```
> par(mfrow=c(1,1)); plot(station,price,main="plot(price~station)")
> abline(reg_station,col="red",lwd=2)
```

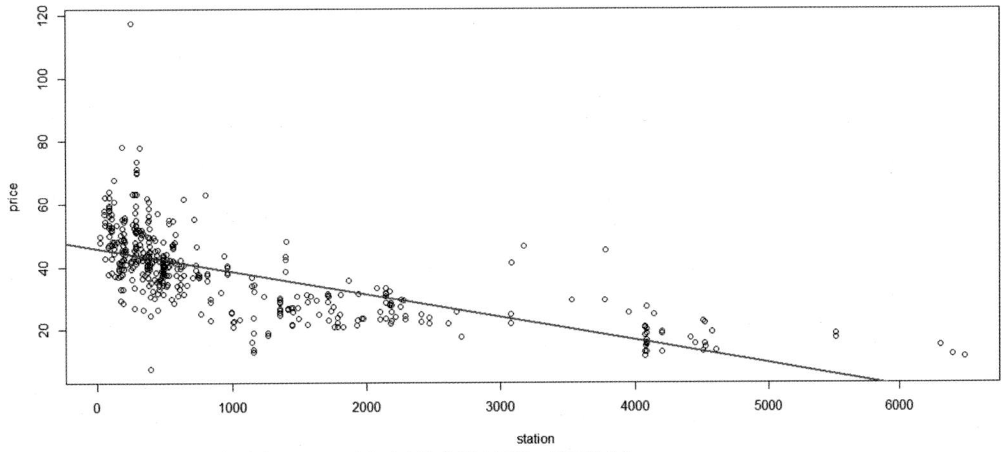

'역과의 거리(station)'와 '가격(price)'의 산점도에 추정된 회귀식을 추가한 그래프입니다.

편의점의 개수로 집의 가격을 설명할 수 있을까?

'편의점의 개수(stores)'을 독립변수로 하여 종속변수인 '가격(price)'을 설명하는 경우입니다.

```
> reg_stores <- lm(price~stores)
> summary(reg_stores)
Call:
lm(formula = price ~ stores)

Residuals:
    Min      1Q  Median      3Q     Max
-35.407  -7.341  -1.788   5.984  87.681

Coefficients:
            Estimate Std. Error t value Pr(>|t|)
(Intercept)  27.1811     0.9419   28.86   <2e-16 ***
stores        2.6377     0.1868   14.12   <2e-16 ***
---
Signif. codes:  0 '***' 0.001 '**' 0.01 '*' 0.05 '.' 0.1 ' ' 1

Residual standard error: 11.18 on 412 degrees of freedom
Multiple R-squared:  0.326,	Adjusted R-squared:  0.3244
F-statistic: 199.3 on 1 and 412 DF,  p-value: < 2.2e-16
```

독립변수인 '편의점의 개수(stores)'를 사용하여 종속변수인 '가격(price)'을32.6% 설명할 수 있으며, 추정된 회귀식은 "가격(price) = 27.1811 + 2.6377 x 편의점의 개수(stores)"입니다.

〈가설 검정〉
귀무가설(H0) : '편의점의 개수(stores)'는 '가격(price)'과 회귀 관계가 없습니다.
대립가설(H1) : '편의점의 개수(stores)'는 '가격(price)'과 회귀 관계가 있습니다.
→ p-value(〈2e-16) 〈 α(=0.05) 이므로, 귀무가설을 기각합니다.
◈ 분석 결과 : p-value 〈 0.05 이므로, 유의수준 0.05에서 '편의점의 개수(stores)'은 '가격(price)'와 회귀 관계가 있습니다.

독립변수와 종속변수의 산점도에 추정된 회귀식을 추가하여 시각화하였습니다.

```
> par(mfrow=c(1,1)); plot(stores,price,main="plot(price~stores)")
> abline(reg_stores,col="red",lwd=2)
```

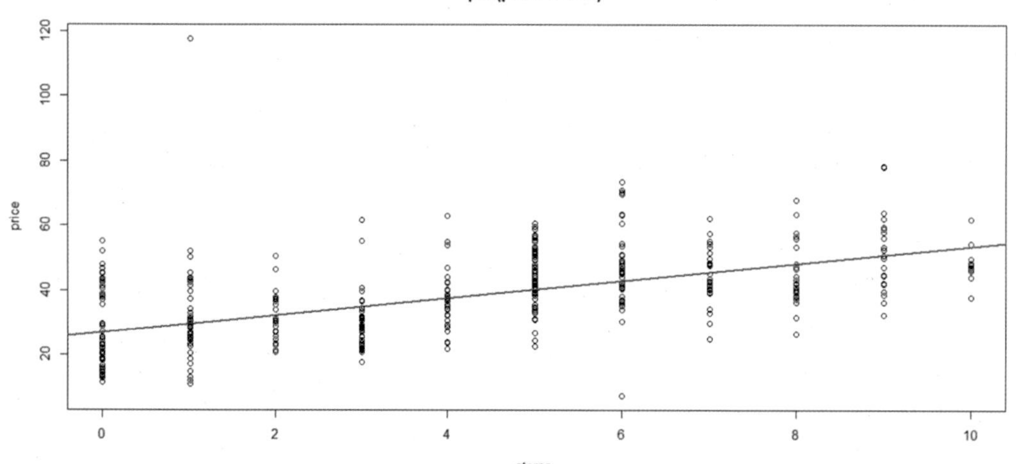

'편의점의 개수(stores)'와 '가격(price)'의 산점도에 추정된 회귀식을 추가한 그래프입니다.

연식+역과의 거리+편의점의 개수로 집의 가격을 설명할 수 있을까?

마지막으로, '연식(age)', '역과의 거리(station)', 그리고 '편의점의 개수(stores)' 3개의 변수 모두를 독립변수로 하여 종속변수인 '가격(price)'을 설명할 수 있는지를 분석해보겠습니다. 이렇게 독립변수가 여러 개일 때, '다중 선형 회귀분석'을 사용합니다.

먼저, step() {stats} 함수를 사용하여 의미가 있는 독립변수를 추출합니다.

```
> step(lm(price~., data=estate[c(3:5,8)]))

Start:  AIC=1846.09
price ~ age + station + stores

          Df Sum of Sq   RSS    AIC
<none>                 35091 1846.1
- age      1    3402.1 38493 1882.4
- stores   1    3816.7 38908 1886.8
- station  1   12066.4 47157 1966.5

Call:
lm(formula = price ~ age + station + stores, data = estate[c(3:5,
    8)])

Coefficients:
(Intercept)          age      station       stores
  42.977286    -0.252856    -0.005379     1.297442
```

분석 결과 '연식(age)', '역과의 거리(station)', 그리고 '편의점의 개수(stores)' 3개의 변수가 모두 선택되었습니다.

앞에서 선택된 3개의 독립변수를 사용하여 종속변수인 '가격(price)'을 설명하는 모형을 추정하겠습니다.

```
> reg_multi <- lm(price ~ age + station + stores)
> summary(reg_multi)

Call:
lm(formula = price ~ age + station + stores)

Residuals:
    Min      1Q  Median      3Q     Max
-37.304  -5.430  -1.738   4.325  77.315

Coefficients:
             Estimate Std. Error t value Pr(>|t|)
(Intercept) 42.977286   1.384542  31.041  < 2e-16 ***
age         -0.252856   0.040105  -6.305 7.47e-10 ***
station     -0.005379   0.000453 -11.874  < 2e-16 ***
stores       1.297443   0.194290   6.678 7.91e-11 ***
---
Signif. codes:  0 '***' 0.001 '**' 0.01 '*' 0.05 '.' 0.1 ' ' 1

Residual standard error: 9.251 on 410 degrees of freedom
Multiple R-squared:  0.5411,    Adjusted R-squared:  0.5377
F-statistic: 161.1 on 3 and 410 DF,  p-value: < 2.2e-16
```

독립변수인 '연식(age)', '역과의 거리(station)' 그리고 '편의점의 개수(stores)'를 사용하여 종속변수인 '가격(price)'을54.11% 설명할 수 있으며, 추정된 회귀식은 "가격(price) = 42.977286 − 0.252856 x 연식(age) − 0.005379 x 역과의 거리(station) + 1.297443 x

편의점의 개수(stores)"입니다.

〈가설 검정〉
 귀무가설(H0) : '연식(age)', '역과의 거리(station)' 그리고 '편의점의 개수(stores)'는 '가격(price)'과 회귀 관계가 없습니다.
 대립가설(H1) : '연식(age)', '역과의 거리(station)' 그리고 '편의점의 개수(stores)'는 '가격(price)'과 회귀 관계가 있습니다.
→ p-value(순서대로 7.47e-10 ***, 〈 2e-16 ***, 7.91e-11 ***) 〈 α(=0.05) 이므로, 귀무가설을 기각합니다.
◈ 분석 결과 : p-value 〈 0.05 이므로, 유의수준 0.05에서 '연식(age)', '역과의 거리(station)' 그리고 '편의점의 개수(stores)'는 '가격(price)'와 회귀 관계가 있습니다.

그런데 만약 3개의 독립변수 중 서로간에 강한 상관관계 존재한다면 모형에서 함께 사용할 수 없습니다. 이를 위해서 다중공선성 진단을 하고, vif() {car} 함수를 사용하여 출력된 값이 10을 넘을 경우에는 다중공선성이 있다고 판단합니다.

```
> #install.packages("car")
> library(car)
> vif(reg_multi)
     age  station   stores
1.007349 1.577579 1.580431
```

3개의 독립변수 모두 10보다 작은 값을 가지므로 독립변수로 사용하는 데 문제가 없습니다.

이상으로 estate 데이터를 사용하여 도출할 수 있는 기본적인 통계 분석을 해보았습니다.

분석 결과를 정리해볼게요. 집의 연식이 낮을수록, MRT역과의 거리가 짧을수록, 도보 가능한 편의점의 개수가 많을수록 집의 가격이 높게 나타납니다. 특히, MRT역과의 거리나 편의점의 개수는 집의 가격과 높은 연관성을 보입니다. MRT역과의 거리가 가까운 집의 경우 편의점의 개수가 많고, 신축인 경우가 많습니다. 또, 집의 연식, MRT역과의 거리, 편의점의 개수, 세 변수 모두가 가격을 설명하는데 의미가 있고, 세 변수 모두를 사용하면 가격 변수를 54.11% 설명할 수 있는 모형을 도출해낼 수 있습니다.

여기까지 달려오느라 고생하셨어요. 4부의 내용이 어떠셨나요? 여러가지 분석 방법들이 한꺼번에 등장해서 어지러우셨죠? 새로운 함수들도 많이 나왔고요. 이제 5부에서 여러 예제들을 사용해서 하나씩 설명하고 함께 연습해볼게요.

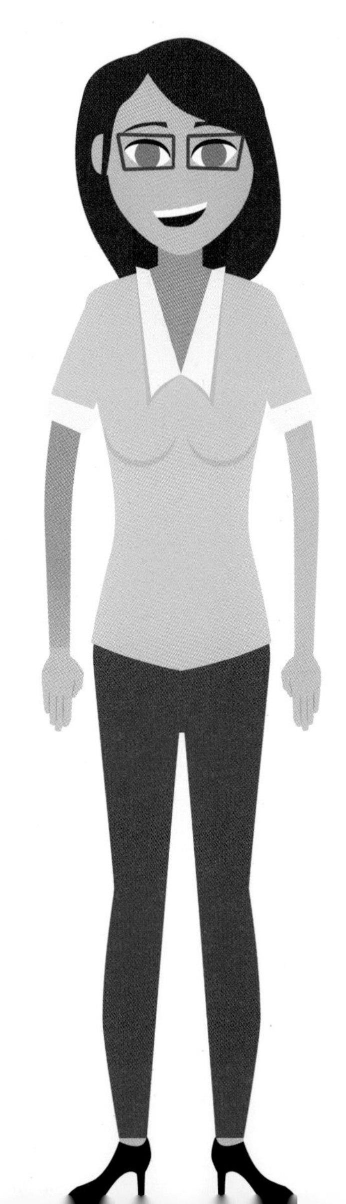

5부
데이터 분석 연습하기

4부에서 우리는 '대만의 부동산 가격에 대한 데이터'를 사용하여 데이터를 탐색하고, 기본적인 통계 분석까지 하는 과정을 죽 따라가보았습니다. 이제 5부에서는 4부에서 설명 없이 사용했던 여러 가지 분석 방법에 대하여 자세히 알아보면서 다양한 예제를 사용하여 연습하려고 합니다.

데이터 분석 과정을 데이터 탐색과 통계 검정의 두 가지로 구분했습니다.

데이터 탐색은 데이터를 로드해서 구조를 파악하고, 기술통계량을 산출하는 과정입니다. 결측치와 이상치가 존재한다면 그 자료값을 어떻게 처리해야 하는지도 여기서 알아봅니다. 이 과정 자체도 의미가 있지만, 여기서 파악한 각 변수의 특성을 기반으로 하여 적합한 통계 검정 방법을 사용하게 됩니다.

통계 검정은 여러가지 검정 방법을 다루는 과정입니다. 평균의 차이를 검정하는 T-검정과 일원 분산분석, 연관성을 검정하는 상관분석과 교차분석, 영향력을 검정하는 선형 회귀분석까지 공부합니다.

4부에서는 하나의 데이터만을 사용했지만, 이번에는 각각의 분석에 적합한 여러가지 데이터를 사용합니다. 예제와 연습문제에서 사용할 데이터는 R 기본 패키지, 추가 패키지, 또는 UC Irvine 머신러닝 저장소에 있는 오픈 데이터 입니다. 책에서 사용한 모든 데이터에 대한 기본 정보는 R랴줌 카페에 제공되는 **부록1. 데이터 정보**에서 확인할 수 있습니다.

데이터 탐색

데이터 탐색의 단계를 시작합니다. 이 단계에서 해야 할 일은 주어진 자료가 어떻게 생겼는지를 파악하는 것입니다. 몇 개의 변수와 관측치를 가졌는지, 각 변수는 어떤 속성과 분포를 가지고 있는지, 이상한 자료가 들어가 있는 것은 아닌지, 만약 이상한 자료가 있다면 어떻게 처리해야 할지 등을 알아봅니다.

행과 열의 모양으로 정리된 데이터를 정형 데이터라고 합니다. 흔히 볼 수 있는 표 모양의 자료입니다. 그러면, 비정형 데이터는 어떤 것일까요? 혹시 휴대폰을 변경하면서 채팅방의 내용을 텍스트의 형태로라도 저장하고 싶어서 '카카오톡 내보내기' 기능을 사용해보셨나요? 또는 블로그나 뉴스 등을 크롤링한 자료를 본 적 있으신가요? 노래 가사나 연설문, 내 일기장의 글도 데이터가 될 수 있을까요? 이런 여러가지 형태의 자료를 비정형 데이터라고 합니다.

통계 파트에서 다루는 자료는 정형 데이터라고 말씀드렸던 것을 기억하시죠? 설문조사의 결과도 정형 데이터의 형태로 정리하는 것이 사용에 편리합니다. 정형 데이터의 첫 행에는 변수명이 입력되어 있는 경우가 많습니다. 두번째 행부터는 하나의 관측치의 값(한 사람의 응답 내용)이 한 행을 이루도록 입력합니다. 각 변수명 아래에는 같은 설문의 응답이 들어가도록 합니다. 그러므로 행의 개수가 관측치의 개수가 되고, 열의 개수가 변수의 개수가 됩니다.

다음 이야기로 우리가 이 장에서 사용할 용어를 더 설명해볼게요.

저는 회사에서 복지 업무를 맡고 있습니다. 여름 휴가 시즌이 되기 전에 직원들의 휴가를 돕기 위한 복지 정책을 제안하려고 합니다. 그래서 직원들을 대상으로 간단한 설문조사를 진행했습니다.
직원들의 나이와 성별, 근속연수, 그리고 취미를 조사하기 위하여 설문 메일을 보냈는데 15명의 응답이 도착했습니다. 응답이 빠진 문항은 NA로 표기하고 정리한 표는 다음과 같습니다.

순서	성별	나이	직급	근속년수	취미
1	남자	NA	차장	12.25	독서
2	여자	NA	차장	19.5	피아노 연주를 합니다.
3	남자	2	과장	7.5	등산
4	여자	29	사원	3.5	잔다.
5	남자	31	과장	7.25	맛집 탐방!!
6	여자	32	대리	7	NA

순서	성별	나이	직급	근속년수	취미
7	남자	33	대리	9	NA
8	여자	33	사원	5.75	등산을 자주 함.
9	NA	34	과장	10	바이올린
10	여자	35	차장	12	책읽기
11	남자	37	차장	13.5	마라톤
12	여자	48	차장	14.25	발레
13	남자	59	부장	26	운동을 즐겨요~
14	여자	60	부장	41.25	공연
15	남자	203	차장	18.5	음악감상

각 변수의 속성을 살펴보겠습니다. '순서'와 '나이' 변수는 정수의 형태입니다. 이런 속성을 정수형(int)이라고 합니다. '근속년수' 변수는 실수형(num)의 속성을 가지고 있습니다. 이런 자료들을 양적 자료라고 합니다. 또, '성별', '직급', '취미' 변수는 문자형(chr)입니다. 이러한 속성을 가진 자료를 질적 자료라고 합니다.

질적 자료 중에서도 '성별' 변수의 경우는 '취미' 변수와는 다른 특성을 더 가지고 있습니다. 남자와 여자의 독립된 그룹으로의 구분이 가능하다는 것입니다. 이런 변수의 속성을 범주형(factor)이라고 하고, "남자"와 "여자"의 2개의 수준(level)을 가지고 있다고 합니다. 비슷한 경우로 '직급' 변수의 경우는 "사원", "대리", "과장", "차장", "부장"의 5개의 수준을 가진 범주형 변수인데, 추가로 "사원"〈"대리"〈"과장"〈"차장"〈"부장"의 순서를 부여할 수도 있습니다. 이러한 변수의 속성은 순서가 있는 범주형(ord.factor)이라고 합니다.

여기서 한 가지 알고 있어야 할 것은, 다른 속성을 가지고 있는 변수에 범주형(factor)의 속성을 부여할 수 있다는 것입니다. '성별' 변수가 문자형(chr)의 속성을 가지고 있을 때는 "남자", "여자", "남자", … 의 자료값을 가지고 있지만, 범주형(factor)의 속성을 부여 받으면 "남자"와 "여자" 2개의 수준(level)을 가지고 있고, 1, 2, 1, … 의 자료값을 가진 것으로 인식합니다. 수준에 순서를 부여하지 않으면 가나다 순으로 인식하여 1은 남자, 2는 여자를 의미합니다. 성별이 영어로 표기되어 M, F의 자료값을 가진다면 알파벳 순서대로 1은 F, 2는 M으로 인식합니다.

범주형(factor)의 속성을 부여할 수 있는 경우가 문자형(chr)에만 해당되는 것은 아닙니다. 만약 이야기의 '나이' 변수에 범주형(factor)의 속성을 부여한다면, 다른 수준(level)은 모두 하나씩의 자료값을 가지고, "33" 수준(level)만 두 개의 자료값을 가진 범주형(factor) 변수가 됩니다.

data.frame 형식의 데이터를 외부에서 불러오게 되면, R 프로그램은 문자로 된 변수를 자동으로 범주형(factor) 변수로 인식합니다. 하지만, R에서 직접 변수를 생성(범주화)하는 경우에는 범주형 변수의 속성을 부여해줘야 합니다. 이런 경우는 예제에서 다루게 될 거에요.

범주형(factor)의 속성에 대하여 너무 길게 말씀드렸죠? 많은 경우에는 문자형(혹은 정수형 등)이든 범주형이든에 상관 없이 분석에 사용할 수 있지만, 어떤 함수들은 범주형 속성을 가지고 있지않은 변수를 사용하면 에러 메시지를 제시하기 때문에 범주형 변수에 대하여 잘 이해하고 계셔야 하기 때문이에요. 속성 변환에 대해서는 예제를 다루면서 연습해볼게요. 이야기를 계속 볼까요?

> 조사한 자료를 살펴보니, 일부 자료값에 NA라고 표기되어 있습니다. 그리고, '나이'가 2세, 203세인 자료는 아마도 잘못 입력된 것 같습니다.

'성별', '나이', '취미' 변수의 일부 자료값은 NA로 표기되었습니다. NA는 Not Available을 뜻하는 표기로 결측치(missing value)임을 나타냅니다. 또, '나이' 변수의 2, 203세와 같이 전체 분포에서 너무 떨어져 있거나, 있어야 할 범위 내의 값이 아니어서 잘못 입력된 것 같은 자료를 이상치(outlier)라고 합니다. 물론 이상치로 보이지만 실제 관측값인 경우도 많습니다. 어떤 경우인지 모르기 때문에 이런 값은 확인이 필요합니다. 자료값을 그대로 사용할 것인지, 결측치로 처리하거나 이해 가능한 다른 자료값으로 대체할 것인지를 결정해야 합니다.

> 먼저 '나이' 변수를 살펴보려고 합니다. 자료값이 2세, 203세인 경우를 NA로 처리하여 제외하니 11개의 자료입니다. 제일 나이가 어린 직원은 29세이고, 제일 연장자인 직원은 60세입니다. 그리고, 30대 초중반에 많은 직원들이 몰려 있는 것을 확인할 수 있습니다.

'순서', '나이', '근속년수' 변수와 같은 양적 변수는 다양한 기술통계량을 산출할 수 있습니다. 이야기의 '나이' 변수를 예를 들어 설명하면, 결측치와 이상치를 제외하고, 가장 어린 직원의 나이인 29가 최소값(minimum)이고, 가장 연장자인 직원의 나이인 60이 최대값(maximum)이므로, 자료값의 범위(range)는 최대값과 최소값의 차이인 31입니다.

크기가 작은 것부터 큰 것까지 순서대로 줄을 세우고 그 자료의 위치를 %로 나타내면, 29는 0%, …, 32는 20%, 33은 30%, …, 34는 50%, …, 37은 70%, 48은 80%, …, 60은 100%의 위치에 있습니다. 여기서 50%에 해당하는 값인 34를 중앙값(median)이라고 하는데 이것은 2사분위수(2nd Qu.)에

해당하는 자료입니다. 25%에 위치하는 1사분위수(1st Qu.)는 20%와 30%에 해당하는 자료값인 32와 33의 평균인 32.5이고, 같은 방법으로 3사분위수(3rd Qu.)는 70%와 80% 해당하는 자료값인 37과 48의 평균인 42.5입니다.

11개의 자료를 모두 더한 후 전체 개수인 11로 나눈 평균(mean)은 39.18이고, 각 자료값과 평균의 차이를 제곱하여 더한 후 (전체 개수-1)인 10으로 나눈 분산(variation)은 125.16, 분산의 제곱근인 표준편차(standard deviation)는 11.19입니다. 분산과 표준편차는 자료값이 퍼져있는 정도를 나타내는 통계량입니다.

왜도(skewness)는 자료가 치우친 정도를 나타내는 통계량입니다. 이 자료의 왜도는 1.29로 계산되는데 왜도가 양수인 경우, 자료값이 작은 쪽으로 치우친 형태의 분포입니다. 반대로 왜도가 음수인 경우, 자료값이 큰 쪽으로 치우친 형태의 분포입니다. 또, 분포가 뾰족한 정도를 나타내는 첨도(kurtosis)가 있습니다. 이 자료의 경우 첨도가 0.16으로 계산되고, 첨도가 양수인 경우, 정규분포보다 뾰족한 형태의 분포입니다. 반대로 첨도가 음수인 경우는 정규분포보다 완만한 형태의 분포입니다. 이야기에서는 '나이' 변수의 전체 범위가 29~60세인데 30대 중반까지의 직원의 구성비가 특별히 높은 것 때문에 이러한 결과를 보입니다.

> '성별' 변수는 결측치를 제외하면 남자와 여자가 7명씩이고, 직급은 과장 3명, 대리 2명, 부장 2명, 사원 2명, 차장 6명입니다. '취미' 변수의 경우 응답의 형태가 너무 다양하기 때문에 분석 자료로 사용하려면 '운동', '휴식' 등의 카테고리를 설정하여 분류해야 할 것 같습니다.

'성별'과 '직급', 그리고 '취미'와 같은 질적 자료는 빈도(frequency)와 최빈값(mode) 등을 사용하여 요약합니다. 결측치를 제외한 '성별' 변수는 남자와 여자가 7명씩이므로 각각 50%의 구성비를 가지고 있으며, '직급' 변수에서는 차장 직급의 구성비가 높게 나타납니다. '취미' 변수를 '운동', '휴식' 등의 카테고리를 설정하여 분류한다면, 그 작업이 바로 범주화입니다.

조사한 자료를 기반으로 하면, 올해의 여름 휴가철을 위한 복지 혜택은 30대가 원하는 것을 중심으로, 직급이나 근속연수에 따라서 추가 지원금을 지급하는 방식으로 제안하는 것이 좋을 것 같습니다. 그리고 어떤 혜택이 직원들에게 만족을 줄 수 있을지를 알기 위하여 조사된 '취미'에 대하여 추가 분석을 해 봐야겠습니다.

이상으로 데이터의 형태에 대한 분류, 변수별 속성과 그에 따라 산출할 수 있는 기술통계량에서 사용하는 용어를 살펴보았습니다. 이제는 여러가지 데이터를 사용하여 자료의 구조를 파악하고 기초적인 통계량을 산출하는 연습을 시작합니다.

데이터 구조 파악하기

R 프로그램이나 외부 저장소에서 제공하는 오픈 데이터를 사용할 수 있습니다. 데이터의 속성과 구조를 파악할 수 있습니다.

작업 공간에 있는 데이터 혹은 R의 패키지에 있는 오픈 데이터를 R에 로드하고, 관측치와 변수의 개수 등 겉으로 보이는 형태를 확인하는 단계입니다. 이 과정을 통하여 개별 변수의 속성을 파악할 수 있습니다.

str() 함수 : 구조

구조 파악하기

함께 분석해 볼 자료는 R 기본 패키지 {datasets}의 오픈데이터인 OrchardSprays입니다. 이 자료는 과수원 분무기의 구성 성분에 대한 효능을 평가하기 위한 실험 데이터입니다. R 기본 패키지의 이 자료를 로드하고, 자료의 속성과 구조를 파악해 보겠습니다.

R 기본 패키지 {datasets}는 여러 개의 오픈데이터를 가지고 있습니다. 패키지에 대한 정보를 확인하려면 '?패키지명'을 실행하거나 library(help="패키지명") {base} 함수를 사용합니다.

```
?패키지명
library(help="패키지명")
```

```
> ?datasets
```

datasets-package {datasets} R Documentation

The R Datasets Package

Description

Base R datasets

Details

This package contains a variety of datasets. For a complete list, use `library(help = "datasets")`.

Author(s)

R Core Team and contributors worldwide

Maintainer: R Core Team R-core@r-project.org

[Package *datasets* version 3.4.4 Index]

{datasets} 패키지의 기본 정보를 확인할 수 있습니다.

```
> library(help="datasets")
```

```
                패키지 'datasets'에 대한 정보

설명:

Package:       datasets
Version:       3.4.4
Priority:      base
Title:         The R Datasets Package
Author:        R Core Team and contributors worldwide
Maintainer:    R Core Team <R-core@r-project.org>
Description:   Base R datasets.
License:       Part of R 3.4.4
Built:         R 3.4.4; ; 2018-03-15 14:50:44 UTC; windows

인덱스:

AirPassengers           Monthly Airline Passenger Numbers 1949-1960
BJsales                 Sales Data with Leading Indicator
```

(이하 생략)

AirPassengers 데이터(1949-1960년의 월별 항공 이용 승객의 수)로 시작하는 {datasets} 패키지의 오픈데이터의 목록을 확인할 수 있습니다.

OrchardSprays는 R 프로그램에 기본으로 설치되어 있는 {datasets} 패키지의 자료이므로 패키지 설치 과정 없이 데이터를 사용합니다. data() {utils} 함수를 사용하여 사용할 데이터를 로드합니다. 이 과정 없이도 데이터 사용은 가능합니다.

```
> data(OrchardSprays)
```

R 기본 패키지 {datasets}의 OrchardSprays 데이터를 로드합니다. 분석 중 변경된 데이터를 초기화하고 싶을 때 실행하면 원래의 데이터를 다시 로드할 수 있습니다.

그리고, 데이터를 로드하면 RStudio의 Environment 창에서 해당 데이터를 확인할 수 있습니다.

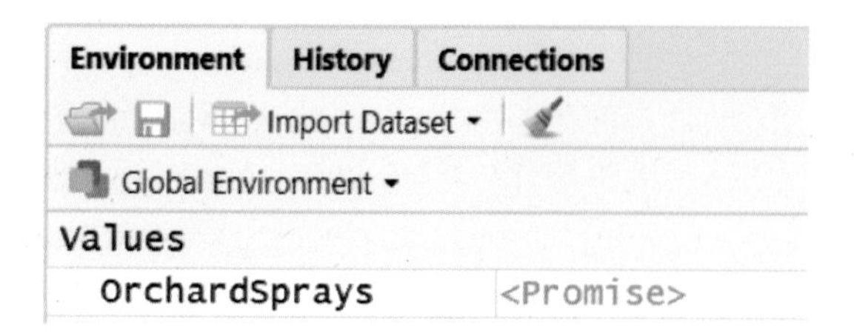

불러온 데이터를 미리보기하여 데이터가 잘 들어왔는지를 확인합니다. 미리보기를 하려면 첫 행부터 지정한 행의 개수만큼 출력하는 head() {utils} 함수, 또는 마지막 행부터 지정한 행의 개수만큼 출력하는 tail() {utils} 함수를 사용합니다. 행의 개수를 지정하지 않으면 6개의 행을 출력합니다.

```
head(데이터명, 행의 개수)
tail(데이터명, 행의 개수)

* 행의 개수의 기본값 = 6
```

OrchardSprays {datasets} 데이터를 미리보기합니다.

```
> head(OrchardSprays)

  decrease rowpos colpos treatment
1       57      1      1         D
2       95      2      1         E
3        8      3      1         B
4       69      4      1         H
5       92      5      1         G
6       90      6      1         F
```

'줄어든 꿀벌의 수(decrease)', '행 위치(rowpos)', '열 위치(colpos)', '석회황합제 처리 정도(treatment)'의 4개의 변수를 가지고 있습니다.

```
> tail(OrchardSprays,2)

   decrease rowpos colpos treatment
63        3      7      8         A
64       19      8      8         C
```

자료의 마지막 2개 행을 출력한 결과입니다.

head()/tail() {utils} 함수는 개별 변수에도 사용할 수 있습니다. '데이터명$변수명'을 입력하거나, attach() {base} 함수를 사용하여 사용할 데이터를 지정한 후 '변수명'만을 입력하여 사용합니다.

데이터의 지정을 취소할 때는 detach() {base} 함수를 사용합니다.

```
head(데이터명$변수명, 행의 개수)
attach(데이터명); head(변수명, 행의 개수)
detach(데이터명)
```

```
> head(OrchardSprays$decrease)
```

```
[1] 57 95  8 69 92 90
```

'줄어든 꿀벌의 수(decrease)' 변수는 57 95 8 69 92 90 … 로 시작합니다.

```
> attach(OrchardSprays)
> head(decrease); head(treatment)
```

```
[1] 57 95  8 69 92 90
[1] D E B H G F
Levels: A B C D E F G H
```

'줄어든 꿀벌의 수(decrease)' 변수는 57 95 8 69 92 90 … 로 시작합니다. '석회황합제 처리 정도(treatment)' 변수는 D E B H G F로 시작하고, A~H의 수준을 가지고 있습니다.

```
> detach(OrchardSprays)
> head(decrease); head(treatment)
```

```
Error in head(decrease) : object 'decrease' not found
```

데이터를 사용한다고 지정한 것을 취소 하였으므로 변수명만 입력하는 방법으로는 함수를 사용할 수 없습니다.

class() {base} 함수를 사용하여 데이터 및 개별 변수의 속성을 파악합니다.

```
class(데이터명)
class(데이터명$변수명)
attach(데이터명); class(변수명)
```

```
> class(OrchardSprays)
```

```
[1] "data.frame"
```

data.frame의 속성을 가지고 있습니다.

앞의 경우에서와 같이 attach() {base} 함수를 사용하여 사용할 데이터를 지정한 경우에는 변수명만을 입력하여 함수 사용이 가능합니다.

```
> attach(OrchardSprays)
> class(decrease); class(treatment)
```

```
[1] "numeric"
[1] "factor"
```

'줄어든 꿀벌의 수(decrease)' 변수는 실수형(numeric) 의 속성을 가진 양적 자료이고, '석회황합제 처리 정도(treatment)' 변수는 범주형(factor)의 속성을 가진 질적 자료입니다.

다음은 데이터 및 개별 변수의 구조를 파악해 보겠습니다. str() {utils} 함수는 데이터의 속성, 관측치와 변수의 개수, 개별 변수의 속성 및 미리보기를 제공합니다.

```
str(데이터명)
str(데이터명$변수명)
attach(데이터명); str(변수명)

* 변수의 속성: 실수형(num), 정수형(int), 문자형(str), 범주형(factor), 순서가 있는 범주형(Ord.factor), 날짜형(Date), 논리형(logi), 복소수형(cplx) 등
```

```
> str(OrchardSprays)

'data.frame':   64 obs. of  4 variables:
 $ decrease : num  57 95 8 69 92 90 15 2 84 6 ...
 $ rowpos   : num  1 2 3 4 5 6 7 8 1 2 ...
 $ colpos   : num  1 1 1 1 1 1 1 1 2 2 ...
 $ treatment: Factor w/ 8 levels "A","B","C","D",..: 4 5 2 8 7 6 3 1 3 2 ...
```

64개 관측치와 4개 변수를 가진 data.frame입니다. '석회황합제 처리 정도(treatment)' 변수는 A, B, … 8개의 수준을 가진 범주형(factor) 속성을 가진 질적 자료이고, 나머지 3개 변수는 실수형(num)의 속성을 가진 양적 자료입니다.

개별 변수의 구조만을 출력할 수 있습니다.

```
> # attach(OrchardSprays)
> str(decrease); str(treatment)

 num [1:64] 57 95 8 69 92 90 15 2 84 6 ...
 Factor w/ 8 levels "A","B","C","D",..: 4 5 2 8 7 6 3 1 3 2 ...
```

'줄어든 꿀벌의 수(decrease)'는 실수형(num) 속성을 가진 양적 자료로 64개의 행을 가지고 있으며, 1행부터 차례로 57 95 8 … 입니다. '석회황합제 처리 정도(treatment)'는 범주형(factor) 변수로 "A", "B" … 의 8개의 수준(level)을 가지고 있는 질적 자료입니다. 1행부터 차례로 4(D) 5(E) 2(B) … 입니다. (알파벳 순서대로 1 : A, 2 : B, 3 : C, 4 : D, 5 : E, 6 : F, 7 : G, 8 : H를 의미합니다.)

관측치와 변수의 개수만 따로 출력할 수 있습니다. dim() {base}은 관측치와 변수의 개수를 차례로 출력하고, nrow() {base}는 관측치의 개수를, 그리고 ncol() {base}과 length() {base}는 변수의 개수를 출력합니다.

```
dim(데이터명)
nrow(데이터명); ncol(데이터명)
length(데이터명)
```

```
> dim(OrchardSprays)

[1] 64  4

> nrow(OrchardSprays); ncol(OrchardSprays)

[1] 64
[1] 4

> length(OrchardSprays)

[1] 4
```

64개 관측치와 4개 변수를 가지고 있습니다.

마지막으로, View() {utils} 함수를 사용하여 Data Viewer를 사용하여 표의 형태로 확인할 수 있습니다.

```
View(데이터명)
```

```
> View(OrchardSprays)
```

B_flow_cut_v1.R × B_ex_cut_v1.R × OrchardSprays ×

Filter

	decrease	rowpos	colpos	treatment
1	57	1	1	D
2	95	2	1	E
3	8	3	1	B
4	69	4	1	H
5	92	5	1	G
6	90	6	1	F

만약 RStudio를 사용한다면 Environment 창에서 데이터명을 클릭하는 것 만으로도 Data Viewer 사용이 가능합니다.

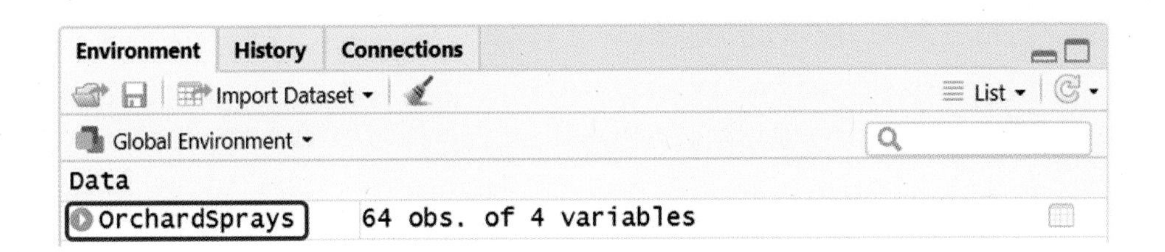

RStudio에서는 Filter를 사용하여 설정한 조건에 맞는 데이터만을 조회할 수도 있습니다. Filter 클릭 후 생성되는 변수명 아래의 All 부분을 선택하면, 변수가 양적 자료인 경우 최소값~최대값이 바의 형태로 보여지고, 질적 자료인 경우 개별 수준의 값이 보여집니다.

아래는 '석회황합제 처리 정도(treatment)'가 "A"이고, '줄어든 꿀벌의 수(decrease)'가 "4~5"인 자료를 조회하는 화면입니다. 조회 결과 19, 26, 36, 53의 4개 행이 출력되었습니다.

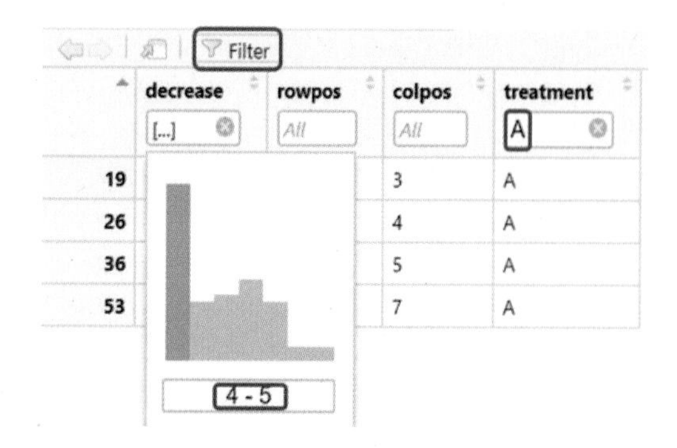

이상으로 R 기본 패키지 {datasets}의 OrchardSprays를 불러오고, 구조를 파악해 보았습니다.

OrchardSprays {datasets} 데이터의 구조와 속성을 파악하여 다음과 같이 정리할 수 있습니다.

데이터명	OrchardSprays {datasets}		
관측치의 개수	64	변수의 개수	4
변수명	속성	미리보기	
decrease	실수형(num)	57 95 8 …	
rowpos	실수형(num)	1 2 3 …	
colpos	실수형(num)	1 1 1 …	
treatment	범주형(factor)	4(D) 5(E) 2(B) …	

참고: R 추가 패키지의 오픈 데이터는 어떻게 사용할까?

예제에서 R 프로그램 기본 패키지의 오픈데이터를 사용하기 위하여 data() {utils} 함수를 사용했어요. 추가 패키지의 오픈데이터도 같은 방법으로 사용할 수 있습니다.

그런데 만약 우리가 사용하려는 어떤 함수가 추가 패키지에 들어있다고 하면, 먼저 install.packages() {utils}로 그 패키지를 설치하고, library() {base}로 패키지를 사용하겠다고 선언하잖아요. 오픈데이터를 사용할 때도 마찬가지에요.

R 추가 패키지 {MASS}의 오픈데이터인 hills 를 사용하여 예를 들어볼게요. 이 자료는 1984년 스코틀랜드의 35개 언덕 레이스에 대한 기록 데이터입니다.

```
> # install.packages("MASS")
> library(MASS); data(hills)
```

R 추가 패키지 {MASS}의 hills 데이터를 로드합니다. 분석 중 변경된 데이터를 초기화하고 싶을 때 실행하면 원래의 데이터를 다시 로드할 수 있습니다.

```
> head(hills)

               dist climb   time
Greenmantle     2.5   650 16.083
Carnethy        6.0  2500 48.350
Craig Dunain    6.0   900 33.650
Ben Rha         7.5   800 45.600
Ben Lomond      8.0  3070 62.267
Goatfell        8.0  2866 73.217
```

'거리(dist)', '높이(climb)', '시간(time)' 3개의 변수로 이루어진 자료입니다.

구조 파악하기 연습문제-1

사용할 데이터는 R 기본 패키지 {datasets}의 오픈데이터인 USArrests입니다. 이 자료는 1973년 미국 50개주를 대상으로 한 폭행, 살인, 강간으로 체포된 비율을 나타낸 범죄율 통계 데이터입니다.

Q. USArrests {datasets} 데이터의 구조와 속성을 파악하여 다음 표를 완성하세요.

데이터명	USArrests {datasets}		
관측치의 개수		변수의 개수	
변수명	속성	미리보기	

USArrests {datasets} : 자료에 대한 설명은 「부록1.9.USArrests」에서 확인할 수 있습니다.

구조 파악하기 연습문제-2

사용할 데이터는 R 프로그램 추가 패키지 {MASS}의 오픈 데이터 cats입니다. 이 자료는 2kg이상, 성체인 수컷과 암컷 고양에 대한 체중과 심장 무게에 대한 해부학적 데이터입니다.

Q. cats {MASS} 데이터의 구조와 속성을 파악하여 다음 표를 완성하세요.

데이터명	cats {MASS}		
관측치의 개수		변수의 개수	
변수명	속성	미리보기	

cats {MASS} : 자료에 대한 설명은 「부록1.12.cats」에서 확인할 수 있습니다.

기초적인 통계량 산출하기

summary() 함수 : 기술통계량

개별 변수의 기술통계량을 산출할 수 있습니다. 기술통계량과 그래프를 사용하여 변수의 분포 형태를 파악할 수 있습니다.

자료의 평균이 얼마인지, 최소값과 최대값이 얼마인지와 같이 자료의 특성을 대표하는 숫자들을 기술통계량이라고 합니다. 기술통계량 산출의 목적은 평균과 표준편차와 같은 자료의 대표값을 산출하는 것, 그리고 자료가 어떤 모양으로 분포되어 있는지를 파악하는 것 등입니다.

기술통계량 산출하기

원본 자료 : student.csv – R라즘 카페에서 파일을 내려받으세요.

분석해볼 자료는 제공된 student.csv입니다. 이 자료는 포르투갈에서 중등 교육을 받고 있는 두 학교 학생들의 수학과 포르투갈어 성적에 대한 데이터로, 출처는 UC Irvine 머신러닝 저장소입니다. 이 자료를 사용하여 개별 변수의 기술통계량을 산출하고, 변수별로 어떤 분포를 가지고 있는지를 파악해보겠습니다.

read.csv() {utils} 함수를 사용하여 불러온 student.csv 데이터를 raw_stud로 저장하고, 같은 데이터를 stud의 이름으로 다시 저장하여 사용합니다.

```
read.csv("파일명.csv")
```

```
> raw_stud <- read.csv("student.csv")
> stud <- raw_stud
```

분석 중 변경된 데이터를 초기화하고 싶을 때 마지막 행을 다시 실행하세요. 불러온 데이터를 raw_stud의 이름으로 저장하고, 원 데이터의 보존을 위하여 stud 이름으로 다시 저장하여 사용합니다.

데이터 전체의 기술통계량을 출력하는 데 간편하게 사용하는 함수는 summary() {base}입니다. 이 함수는 양적 변수와 질적 변수를 구분하여 서로 다른 출력물을 제공합니다.

```
summary(데이터명)

* 양적 변수 : 최소값(Min.), 1사분위수(1st Qu.), 중앙값(Median), 평균(Mean), 3사분위수(3rd Qu.), 최대값(Max.)을 출력
* 질적 변수 : 수준에 따른 빈도를 출력
```

```
> summary(stud)
 school     sex          age         address famsize   Pstatus      Medu      
 GP:342   F:198   Min.   :15.00   R: 81   GT3:278   A: 38   Min.   :0.000  
 MS: 40   M:184   1st Qu.:16.00   U:301   LE3:104   T:344   1st Qu.:2.000  
                  Median :17.00                             Median :3.000  
                  Mean   :16.59                             Mean   :2.806  
                  3rd Qu.:17.00                             3rd Qu.:4.000  
                  Max.   :22.00                             Max.   :4.000  
      Fedu            Mjob           Fjob            reason      nursery   internet 
 Min.   :0.000   at_home : 53   at_home : 16   course    :140   no : 72   no : 58  
 1st Qu.:2.000   health  : 33   health  : 17   home      :110   yes:310   yes:324  
 Median :3.000   other   :138   other   :211   other     : 34                      
 Mean   :2.565   services: 96   services:107   reputation: 98                      
 3rd Qu.:4.000   teacher : 62   teacher : 31                                       
 Max.   :4.000                                                                     
```

(이하 생략)

'학교(school)' 변수는 질적 변수로 수준별 빈도를 출력합니다. GP값 342개, MS값 40개의 자료값으로 이루어져 있습니다. '나이(age)' 변수는 양적 변수로 최소값(Min.) 15, 1사분위수(1st Qu.) 16, 중앙값(Median) 17, 평균(Mean) 16.59, 3사분위수(3rd Qu.) 17, 최대값(Max.) 22입니다.

기술통계량을 출력하는 다른 함수들을 소개합니다.

먼저 소개할 describe() {Hmisc} 함수는 각 변수의 결측치(missing value) 개수를 확인할 수 있다는 장점을 가지고 있습니다. 이 함수도 변수의 유형을 자동으로 파악하여 각기 다른 출력물을 내어놓습니다. 그런데 그 기준이 앞의 summary() {base} 함수보다 세분화되어 있습니다.

```
library(Hmisc); describe(데이터명)

* 범주형 변수 : 유효한 관측치의 개수(n), 결측치의 개수(missing), 수준의 개수(distinct), 각 수준별 빈도와 구성비를 출력
* 숫자형 변수 : 구분값의 개수(distinct)에 따라 출력 형태를 달리함.
- 10개 이하인 경우 : 연속성 정도(Info), 평균(Mean), Gini's mean difference(두 관측치 간의 평균적인 차이)(Gmd)를 추가로 출력
- 10개 초과 20개 이하인 경우 : 백분위수 해당 값을 추가로 출력
- 20개 초과인 경우 : 빈도와 구성비를 출력하지 않고 최대값과 최소값 5개씩을 출력
```

```
> # install.packages("Hmisc")
> library(Hmisc); describe(stud)

stud

 53  Variables      382  Observations
---------------------------------------------------------------------------
school
       n  missing distinct
     382        0        2

Value         GP    MS
Frequency    342    40
Proportion 0.895 0.105
---------------------------------------------------------------------------
```

(중략)

```
------------------------------------------------------------------------------
age
       n  missing distinct     Info     Mean      Gmd
     382        0        7    0.941    16.59    1.295

Value         15    16    17    18    19    20    22
Frequency     81   107   100    81    11     1     1
Proportion 0.212 0.280 0.262 0.212 0.029 0.003 0.003
------------------------------------------------------------------------------
```

(중략)

```
------------------------------------------------------------------------------------
absences_m
       n  missing distinct     Info     Mean      Gmd      .05      .10      .25
     382        0       32    0.963    5.319    6.585     0.00     0.00     0.00
     .50      .75      .90      .95
    3.00     8.00    14.00    17.95

lowest :  0  1  2  3  4, highest: 28 30 54 56 75
------------------------------------------------------------------------------------
G1_m
       n  missing distinct     Info     Mean      Gmd      .05      .10      .25
     382        0       17    0.992    10.86    3.819      6.0      7.0      8.0
     .50      .75      .90      .95
    10.5     13.0     16.0     16.0

Value          3     4     5     6     7     8     9    10    11    12    13    14
Frequency      1     1     7    25    35    41    30    51    38    33    29    27
Proportion 0.003 0.003 0.018 0.065 0.092 0.107 0.079 0.134 0.099 0.086 0.076 0.071

Value         15    16    17    18    19
Frequency     22    23     8     8     3
Proportion 0.058 0.060 0.021 0.021 0.008
------------------------------------------------------------------------------------
```

(이하 생략)

53개 변수와 382개 관측치를 가지고 있습니다. '학교(school)' 변수는 2개의 수준 GP, MS를 가진 범주형 자료이며 자료값 중 89.5%가 GP입니다. '나이(age)' 변수(10개 이하의 구분값을 가진 경우)의 평균은 16.59세입니다. 15-22세로 구성되어 있으며, 15-18세 학생의 구성 비율이 높습니다. '결석 수_m(absences_m)'(20개 초과의 구분값을 가진 경우)의 평균은 5.319번입니다. 결석하지 않은 학생부터 75번 결석한 학생까지 있습니다. '1학년 수학 성적(G1_m)'(10개 초과 20개 이하의 구분값을 가진 경우)의 평균은 10.86점입니다. 3~19점으로 구성되어 있습니다. 점수별 구성비를 확인할 수 있습니다.

다음으로 소개할 함수는 describe() {psych} 입니다. describe() {psych} 함수는 특별히 왜도(skewness)와 첨도(kurtosis)의 값을 출력합니다. 'type=2' 옵션을 사용하여 많이 사용하는(엑셀에서와 같은) 왜도와 첨도의 값을 출력할 수 있습니다.

```
library(psych); describe(데이터명, type=2)

* type의 기본값 = 3
```

이 함수는 바로 앞에서 사용했던 함수와 다른 패키지 소속인데 같은 이름을 가지고 있습니다. 이런 경우에는 어떤 패키지의 함수를 사용하려는 것인지 혼동이 있을 수 있습니다. 이런 경우에는 '패키지명::함수명()'을 사용하여 사용할 패키지를 지정할 수 있습니다.

```
> # install.packages("psych")
> library(psych); psych::describe(stud, type=2)
```

(결과 생략)

또는 이전 사용했던 {Hmisc} 패키지를 사용하려고 지정한 것을 취소하기 위해 'detach(package: 패키지명)'을 사용합니다.

```
> detach(package:Hmisc)
> library(psych); describe(stud, type=2)
```

(생략)

```
     vars  n    mean   sd    median  trimmed   mad    min    max    range    skew
age  3     382  16.59  1.17  17.0    16.55     1.48    15     22      7     0.40
     kurtosis            se
age  0.10                0.06
```

(중략)

```
        vars  n    mean   sd    median  trimmed   mad    min    max    range    skew
G1_m     31    382 10.86   3.35  10.5   10.75     3.71    3      19      16     0.28
G2_m     32    382 10.71   3.83  11.0   10.83     2.97    0      19      19     -0.40
G3_m     33    382 10.39   4.69  11.0   10.81     4.45    0      20      20     -0.71
        kurtosis        se
G1_m    -0.69           0.17
G2_m    0.51            0.20
G3_m    0.28            0.24
```

(이하 생략)

이 함수는 표준편차(sd)를 출력합니다. '나이(age)'는 1.17, '1학년 수학 성적(G1_m)'~ '3학년 수학 성적(G3_m)'의 표준편차는 3.35, 3.83, 4.69로 학년이 올라갈수록 커집니다. '나이(age)'는 왜도(0.40)가 0보다 크고 첨도(0.10)가 0보다 크므로, 왼쪽으로 치우쳐 있고 정규분포보다 뾰족한 형태의 분포를 가지고 있습니다. '1학년 수학 성적(G1_m)'은 왜도(0.28)가 0보다 크고, 첨도(-0.69)가 0보다 작으므로 왼쪽으로 치우쳐 있고 정규분포보다 완만한 형태의 분포를 가지고 있습니다. '2학년 수학 성적(G2_m)'과 '3학년 수학 성적(G3_m)'은 왜도(-0.40, -0.71)가 0보다 작고, 첨도(0.51, 0.28)가 0보다 크므로 오른쪽으로 치우치고 정규분포보다 뾰족한 형태의 분포를 가지고 있습니다.

다음은 지금까지 숫자로 파악해 본 '3학년 수학 성적(G3_m)'과 '학교(school)' 변수의 분포 형태를 그래프를 사용하여 시각적으로 나타내 볼게요. 사용할 데이터를 지정하고 시작합니다.

```
> attach(stud)
```

먼저 양적 변수인 '3학년 수학 성적(G3_m)'을 사용하여 4가지 그래프를 그려봅니다.

그래프를 한 눈에 보기 위하여 par(mfrow=c(2,2)) 함수를 사용하여 4개의 그래프를 한 화면에 2행 2열로 출력할게요..

```
par(mfrow=c(행의 수,열의 수))
```

```
> par(mfrow=c(2,2))
```

명령어 순서대로 1행 1열의 '상자 그림', 1행 2열의 '히스토그램', 2행 1열의 '밀도 그림', 2행 2열의 '크기순으로 정렬한 막대 그림'을 출력하였습니다.

```
boxplot(변수명, col="색상", main="제목")  # 상자 그림
hist(변수명, main="제목")  # 히스토그램
plot(density(변수명), main="제목")  # 밀도 그림
barplot(변수명[order(변수명)], main="제목")  # 크기순으로 정렬한 막대 그림
```

```
> boxplot(G3_m,col="green",main="boxplot(G3_m)")
> hist(G3_m,main="histogram")
> plot(density(G3_m),main="densityplot")
> barplot(G3_m[order(G3_m)],main="barplot")
```

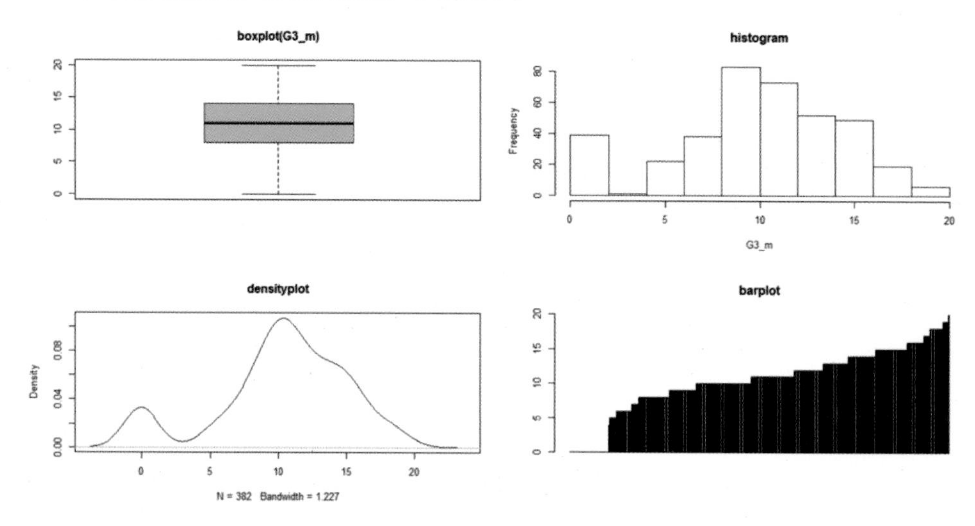

상자 그림, 히스토그램, 밀도 그림을 통하여 앞에서 숫자로 출력했던 최소값 0, 최대값 20, 중앙값 11, 그리고 오른쪽으로 치우친 분포(왜도<0)의 모양도 눈으로 확인할 수 있습니다. 밀도 그림과 크기 순으로 정렬한 막대 그림을 보니 점수가 0점인 데이터도 적지 않네요.

이제는 질적 변수인 '학교(school)' 변수를 사용하여 그래프를 그려볼게요.

'학교(school)' 변수의 수준별 빈도를 그래프를 사용하여 시각적으로 나타냅니다. 막대 그림과 원 그림을 하나의 화면에 출력하기 위하여 'par(mfrow=c(1,2))' 함수를 사용하여 1행 2열로 출력하였습니다.

```
t <- table(변수명)
barplot(t, col="색상",main="제목") # 막대 그림
pie(t, col="색상",main="제목") # 원 그림
```

```
> t <- table(school)
>
> par(mfrow=c(1,2))
> barplot(t,col=c("yellow","green"),main="barplot(school)")
> pie(t,col=c(3:4),main="piechart")
```

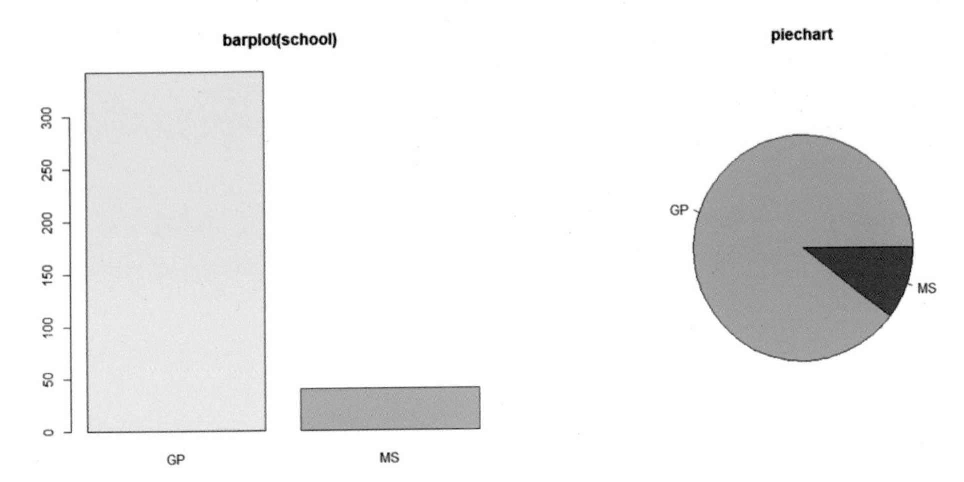

'학교(school)' 변수는 2개의 수준(GP, MS)을 가지고 있고, 대부분의 데이터가 "GP" 수준으로 두 수준의 구성비 차이가 큰 것을 확인할 수 있습니다. 그래프의 색은 c(3:4)와 같이 숫자로 지정할 수도 있습니다.

이상으로 student.csv 데이터의 기술통계량을 출력해 보았습니다.

studend.csv 데이터의 기술통계량을 산출하여 변수 '나이(age)', '1학년 수학 성적(G1_m)', '2학년 수학 성적(G2_m)', '3학년 수학 성적(G3_m)'에 대하여 다음과 같이 정리할 수 있습니다.

데이터명	student.csv					
변수명	최소값	최대값	중앙값	평균	1사분위수	3사분위수
age	15	22	17	16.59	16	17
G1_m	3	19	10.5	10.86	8	13
G2_m	0	19	11	10.71	8.25	13
G3_m	0	20	11	10.39	8	14

변수명	범위	표준편차	왜도	첨도
age	7	1.17	0.4	0.1
G1_m	16	3.35	0.28	-0.69
G2_m	19	3.83	-0.4	0.51
G3_m	20	4.69	-0.71	0.28

또, 변수 '학교(school)', '성별(sex)', '거주지(address)'에 대하여 다음과 같이 정리할 수 있습니다.

변수명	빈도	
school	GP	342
	MS	40
sex	F	198
	M	184
address	R	81
	U	301

참고: 어떤 변수의 최대값(max)만 출력할 수 있을까?

앞의 예제에서는 데이터 전체의 기술통계량을 산출하는 방법을 알아보았어요. 하지만 실제 분석을 할 때는 "어떤 변수의 어떤 기술통계량이 궁금한지"가 정해져 있을 때가 많죠? 이럴 때 간단하게 개별 기술통계량을 출력할 수 있는 함수들을 소개할게요.

우선, 예제에서 사용한 summary() {base} 함수를 사용할 수 있습니다.

```
attach(데이터명); summary(변수명)
```

min() {base}과 max() {base} 함수는 변수의 최소값과 최대값을 출력합니다.

```
min(변수명); max(변수명)
```

median() {stats}, mean() {base} 함수는 변수의 중앙값과 평균을 산출합니다.

```
median(변수명); mean(변수명)
```

quantile() {stats} 함수는 변수의 사분위수 등을 출력합니다. 이 함수는 7개의 계산 방식을 가지고 있으며 'type= ' 옵션으로 방식을 선택할 수 있습니다. 그리고, prop으로 0~1 사이의 값을 지정하면 지정한 %에 해당하는 값만을 출력할 수 있습니다.

```
quantile(변수명, prop, type= );

* type의 기본값 = 7
* prop는 0~1 사이의 값으로 지정. 생략 시 0%, 25%, 50%, 75%, 100%의 값을 출력
```

range() {base} 함수는 변수의 범위를 출력합니다. 범위는 최대값과 최소값의 차이를 뜻하지만, 이 함수는 최소값과 최대값 자체를 출력합니다.

```
range(변수명)
```

var() {stats}, sd() {stats} 함수는 변수의 분산과 표준편차를 출력합니다.

```
var(변수명); sd(변수명)
```

왜도와 첨도를 산출하기 위해서는 예제에서 사용한 {psych} 패키지 또는 {agricolae}를 사용합니다.

```
library(psych); skew (변수명,type=2); kurtosi(변수명,type=2)
library(agricolae); skewness(변수명); kurtosis(변수명)
```

table() {base}과 xtabs() {stats} 함수를 사용하여 각 변수의 수준별 빈도, 또는 두 변수의 교차 빈도를 산출할 수 있습니다.

```
table(변수명); xtabs(~변수명)
table(변수명1, 변수명2); xtabs(~변수명1, 변수명2)
```

기술통계량 산출하기 연습문제-1

사용할 데이터는 R 기본 패키지 {datasets}의 오픈데이터인 mtcars입니다. 이 자료는 1973~1974년의 32개 자동차 모델을 대상으로 한 연비, 디자인과 성능에 관한 데이터입니다.

Q1. '연비(mpg)' 변수의 기술통계량을 산출하여 다음 표를 완성하고, 그 분포를 그래프(상자 그림, 히스토그램 등)로 나타내세요.

데이터명	mtcars {datasets}					
변수명	최소값	최대값	중앙값	평균	1사분위수	3사분위수
mpg						

변수명	범위	표준편차	왜도	첨도
mpg				

그래프 예시)

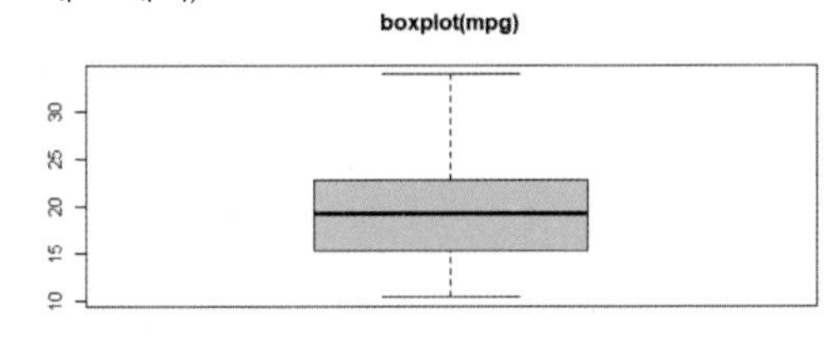

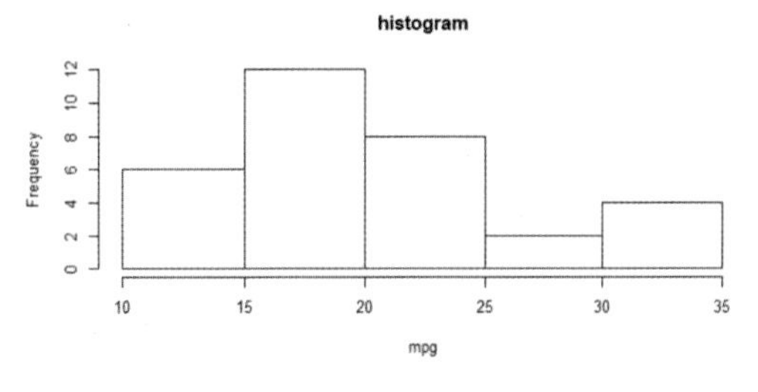

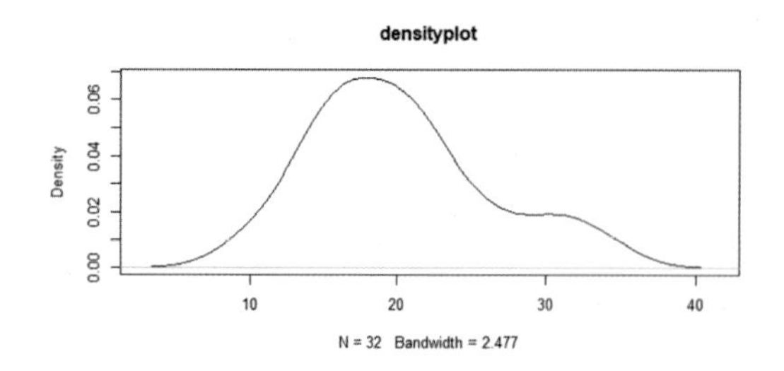

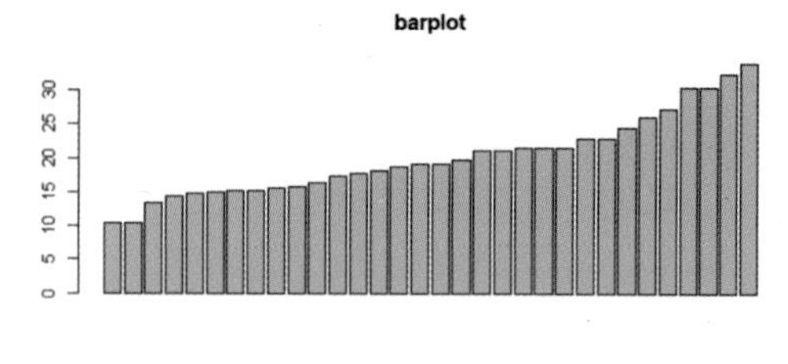

Q2. '엔진의 기통수(cyl)' 변수의 기술통계량을 산출하여 다음 표를 완성하고, 그 분포를 그래프(막대 그림 등)로 나타내세요.

데이터명	mtcars {datasets}	
변수명	빈도	
cyl	수준1	
	수준2	
	…	

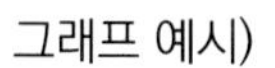
그래프 예시)

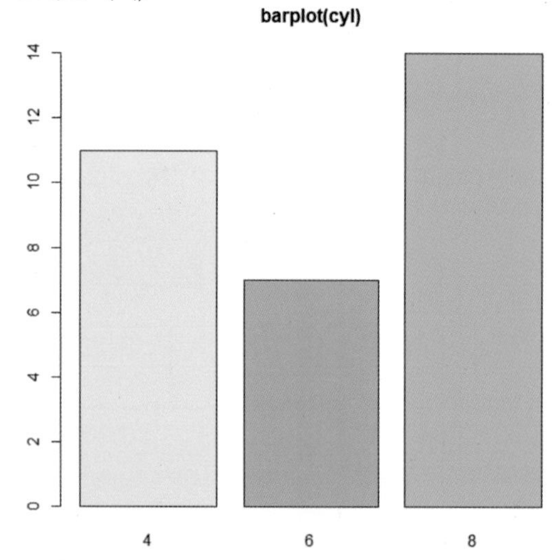

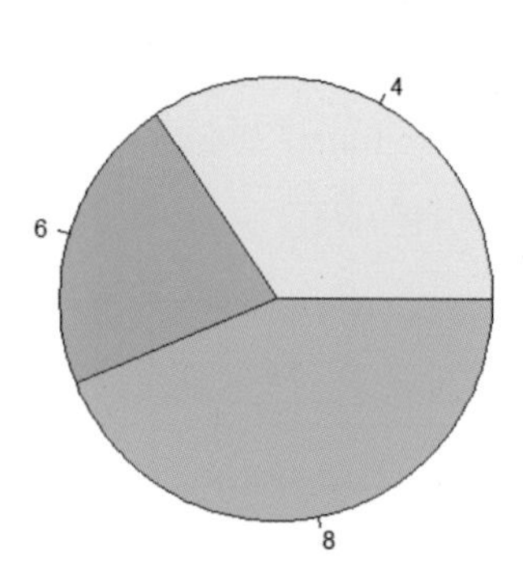

기술통계량 산출하기 연습문제-2

사용할 데이터는 R 추가 패키지 {dplyr}의 오픈데이터인 starwars 입니다. 이 자료는 스타워즈 캐릭터에 관한 데이터입니다.

Q1. '체중(mass)' 변수의 기술통계량을 산출하여 다음 표를 완성하고, 그 분포를 그래프(상자 그림, 히스토그램 등)로 나타내세요.

결측치 (NA) 때문에 통계량이 산출되지 않는 경우, NA를 제외하라는 옵션인 'na.rm=TRUE'을 함수에 추가합니다.

데이터명	starwars {dplyr}					
변수명	최소값	최대값	중앙값	평균	1사분위수	3사분위수
mass						

변수명	범위	표준편차	왜도	첨도
mass				

그래프 예시)

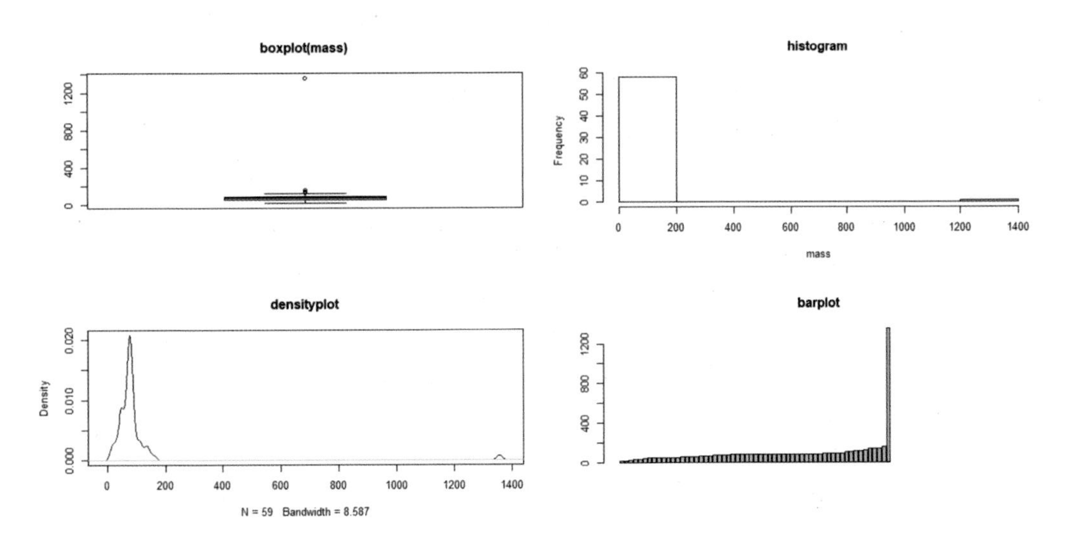

Q2. '머리색(hair_color)' 변수의 기술통계량을 산출하여 다음 표를 완성하고, 그 분포를 그래프(막대 그림 등)로 나타내세요.

데이터명	starwars {dplyr}	
변수명	빈도	
hair_color	수준1	
	수준2	
	…	

그래프 예시)

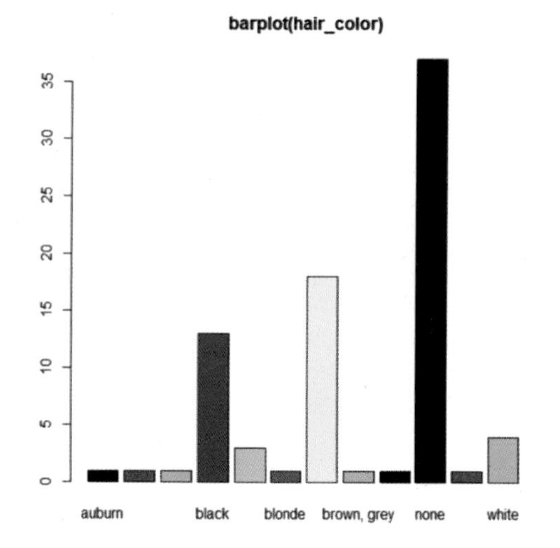

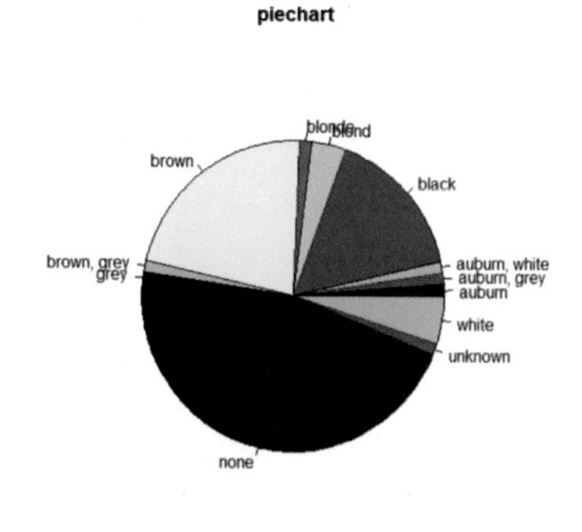

is.na() 함수 : 결측치

어떤 자료가 R 프로그램에서 결측치로 인식되는지를 알 수 있다. 데이터에 결측치가 존재하는지 여부를 파악할 수 있다.

데이터에서 어떤 값이 '결측치(missing value)'라는 것은 그 값이 '비어 있음'을 의미합니다. R프로그램에서는 결측치를 Not Available을 의미하는 'NA'로 표기합니다. 자료에 결측치가 발견되면, 통계량 산출 시 그 값을 제외하거나 다른 값으로 대체하는 등의 처리가 필요합니다. 너무 많은 결측치를 가지고 있다면 자료 자체를 믿을 수 없을 수도 있습니다.

먼저 외부 데이터가 어떤 자료값을 가지고 있을 때 R에서 결측치로 인식하는지를 첫번째 예제를 통하여 알아보도록 하겠습니다.

결측치 파악하기

분석해볼 자료는 R 추가 패키지 {dplyr}의 오픈데이터인 starwars입니다. 이 자료는 스타워즈 캐릭터에 관한 데이터입니다. 이 자료를 사용하여 결측치 존재 여부를 확인해보겠습니다.

starwars는 R 프로그램의 추가 패키지 {MASS}의 데이터이므로, 해당 패키지를 설치하고, library() {base} 함수를 사용하여 선언합니다. data() {utils} 함수를 사용하여 데이터를 로드합니다. 이 과정 없이도 데이터 사용은 가능합니다.

```
> # install.packages("dplyr")
> library(dplyr); data(starwars)
```

R 추가 패키지 {dplyr}의 오픈데이터 starwars를 로드합니다. 분석 중 변경된 데이터를 초기화하고 싶을 때 실행하면 원래의 데이터를 다시 로드할 수 있습니다.

starwars 데이터는 11번째 변수부터 리스트 형태로 되어 있습니다. 이 예제에서는 starwars[1:10]으로 1~10번째 변수까지만 사용하겠습니다. 결측치의 존재 여부를 알아보기 위하여 summary() {base} 함수를 사용하여 기술통계량을 출력하여 결측치를 파악해봅니다.

```
> summary(starwars[1:10])
     name               height           mass          hair_color       
 Length:87          Min.   : 66.0   Min.   :  15.00   Length:87         
 Class :character   1st Qu.:167.0   1st Qu.:  55.60   Class :character  
 Mode  :character   Median :180.0   Median :  79.00   Mode  :character  
                    Mean   :174.4   Mean   :  97.31                     
                    3rd Qu.:191.0   3rd Qu.:  84.50                     
                    Max.   :264.0   Max.   :1358.00                     
                    NA's   :6       NA's   :28                          
  skin_color         eye_color           birth_year        gender         
 Length:87          Length:87          Min.   :  8.00   Length:87         
 Class :character   Class :character   1st Qu.: 35.00   Class :character  
 Mode  :character   Mode  :character   Median : 52.00   Mode  :character  
                                       Mean   : 87.57                     
                                       3rd Qu.: 72.00                     
                                       Max.   :896.00                     
                                       NA's   :44                         

  homeworld           species         
 Length:87          Length:87         
 Class :character   Class :character  
 Mode  :character   Mode  :character  
```

'키(height)', '체중(mass)', '출생년도(birth_year)' 변수에 결측치가 확인되었습니다. 이 데이터는 tibble의 형식으로 되어있는데, 이 경우 summary() {base} 함수를 사용한 질적 변수의 출력 형태가 다르기 때문에, 이 방법으로는 개별 변수의 결측치 존재 여부를 확인할 수 없습니다.

개별 변수의 결측치(missing value)를 출력하는 describe() {Hmisc} 함수를 사용해보겠습니다.

```
> library(Hmisc); describe(starwars[1:10])

starwars[1:10]

 10  Variables      87  Observations
---------------------------------------------------------------------------------
```

(중략)

```
-----------------------------------------------------------------------------------------
height
       n  missing distinct     Info     Mean      Gmd      .05      .10      .25 
      81        6       45    0.998    174.4    35.36       96      122      167 
     .50      .75      .90      .95 
     180      191      206      224 

lowest :  66  79  88  94  96, highest: 224 228 229 234 264
-----------------------------------------------------------------------------------------
mass
       n  missing distinct     Info     Mean      Gmd      .05      .10      .25 
      59       28       38    0.998    97.31    74.12     30.8     44.0     55.6 
     .50      .75      .90      .95 
    79.0     84.5    114.4    136.4 

lowest :   15   17   20   32   40, highest:  120  136  140  159 1358
-----------------------------------------------------------------------------------------
hair_color
       n  missing distinct 
      82        5       12 

auburn (1, 0.012), auburn, grey (1, 0.012), auburn, white (1, 0.012), black (13,
0.159), blond (3, 0.037), blonde (1, 0.012), brown (18, 0.220), brown, grey (1,
0.012), grey (1, 0.012), none (37, 0.451), unknown (1, 0.012), white (4, 0.049)
-----------------------------------------------------------------------------------------
```

(중략)

```
--------------------------------------------------------------------------------
birth_year
       n  missing distinct     Info     Mean      Gmd      .05      .10      .25
      43       44       36    0.999    87.57    94.71     19.0     21.2     35.0
     .50      .75      .90      .95
    52.0     72.0    100.0    191.2

lowest :   8  15  19  21  22, highest: 102 112 200 600 896
--------------------------------------------------------------------------------
gender
       n  missing distinct
      84        3        4

Value               female hermaphrodite          male          none
Frequency               19             1            62             2
Proportion           0.226         0.012         0.738         0.024
--------------------------------------------------------------------------------
homeworld
       n  missing distinct
      77       10       48

lowest : Alderaan       Aleen Minor    Bespin         Bestine IV     Cato Neimoidia
highest: Tund           Umbara         Utapau         Vulpter        Zolan
--------------------------------------------------------------------------------
species
       n  missing distinct
      82        5       37

lowest : Aleena         Besalisk       Cerean         Chagrian       Clawdite
highest: Vulptereen     Wookiee        Xexto          Yoda's species Zabrak
--------------------------------------------------------------------------------
```

7개 변수에 결측치가 존재합니다. '키(height)' 6개, '체중(mass)' 28개, '머리색(hair_color)' 5개, '출생년도(birth_year)' 44개, '성별(gender)' 3개, '고향(homeworld)' 10개, '종(species)' 5개의 7개입니다.

기술통계량을 산출하면서 결측치를 파악할 수는 있지만 확인이 좀 번거롭죠? 사실 간단한 함수가 있어요. is.na() {base} 함수입니다. 이 함수를 사용하면 데이터 전체나 개별 변수의 자료값 하나 하나의 결측치 여부를 출력할 수 있습니다.

is.na() {base} 함수는 "NA인가?"의 답을 출력합니다. 결과값이 TRUE인 경우 결측치이고, FALSE인 경우 결측치가 아닙니다.

```
is.na(데이터명)
is.na(데이터명$변수명)
```

```
> is.na(starwars[1:10])

      name height  mass hair_color skin_color eye_color birth_year gender homeworld
 [1,] FALSE  FALSE FALSE      FALSE      FALSE     FALSE      FALSE  FALSE     FALSE
 [2,] FALSE  FALSE FALSE       TRUE      FALSE     FALSE      FALSE   TRUE     FALSE
 [3,] FALSE  FALSE FALSE       TRUE      FALSE     FALSE      FALSE   TRUE     FALSE
```

(이하 생략)

hair_color 변수의 2,3행의 값이 TRUE로 결측치이고, 나머지 자료값은 FALSE로 결측치가 아닙니다.

각 자료값의 결측치 여부를 확인할 수 있네요. 하지만 모든 자료값의 결측치 여부를 이렇게 확인할 수는 없겠죠? 데이터 자료값 하나 하나의 결측치 여부가 아니고, 전체 데이터 혹은 개별 변수의 결측치 개수만을 알고 싶을 때는 table() {base} 함수와 is.na() {base} 함수를 함께 사용합니다.

```
table(is.na(데이터명))
table(is.na(데이터명$변수명))
```

데이터 전체와 개별 변수의 결측치 개수를 출력할게요.

```
> table(is.na(starwars[1:10]))

FALSE  TRUE
  769   101
```

starwars 데이터는 101개의 결측치를 가지고 있습니다

```
> attach(starwars)
> table(is.na(height))

FALSE  TRUE
   81     6

> table(is.na(mass))

FALSE  TRUE
   59    28

> table(is.na(hair_color))

FALSE  TRUE
   82     5

> table(is.na(birth_year))

FALSE  TRUE
   43    44

> table(is.na(gender))

FALSE  TRUE
   84     3

> table(is.na(homeworld))

FALSE  TRUE
   77    10

> table(is.na(species))

FALSE  TRUE
   82     5
```

앞에서 describe() {Hmisc} 함수를 사용하여 확인된 7개의 개별 변수에 대하여 결측치의 개수를 확인한 결과입니다.

이상으로 starwars {dplyr} 데이터의 결측치 존재 여부와 그 개수를 파악해보았습니다.

starwars {dplyr} 데이터의 변수별 결측치 존재 여부는 다음과 같이 정리할 수 있습니다.

데이터명	starwars {dplyr}		
	유효	결측	계
height	81	6	87
mass	59	28	87
hair_color	82	5	87
birth_year	43	44	87
gender	84	3	87
homeworld	77	10	87
species	82	5	87
그 외	261	0	261
전체	769	101	870

참고: 어떤 자료값을 결측치로 인식할까?

예제에서는 오픈 데이터를 사용했지만, 실제 작업은 거의 외부 데이터를 사용합니다. 그렇다면 외부 데이터는 어떤 자료값을 가지고 있을 때 R에서 결측치로 인식할까요? 엑셀 자료를 사용하여 확인해볼게요.

원본 자료 : missing.csv – R랴줌 카페에서 파일을 내려받으세요.

분석해볼 자료는 제공된 missing.csv입니다. 이 자료는 외부 데이터의 자료값이 어떤 형태로 들어가 있으면 R 프로그램에서 NA로 인식을 하는지 알아보기 위하여 엑셀에서 임의로 생성하였습니다.

	A	B	C	D	E	F
1	var1	var2	var3	var4	var5	var6
2	A	A	A	1	1	1
3		NA	na		NA	na

자료의 첫번째 행은 변수명(var1~var6)입니다. 두번째 행에는 문자 A(var1~var3) 또는 숫자 1(var4~var6)을 입력하였습니다. 세번째 행은 자료값을 입력하지 않거나(var1, var4), NA(var2, var5), na(var3, var6)를 입력하였습니다.

이 자료를 사용하여 외부 데이터의 어떤 자료값이 결측치로 인식되는지, 그리고 데이터가 가진 결측치의 개수를 어떻게 파악할 수 있는지에 대하여 알아보겠습니다.

```
> missing <- read.csv("missing.csv"); missing
     var1      var2   var3   var4   var5   var6
1    A         A      A      1      1      1
2              <NA>   na     NA     NA     na
```

문자형 변수 중 var2의 NA라고 적혀있던 자료값은 <NA>로 인식되었습니다. 그리고 숫자형 변수 중 var4의 빈칸과 var5의 NA라고 적혀있던 자료값이 NA로 인식되었습니다.

summary() {base} 함수를 사용하여 기술통계량을 출력합니다.

```
> summary(missing)
var1        var2        var3        var4         var5         var6
  :1        A   :1      A :1        Min.   :1    Min.   :1    1 :1
 A:1        NA's:1      na:1        1st Qu.:1    1st Qu.:1    na:1
                                    Median :1    Median :1
                                    Mean   :1    Mean   :1
                                    3rd Qu.:1    3rd Qu.:1
                                    Max.   :1    Max.   :1
                                    NA's   :1    NA's   :1
```

var2(문자형, NA 표기), var4(숫자형, 빈칸), var5(숫자형, NA표기)인 경우에 결측치로 인식되어 NA's:1로 표기되었습니다.
자료값이 na인 경우는 결측치로 인식하지 않고 그 자체의 문자로 인식되었습니다.
var6의 경우 1행의 1이 숫자임에도 불구하고 2행의 na가 문자이므로 R 프로그램에서 문자형 변수로 인식하였습니다.

여기서 잠깐, 이상한 점을 발견하셨나요? 왜 같은 결측치가 var2에서는 〈NA〉로, var4와 var5에서는 NA로 표기되었을까요? 〈NA〉는 문자형 변수의 결측치를 뜻합니다. 같은 결측치인데 문자형 변수임을 나타내 주려고 모양만 바꿔서 출력된 거에요.

자료값 하나 하나의 결측치 여부를 출력할게요.

```
> is.na(missing)
      var1   var2   var3   var4   var5   var6
[1,]  FALSE  FALSE  FALSE  FALSE  FALSE  FALSE
[2,]  FALSE  TRUE   FALSE  TRUE   TRUE   FALSE
```

var2, var4, var5의 2행을 보면, 자료값이 NA로 표기되어 있는 경우(var2, var5)와 숫자형 변수이면서 값이 비어있는 경우(var4)를 R 프로그램에서는 결측치로 인식하였습니다.
문자형 변수이면서 값이 비어있는 경우(var1)와 소문자로 na라고 표기한 경우(var3, var6)에는 R 프로그램에서 결측치로 인식하지 않았습니다.

결측치 파악하기 연습문제-1

사용할 데이터는 R 추가 패키지 {MASS}의 오픈데이터인 anorexia 입니다. 이 자료는 젊은 여성 거식증 환자의 체중 변화에 대한 데이터입니다.

Q. anorexia {MASS}의 결측치 존재 여부를 확인하여 다음 표를 완성하세요.

데이터명	anorexia {MASS}		
	유효	결측	계
변수명			
…			
전체			

결측치 파악하기 연습문제-2

사용할 데이터는 R 기본 패키지 {datasets}의 오픈데이터인 airquality 입니다. 이 자료는 1973년 5~9월 중 뉴욕의 일일 공기를 측정한 데이터입니다.

Q. airquality {datasets}의 결측치 존재 여부를 확인하여 다음 표를 완성하세요.

데이터명	airquality {datasets}		
	유효	결측	계
변수명			
…			
전체			

이상치

학습목표 – 이상치를 정의하는 기준을 알 수 있다. 이상치로 파악된 자료를 상황에 맞게 처리할 수 있다.

데이터의 분포를 감안했을 때, 정상적인 범위에 들어 있지 않은 자료가 발견되는 경우가 있습니다. 이런 데이터를 우리는 '이상치(특이값, outlier)'라고 부릅니다. 그런데 어떤 기준으로 '정상적인 범위'를 정의하면 될까요? 여러가지 기준이 있을 수 있지만 많이 쓰이는 이상치의 인식 기준은 다음과 같습니다.

3사분위수(Q3, 75%)와 1사분위수(Q1, 25%)의 차이를 사분위범위(IQR)라고 하고, 3사분위수보다 1.5배 IQR만큼 큰 경우와 1사분위수보다 1.5배 IQR만큼 작은 경우를 경계로 하여 그 두 경계의 밖에 있는 자료를 이상치로 인식합니다. 상자그림을 그릴 때 사용하는 방법으로, 아래 그림에서 빨간 동그라미로 표시된 아래쪽 1개, 위쪽 2개의 자료가 이상치입니다.

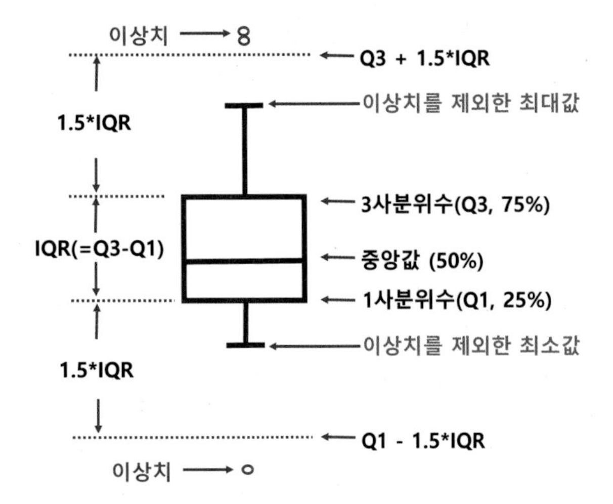

이상치가 발견되었을 때, 우리는 그 자료가 제대로 된 자료인지 아니면 입력 실수 등의 오류로 인하여 잘못 발생한 자료인지를 판단할 필요가 있습니다. 데이터가 신뢰할만한 경우, 이상치가 발견되더라도 그 자료값 자체를 인정하고 분석을 하는 경우가 많습니다. 하지만, 어떤 경우에는 그 자료값을 결측치로 처리하거나 특정 값을 임의로 대입하는 등의 처리를 하기로 결정하는 경우도 있습니다. 처리 시 분석 결과에 큰 차이를 보일 수 있기 때문에 신중을 기해야 합니다.

이상치를 처리하는 방법들

[방법1] 결측치로 처리하는 경우

이상치인 자료값을 인정할 수 없으나, 다른 값으로 대체하지 않고 해당 자료값을 NA로 처리합니다.

[방법2] 이상치의 자료값을 제외한 해당 변수의 평균값을 대입하는 경우

예를 들면, 학생들의 키를 조사한 자료에서 이상치가 발견되었을 때, 이상치 자료값 대신 다른 학생들의 키 평균을 대입하는 방법입니다.

[방법3] 이상치의 자료값이 발생한 관측치의 다른 변수에서 값을 선택하여 대입하는 경우

예를 들면, 학생들의 성적을 조사한 자료에서 이상치가 발견되었을 때, 이상치 자료값 대신 해당 학생의 다른 시험 성적을 대입하는 방법입니다.

이상치 처리하기 1

분석해볼 자료는 R 기본 패키지 {datasets}의 오픈데이터인 airquality입니다. 이 자료는 1973년 5~9월 중 뉴욕의 일일 공기를 측정한 데이터입니다. 이 자료 중 '오존(Ozone)' 변수의 이상치 존재 여부를 확인해 보고, 이상치가 존재한다면 그 자료값을 처리하는 방법에 대하여 알아보겠습니다.

'오존(Ozone)' 변수는 어떤 현상에 대한 관측을 한 자료입니다. 이런 데이터의 경우에는 전체 분포를 감안하여 너무 동떨어져 있는 값이 발견되었을 때의 값을 이상치라고 의심하게 됩니다. 이 예제에서는 앞에서 소개한 기준(사분위범위의 1.5배를 사용하는 방법)에 따라서 이상치를 정의하고, 이상치 처리 '[방법1] 결측치로 처리하는 경우'와 '[방법2] 이상치의 자료값을 제외한 해당 변수의 평균값을 대입하는 경우'에 따라서 처리해보겠습니다.

airquality는 R 프로그램에 기본으로 설치되어 있는 {datasets} 패키지의 자료이므로 패키지 설치 과정 없이 데이터를 사용합니다. data() {utils} 함수를 사용하여 데이터를 로드합니다. 이 과정 없이도 데이터 사용은 가능합니다.

```
> data(airquality)
```

R 기본 패키지 {datasets}의 airquality 데이터를 로드합니다.

분석 중 변경된 데이터를 초기화하고 싶을 때 실행하면 원래의 데이터를 다시 로드할 수 있습니다.

우선 boxplot() {graphics} 함수를 사용하여 상자 그림을 그려보겠습니다. 상자 그림의 양 극단으로 이상치가 존재할 경우 'o'의 모양으로 표시됩니다.

```
> attach(airquality)
> par(mfrow=c(1,1))
> boxplot(Ozone,main="boxplot(Ozone)")
```

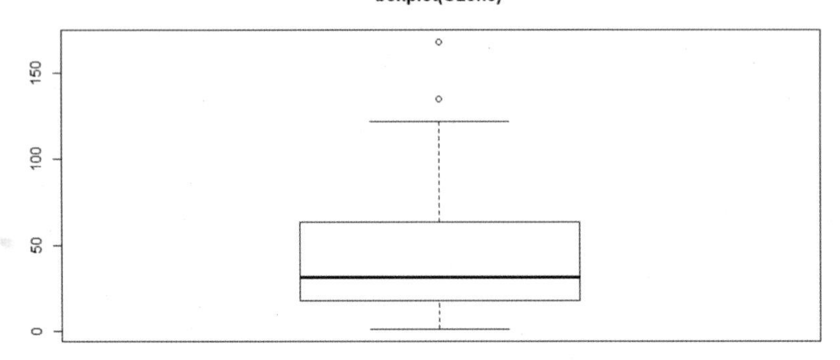

값이 큰 방향에서 이상치가 발견됩니다.

먼저 변수의 결측치 여부를 빈도로 출력해볼게요. 이상치를 찾아내서 결측치로 변경하기 전에 원 데이터의 상태를 확인하기 위함입니다.

```
> table(is.na(airquality$Ozone))

FALSE  TRUE
  116    37
```

37개의 결측치를 가지고 있습니다.

이상치인 자료를 개별적으로 확인하기 위하여 추출해보겠습니다. 이상치를 정의하는 경계를 계산하기 위하여 먼저 1사분위수, 3사분위수 그리고 사분위범위를 계산합니다. 3사분위수보다 사분위범위의 1.5배 더 큰 값이 이상치의 위쪽 경계가 되고, 1사분위수보다 사분위범위의 1.5배 더 작은 값이 이상치의 아래쪽 경계가 됩니다. 위쪽 경계보다 크거나, 아래쪽 경계보다 작은 값이 이상치입니다. 먼저 1사분위수와 3사분위수를 출력하여 사분위범위를 계산하겠습니다. 사분위수를 출력하는fivenum() {stats} 함수를 사용해 보려고 합니다.

> fivenum(변수명)
>
> * 최소값, 1사분위수, 중앙값, 3사분위수, 최대값의 5개 자료를 vector 형태로 출력

```
> fivenum(Ozone)

[1]   1.0  18.0  31.5  63.5 168.0
```

최소값이 1, 1사분위수가 18, 중앙값이 31.5, 3사분위수가 63.5, 최대값이 168입니다.

2번째 값인 1사분위수를 q1에 저장합니다.

```
> q1 <- fivenum(Ozone)[2]; q1
[1] 18
```

1사분위수 18을 q1에 저장하였습니다.

4번째 값인 3사분위수를 q3에 저장합니다.

```
> q3 <- fivenum(Ozone)[4]; q3
[1] 63.5
```

3사분위수 63.5을 q3에 저장하였습니다.

사분위범위인 q3-q1을 계산합니다.

```
> iqr <- q3-q1; iqr
[1] 45.5
```

사분위범위 45.5를 iqr에 저장합니다.

이상치의 위쪽 경계는 '3사분위수보다 사분위범위의 1.5배 더 큰 값'으로 아래와 같이 계산합니다.

```
> out_top <- q3+iqr x 1.5; out_top
[1] 131.75
```

이상치의 위쪽 경계 131.75를 계산하여 out_top에 저장하였습니다.

이상치의 아래쪽 경계는 '1사분위수보다 사분위범위의 1.5배 더 작은 값'으로 아래와 같이 계산합니다.

```
> out_bottom <- q1-iqr x 1.5; out_bottom
[1] -50.25
```

이상치의 아래쪽 경계 -50.25를 계산하여 out_top에 저장하였습니다.

위쪽 경계보다 크거나, 아래쪽 경계보다 작은 값이 있는 행 번호를 추출하여 Ozone_out에 저장합니다. which() {base} 함수를 사용하면 조건에 맞는 데이터의 행 번호를 추출할 수 있습니다.

```
which(조건)

* 조건에 맞는 행 번호 추출
```

```
> Ozone_out <- which(Ozone>out_top | Ozone<out_bottom); Ozone_out
[1]  62 117
```

62행과 117행에 이상치가 존재하는 것을 알 수 있습니다.

이상치가 있는 관측치에 flag를 달아주기 위하여, mutate() {dplyr} 함수를 사용하여 행의 번호가 62, 117인 경우 1로 표시된 변수 Ozone_out_flag를 생성하겠습니다.

생성한 Ozone_out_flag 변수를 사용하여 '오존(Ozone)' 변수에 이상치인 자료가 포함된 관측치의 행 전체를 추출하였습니다.

```
library(dplyr); mutate(변수명, 생성할 변수 = )
row.names(데이터명)
subset(데이터명, 조건)
```

```
> # install.packages("dplyr")
> library(dplyr)
> airquality <- mutate(airquality,
+                      Ozone_out_flag =
+                        ifelse(row.names(airquality) %in% Ozone_out, 1,0))
> subset(airquality,Ozone_out_flag==1)

    Ozone Solar.R Wind Temp Month Day Ozone_out_flag
62    135     269  4.1   84     7   1              1
117   168     238  3.4   81     8  25              1
```

mutate() {dplyr} 함수를 사용하여 'Ozone의 이상치 여부(Ozone_out_flag)' 변수를 생성합니다. 이 변수는 행 번호가 Ozone_out에 속하는지 여부에 따라 정의하였습니다. 이상치가 있는 관측치인 경우(행 번호가 Ozone_out에 속하는 경우) 1을, 나머지의 경우 0을 부여하였습니다.

만약에 발견한 이상치를 확인해 본 결과 그 자료를 사용하지 않기로 결정했다면, 이제 어떻게 해야 할까요? 이 예제에서는 '[방법1] 결측치로 처리하는 경우'와 '[방법2] 이상치의 자료값을 제외한 해당 변수의 평균값을 대입하는 경우'를 예로 들어서 연습해보겠습니다.

첫번째는 '[방법1] 결측치로 처리하는 경우' 입니다. 원 데이터의 보존을 위하여 데이터를 airquality1으로 다시 저장하여 사용하겠습니다.

```
> airquality1 <- airquality
```

ifelse() {base} 함수를 사용하여 앞에서 생성한 'Ozone이상치여부(Ozone_out_flag)'가 1인 경우 결측치(NA)로 처리합니다.

```
> attach(airquality1)
> airquality1$Ozone <- ifelse(Ozone_out_flag==1,NA,Ozone)
```

처리 전과 후의 결측치 개수를 비교해봅니다.

```
> table(is.na(airquality$Ozone)); table(is.na(airquality1$Ozone))
```

```
FALSE  TRUE
  116    37

FALSE  TRUE
  114    39
```

비교한 결과 2개의 결측치가 더 생성된 것을 확인할 수 있습니다.

처리 전과 후의 기술통계량을 비교해봅니다.

```
> summary(airquality$Ozone); summary(airquality1$Ozone)

Min. 1st Qu.  Median    Mean 3rd Qu.    Max.    NA's
1.00   18.00   31.50   42.13   63.25  168.00      37
Min. 1st Qu.  Median    Mean 3rd Qu.    Max.    NA's
1.00   18.00   30.50   40.21   60.50  122.00      39
```

비교한 결과 결측치가 2개 더 추가되었고, 큰 쪽의 이상치가 제거되어 평균이 낮아진 것을 확인할 수 있습니다.

처리 전과 후의 상자 그림을 비교해봅니다.

```
> par(mfrow=c(1,2))
> boxplot(airquality$Ozone,main="이상치 처리 전");
+ boxplot(airquality1$Ozone,main="처리 후")
```

이상치 처리 전

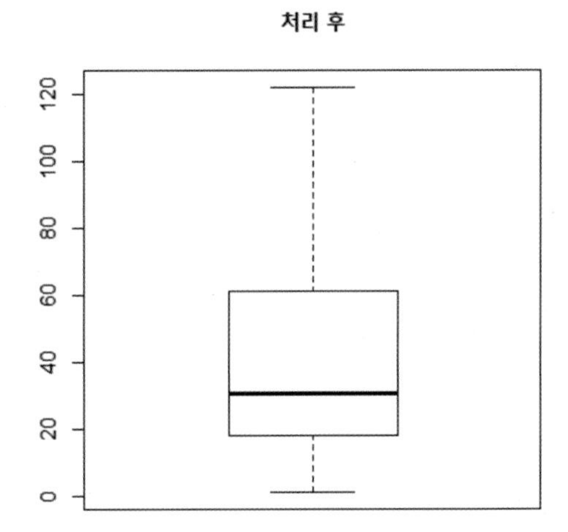

처리 후의 자료에는 큰 쪽의 이상치가 없어진 것을 확인할 수 있습니다.

참고로, 이 예제에는 해당되지 않지만, 어떤 자료는 조건에 따라 이상치를 찾아서 제외했는데도 상자 그림에 'o'표시(또 다른 이상치)가 여전히 나타나는 경우가 있습니다. 앞에서 설명한 것처럼 상자 그림에서는 사분위수를 산출하여 이상치를 정의하는데, 기존의 이상치가 제거되면서 전체 데이터의 범위가 변경되고, 사분위수의 산출값이 따라서 변경되어, 새로운 기준에 따라서 새로운 이상치가 등장한 경우입니다. 그러므로 처리 후 상자그림에 또 다른 이상치가 보인다고 놀라지 마세요.

두번째는 '[방법2] 이상치의 자료값을 제외한 해당 변수의 평균값을 대입하는 경우'하는 방법입니다. 원 데이터의 보존을 위하여 데이터를 airquality2로 다시 저장하여 사용하겠습니다.

```
> airquality2 <- airquality
```

앞에서 생성한 'Ozone이상치여부(Ozoen_out_flag)' 변수를 사용하여 이상치가 아닌 관측치들의 '오존(Ozone)' 변수의 평균을 계산하여 meanOzone에 저장합니다.

```
> attach(airquality2)
> meanOzone <- mean(subset(airquality2,
+                     Ozone_out_flag==0)$Ozone,na.rm=TRUE); meanOzone
[1] 40.21053
```

평균 값 40.21053이 meanOzone에 저장되었습니다.

ifelse() {base} 함수를 사용하여 이상치인 경우의 자료값을 meanOzone으로 대체합니다.

```
> airquality2$Ozone <- ifelse(Ozone_out_flag==1,meanOzone,Ozone)
```

처리 전과 후의 기술통계량을 비교해봅니다.

```
> summary(airquality$Ozone); summary(airquality2$Ozone)
Min. 1st Qu.  Median    Mean 3rd Qu.    Max.    NA's
1.00   18.00   31.50   42.13   63.25  168.00      37
Min. 1st Qu.  Median    Mean 3rd Qu.    Max.    NA's
1.00   18.00   31.50   40.21   59.50  122.00      37
```

처리 전 후의 기술통계량을 비교한 결과 큰 쪽의 이상치가 제거되어 평균이 낮아진 것을 확인할수 있습니다.

처리 전과 후의 상자 그림을 비교해봅니다.

```
> par(mfrow=c(1,2))
> boxplot(airquality$Ozone,main="이상치 처리 전");
+ boxplot(airquality2$Ozone,main="처리 후")
```

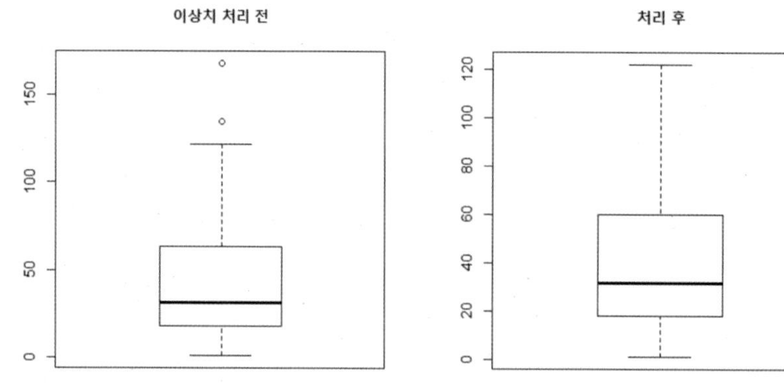

처리 후의 자료에는 큰 쪽의 이상치가 없어진 것을 확인할 수 있습니다.

이상으로 airquality {datasets} 데이터 중 '오존(Ozone)' 변수의 이상치를 발견하고, 두 가지 방법으로 처리해 보았습니다.

참고로 앞에서 사용한 fivenum() {stats} 함수와 상자 그림을 그릴 때 사용하는 boxplot()

{graphics} 함수를 비교하고, 비슷하게 쓰이는 IQR() {stats} 함수를 소개할게요.

```
fivenum(변수명) vs boxplot(변수명)$stats

* 최소값, 1사분위수, 중앙값, 3사분위수, 최대값 출력(fivenum()은 이상치를 제외하지 않은 값을 출력함)
* fivenum() {stats} : vector로 결과물 출력. 이상치를 감안하지 않음
* boxplot()$stats : matrix로 결과물 출력. 이상치를 제외한 값을 출력하고, 이 값을 사용하여 상자 그림을 그림
```

```
> fivenum(Ozone) # vector
[1]   1.0  18.0  31.5  63.5 168.0

> boxplot(Ozone)$stats; # matrix

      [,1]
[1,]   1.0
[2,]  18.0
[3,]  31.5
[4,]  63.5
[5,] 122.0
attr(,"class")
        1
"integer"
```

값이 큰 쪽으로 이상치가 존재하기 때문에 두 함수의 마지막 값이 다르게 출력되었습니다. fivenum() {stats} 함수는 변수 전체의 최대값 168을 출력하고, boxplot() {graphics} 함수는 이상치를 제외한 최대값 122를 출력합니다.

```
> fivenum(Ozone)[2]; boxplot(Ozone)$stats[2]

[1] 18
[1] 18
```

두 함수의 [2]는 1사분위수를 출력합니다.

```
> fivenum(Ozone)[4]; boxplot(Ozone)$stats[4]

[1] 63.5
[1] 63.5
```

두 함수의 [4]는 3사분위수를 출력합니다.

```
IQR()

* quantile() {stats} 함수를 사용하여 3사분위수와 1사분위수의 차를 계산함
* type을 지정하는 방법에 따라 fivenum() {stats}이나 boxplot() {graphics}에서와 다른 결과값을 출력할 수도 있음
```

```
> q3-q1
[1] 45.5

> IQR(Ozone,na.rm=TRUE,type=5)

[1] 45.5
```

사분위범위(3사분위수와 1사분위수의 차)를 IQR() {stats} 함수를 사용하여 계산할 수도 있습니다.

이상으로 airquality {datasets} 데이터의 이상치 존재 여부를 파악하고, 처리하는 방법을 연습해보았습니다.

airquality {datasets} 데이터 중 '오존(Ozone)' 변수의 이상치 존재 여부, 그리고 처리 방법에 따른 기초통계량의 변화에 대하여 다음과 같이 정리할 수 있습니다.

데이터명	**airquality {datasets}**						
이상치 기준	**[위쪽 경계] 3사분위수 + 사분위범위 x 1.5**						
	[아래쪽 경계] 1사분위수 - 사분위범위 x 1.5						
	이상치		**이상치 아님**			**계**	
Ozone	2		151			153	
이상치 처리	**[방법1] 결측치로 처리하는 경우**						
	[방법2] 이상치의 자료값을 제외한 해당 변수의 평균값을 대입하는 경우						
	최소값	**1사분위수**	**중앙값**	**평균**	**3사분위수**	**최대값**	**결측치 개수**
처리 전	1	18	31.5	42.13	63.25	168	37
[방법1]	1	18	30.5	40.21	60.5	122	39
[방법2]	1	18	31.5	40.21	59.5	122	37

이상치 처리하기 2

원본 자료 : student.csv – R라줌 카페에서 파일을 내려받으세요.

분석해볼 자료는 제공된 student.csv입니다. 이 자료는 포르투갈에서 중등 교육을 받고 있는 두 학교 학생들의 수학과 포르투갈어 성적에 대한 데이터로, 출처는 UC Irvine 머신러닝 저장소입니다. 이 자료 중 '3학년 포르투갈어 성적(G3_p)' 변수의 이상치 존재 여부를 확인해보고, 이상치가 존재한다면 그 자료값을 처리하는 방법에 대하여 알아보겠습니다.

'3학년 포르투갈어 성적(G3_p)' 변수는 학생들의 시험 성적에 대한 자료입니다. 이런 자료의 경우, 다른 학생들과 성적 차이가 크다는 이유로 이상치로 인식하는 것보다는 만점 보다 큰 성적, 혹은 음수인 성적이 발견될 경우를 이상치로 인식하는 것이 상식적입니다. 변수 설명을 보면, 이 변수는 0~20점 사이의 성적으로 이루어져있습니다. 즉, 이 시험의 만점은 20점이고 0점보다 낮은 성적을 받을 수는 없습니다.

그래서, 이번 예제에서는 '3학년 포르투갈어 성적(G3_p)'가 0~20점 사이에 있지 않은 경우를 이상치로 정의하고, 앞의 이상치 처리 '[방법3] 이상치의 자료값이 발생한 관측치의 다른 변수에서 값을 선택하여 대입하는 경우'에 따라서 처리하는 과정을 알아봅니다.

read.csv() {utils} 함수를 사용하여 불러온 student.csv 데이터를 raw_stud로 저장하고, 같은 데이터를 stud의 이름으로 다시 저장하여 사용합니다.

```
> raw_stud <- read.csv("student.csv")
> stud <- raw_stud
```

분석 중 변경된 데이터를 초기화하고 싶을 때 마지막 행을 다시 실행하세요.

실제로 '3학년 포르투갈어 성적(G3_p)' 변수에는 0~20점을 벗어나는 성적의 자료가 존재하지 않습니다. 예제로 사용하기 위하여 '학교(school)'가 "MS"인 경우(40개 관측치)에 해당하는 '3학년 포르투갈어 성적(G3_p)' 변수의 자료값을 23으로 임의로 변경하겠습니다.

```
> #임의로 이상치 생성하기
> stud$G3_p <- ifelse(stud$school=="MS",23,stud$G3_p)
```

'학교(school)'가 "MS"인 경우의 '3학년 포르투갈어 성적(G3_p)'을 23으로 임의로 변경하였습니다.

결측치 존재 여부를 확인합니다.

```
> table(is.na(stud$G3_p))

FALSE
  382
```

결측치를 가지고 있지 않습니다.

위쪽 경계(20점)보다 크거나, 아래쪽 경계(0점)보다 작은 값이 이상치이므로, 그 경우에 1을 가지는 '3학년 포르투갈어 성적 이상치 여부(G3_p_out_flag)'를 생성합니다.

```
> attach(stud)
> stud$G3_p_out_flag <- ifelse(G3_p<0 | G3_p>20,1,0)
```

이 예제에서는 [예제1-2)-다-2]에서와 달리 which() {base} 함수를 사용하여 행의 번호를 추출하지 않고, ifelse() {base} 함수만 사용하여 직접 '3학년 포르투갈어 성적 이상치 여부(G3_p_out_flag)'를 생성하는 방법을 사용해보았습니다.

생성한 '3학년 포르투갈어 성적 이상치 여부(G3_p_out_flag)' 변수의 빈도를 출력하여 이상치의개수를 확인합니다.

```
> table(stud$G3_p_out_flag)

  0   1
342  40
```

임의로 생성한 40개의 이상치가 확인되었습니다.

이번에도 이상치의 자료값을 인정하지 않기로 했다고 가정하고, '[방법3] 이상치의 자료값이 발생한 관측치의 다른 변수에서 값을 선택하여 대입하는 경우'에 따라서 처리하는 과정을 연습하겠습니다. 즉, 어떤 학생의 성적이 이상치로 판단되어 자료의 수정이 필요할 때, 그 학생의 다른 시험 성적을 사용하여 처리하는 방법입니다.

원 데이터의 보존을 위하여 데이터를 stud3으로 다시 저장하여 사용합니다.

```
> stud3 <- stud
```

만약 어떤 학생에게 인정해줄 수 있는 사정이 생겨서 기말고사를 못 보게 된다면 학교에서는 그 학

생의 성적을 어떻게 처리해야 할까요? 우리가 앞에서 사용했던 방법인, 다른 학생들의 평균으로 처리하지는 않을 것입니다. 모두 0점으로 처리하는 방법, 지난 시험 점수의 80%만 인정해서 대체하는 방법 등의 기준을 가지고 있겠죠. 여기서는 3학년 점수의 이상치를 대체하기 위하여 1학년과 2학년 점수의 평균을 사용하는 방법을 사용해보겠습니다.

```
> library(dplyr)
> stud3 <- mutate(stud3,meanG1G2_p=(G1_p+G2_p)/2)
```

mutate() {dplyr} 함수를 사용하여 '1학년 포르투갈어 성적(G1_p)'과 '2학년 포르투갈어 성적(G2_p)'의 평균을 산출하여 meanG1G2_p 변수를 생성합니다.

'3학년 포르투갈어 성적 이상치 여부(G3_p_out_flag)' 변수를 사용하여 이상치인 경우 앞에서 산출한 meanG1G2_p로 대체합니다.

```
> attach(stud3)
> stud3$G3_p <- ifelse(G3_p_out_flag==1,meanG1G2_p,G3_p)
```

처리 전과 후의 기술통계량을 비교해봅니다.

```
> summary(stud$G3_p); summary(stud3$G3_p)

Min. 1st Qu.  Median    Mean 3rd Qu.    Max.
0.00   11.00   13.00   13.78   15.00   23.00
Min. 1st Qu.  Median    Mean 3rd Qu.    Max.
0.00   11.00   13.00   12.54   14.00   19.00
```

비교한 결과 20점이 넘는 이상치가 제거되어 평균이 낮아진 것을 확인할 수 있습니다.

처리 전과 후의 상자 그림을 비교해봅니다.

```
> par(mfrow=c(1,2))
> boxplot(stud$G3_p,main="이상치 처리 전"); boxplot(stud3$G3_p,main="처리 후")
```

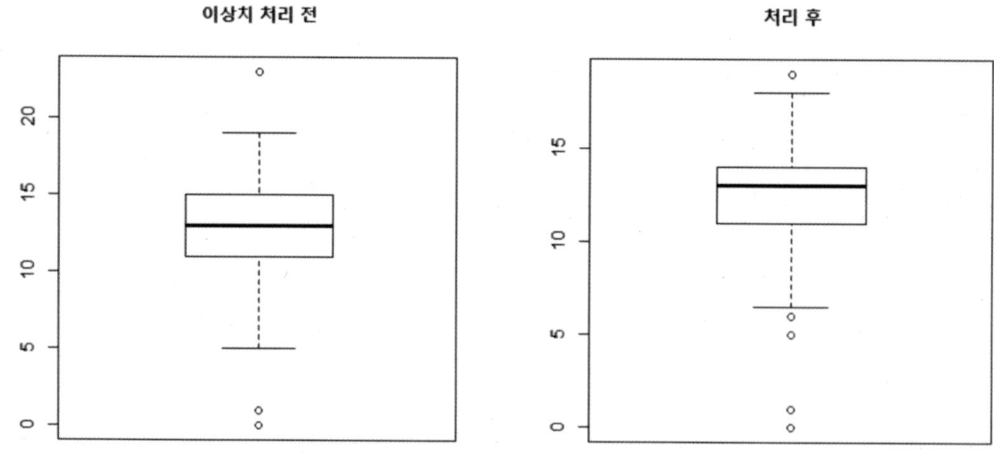

처리 후의 자료에는 20점이 넘는 큰 쪽의 자료값이 없어진 것을 확인할 수 있습니다.

이상으로 student.csv 데이터 중 '3학년 포르투갈어 성적(G3_p)' 변수의 이상치를 발견하고, 두 가지 방법으로 처리해보았습니다.

student.csv 데이터 중 '3학년 포르투갈어 성적(G3_p)' 변수의 이상치 존재 여부, 그리고 처리 방법에 따른 기초통계량의 변화에 대하여 다음과 같이 정리할 수 있습니다.

데이터명	student.csv (이상치를 임의로 생성한 자료)						
이상치 기준	[위쪽 경계] 20점						
	[아래쪽 경계] 0점						
	이상치		이상치 아님			계	
G3_p	40		342			382	
이상치 처리	[방법3] 이상치의 자료값이 발생한 관측치의 다른 변수에서 값을 선택하여 대입하는 경우						
	최소값	1사분위수	중앙값	평균	3사분위수	최대값	결측치 개수
처리 전	0	11	13	13.78	15	23	0
[방법3]	0	11	13	12.54	14	19	0

이상치 처리하기 연습문제-1

사용할 데이터는 R 기본 패키지 {datasets}의 오픈데이터인 iris입니다. 이 자료는 붓꽃의 꽃받침 길이와 너비, 꽃잎의 길이와 너비를 측정한 데이터입니다.

Q. '꽃받침의 너비(Sepal.Width)' 변수의 이상치 존재 여부, 그리고 처리 방법에 따른 기초통계량의 변화에 대하여 다음과 같이 정리하세요.

데이터명	iris {datasets}						
이상치 기준	[위쪽 경계] 3사분위수 + 사분위범위 x 1.5						
	[아래쪽 경계] 1사분위수 – 사분위범위 x 1.5						
	이상치		이상치 아님			계	
Sepal.Width							
이상치 처리	[방법1] 결측치로 처리하는 경우						
	[방법2] 이상치의 자료값을 제외한 해당 변수의 평균값을 대입하는 경우						
	최소값	1사분위수	중앙값	평균	3사분위수	최대값	결측치 개수
처리 전							
[방법1]							
[방법2]							

이상치 처리하기 연습문제-2

원본 자료 : student.csv – R라줌 카페에서 파일을 내려받으세요.

사용할 데이터는 제공된 student.csv입니다. 이 자료는 포르투갈에서 중등 교육을 받고 있는 두 학교 학생들의 수학과 포르투갈어 성적에 대한 데이터로, 출처는 UC Irvine 머신러닝 저장소입니다.

student.csv 데이터 중 '2학년 포르투갈어 성적(G2_p)' 변수를 사용합니다. (단, '학교(school)'이 "MS"인 경우(40개 관측치)의 '2학년 포르투갈어 성적(G2_p)'을 23으로 임의변경하여 사용합니다.)

작업 공간의 데이터를 불러오고, 해당 변수에 이상치를 임의로 생성하는 방법은 아래와 같습니다.

```
> raw_stud <- read.csv("student.csv")
> stud <- raw_stud
>
> stud$G2_p <- ifelse(stud$school=="MS",23,stud$G2_p)
```

Q. '2학년 포르투갈어 성적(G2_p)' 변수의 이상치 존재 여부, 그리고 처리 방법에 따른 기초통계량의 변화에 대하여 다음과 같이 정리하세요.

데이터명	student.csv (이상치를 임의로 생성한 자료)						
이상치 기준	[위쪽 경계] 20점						
	[아래쪽 경계] 0점						
	이상치		이상치 아님			계	
G2_p							
이상치 처리	[방법3] 이상치의 자료값이 발생한 관측치의 다른 변수에서 값을 선택하여 대입하는 경우						
	최소값	1사분위수	중앙값	평균	3사분위수	최대값	결측치 개수
처리 전							
[방법3]							

통계 검정

통계 검정은 자료에서 어떤 의미 있는 분석 결과를 이끌어낼 수 있는지를 고민하는 단계입니다. 분석을 위하여 어떤 검정 방법을 선택할지를 결정하려면, 앞의 데이터 탐색 단계에서 파악한 변수의 분포와 속성을 알고 있어야 합니다.

데이터 탐색의 부분은 다 이해하고 넘어 오셨나요?

평균이나, 사분위수 등 앞에서 등장했던 개념들은 사실 이해하기 어려운 개념은 아니기 때문에 받아들이기 힘들지는 않으셨을 거에요. 그런데 이제부터 다루게 될 통계 검정 파트는 그렇지가 않아요. 우리가 평소에 사용하지 않는 개념과 용어와 내용들이 한꺼번에 등장하게 됩니다.

이번에도 우리는 이야기 하나를 가지고 용어를 정리해보겠습니다. 풀어 쓰려고 노력했지만 그래도 이해가 어려우신 분은 이해하지 않으셔도 괜찮습니다. 전문적인 통계 서적으로 자세히 공부하시는 것도 방법이고요. 하지만, 이해 없이 지나가고 싶으신 분들도 이야기의 마지막 부분에 "이제 우리는 복잡한 개념들은 뒤로 하고"로 시작하는 단락은 놓치시면 안 됩니다. 그 부분은 꼭 숙지하고 넘어가 주세요. 이야기를 시작할게요.

저는 모자 가게의 점원입니다. 항상 모자가 너무 잘 팔려서 눈코 뜰 새 없이 바빴고, 매장을 구경한 손님이 모자를 사지 않고 그냥 나가시는 일은 거의 없었습니다. 그런데 이상하게도 요 몇 년 동안 모자가 좀 작아서 불편하다며 못 사가는 손님들이 많아진 것입니다. 제가 파는 모자는 대한민국 성인 남자의 평균 머리 둘레인 55cm를 기준으로 만들어졌습니다.
"우리 모자의 주 타겟인 20대 남자들의 머리가 커진 걸까? 그러면 이제는 모자를 좀 더 크게 만들어야 하는 것 아닐까?"라는 생각이 들었습니다. 그래서 저는 쉬는 날마다 여행할 겸 대한민국 방방곡곡을 돌아다니면서, 길에서 만난 20대 남자 분들을 대상으로 머리 둘레를 재기 시작했습니다. 10000명의 머리 둘레를 재고 돌아와서 데이터를 보았더니! 머리 둘레가 55cm보다 큰 분들이 확실히 눈에 띄게 많더군요.
이제 저는 "우리나라 20대 남자의 평균 머리 둘레가 55cm라고들 생각해왔는데, 이제는 그보다 커졌으니까 모자를 더 크게 생산해야 한다."고 주장할 수 있을까요?

이야기에서 전체 대상이 되는 '대한민국 20대 남자의 머리 둘레'를 우리는 모집단(population)이라고 합니다. 그리고, 그 중 조사 대상이 된 '10000명의 머리 둘레'를 표본(sample)이라고 합니다. 사실 제대로 된 통계량을 산출하려면 모집단을 다 조사하면 됩니다. 하지만 그러기는 쉽지 않죠. 그래서 우리는 모집단을 대표할 수 있는 표본을 추출하여 모집단의 통계량을 추측합니다.

저는 대표님을 찾아갔습니다.
이리 저리 해서 조사를 시작하게 되었음을 설명드리고, 제가 조사한 10000명의 머리 둘레 평균이 55.5cm였음을 근거로 보여드리고, 20대 남자의 머리 둘레 평균이 55cm보다 커진 것 같다고 말씀드렸습니다. 그러니까 이제는 생산하는 모자의 둘레 길이를 더 늘려야 한다고 주장했죠.

기존에 널리 알려진 가설을 귀무가설(null hypothesis)이라고 하고 H_0로 표기합니다. 새로 주장하려는 가설을 대립가설(alternative hypothesis)이라고 하고 H_1으로 표기합니다.

* 주장하고 싶은 가설 : "20대 남자의 머리 둘레 평균이 55cm라고들 하는데, 제 생각에는 그것보다 큽니다."
  » 귀무가설(H_0) : 20대 남자의 머리 둘레 평균은 55cm입니다.

» 대립가설(H_1) : 20대 남자의 머리 둘레 평균은 55cm보다 큽니다.

> 하지만, 대표님은 쉽게 결정을 내릴 수 없다고 하셨습니다. 공장의 설비 시스템을 바꾸는 것은 비용이 너무 많이 드는 일이고, 그렇게 많은 돈을 들여서 시스템을 바꿨는데 사실은 기존에 알려진 55cm가 맞다면, 그 상황을 너무나 감당하기 힘들 것 같다고 말씀하셨습니다.
> 제가 조사한 데이터의 평균이 55cm보다 크다고 할지라도, 자료 중에는 그보다 작은 자료들도 보이지 않냐고 하시면서 말입니다. 제 주장이 설득력이 있으려면, 머리 둘레의 평균이 55cm보다 크다고 판단할 수 있는 통계적 분석 결과가 필요하다고 하셨습니다.
> 평균이 55cm와 차이가 없다는 기존의 정보가 맞는데도, 그보다 크다고 판단하게 되는 오류가 생길 확률이 5%보다 작다면 그 정도 위험은 감수하겠다고도 말씀하셨습니다.

귀무가설(H_0)을 채택 또는 기각하기 위하여 사용되는 검정통계량(test statistic)을 선택합니다. 이야기에서는 표본의 평균을 사용합니다. 유의수준(=α, significance level)을 정합니다. 유의수준은 귀무가설(H_0)이 참인데 기각하는 기각하는 오류(제1종 오류(type Ⅰ-error))를 일으킬 확률로 이야기에서는 0.05(5%)로 정하였습니다. 0.01(1%) 또는 0.1(10%)로 정하는 경우도 있습니다.

기각역(rejection region)을 계산합니다. 기각력은 귀무가설이 기각되는 영역으로, 귀무가설 하에서 검정통계량의 분포를 구한 다음 유의수준에 맞는 기각력을 계산하게 됩니다. 이야기에서는 머리 둘레의 평균이 55cm라는 가설 하에서 몇 cm보다 클 확률이 0.05인지를 계산합니다.

유의확률(=p-value)를 계산합니다. 유의확률은 주어진 검정통계량을 기각시키기 위한 제1종 오류의 최소값으로 검정통계량을 사용하여 계산합니다. 이야기에서는 머리 둘레의 평균이 55.5cm보다 클 확률입니다.

마지막으로, 유의확률(p-value) 〈 유의수준(α)인 경우 귀무가설을 기각할 수 있으며, 이 경우 "유의수준 0.05에서 귀무가설을 기각한다"고 표현합니다.

이 이야기의 주인공은 '차이가 있다(크다)'는 대립가설(H_1)을 주장하고 있습니다. 그래서 분석을 통하여 귀무가설(H_0)을 기각할 수 있는지를 확인하게 되겠죠. 하지만 사실 우리가 주장하고 싶은 내용은 '차이가 있다'는 대립가설(H_1)이 아니라 '차이가 없다'는 귀무가설(H_0)일 수도 있습니다. 하지만, 통계 검정에서는 언제나 '차이가 없다'를 귀무가설(H_0)로 설정하고 그것을 기각할 수 있는지, 그렇지 않은지를 검정합니다.

이야기에서 예를 든 검정 방법은 바로 이후에 배울 '단일 표본의 T-검정'입니다. 하지만, 다른 검정

방법에서도 가설검정은 모두 이와 같은 방식으로 진행합니다.

이제 우리는 복잡한 개념들은 뒤로 하고,

① 귀무가설(H_0)과 대립가설(H_1)을 설정하고
② 유의수준(=α)을 결정하고
③ 결과물의 유의확률(=p-value)을 확인하여
④ 유의확률(=p-value) 〈 유의수준(=α)인 경우 귀무가설을 기각하는 방법으로

통계 검정을 시행하고 결과물을 해석 하는 연습을 해보겠습니다.

t.test() 함수 : T-검정

자료의 형태에 따라서 알맞은 T-검정을 사용할 수 있다. T-검정의 결과를 해석하여 기존 가설의 기각 여부를 결정할 수 있다.

단일 표본의 T-검정

"중학교 2학년 남학생들의 몸무게 평균이 55kg이라고들 하는데, 내 생각에는 55kg이 아니야."

이것을 주장하기 위하여 모집단인 전국의 중학교 2학년 남학생들 중 무작위로 30명의 표본을 선택하여 몸무게를 조사합니다.

단일 표본의 T-검정은 이 경우와 같이 양적 변수의 평균이 어떤 값과 차이가 있는지에 대하여 검정할 때 사용하는 방법입니다. 예제를 사용하여 연습해 볼게요.

단일 표본의 T-검정하기

이 예제에서 함께 분석해 볼 자료는 R 기본 패키지 {datasets}의 오픈데이터인 attitude입니다. 이 자료는 대형 회계법인의 사무직을 상대로 한 설문조사에서, 무작위로 선택된 30개 부서에서 각각 35명 정도가 회신한 데이터입니다.

기존의 가설인 귀무가설(H_0)과 우리가 주장하고 싶은 새로운 가설인 대립가설(H_1)은 다음과 같이 설정합니다.

* 주장하고 싶은 가설 : "총 평가의 평균이 60이라고들 하는데, 내 생각엔 60이 아니야."
  » 귀무가설(H_0) : '총 평가(rating)'의 평균은 60입니다.
  » 대립가설(H_1) : '총 평가(rating)'의 평균은 60이 아닙니다.

귀무가설의 기각 여부를 판단하기 위하여 가설 검정을 시작합니다.

attitude는 R 프로그램에 기본으로 설치되어 있는 {datasets} 패키지의 자료이므로 패키지 설치 과정 없이 데이터를 사용합니다. data() {utils} 함수를 사용하여 데이터를 로드합니다. 이 과정 없이도

데이터 사용은 가능합니다.

```
> data(attitude)
```

R 기본 패키지 {datasets}의 attitude 데이터를 로드합니다. 분석 중 변경된 데이터를 초기화하고 싶을 때 실행하면 원래의 데이터를 다시 로드할 수 있습니다.

분석 할 변수의 속성을 알아봅니다.

```
> attach(attitude)
> str(rating)

num [1:30] 43 63 71 61 81 43 58 71 72 67 ...
```

'총 평가(rating)' 변수는 실수형(num)의 속성을 가진 양적 변수입니다.

양적 변수의 평균과 어떤 값과의 차이를 검정하기 위하여 사용하는 방법은 단일 표본의 T-검정이고, t.test() {stats} 함수를 사용합니다.

```
t.test(양적변수명, mu=  , alternative="  ", conf.level=  , data=데이터명)

* mu의 기본값 = 0
* alternative는 two.sided, greater, less 가능(기본값 = "two.sided")
* conf.level의 기본값 = 0.95
```

이 예제에서는 "총 평가의 평균은 60이다"라는 기존의 가설이 있을 때, "총 평가의 평균은 60이 아니다"라는 새로운 가설을 주장하기 위하여 단일 표본의 T-검정을 해볼게요.

```
> t.test(rating,mu=60)

        One Sample t-test

data:  rating
t = 2.0848, df = 29, p-value = 0.046
alternative hypothesis: true mean is not equal to 60
95 percent confidence interval:
 60.08802 69.17864
sample estimates:
mean of x
 64.63333
```

t통계량(=t)은 2.0848, 자유도(=df)는 29이고, 유의확률(=p-value)은 0.046(<0.05)이며, 대립가설(alternative hypothesis)은 '평균이 60과 차이가 있다' 입니다. 그리고, 표본의 평균은 64.63333이고, 95% 신뢰구간은 60.08802~69.17864입니다.

〈가설 검정〉

» 귀무가설(H_0) : '총 평가(rating)'의 평균은 60입니다.

» 대립가설(H_1) : '총 평가(rating)'의 평균은 60이 아닙니다.

→ p-value(=0.046) < α(=0.05) 이므로, 귀무가설을 기각합니다.

* 분석 결과 : p-value < 0.05 이므로, 유의수준 0.05에서 '총 평가'의 평균은 60과 유의한 차이가 있습니다.

설명을 추가하면, 유의수준을 0.05로 채택한 상황에서, p-value가 0.046으로 산출되었기 때문에

귀무가설을 기각합니다. 즉, 기존에 알려진 "평균이 60이다"는 가설을 뒤집을 수 있다는 것입니다.

다음으로, 몇 가지 옵션을 변경해보겠습니다.

앞에서는 우리가 사용하지 않았지만, t.test() {stats} 함수는 사실 대립가설(H_1)을 뜻하는 'alternative=' 옵션을 포함하고 있습니다. 이 옵션의 기본값은 'alternative=two.sided'로 양측 검정입니다. 즉, 평균이 mu와 차이가 있는지 그렇지 않은지를 검정하는 것입니다.

하지만, 어떤 경우에 우리는 "차이가 있다"가 아닌 "크다" 또는 "작다"인 새로운 가설을 주장하고 싶을 수 있습니다. 예를 들면, 고등학교 3학년 학생들의 키가 자라고 있는지를 검정하기 위하여 3학년 초반과 후반의 키 자료를 비교하는 경우라면, 학생들의 키가 줄어들었는지는 우리의 관심사가 아닙니다. 그렇기 때문에 "3학년 후반과 초반의 키에 차이가 있다." 라는 가설 보다는 "3학년 후반의 키가 초반의 키보다 크다" 라는 가설을 대립가설로 설정하는 것이 의미가 있습니다.

"평균이 mu보다 크다"는 대립가설을 설정하려면 'alternative="greater"', "평균이 mu보다 작다"는 대립가설을 설정하려면 'alternative="less"' 옵션을 사용합니다.

"총 평가의 평균은 60이다"라는 기존의 가설이 있을 때, "총 평가의 평균은 60보다 높다"라는 새로운 가설을 설정하여 단일 표본의 T-검정을 해 보겠습니다.

```
> t.test(rating,mu=60,alternative="greater")

        One Sample t-test

data:  rating
t = 2.0848, df = 29, p-value = 0.023
alternative hypothesis: true mean is greater than 60
95 percent confidence interval:
 60.8572      Inf
sample estimates:
mean of x
 64.63333
```

t통계량(=t)은 2.0848, 자유도(=df)는 29이고, 유의확률(=p-value)은 0.023(〈0.05)이며, 대립가설(alternative hypothesis)은 '평균이 60보다 높다' 입니다. 그리고, 표본의 평균은 64.63333이고, 95% 신뢰구간은 60.8572~ 입니다.

〈가설 검정〉

» 귀무가설(H_0) : '총 평가(rating)'의 평균은 60입니다.

» 대립가설(H_1) : '총 평가(rating)'의 평균은 60보다 높습니다.

→ p-value(=0.023) 〈 α(=0.05) 이므로, 귀무가설을 기각합니다.

* 분석 결과 : p-value 〈 0.05 이므로, 유의수준 0.05에서 '총 평가'의 평균은 60보다 높습니다.

설명을 추가하면, 유의수준을 0.05로 채택한 상황에서, p-value가 0.023으로 산출되었기 때문에 귀무가설을 기각합니다. 즉, 기존에 알려진 "평균이 60이다"는 가설을 뒤집을 수 있다는 것입니다.

이번에는 t.test() {stats} 함수의 또 다른 옵션인 'conf.level='에 대하여 알아봅시다. 이 옵션으로 신뢰 수준을 설정할 수 있습니다. 기본값이 0.95이기 때문에 옵션을 따로 설정하지 않으면 95% 신

뢰구간이 산출되고, 이 경우 p-value를 사용한 귀무가설(H_0) 기각에의 판단 기준은 "p-value가 유의수준 0.05(=1-0.95)보다 작은가" 입니다. 만약 'conf.level=0.99'로 설정한다면, 99% 신뢰구간이 산출되고, 이 경우 p-value를 사용한 귀무가설(H_0) 기각에의 판단 기준은 "p-value가 유의수준 0.01(=1-0.99)보다 작은가" 입니다.

이번에는 "총 평가의 평균은 60이다"라는 기존의 가설이 있을 때, "총 평가의 평균은 60보다 높다"라는 새로운 가설을 주장하기 위하여 T-검정을 하되, 신뢰수준을 99%로 설정해보겠습니다.

```
> t.test(rating,mu=60,alternative="greater",conf.level=.99)

        One Sample t-test

data:  rating
t = 2.0848, df = 29, p-value = 0.023
alternative hypothesis: true mean is greater than 60
99 percent confidence interval:
 59.16175      Inf
sample estimates:
mean of x
 64.63333
```

t통계량(=t)은 2.0848, 자유도(=df)는 29이고, 유의확률(=p-value)은 0.023(>0.01)이며, 대립가설(alternative hypothesis)은 '평균이 60보다 높다' 입니다. 그리고, 표본의 평균은 64.63333이고, 99% 신뢰구간은 59.16175~ 입니다.

〈가설 검정〉

» 귀무가설(H_0) : '총 평가(rating)'의 평균은 60입니다.

» 대립가설(H_1) : '총 평가(rating)'의 평균은 60보다 높습니다.

→ p-value(=0.023) 〉 α(=0.01) 이므로 귀무가설을 기각할 수 없습니다.

* 분석 결과 : p-value 〉 0.01 이므로, 유의수준 0.01에서 '총 평가'의 평균은 60과 유의한 차이가 없습니다.

설명을 추가하면, 유의수준을 0.01로 채택한 상황에서, p-value가 0.023으로 산출되었기 때문에 귀무가설을 기각할 수 없습니다. 즉, 기존에 알려진 "평균이 60이다"는 가설을 뒤집을 수가 없다는 것입니다.

다음으로 '총 평가(rating)'의 분포를 밀도 그림으로 나타내고, mu=60인 수직선을 추가하여 시각화합니다.

```
> par(mfrow=c(1,1))
> plot(density(rating),col="deeppink",main="plot(rating)")
> abline(v=60, col="darkblue")
```

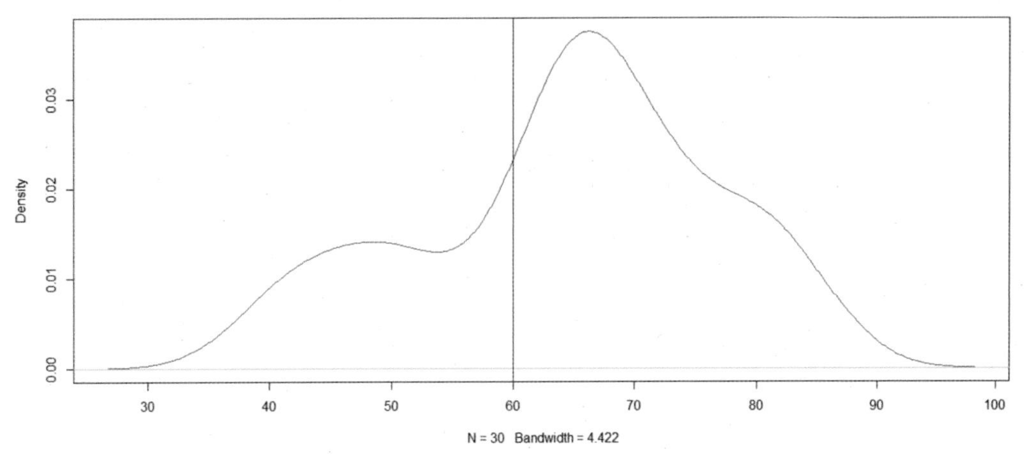

mu=60과 '총 평가(rating)'의 분포의 평균에 차이가 있는 것으로 보입니다.

이상으로 attitude {datasets} 데이터 중 '총 평가(rating)' 변수의 평균이 60과 차이가 없다는 기존 가설에의 기각 여부를 결정하기 위하여, 단일 표본의 T-검정을 해 보았습니다.

'총 평가(rating)'의 평균이 60과 유의한 차이가 있다는 것을 주장하기 위한 검정 결과는 다음과 같이 정리할 수 있습니다.

데이터명	attitude {datasets}			
귀무가설(H_0)	'총평가(rating)'의 평균은 60입니다.			
대립가설(H_1)	'총평가(rating)'의 평균은 60이 아닙니다.			
분석 방법	단일 표본의 T-검정			
결과 요약	t통계량	자유도(df)	p-value	유의수준(α)
	2.0848	29	0.046	0.05
p-value 〈 0.05 이므로, 유의수준 0.05에서 귀무가설(H_0)을 기각합니다. 즉, '총 평가'의 평균은 60과 유의한 차이가 있습니다.				

'총 평가(rating)'의 평균이 60보다 높다는 것을 주장하기 위한 검정 결과는 다음과 같이 정리할 수 있습니다.

데이터명	attitude {datasets}			
귀무가설(H_0)	'총평가(rating)'의 평균은 60입니다.			
대립가설(H_1)	'총평가(rating)'의 평균은 60보다 높습니다.			
분석 방법	단일 표본의 T-검정			
결과 요약	t통계량	자유도(df)	p-value	유의수준(α)
	2.0848	29	0.023	0.05 / 0.01

p-value < 0.05 이므로,
유의수준 0.05에서 귀무가설(H_0)을 기각합니다.
즉, '총 평가'의 평균은 60보다 높습니다.
p-value > 0.01 이므로,
유의수준 0.01에서 귀무가설(H_0)을 기각할 수 없습니다.
즉, '총 평가'의 평균은 60과 유의한 차이가 없습니다.

참고: T-검정에서 산출된 통계량을 개별 출력할 수 있을까?

아래는 앞의 예제에서 출력했던 T-검정의 결과물입니다. 결과물의 내용 중 특정한 통계량을 지정하여 따로 출력하는 방법을 소개해 볼게요.

```
        One Sample t-test
data:  rating
t = 2.0848, df = 29, p-value = 0.046
alternative hypothesis: true mean is not equal to 60
95 percent confidence interval:
60.08802 69.17864
sample estimates:
mean of x
64.63333
```

t.test() {stats} 결과는 list의 형태로 저장됩니다. 그래서 함수 옆에 '$'를 붙이고 통계량의 이름을 적는 방법으로 개별 통계량을 출력할 수 있어요. 몇 가지만 예를 들면, t통계량은 $statistic, 자유도는 $parameter, p-value는 $p.value, 신뢰구간은 $conf.int을 t.test() 옆에 붙여주면 됩니다.

```
t.test()$statistic
t.test()$parameter
t.test()$p.value
t.test()$conf.int
```

이 방법은 뒤에서 배울 '독립 표본의 T-검정'과 '짝을 이룬 표본의 T-검정'에서도 동일하게 사용할 수 있습니다.

단일 표본의 T-검정하기 연습문제-1

사용할 데이터는 R 기본 패키지 {datasets}의 오픈데이터인 mtcars 입니다. 이 자료는 1973~74년의 32개 자동차 모델을 대상으로 한 연비, 디자인과 성능에 관한 데이터입니다.

Q. 주어진 가설을 검정하기 위하여 단일 표본의 T-검정을 하고, 아래의 표를 완성하세요. (유의수준=0.05)

* 주장하고 싶은 가설 : "연비의 평균이 22mile/gallon이라고들 하는데, 내 생각엔 20mile/gallon이 아니야."
  » 귀무가설(H_0) : '연비(mpg)의 평균은 22mile/gallon입니다.
  » 대립가설(H_1) : '연비(mpg)의 평균은 22mile/gallon이 아닙니다.

데이터명	mtcars {datasets}			
귀무가설(H_0)				
대립가설(H_1)				
분석 방법	단일 표본의 T-검정			
결과 요약	t통계량	자유도(df)	p-value	유의수준(α)
p-value (〉/〈) 0.05 이므로, 유의수준 0.05에서 귀무가설(H_0)을 (기각할 수 없습니다./기각합니다.) 즉, ('연비'의 평균은 22mile/gallon과 유의한 차이가 없습니다./ '연비'의 평균은 22mile/gallon과 유의한 차이가 있습니다.)				

단일 표본의 T-검정하기 연습문제-2

사용할 데이터는 R 기본 패키지 {datasets}의 오픈데이터인 USArrests입니다. 이 자료는 1973년 미국 50개주를 대상으로 한 폭행, 살인, 강간으로 체포된 비율을 나타낸 범죄율 통계 데이터입니다.

Q. 주어진 가설을 검정하기 위하여 단일 표본의 T-검정을 하고, 아래의 표를 완성하세요. (유의수준=0.05)

* 주장하고 싶은 가설 : "살인에 의해 체포된 사람 수의 평균이 9명이라고들 하는데, 내 생각엔 9명 보다 적어."
  - 귀무가설(H_0) : '살인에 의해 체포된 사람 수(Murder)의 평균은 9명입니다.
  - 대립가설(H_1) : '살인에 의해 체포된 사람 수(Murder)의 평균은 9명보다 적습니다.

데이터명	USArrests {datasets}			
귀무가설(H_0)				
대립가설(H_1)				
분석 방법	단일 표본의 T-검정			
결과 요약	t통계량	자유도(df)	p-value	유의수준(α)
p-value (〉/〈) 0.05 이므로, 유의수준 0.05에서 귀무가설(H_0)을 (기각할 수 없습니다./기각합니다.) 즉, ('살인에 의해 체포된 사람 수'의 평균은 9명과 유의한 차이가 없습니다./'살인에 의해 체포된 사람 수'의 평균은 9명 보다 적습니다.)				

독립 표본의 T-검정

"중학교 2학년과 3학년 학생들의 몸무게 평균에 차이가 없다고들 하는데, 내 생각엔 차이가 있어."

이것을 주장하기 위하여 모집단인 전국의 중학교 2학년과 3학년 학생들 중 무작위로 30명씩의 표본을 선택하여 몸무게를 조사합니다.

독립 표본의 T-검정은 이 경우와 같이 독립적인 두 집단간의 양적 변수의 평균에 차이가 있는지에 대하여 검정할때 사용하는 방법입니다. 예제를 사용하여 연습해볼게요.

독립 표본의 T-검정하기

원본 자료는 R라죽 카페에서 파일을 다운로드하세요~.

분석해볼 자료는 제공된 student.csv입니다. 이 자료는 포르투갈에서 중등 교육을 받고 있는 두 학교 학생들의 수학과 포르투갈어 성적에 대한 데이터로, 출처는 UC Irvine 머신러닝 저장소입니다.

기존의 가설인 귀무가설(H_0)과 우리가 주장하고 싶은 새로운 가설인 대립가설(H_1)은 다음과 같이 설정합니다.

* 주장하고 싶은 가설 : "이성교제 여부에 따라서 3학년 수학성적에 차이가 없다고들 하는데, 내 생각에는 이성교제를 하지 않은 경우의 성적이 더 높아."
  - 귀무가설(H_0) : '이성교제 여부(romantic_m)'의 "no"와 "yes" 2개의 수준에서, '3학년 수학 성적(G3_m)'의 평균이 같습니다.
  - 대립가설(H_1) : '이성교제 여부(romantic_m)'의 "no"인 경우가 "yes"인 경우보다, '3학년 수학 성적(G3_m)'의 평균이 높습니다.

귀무가설의 기각 여부를 판단하기 위하여 가설 검정을 시작합니다.

read.csv() {utils} 함수를 사용하여 불러온 student.csv 데이터를 raw_stud로 저장하고, 같은 데이터를 stud의 이름으로 다시 저장하여 사용합니다.

```
> raw_stud <- read.csv("student.csv")
> stud <- raw_stud
```

분석 중 변경된 데이터를 초기화하고 싶을 때 마지막 행을 다시 실행하세요.

분석 할 변수의 속성을 알아봅니다.

```
> attach(stud)
> str(G3_m); str(romantic_m)
```

```
int [1:382] 10 5 13 8 10 11 0 8 16 11 ...
Factor w/ 2 levels "no","yes": 1 2 1 1 2 1 2 1 1 1 ...
```

'3학년 수학 성적(G3_m)'변수는 정수형(int)의 속성을 가진 양적 변수이고, '이성교제 여부(romantic_m)'변수는 2개의 수준을 가진 범주형(factor) 변수입니다.

범주형 변수가 2개의 수준을 가진 경우, 양적 변수의 평균을 비교하기 위하여 사용하는 방법은 독립 표본의 T-검정입니다.

이 예제에서는 "이성교제 여부에 따라서, 3학년 수학 성적의 평균에 차이가 없다."는 기존의 가설이 있을 때, "이성교제를 하지 않은 경우가 한 경우보다 3학년 수학 성적의 평균이 더 높다"는 새로운 가설을 주장하기 위하여 독립 표본의 T-검정을 해보겠습니다.

이 검정은 서로 다른 2개의 집단에 대한 분석이므로, 두 집단 분포의 분산이 동일한지 여부도 관심사입니다. t.test() {stats} 함수는 'equal.var='의 옵션을 사용하여 분산의 동질성 여부에 따라 다른

결과를 보여줍니다. 기본값은 'equal.var=FALSE'입니다.

```
t.test(양적변수명~범주형변수명, equal.var=   , alternative="   ", conf.level=   ,
data=데이터명)

* equal.var의 기본값 = FALSE
* alternative는 two.sided, greater, less 가능(기본값 = "two.sided")
* conf.level의 기본값 = 0.95
```

equal.var 옵션의 값을 설정하기 위하여 T-검정 전에 분산의 동질성 여부를 확인해보겠습니다.

분산의 동질성 여부를 확인하기 위하여 사용할 함수는 leveneTest() {car}입니다.

```
library(car)
leveneTest(양적변수명~범주형변수명, data=데이터명))
```

```
> # install.packages("car")
> library(car); leveneTest(G3_m~romantic_m)

Levene's Test for Homogeneity of Variance (center = median)
       Df F value Pr(>F)
group   1  1.5042 0.2208
      380
```

〈가설 검정〉

» 귀무가설(H_0) : '이성교제 여부(romantic_m)'의 "no"와 "yes" 2개의 수준에서, '3학년 수학 성적(G3_m)'의 분산이 같습니다.

» 대립가설(H_1) : '이성교제 여부(romantic_m)'의 "no"와 "yes" 2개의 수준에서, '3학년 수학 성적(G3_m)'의 분산에 차이가 있습니다.

→ p-value(=0.2208) 〉 α(=0.05) 이므로, 귀무가설을 기각할 수 없습니다.

* 분석 결과 : p-value 〉 0.05 이므로, 유의수준 0.05에서 '이성교제 여부'의 "no"와 "yes" 2개의 수준에서, '3학년 수학 성적'의 분산에 유의한 차이가 없습니다.

설명을 추가하면, 유의수준을 0.05로 채택한 상황에서, p-value가 0.2208로 산출되었기 때문에 귀무가설을 기각할 수 없습니다. 즉, 기존에 알려진 "분산이 같다"는 가설을 뒤집을 수가 없다는 것이므로, 해당 변수들은 등분산성 가정을 만족합니다.

분산에 유의한 차이가 없다는 검정 결과가 나왔으므로, 'var.equal=TRUE' 옵션을 사용합니다. 그리고 'alternative="greater"' 옵션을 사용하면 알파벳 상 앞의 수준("no")이 뒤의 수준("yes")보다 큰 값을 가지는지를 검정할 수 있습니다.

```
> t.test(G3_m~romantic_m,alternative="greater",var.equal=TRUE)
```

```
        Two Sample t-test

data:  G3_m by romantic_m
t = 2.7904, df = 380, p-value = 0.002764
alternative hypothesis: true difference in means is greater than 0
95 percent confidence interval:
 0.5833193       Inf
sample estimates:
 mean in group no mean in group yes
        10.839080          9.413223
```

t통계량(=t)은 2.7904, 자유도(=df)는 380이고, 유의확률(=p-value)은 0.002764(〈0.05)이며, 대립가설(alternative hypothesis)은 '이성교제 여부가 no인 경우가 yes인 경우보다 3학년 수학 성적의 평균이 높다' 입니다. 그리고, 표본의 평균은 "no" 수준의 경우 10.839080, "yes" 수준의 경우 9.413223이고, 95% 신뢰구간은 0.5833193~ 입니다.

〈가설 검정〉

» 귀무가설(H_0) : '이성교제 여부(romantic_m)'의 "no"와 "yes" 2개의 수준에 따라서, '3학년 수학 성적(G3_m)'의 평균이 같습니다.

» 대립가설(H_1) : '이성교제 여부(romantic_m)'의 "no"인 경우가 "yes"인 경우보다 '3학년 수학 성적(G3_m)'의 평균이 높습니다.

→ p-value(=0.002764) 〈 α(=0.05) 이므로, 귀무가설을 기각합니다.

* 분석 결과 : p-value 〈 0.05 이므로, 유의수준 0.05에서 '이성교재 여부'의 "no"인 경우가 "yes"인 경우보다 '3학년 수학 성적'의 평균이 높습니다.

설명을 추가하면, 유의수준을 0.05로 채택한 상황에서, p-value가 0.002764로 산출되었기 때문에 귀무가설을 기각합니다. 즉, 기존에 알려진 "평균이 같다"는 가설을 뒤집을 수 있다는 것입니다.

다음으로 '3학년 수학 성적(G3_m)'변수의 분포를 '이성교제 여부(romantic_m)'의 두 수준으로 나누어 상자 그림과 밀도 그림으로 시각화합니다.

```
> par(mfrow=c(1,2))
> boxplot(G3_m~romantic_m,col=c("deeppink","darkblue"),
+         main="boxplot(G3_m~romantic_m)")
> plot(density(subset(stud,romantic_m=="no")$G3_m),col="deeppink",
+      main="plot")
> lines(density(subset(stud,romantic_m=="yes")$G3_m),col="darkblue")
```

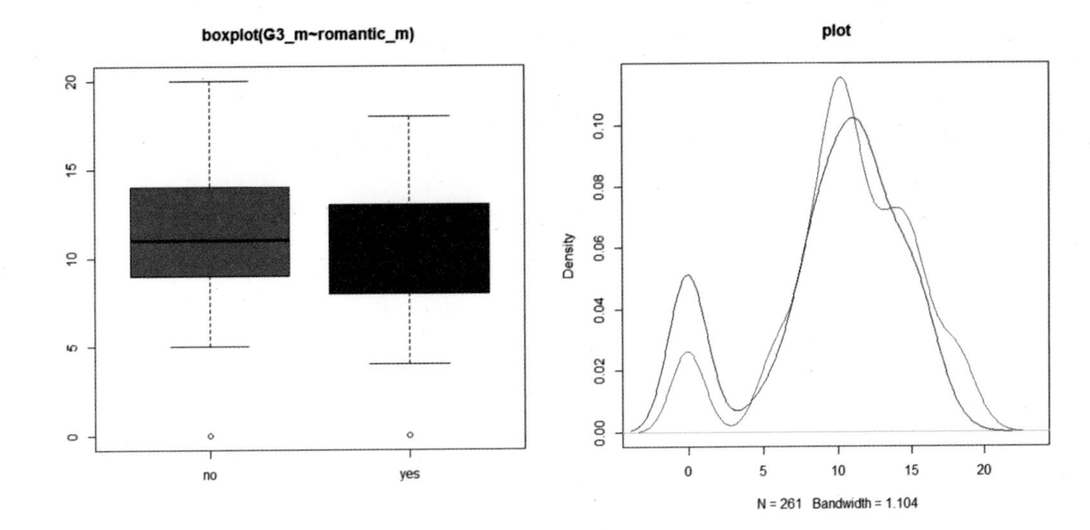

이상으로 student.csv 데이터 중 '이성교재 여부(romantic_m)'의 "no"와 "yes" 2개의 수준에서, 양적 변수인 '3학년 수학 성적(G3_m)'의 평균에 유의한 차이가 없다는 기존 가설에의 기각 여부를 결정하기 위하여, 독립 표본의 T-검정을 해보았습니다.

'이성교제 여부(romantic_m)'가 "no"인 경우가 "yes"인 경우보다 '3학년 수학 성적(G3_m)' 평균이 높은지를 검정한 결과는 다음과 같이 정리할 수 있습니다.

데이터명	**student.csv**			
귀무가설(H_0)	'이성교제 여부(romantic_m)'의 "no"와 "yes" 2개의 수준에 따라서, '3학년 수학 성적(G3_m)'의 평균이 같습니다.			
대립가설(H_1)	'이성교제 여부(romantic_m)'의 "no"인 경우가 "yes"인 경우보다, '3학년 수학 성적(G3_m)'의 평균이 높습니다.			
분석 방법	**독립 표본의 T-검정**			
결과 요약	**t통계량**	**자유도(df)**	**p-value**	**유의수준(α)**
	2.7904	380	0.002764	0.05
p-value 〈 0.05 이므로, 유의수준 0.05에서 귀무가설(H_0)을 기각합니다. 즉, '이성교제 여부'의 "no"인 경우가 "yes"인 경우보다, '3학년 수학 성적'의 평균이 높습니다.				

독립 표본의 T-검정하기 연습문제-1

사용할 데이터는 R 프로그램 추가 패키지 {MASS}의 오픈 데이터 cats입니다. 이 자료는 2kg이상, 성체인 수컷과 암컷 고양에 대한 체중과 심장 무게에 대한 해부학적 데이터입니다.

Q. 주어진 가설을 검정하기 위하여 독립 표본의 T-검정을 하고, 아래의 표를 완성하세요. (유의수준=0.05)

* 주장하고 싶은 가설 : "성별에 따라서 체중에 차이가 없다고들 하는데, 내 생각에는 차이가 있어."
  - 귀무가설(H_0) : '성별(Sex)'의 "F"와 "M" 2개의 수준에 따라서, '체중(Bwt)'의 평균이 같습니다.
  - 대립가설(H_1) : '성별(Sex)'이 "F"인 경우가 "M"인 경우보다 '체중(Bwt)'의 평균이 낮습니다.

데이터명	cats {MASS}			
귀무가설(H_0)				
대립가설(H_1)				
분석 방법	독립 표본의 T-검정			
결과 요약	t통계량	자유도(df)	p-value	유의수준(α)

p-value (>/<) 0.05 이므로,
유의수준 0.05에서 귀무가설(H_0)을 (기각할 수 없습니다./기각합니다.)
즉, ('성별'의 "F"와 "M" 2개의 수준에 따라서, '체중'의 평균에 유의한 차이가 없습니다./'성별'이 "F"인 경우가 "M"인 경우보다, '체중'의 평균이 낮습니다.)

독립 표본의 T-검정하기 연습문제-2

사용할 데이터는 R 기본 패키지 {datasets}의 오픈데이터인 ToothGrwoth입니다. 이 자료는 기니피그의 이빨 성장에 비타민C가 미치는 영향에 대한 데이터입니다.

Q. 주어진 가설을 검정하기 위하여 독립 표본의 T-검정을 하고, 아래의 표를 완성하세요. (유의수준=0.05)

* 주장하고 싶은 가설 : "비타민C 제공 방법에 따라 치아 길이에 차이가 없다고들 하는데, 내 생각에는 차이가 있어."
  - 귀무가설(H_0) : '제공 방법(supp)'의 "OJ"와 "VC" 2개의 수준에 따라서, '치아 길이(len)'의 평균이 같습니다.
  - 대립가설(H_1) : '제공 방법(supp)'의 "OJ"와 "VC" 2개 수준에 따라서, '치아 길이(len)' 평균에 차이가 있습니다.

데이터명	ToothGrowth {datasets}			
귀무가설(H_0)				
대립가설(H_1)				
분석 방법	독립 표본의 T-검정			
결과 요약	t통계량	자유도(df)	p-value	유의수준(α)

p-value (>/<) 0.05 이므로,
유의수준 0.05에서 귀무가설(H_0)을 (기각할 수 없습니다./기각합니다.)
즉, ('제공 방법'의 "OJ"와 "VC" 2개의 수준에 따라서, '치아 길이'의 평균에 유의한 차이가 없습니다./'제공 방법'의 "OJ"와 "VC" 2개의 수준에 따라서, '치아 길이'의 평균에 차이가 있습니다.)

짝을 이룬 표본의 T-검정

"중학교 1학년에 입학할 때와 2학년으로 진급했을 때의 몸무게 평균에 차이가 없다고들 하는데, 내 생각에는 차이가 있어."

이것을 주장하기 위하여 모집단인 전국의 중학교생들 중 무작위로 30명의 표본을 선택하여 1학년 입학 시점과 2학년 진급 시점의 몸무게를 조사합니다.

짝을 이룬 표본의 T-검정은 이 경우와 같이 동일한 관측치의 두 양적 변수간의 평균에 차이가 있는지에 대하여 검정할때 사용하는 방법입니다. 예제를 사용하여 연습해 볼게요.

짝을 이룬 표본의 T-검정하기

이 예제에서 함께 분석해 볼 자료는 R 추가 패키지 {MASS}의 오픈데이터인 anorexia입니다. 이 자료는 젊은 여성 거식증 환자의 체중 변화에 대한 데이터입니다.

기존의 가설인 귀무가설(H_0)과 우리가 주장하고 싶은 새로운 가설인 대립가설(H_1)은 다음과 같이 설정합니다.

* 주장하고 싶은 가설 : "거식증 환자의 연구 기간 전 체중과 연구 기간 후 체중에 차이가 없다고들 하는데, 내 생각에는 연구 기간 전 체중이 연구기간 후 체중보다 가벼워."
  - 귀무가설(H_0) : '연구 기간 전 체중(Prewt)'은 '연구 기간 후 체중(Postwt)'과 같습니다.
  - 대립가설(H_1) : '연구 기간 전 체중(Prewt)'이 '연구 기간 후 체중(Postwt)'보다 가볍습니다.

귀무가설의 기각 여부를 판단하기 위하여 가설 검정을 시작합니다.

anorexia는 R 프로그램의 추가 패키지 {MASS}의 데이터이므로, 해당 패키지를 설치하고, library() {base} 함수를 사용하여 선언합니다. data() {utils} 함수를 사용하여 데이터를 로드합니다. 이 과정 없이도 데이터 사용은 가능합니다.

```
> # install.packages("MASS")
> library(MASS); data(anorexia)
```

R 추가 패키지 {MASS}의 anorexia 데이터를 로드합니다. 분석 중 변경된 데이터를 초기화하고 싶을 때 실행하면 원래의 데이터를 다시 로드할 수 있습니다.

분석할 변수의 속성을 알아봅니다.

```
> attach(anorexia)
> str(Prewt); str(Postwt)
```

```
num [1:72] 80.7 89.4 91.8 74 78.1 88.3 87.3 75.1 80.6 78.4 ...
num [1:72] 80.2 80.1 86.4 86.3 76.1 78.1 75.1 86.7 73.5 84.6 ...
```

'연구 기간 전 체중(Prewt)'과 '연구 기간 후 체중(Postwt)' 변수는 실수형(num)의 속성을 가진 양적 변수입니다.

같은 관측치의 두 양적 변수의 차이를 분석하기 위하여 사용하는 방법은 짝을 이룬 표본의 T-검정입니다.

이 예제에서는 "거식증 환자의 연구 기간 전 체중과 연구 기간 후 체중에 차이가 없다."는 기존의 가설이 있을 때, "연구 기간 전 체중이 연구 기간 후 체중보다 가볍다."는 새로운 가설을 주장하기 위하여 짝을 이룬 표본의 T-검정을 하려고 합니다.

짝을 이룬 표본의 T-검정도 앞의 T-검정들과 마찬가지로 t.test() {stats} 함수를 사용합니다. 비교할 두 양적변수를 입력하고, "paired=TRUE" 옵션을 사용합니다.

```
t.test(양적변수명1, 양적변수명2, paired=TRUE, alternative="   ", conf.level=   ,
data=데이터명)

* alternative는 two.sided, greater, less 가능(기본값 = "two.sided")
* conf.level의 기본값 = 0.95
```

'alternative="less"' 옵션을 사용하면 첫번째 변수("Prewt")가 두번째 변수("Postwt")보다 작은 값을 가지는지를 검정할 수 있습니다. 동일한 관측치로부터의 자료이므로 분산의 동질성 여부는 고려하지 않습니다.

```
> t.test(Prewt,Postwt,paired=TRUE,alternative="less")

        Paired t-test

data:  Prewt and Postwt
t = -2.9376, df = 71, p-value = 0.002229
alternative hypothesis: true difference in means is less than 0
95 percent confidence interval:
      -Inf -1.195825
sample estimates:
mean of the differences
              -2.763889
```

t통계량(=t)은 -2.9376, 자유도(=df)는 71이고, 유의확률(=p-value)은 0.002229(<0.05)이며, 대립가설(alternative hypothesis)은 '연구 기간 전 체중이 연구 기간 후 체중보다 가볍다' 입니다. 그리고, 표본 평균의 차이는 -2.7638890이고, 95% 신뢰구간은 ~-1.195825 입니다.

〈가설 검정〉

» 귀무가설(H_0) : '연구 기간 전 체중(Prewt)'은 '연구 기간 후 체중(Postwt)'과 같습니다.

» 대립가설(H_1) : '연구 기간 전 체중(Prewt)'이 '연구 기간 후 체중(Postwt)'보다 가볍습니다.

→ p-value(=0.002229) 〈 α(=0.05) 이므로, 귀무가설을 기각합니다.

* 분석 결과 : p-value 〈 0.05 이므로, 유의수준 0.05에서 '연구 기간 전 체중'은 '연구 기간 후 체중'보다 가볍습니다.

설명을 추가하면, 유의수준을 0.05로 채택한 상황에서, p-value가 0.002229로 산출되었기 때문에 귀무가설을 기각합니다. 즉, 기존에 알려진 "전과 후가 같다"는 가설을 뒤집을 수 있다는 것입니다.

전체 데이터를 대상으로 검정한 결과, '연구 기간 전 체중'이 '연구 기간 후 체중'보다 가볍다는 것을 것을 확인하였습니다. 하지만 '실험군의 종류(Treat)' 변수를 살펴보면, "Cont", "CBT", "FT"의 3개의 수준으로 나누어 거식증 환자들의 체중 변화를 관찰하는 실험이 진행 된 것을 알 수 있습니다. 여기서는 3개의 수준 각각의 경우를 분리하여 다시 검정을 하겠습니다.

먼저 데이터를 3개의 부분집합으로 분리합니다.

```
> ano_Cont <- subset(anorexia,Treat=="Cont")
> ano_CBT <- subset(anorexia,Treat=="CBT")
> ano_FT <- subset(anorexia,Treat=="FT")
```

데이터를 '실험군의 종류(Treat)'가 Cont인 경우 ano_Cont로, CBT인 경우 ano_CBT로, FT인 경우 ano_FT로 분리하여 저장하였습니다.

첫번째로 '실험군의 종류(Treat)'가 "통제 집단(Cont)"인 경우, 즉 다른 실험군과의 비교를 위하여 효과가 없는 약을 투여한 집단인 경우의 검정을 해보겠습니다.

```
> attach(ano_Cont)
> t.test(Prewt,Postwt,paired=TRUE,alternative="less")

        Paired t-test

data:  Prewt and Postwt
t = 0.28723, df = 25, p-value = 0.6118
alternative hypothesis: true difference in means is less than 0
95 percent confidence interval:
     -Inf 3.126168
sample estimates:
mean of the differences
                   0.45
```

t통계량(=t)은 0.28723, 자유도(=df)는 25이고, 유의확률(=p-value)은 0.6118(〉0.05)이며, 대립가설(alternative hypothesis)은 '연구 기간 전 체중이 연구 기간 후 체중보다 가볍다' 입니다. 그리고, 표본 평균의 차이는 0.45이고, 95% 신뢰구간은 ~3.126168 입니다.

〈가설 검정〉

» 귀무가설(H_0) : '연구 기간 전 체중(Prewt)'은 '연구 기간 후 체중(Postwt)'과 같습니다.

» 대립가설(H_1) : '연구 기간 전 체중(Prewt)'은 '연구 기간 후 체중(Postwt)'보다 가볍습니다.

→ p-value(=0.6118) 〉 α(=0.05) 이므로, 귀무가설을 기각할 수 없습니다.

* 분석 결과 : p-value 〉 0.05 이므로, 유의수준 0.05에서 '연구 기간 전 체중'은 '연구 기간 후 체중'과 유의한 차이가 없습니다.

설명을 추가하면, 유의수준을 0.05로 채택한 상황에서, p-value가 0.6118로 산출되었기 때문에 귀무가설을 기각할 수 없습니다. 즉, 기존에 알려진 "전과 후가 같다"는 가설을 뒤집을 수가 없다는 것입니다.

'연구 기간 전 체중(Prewt)'과 '연구 기간 후 체중(Postwt)' 변수의 분포를 그래프로 시각화합니다.

```
> par(mfrow=c(1,2))
> boxplot(Prewt,Postwt,col=c("deeppink","darkblue"),
+         main="boxplot(Cont - Prewt,Postwt)")
> plot(density(Prewt),col="deeppink",main="plot")
> lines(density(Postwt),col="darkblue")
```

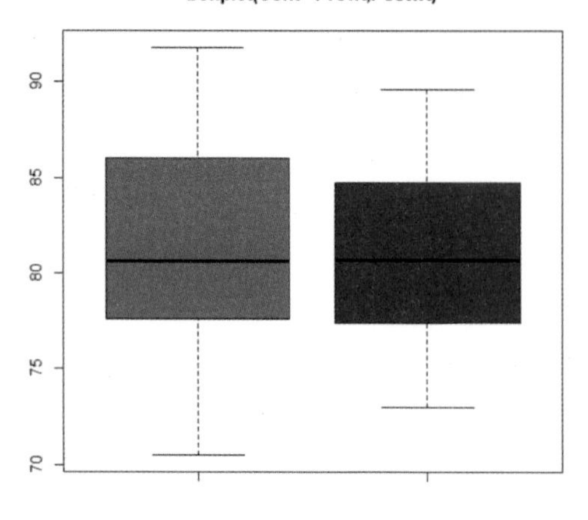

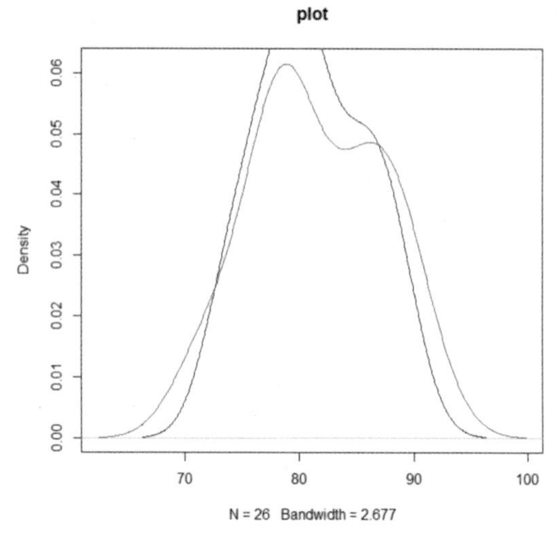

두 번째로 '실험군의 종류(Treat)'가 "CBT"인 경우의 검정을 해보겠습니다.

```
> attach(ano_CBT)
> t.test(Prewt,Postwt,paired=TRUE,alternative="less")

        Paired t-test

data:  Prewt and Postwt
t = -2.2156, df = 28, p-value = 0.01751
alternative hypothesis: true difference in means is less than 0
95 percent confidence interval:
      -Inf -0.6981979
sample estimates:
mean of the differences
              -3.006897
```

t통계량(=t)은 -2.2156, 자유도(=df)는 28이고, 유의확률(=p-value)은 0.01751(〈0.05)이며, 대립가설(alternative hypothesis)은 '연구 기간 전 체중이 연구 기간 후 체중보다 가볍다' 입니다. 그리고, 표본 평균의 차이는 -3.006897이고, 95% 신뢰구간은 ~-0.6981979 입니다.

〈가설 검정〉

» 귀무가설(H_0) : '연구 기간 전 체중(Prewt)'은 '연구 기간 후 체중(Postwt)'과 같습니다.

» 대립가설(H_1) : '연구 기간 전 체중(Prewt)'은 '연구 기간 후 체중(Postwt)'보다 가볍습니다.

→ p-value(=0.01751) 〈 α(=0.05) 이므로, 귀무가설을 기각합니다.

* 분석 결과 : p-value 〈 0.05 이므로, 유의수준 0.05에서 '연구 기간 전 체중'은 '연구 기간 후 체중'보다 가볍습니다.

설명을 추가하면, 유의수준을 0.05로 채택한 상황에서, p-value가 0.01751로 산출되었기 때문에 귀무가설을 기각합니다. 즉, 기존에 알려진 "전과 후가 같다"는 가설을 뒤집을 수 있다는 것입니다.

'연구 기간 전 체중(Prewt)'과 '연구 기간 후 체중(Postwt)' 변수의 분포를 그래프로 시각화합니다.

```
> par(mfrow=c(1,2))
> boxplot(Prewt,Postwt,col=c("deeppink","darkblue"),
+         main="boxplot(CBT - Prewt,Postwt)")
> plot(density(Prewt),col="deeppink",main="plot")
```

```
> lines(density(Postwt),col="darkblue")
```

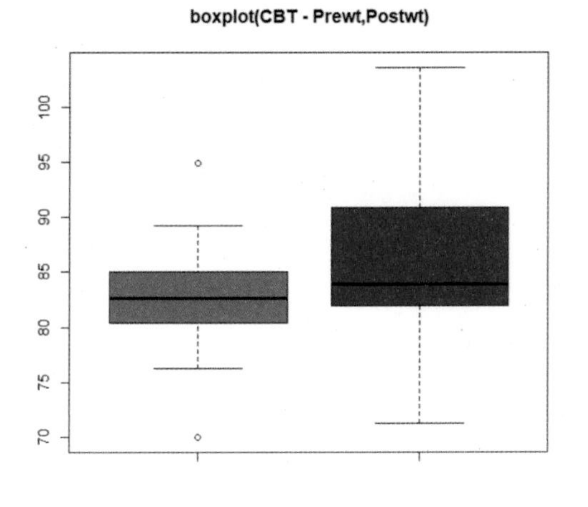

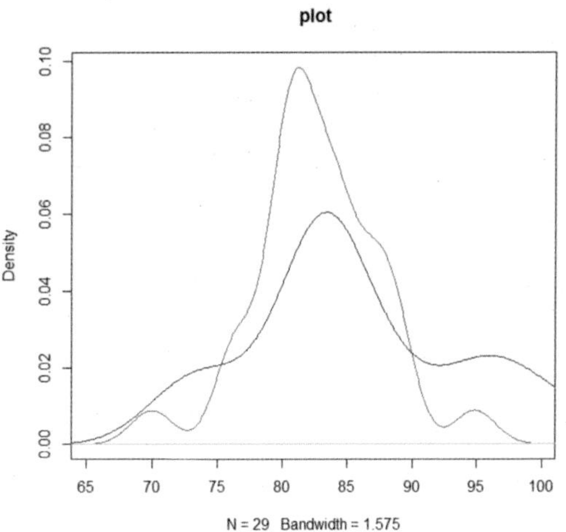

마지막으로 '실험군의 종류(Treat)'가 "FT"인 경우를 검정합니다.

```
> attach(ano_FT)
> t.test(Prewt,Postwt,paired=TRUE,alternative="less")

        Paired t-test

data:  Prewt and Postwt
t = -4.1849, df = 16, p-value = 0.0003501
alternative hypothesis: true difference in means is less than 0
95 percent confidence interval:
      -Inf -4.233975
sample estimates:
mean of the differences
              -7.264706
```

t통계량(=t)은 -4.1849, 자유도(=df)는 16이고, 유의확률(=p-value)은 0.0003501(〈0.05)이며, 대립가설(alternative hypothesis)은 '연구 기간 전 체중이 연구 기간 후 체중보다 가볍다' 입니다. 그리고, 표본 평균의 차이는 -7.264706이고, 95% 신뢰구간은 ~-4.233975입니다.

〈가설 검정〉

» 귀무가설(H_0) : '연구 기간 전 체중(Prewt)'은 '연구 기간 후 체중(Postwt)'과 같습니다.

» 대립가설(H_1) : '연구 기간 전 체중(Prewt)'은 '연구 기간 후 체중(Postwt)'보다 가볍습니다.

→ p-value(=0.0003501) 〈 α(=0.05) 이므로, 귀무가설을 기각합니다.

* 분석 결과 : p-value 〈 0.05 이므로, 유의수준 0.05에서 '연구 기간 전 체중'은 '연구 기간 후 체중'보다 가볍습니다.

설명을 추가하면, 유의수준을 0.05로 채택한 상황에서, p-value가 0.0003501로 산출되었기 때문에 귀무가설을 기각합니다. 즉, 기존에 알려진 "전과 후가 같다"는 가설을 뒤집을 수 있다는 것입니다.

'연구 기간 전 체중(Prewt)'과 '연구 기간 후 체중(Postwt)' 변수의 분포를 그래프로 시각화합니다.

```
> par(mfrow=c(1,2))
> boxplot(Prewt,Postwt,col=c("deeppink","darkblue"),
+         main="boxplot(FT - Prewt,Postwt)")
```

```
> plot(density(Prewt),col="deeppink",main="plot")
> lines(density(Postwt),col="darkblue")
```

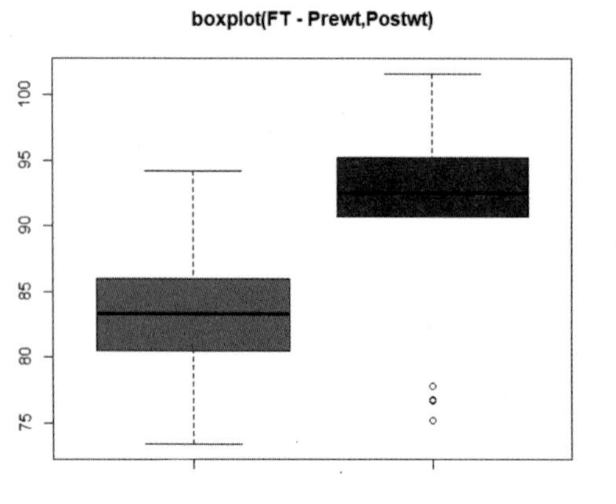

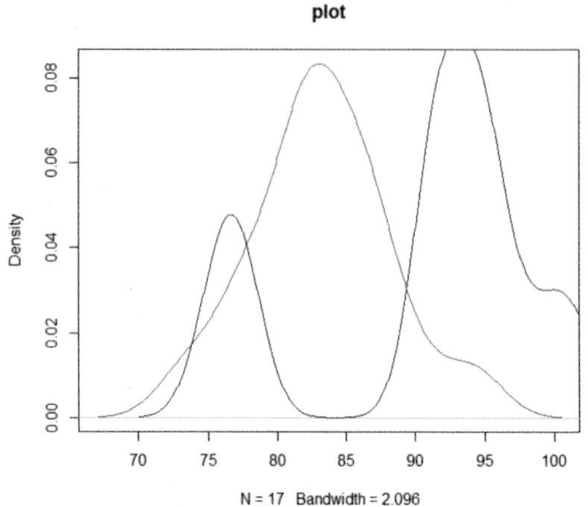

'실험군의 종류(Treat)' 변수의 3개의 수준으로 나누어 다시 T-검정을 한 결과, "Cont"수준을 제외한 "CBT"와 "FT" 수준에서만 새로운 가설이 받아들여진 것을 확인할 수 있습니다. 즉, 전체 집단에 대한 검정에서 나타난 체중의 차이는 "Cont" 수준이 아닌 "CBT"와 "FT" 수준의 데이터에서 기인했음을 알 수 있습니다.

이상으로 anorexia {MASS} 데이터의 '연구 기간 전 체중(Prewt)' 와 '연구 기간 후 체중(Postwt)'이 차이가 없다는 기존 가설에의 기각 여부를 결정하기 위하여, 독립 표본의 T-검정을 해 보았습니다.

'연구 기간 전 체중(Prewt)'이 '연구 기간 후 체중(Postwt)'보다 가벼운지를 검정한 결과는 다음과 같이 정리할 수 있습니다.

데이터명	anorexia {datasets}				
귀무가설(H_0)	'연구 기간 전 체중(Prewt)'은 '연구 기간 후 체중(Postwt)'과 같습니다.				
대립가설(H_1)	'연구 기간 전 체중(Prewt)'은 '연구 기간 후 체중(Postwt)'보다 가볍습니다.				
분석 방법	짝을 이룬 표본의 T-검정				
결과 요약	구분	t통계량	자유도(df)	p-value	유의수준(α)
	전체	-2.9376	71	0.002229	0.05
p-value < 0.05 이므로, 유의수준 0.05에서 귀무가설(H_0)을 기각합니다. 즉, '연구 기간 전 체중'은 '연구 기간 후 체중'보다 가볍습니다.					

분석 방법	짝을 이룬 표본의 T-검정				
결과 요약	구분	t통계량	자유도(df)	p-value	유의수준(α)
	실험군 : Cont	0.28723	25	0.6118	0.05
p-value > 0.05 이므로, 유의수준 0.05에서 귀무가설(H_0)을 기각할 수 없습니다. 즉, '연구 기간 전 체중'은 '연구 기간 후 체중'과 유의한 차이가 없습니다.					

분석 방법	짝을 이룬 표본의 T-검정				
결과 요약	구분	t통계량	자유도(df)	p-value	유의수준(α)
	실험군 : CBT	-2.2156	28	0.01751	0.05
p-value 〈 0.05 이므로, 유의수준 0.05에서 귀무가설(H_0)을 기각합니다. 즉, '연구 기간 전 체중'은 '연구 기간 후 체중'보다 가볍습니다.					

분석 방법	짝을 이룬 표본의 T-검정				
결과 요약	구분	t통계량	자유도(df)	p-value	유의수준(α)
	실험군 : FT	-4.1849	16	0.0003501	0.05
p-value 〈 0.05 이므로, 유의수준 0.05에서 귀무가설(H_0)을 기각합니다. 즉, '연구 기간 전 체중'은 '연구 기간 후 체중'보다 가볍습니다.					

짝을 이룬 표본의 T-검정하기 연습문제-1

원본 자료 : student.csv는 R라줌 카페에서 다운로드하세요~.

사용할 데이터는 제공된 student.csv입니다. 이 자료는 포르투갈에서 중등 교육을 받고 있는 두 학교 학생들의 수학과 포르투갈어 성적에 대한 데이터로, 출처는 UC Irvine 머신러닝 저장소입니다.

Q. 주어진 가설을 검정하기 위하여 짝을 이룬 표본의 T-검정을 하고, 표를 완성하세요. (유의수준=0.05)

* 주장하고 싶은 가설 : "'1학년 수학 성적'의 평균은 '3학년 수학 성적'의 평균과 차이가 없다고들 하는데, 내 생각에는 '1학년 수학 성적'이 '3학년 수학 성적'보다 높아."
  - » 귀무가설(H_0) : '1학년 수학 성적(G1_m)'의 평균은 '3학년 수학 성적(G3_m)'의 평균과 같습니다.
  - » 대립가설(H_1) : '1학년 수학 성적(G1_m)'의 평균은 '3학년 수학 성적(G3_m)'의 평균보다 높습니다.

데이터명	student.csv			
귀무가설(H_0)				
대립가설(H_1)				
분석 방법	짝을 이룬 표본의 T-검정			
결과 요약	t통계량	자유도(df)	p-value	유의수준(α)
p-value 〉/〈 0.05 이므로, 유의수준 0.05에서 귀무가설(H_0)을 (기각할 수 없습니다./기각합니다.) 즉, ('1학년 수학 성적'과 '3학년 수학 성적'의 평균과 유의한 차이가 없습니다./'1학년 수학 성적'의 평균은 '3학년 수학 성적'의 평균보다 높습니다.)				

짝을 이룬 표본의 T-검정하기 연습문제-2

사용할 데이터는 R 기본 패키지 {datasets}의 오픈데이터인 attitude입니다. 이 자료는 대형 회계법인의 사무직을 상대로 한 설문조사에서, 무작위로 선택된 30개 부서에서 각각 35명 정도가 회신한 데이터입니다.

Q. 주어진 가설을 검정하기 위하여 짝을 이룬 표본의 T-검정을 하고, 표를 완성하세요. (유의수준=0.05)

* 주장하고 싶은 가설 : "'교육의 기회'와 '능력 기반 급여 인상' 응답의 평균에 차이가 없다고들 하는데, 내 생각엔 차이가 있어."
  » 귀무가설(H_0) : "교육의 기회(learning)'와 '능력 기반 급여 인상(raises)' 응답의 평균이 같습니다.
  » 대립가설(H_1) : "교육의 기회(learning)'와 '능력 기반 급여 인상(raises)' 응답의 평균에 차이가 있습니다.

데이터명	attitude {datasets}			
귀무가설(H_0)				
대립가설(H_1)				
분석 방법	짝을 이룬 표본의 T-검정			
결과 요약	t통계량	자유도(df)	p-value	유의수준(α)
p-value (>/<) 0.05 이므로, 유의수준 0.05에서 귀무가설(H_0)을 (기각할 수 없습니다./기각합니다.) 즉, (교육의 기회'와 '능력 기반 급여 인상' 응답의 평균에 유의한 차이가 없습니다./ 교육의 기회'와 '능력 기반 급여 인상' 응답의 평균에 차이가 있습니다.)				

aov(), anova() 함수 : 일원배치 분산분석

일원배치 분산분석을 할 수 있다. 일원배치 분산분석의 결과를 해석하여 기존 가설의 기각 여부를 결정할 수 있다.

"고등학교 1학년과 2학년, 그리고 3학년 학생들의 평균 운동량에 차이가 없다고들 하는데, 내 생각에는 차이가 있어." 이것을 주장하기 위하여 모집단인 전국의 고등학교 1학년과 2학년, 그리고 3학년 학생들 중 무작위로 30명씩의 표본을 선택하여 운동량을 조사합니다.

일원배치 분산분석은 이 경우와 같이 독립적인 둘 이상의 집단간의 양적 변수의 평균에 차이가 있는지에 대하여 검정할 때 사용합니다. 어떤 기준으로 차이를 검정할까요? 이 검정 방법은, 집단 간 분산(각 집단의 표본 평균이 전체 평균으로부터 퍼져있는 정도)이 집단 내 분산(각 집단 내 자료의 퍼져있는 정도)에 비하여 얼마나 큰지를 파악하는 방법을 사용합니다. 예제를 사용하여 연습해 볼게요.

일원배치 분산분석하기

이 예제에서 함께 분석해 볼 자료는 R 기본 패키지 {datasets}의 오픈데이터인 iris입니다. 이 자료는 붓꽃의 꽃받침 길이와 너비, 꽃잎의 길이와 너비를 측정한 데이터입니다.

기존의 가설인 귀무가설(H_0)과 우리가 주장하고 싶은 새로운 가설인 대립가설(H_1)은 다음과 같이 설정합니다.

* 주장하고 싶은 가설 : "붓꽃의 종류에 관계 없이 꽃받침의 길이의 평균이 모두 같다고들 하는데, 내 생각에는 차이가 있어."
  - » 귀무가설(H_0) : '붓꽃의 종류(Species)'의 "setosa", "versicolor", "virginica" 3개의 수준에서, '꽃받침의 길이(Sepal.Length)'의 평균이 같습니다.
  - » 대립가설(H_1) : '붓꽃의 종류(Species)'의 "setosa", "versicolor", "virginica" 3개의 수준에서, '꽃받침의 길이(Sepal.Length)'의 평균이 모두 같은 것은 아닙니다.

귀무가설의 기각 여부를 판단하기 위하여 가설 검정을 시작합니다.

iris는 R 프로그램에 기본으로 설치되어 있는 {datasets} 패키지의 자료이므로 패키지 설치 과정 없이 데이터를 사용합니다.

data() {utils} 함수를 사용하여 데이터를 로드합니다. 이 과정 없이도 데이터 사용은 가능합니다.

```
> data(iris)
```

R 기본 패키지 {datasets}의 iris 데이터를 로드합니다. 분석 중 변경된 데이터를 초기화하고 싶을 때 실행하면 원래의 데이터를 다시 로드할 수 있습니다.

분석할 변수의 속성을 알아봅니다.

```
> attach(iris)
> str(Sepal.Length); str(Species)

num [1:150] 5.1 4.9 4.7 4.6 5 5.4 4.6 5 4.4 4.9 ...
Factor w/ 3 levels "setosa","versicolor",..: 1 1 1 1 1 1 1 1 1 1 ...
```

'꽃받침의 길이(Sepal.Length)' 변수는 실수형(num)의 속성을 가진 양적 변수이고, '붓꽃의 종류(Species)' 변수는 3개의 수준을 가진 범주형(factor) 변수입니다.

범주형 변수가 3개(2개 이상)의 수준을 가진 경우, 양적 변수의 평균을 비교하기 위하여 사용하는 방법은 일원배치 분산분석입니다.

일원배치 분산분석을 위한 두 가지 함수 aov() {stats}와 anova() {stats}를 소개합니다. aov() {stats} 함수는 결과를 summary {base} 함수를 사용하여 출력하여야 하고, anova() {stats} 함수는 lm() {stats} 함수와 함께 사용합니다. 두 방법은 같은 결과를 출력합니다.

```
aov1 <- aov(양적변수명~범주형변수명, data=데이터명)
summary(aov1)

aov2 <- lm(양적변수명~범주형변수명, data=데이터명)
anova(aov2)
```

이 예제에서는 "붓꽃의 종류에 따라서, 꽃받침의 길이의 평균에 차이가 없다."는 기존의 가설이 있을 때, "붓꽃의 종류에 따라서, 꽃받침의 길이의 평균에 차이가 있다."는 새로운 가설을 주장하기 위하여 일원배치 분산분석을 하겠습니다.

```
> aov_Species <- aov(Sepal.Length~Species)
> summary(aov_Species)

             Df Sum Sq Mean Sq F value Pr(>F)
Species       2  63.21  31.606   119.3 <2e-16 ***
Residuals   147  38.96   0.265
---
Signif. codes:  0 '***' 0.001 '**' 0.01 '*' 0.05 '.' 0.1 ' ' 1
```

집단 간 분산(=Mean Sq(Species))은 31.606, 집단 내 분산(=Mean Sq(Residuals)은 0.265이고, '집단 내 분산' 대비 '집단 간 분산'의 비율인 F통계량(=F value)은 119.3으로 계산되었으며, 유의확률(=p-value)은 〈2e-16(〈0.05)입니다.

〈가설 검정〉

» 귀무가설(H_0) : '붓꽃의 종류(Species)'의 3개의 수준에서 '꽃받침의 길이(Sepal.Length)'의 평균이 같습니다.

» 대립가설(H_1) : '붓꽃의 종류(Species)'의 3개의 수준에서 '꽃받침의 길이(Sepal.Length)'의 평균이 모두 같은 것은 아닙니다.

→ p-value(〈2e-16) 〈 α(=0.05) 이므로, 귀무가설을 기각합니다.

* 분석 결과 : p-value 〈 0.05 이므로, 유의수준 0.05에서 '붓꽃의 종류'의 모든 수준 중 '꽃받침의 길이'의 평균에 유의한 차이가 있는 수준이 있습니다.

설명을 추가하면, 유의수준을 0.05로 채택한 상황에서, p-value가 〈2e-16로 산출되었기 때문에 귀무가설을 기각합니다. 즉, 기존에 알려진 "평균이 같다"는 가설을 뒤집을 수 있다는 것입니다.

```
> anova(lm(Sepal.Length~Species))
Analysis of Variance Table

Response: Sepal.Length
           Df Sum Sq Mean Sq F value    Pr(>F)
Species     2 63.212  31.606  119.26 < 2.2e-16 ***
Residuals 147 38.956   0.265
---
Signif. codes:  0 '***' 0.001 '**' 0.01 '*' 0.05 '.' 0.1 ' ' 1
```

앞에서와 같은 결과를 출력합니다.

그런데, 일원배치 분산분석 결과로는 차이가 있다는 것은 확인할 수 있으나, 어떤 수준 사이에서 그 차이가 발생했는지는 확인할 수 없습니다. 그래서, '붓꽃의 종류(Species)' 각 수준의 '꽃받침의 길

이(Sepal.Length)' 평균을 출력하여 비교해 봅니다.

```
> aggregate(Sepal.Length~Species,data=iris,mean)
```

```
     Species Sepal.Length
1     setosa        5.006
2 versicolor        5.936
3  virginica        6.588
```

'붓꽃의 종류(Species)' 변수의 3개의 수준 각각의 '꽃받침의 길이(Sepal.Length)'를 출력하였습니다.

```
aggregate(양적변수명~범주형변수명, data=데이터명, 함수)
```

그래프를 사용하여 '붓꽃의 종류(Species)' 변수의 "setosa", "versicolor", "virginica" 3개의 수준에 따른 '꽃받침의 길이(Sepal.Length)' 분포를 시각화하여 그 차이를 눈으로 확인합니다.

```
> par(mfrow=c(1,2))
> boxplot(Sepal.Length~Species,col=c("deeppink","darkblue","peru"),
+         main="boxplot(Sepal.Length~Species)")
> plot(density(subset(iris,Species=="setosa")$Sepal.Length),
+      col="deeppink",main="plot")
> lines(density(subset(iris,Species=="versicolor")$Sepal.Length),
+       col="darkblue")
> lines(density(subset(iris,Species=="virginica")$Sepal.Length),
+       col="peru")
```

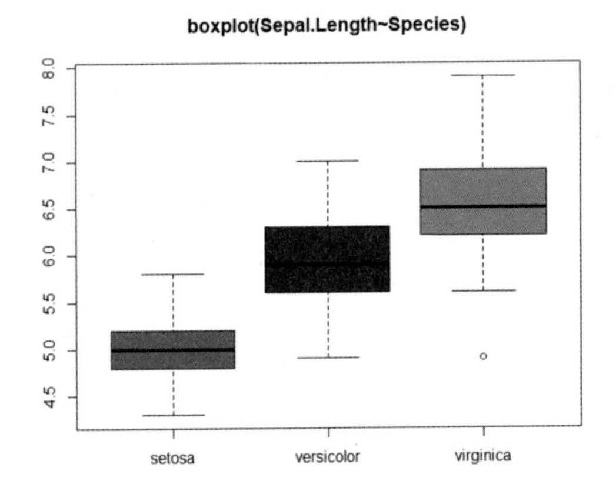

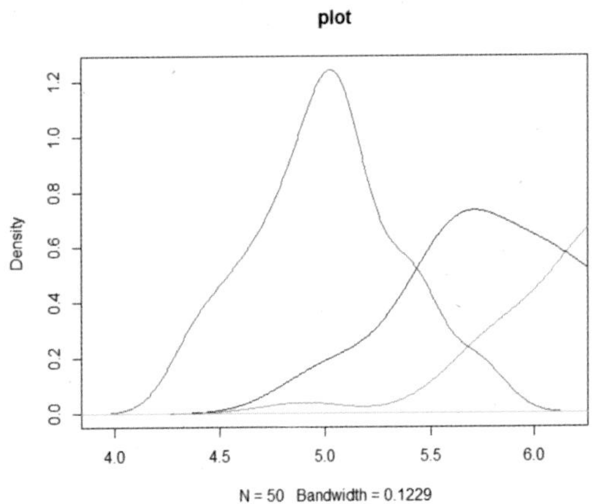

'붓꽃의 종류(Species)' 변수의 어떤 수준에서 '꽃받침의 길이(Sepal.Length)'의 평균에 차이가 있는지를 각 수준별 평균과 그래프를 사용하여 확인할 수 있었습니다. 하지만, 차이가 있다는 기준을 통계적으로 확인하는 것이 필요합니다.

통계적으로 유의한 차이가 발생한 수준을 확인하는 방법을 사후검정이라고 합니다. 사후검정은 여러가지 기법이 있으나, 이 책에서는 많이 쓰이는 방법인 Tukey, Scheffe의 기법을 소개합니다.

먼저 Tukey의 사후검정 기법을 소개합니다. 이 방법은 등분산 가정에서 각 수준의 빈도가 같은 경

우에 많이 쓰이는 방법으로, 표본의 개수에 민감한 것으로 알려져 있으므로 표본이 작을 경우에는 권장되지 않습니다.

```
aov <- aov(양적변수명~범주형변수명, data=데이터명)

tukey <- TukeyHSD(aov)
plot(tukey)
```

TukeyHSD() {stats} 함수에 앞에서 한 일원배치 분산분석 결과(aov_Species)를 입력합니다.

```
> t <- TukeyHSD(aov_Species); t

  Tukey multiple comparisons of means
    95% family-wise confidence level

Fit: aov(formula = Sepal.Length ~ Species)

$Species
                      diff       lwr       upr p adj
versicolor-setosa    0.930 0.6862273 1.1737727     0
virginica-setosa     1.582 1.3382273 1.8257727     0
virginica-versicolor 0.652 0.4082273 0.8957727     0
```

결과물 아래 부분의 수준 쌍에 대한 분석 결과를 살펴보겠습니다. 첫 행의 versicolor-setosa수준 쌍의 경우, p-value(=0) 〈 α(=0.05)이므로 유의수준 0.05에서 2개의 수준의 평균에 차이가 없다는 귀무가설을 기각합니다. 즉, 두 수준은 의미있는 차이를 보입니다. 2~3행의 다른 수준들간의 검정 결과도 같은 방법으로 해석합니다.

* 분석 결과 : '붓꽃의 종류(Species)' 변수의 3개의 수준은 각각 유의한 차이가 있습니다.

설명을 추가하면, 유의수준을 0.05로 채택한 상황에서, versicolot-setosa, virginica-setosa, virginica-versicolor의 p-value가 0으로 산출되었기 때문에 귀무가설을 기각합니다. 즉, 기존에 알려진 "평균이 같다"는 가설을 뒤집을 수 있다는 것입니다.

Tukey 사후검정 결과를 사용하여 그래프로 시각화한 결과입니다.

```
> par(mfrow=c(1,1))
> plot(t)
```

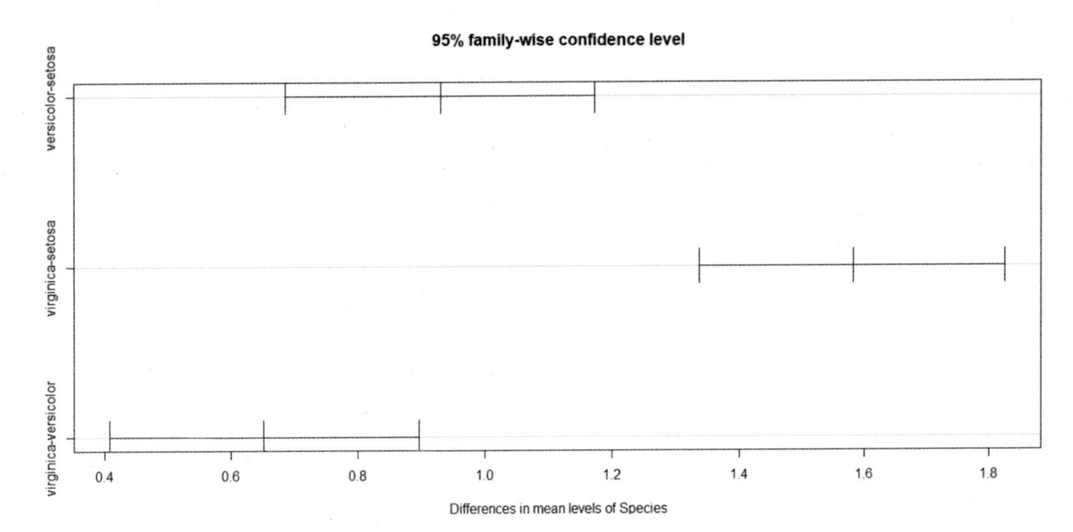

앞의 검정 결과의 신뢰구간을 나타낸 그래프입니다. 세 가지 경우 모두 신뢰구간에 0이 포함되지 않아, 서로간에 유의한 차이가 있음을 확인할 수 있습니다.

다음으로 Scheffe 사후검정을 소개합니다. 등분산 가정에서 각 수준의 빈도가 같지 않은 경우에 많이 쓰이는 방법입니다. scheffe.test() {agricolae} 함수에 앞에서 한 일원배치 분산분석 결과(aov_Species)를 입력합니다.

```
aov <- aov(양적변수명~범주형변수명, data=데이터명)

library(agricolae)
scheffe <- Scheffe.test (aov, console=TRUE)
plot(scheffe)
```

```
> library(agricolae)
> s <- scheffe.test(aov_Species,"factor(Species)",console=TRUE)

Study: aov_Species ~ "Species"

Scheffe Test for Sepal.Length

Mean Square Error  : 0.2650082

Species,  means

           Sepal.Length       std  r Min Max
setosa            5.006 0.3524897 50 4.3 5.8
versicolor        5.936 0.5161711 50 4.9 7.0
virginica         6.588 0.6358796 50 4.9 7.9

Alpha: 0.05 ; DF Error: 147
Critical Value of F: 3.057621

Minimum Significant Difference: 0.2546047

Means with the same letter are not significantly different.
```

```
            Sepal.Length groups
virginica          6.588      a
versicolor         5.936      b
setosa             5.006      c
```

출력물 마지막 부분의 결과에서 보면, 수준 "virginica"의 '꽃받침의 길이(Sepal.Length)' 평균이 가장 높고, 수준 "versicolor", 수준 "setosa" 순으로 낮아집니다. 그룹이 3개로 구분되었습니다.

* 분석 결과 : '붓꽃의 종류(Species)' 변수의 3개의 수준은 각각 유의한 차이가 있습니다.

설명을 추가하면, 꽃받침의 길이의 평균은 수준 virginica, versicolor, setosa 서로간에 유의한 차이가 있습니다. Scheffe의 사후검정 결과를 사용하여 그래프로 시각화합니다.

```
> par(mfrow=c(1,1))
> plot(s)
```

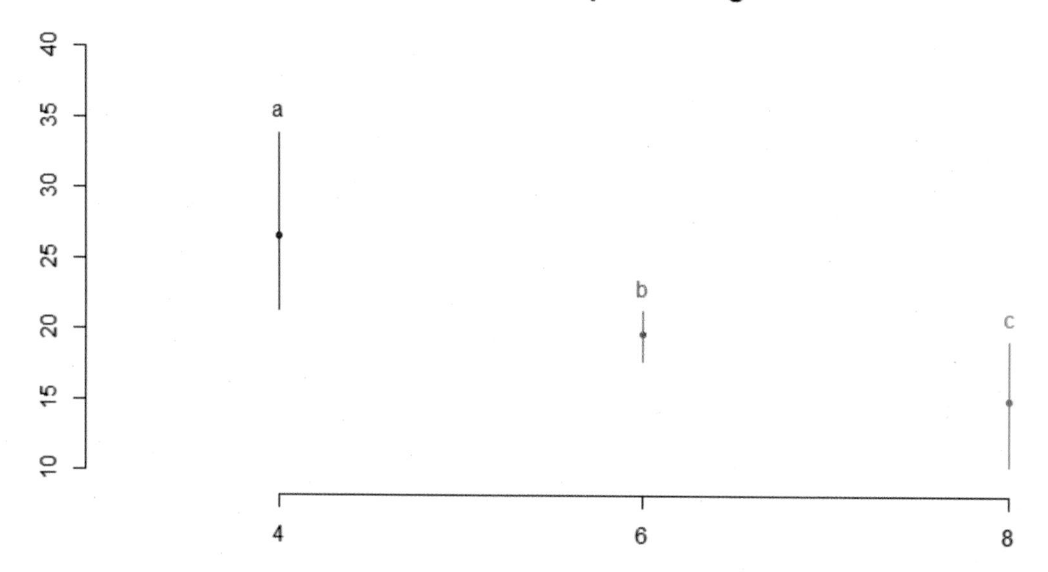

그래프를 통하여 세 그룹 간의 차이를 눈으로 확인할 수 있습니다.

이상으로 iris {datasets} 데이터 중 '붓꽃의 종류(iris)'의 "sectosa", "versicolor", "virginica" 3개의 수준에서, 양적 변수인 '꽃받침의 길이(Sepal.Length)'의 평균에 유의한 차이가 없다는 기존 가설에의 기각 여부를 결정하기 위하여, 일원배치 분산분석을 해보았습니다.

'붓꽃의 종류(Species)'의 "setosa", "versicolor", "virginica" 3개의 수준에 따라서, '꽃받침의 길이(Sepal.Length)'의 평균에 차이가 있는지를 검정한 결과는 다음과 같이 정리할 수 있습니다.

데이터명	iris {datasets}		
귀무가설(H_0)	'붓꽃의 종류(Species)'의 "setosa", "versicolor", "virginica" 3개의 수준에서, '꽃받침의 길이(Sepal.Length)'의 평균이 같습니다.		
대립가설(H_1)	'붓꽃의 종류(Species)'의 "setosa", "versicolor", "virginica" 3개의 수준에서, '꽃받침의 길이(Sepal.Length)'의 평균이 모두 같은 것은 아닙니다.		
분석 방법	일원배치 분산분석		
결과 요약	F 통계량	p-value	유의수준(α)
	119.3	〈2e-16	0.05

p-value 〈 0.05 이므로,
유의수준 0.05에서 귀무가설(H_0)을 기각합니다.
즉, '붓꽃의 종류의 "setosa", "versicolor", "virginica" 3개의 수준에 따라서, '꽃받침의 길이'의 평균에 차이가 있습니다. "setosa", "versicolor", "virginica"의 3개의 그룹으로 구분됩니다.

일원배치 분산분석하기 연습문제-1

사용할 데이터는 R 기본 패키지 {datasets}의 오픈데이터인 InsectSprays입니다. 이 자료는 서로 다른 곤충 스프레이의 살충 효과를 다룬 데이터입니다.

Q. 주어진 가설을 검정하기 위하여 일원배치 분산분석을 하고, 아래의 표를 완성하세요. (유의수준=0.05)

* 주장하고 싶은 가설 : "살충제 종류와 관계 없이 곤충의 평균 수가 같다고들 하는데, 내 생각에는 차이가 있어."
  - » 귀무가설(H_0) : '살충제 종류(spray)'의 "A",…"F" 6개의 수준에서, '곤충의 수(count)'의 평균이 같습니다.
  - » 대립가설(H_1) : '살충제 종류(spray)'의 "A",…"F" 6개의 수준에서, '곤충의 수(count)'의 평균이 모두 같은 것은 아닙니다.

데이터명	InsectSprays {datasets}		
귀무가설(H_0)			
대립가설(H_1)			
분석 방법	일원배치 분산분석		
결과 요약	F 통계량	p-value	유의수준(α)

p-value (〉/〈) 0.05 이므로,
유의수준 0.05에서 귀무가설(H_0)을 (기각할 수 없습니다./기각합니다.)
즉, '살충제의 종류의 "A",..."F" 6개의 수준에 따라서, ('곤충의 수'의 평균에 유의한 차이가 없습니다./ '곤충의 수'의 평균에 차이가 있습니다. (,… ,)의 ( )개의 그룹으로 구분됩니다.)

일원배치 분산분석하기 연습문제-2

사용할 데이터는 R 기본 패키지 {datasets}의 오픈데이터인 ToothGrwoth입니다. 이 자료는 기니피그의 이빨 성장에 비타민C가 미치는 영향에 대한 데이터입니다.

Q. 주어진 가설을 검정하기 위하여 일원배치 분산분석을 하고, 아래의 표를 완성하세요. (유의수준=0.05)

* 주장하고 싶은 가설 : "일일 복용량과 관계없이 치아길이 평균이 모두 같다고들 하는데, 내 생각에는 차이가 있어."

» 귀무가설(H_0) : '일일 복용량(dose)'의 "0.5", "1", "2" 3개의 수준에서, '치아 길이(len)'의 평균이 같습니다.

» 대립가설(H_1) : '일일 복용량(dose)'의 "0.5", "1", "2" 3개의 수준에서, '치아 길이(len)'의 평균이 모두 같은 것은 아닙니다.

<table>
<tr><th>데이터명</th><th colspan="3">ToothGrowth {datasets}</th></tr>
<tr><td>귀무가설(H_0)</td><td colspan="3"></td></tr>
<tr><td>대립가설(H_1)</td><td colspan="3"></td></tr>
<tr><td>분석 방법</td><td colspan="3">일원배치 분산분석</td></tr>
<tr><td rowspan="2">결과 요약</td><td>F 통계량</td><td>p-value</td><td>유의수준(α)</td></tr>
<tr><td></td><td></td><td></td></tr>
<tr><td colspan="4">p-value (>/<) 0.05 이므로,
유의수준 0.05에서 귀무가설(H_0)을 (기각할 수 없습니다./기각합니다.)
즉, '일일 복용량의 "0.5", "1", "2" 3개의 수준에 따라서,
('치아 길이'의 평균에 유의한 차이가 없습니다./ '치아 길이'의 평균에 차이가 있습니다. (,⋯ ,)의 ( )개의 그룹으로 구분됩니다.)</td></tr>
</table>

cor(), cor.test() 함수 : 상관분석

양적 변수간의 연관성의 정도를 상관분석을 사용하여 검정할 수 있다. 상관분석의 결과를 해석하여 기존 가설의 기각 여부를 결정할 수 있다.

"초등학생들의 키와 몸무게 사이에 연관성이 없다고들 하는데, 내 생각에는 연관성이 있어." 이것을 주장하기 위하여 모집단인 전국의 초등학생 중 무작위로 30명의 표본을 선택하여 키와몸무게를 조사합니다.

상관분석은 이 경우와 같이 2개의 양적 변수에 연관성이 있는지를 검정할 때 사용합니다. 예제를 사용하여 연습해볼게요.

상관분석하기

분석해볼 자료는 R 기본 패키지 {datasets}의 오픈데이터인 mtcars 입니다. 이 자료는 1973~74년의 32개 자동차 모델을 대상으로 한 연비, 디자인과 성능에 관한 데이터입니다.

기존의 가설인 귀무가설(H_0)과 우리가 주장하고 싶은 새로운 가설인 대립가설(H_1)은 다음과 같이 설정합니다.

* 주장하고 싶은 가설 : "자동차의 연비와 무게는 연관성이 없다고들 하는데, 내 생각에는 연관성이 있어."
  » 귀무가설(H_0) : '연비(mpg)'와 '무게(wt)'는 상관관계가 없습니다.
  » 대립가설(H_1) : '연비(mpg)'와 '무게(wt)'는 상관관계가 있습니다.

귀무가설의 기각 여부를 판단하기 위하여 가설 검정을 시작합니다.

mtcars는 R 프로그램에 기본으로 설치되어 있는 {datasets} 패키지의 자료이므로 패키지 설치 과정 없이 데이터를 사용합니다. data() {utils} 함수를 사용하여 데이터를 로드합니다. 이 과정 없이도 데

이터 사용은 가능합니다.

```
> data(mtcars)
```

R 기본 패키지 {datasets}의 mtcars데이터를 로드합니다. 분석 중 변경된 데이터를 초기화하고 싶을 때 실행하면 원래의 데이터를 다시 로드할 수 있습니다.

분석할 변수의 속성을 알아봅니다.

```
> attach(mtcars)
> str(mpg); str(wt)
num [1:32] 21 21 22.8 21.4 18.7 18.1 14.3 24.4 22.8 19.2 ...
num [1:32] 2.62 2.88 2.32 3.21 3.44 ...
```

'연비(mpg)'과 '무게(wt)' 변수는 실수형(num)의 속성을 가진 양적 변수입니다.

양적 변수들 간의 연관성을 분석하기 위하여 사용하는 방법은 상관분석입니다. 상관분석을 하기에 앞서, 상관계수를 산출해 보겠습니다.

```
cor(양적변수명1, 양적변수명2)

* 상관계수 > 0 : 양의 상관 관계
상관계수 < 0 : 음의 상관 관계
* 상관계수의 절대값이 0.7 이상이면 '강한' 상관관계를 가졌다고 표현하고, 절대값이
0.3 이하이면 '약한' 상관관계를 가졌다고 표현합니다.
```

```
> attach(mtcars)
> cor(mpg,wt)
[1] -0.8676594
```

-0.8676594로 강한 음의 상관관계를 가집니다.

다음은 상관분석입니다. 이 예제에서는 "자동차의 연비와 무게는 연관성이 없다."는 기존의 가설이 있을 때, "자동차의 연비와 무게는 연관성이 있다."는 새로운 가설을 주장하기 위하여 상관분석을 하겠습니다.

상관분석을 위한 함수는 cor.test() {stats}입니다.

```
cor.test(양적변수명1, 양적변수명2)
```

```
> cor.test(mpg,wt)
```

```
        Pearson's product-moment correlation

data:  mpg and wt
t = -9.559, df = 30, p-value = 1.294e-10
alternative hypothesis: true correlation is not equal to 0
95 percent confidence interval:
 -0.9338264 -0.7440872
sample estimates:
       cor
-0.8676594
```

t통계량(=t)은 -9.559, 자유도(=df)는 30이고, 유의확률(=p-value)은 1.294e-10(<0.05)이며, 대립가설(alternative hypothesis)은 '두 변수 사이에는 상관관계가 없다.'입니다. 그리고, 표본의 상관계수는 -0.8676594이고, 95% 신뢰구간은 -0.9338263~-0.7440872입니다.

〈가설 검정〉

» 귀무가설(H_0) : '연비(mpg)와 '무게(wt)'에는 상관관계가 없습니다.

» 대립가설(H_1) : '연비(mpg)와 '무게(wt)'에는 상관관계가 있습니다.

→ p-value(=1.294e-10) 〈 α(=0.05) 이므로, 귀무가설을 기각합니다.

* 분석 결과 : p-value 〈 0.05 이므로, 유의수준 0.05에서 '연비'와 '무게'에는 상관관계가 있습니다. 상관계수 -0.8676594로 강한 음의 상관관계를 가집니다.

설명을 추가하면, 유의수준을 0.05로 채택한 상황에서, p-value가 1.294e-10로 산출되었기 때문에 귀무가설을 기각합니다. 즉, 기존에 알려진 "상관관계가 없다."는 가설을 뒤집을 수 있다는 것입니다.

'연비(mpg)'와 '무게(wt)' 두 변수 사이의 관계성을 산점도로 시각화합니다.

```
> par(mfrow=c(1,1))
> plot(mpg,wt,main="plot(mpg,wt)")
```

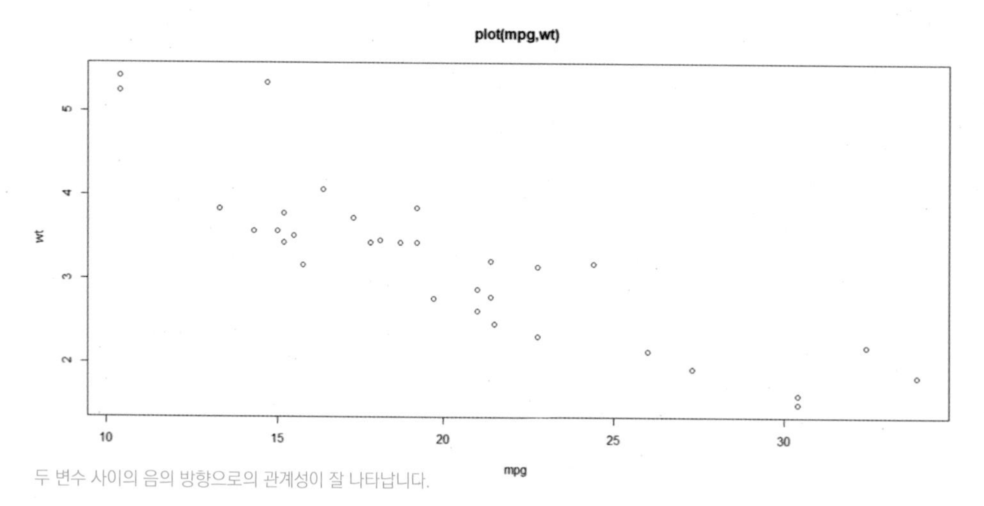

두 변수 사이의 음의 방향으로의 관계성이 잘 나타납니다.

이상으로 mtcars {datasets} 데이터 중 '연비(mpg)'와 '무게(wt)' 2개의 양적 변수 사이에 연관성이 없다는 기존 가설에의 기각 여부를 결정하기 위하여, 상관분석을 해 보았습니다.

'연비(mpg)'와 '무게(wt)'의 상관관계에 대하여 분석한 결과는 다음과 같이 정리할 수 있습니다.

데이터명	mtcars {datasets}				
귀무가설(H_0)	'연비(mpg)'와 '무게(wt)'에는 상관관계가 없습니다.				
대립가설(H_1)	'연비(mpg)'와 '무게(wt)'에는 상관관계가 있습니다.				
분석 방법	상관분석				
결과 요약	상관계수	t통계량	자유도(df)	p-value	유의수준(α)
	-0.8676594	-9.559	30	1.29e-10	0.05
p-value 〈 0.05 이므로, 유의수준 0.05에서 귀무가설(H_0)을 기각합니다. 즉, '연비'와 '무게'에는 상관관계가 있으며, 상관계수 -0.8676594로 강한 음의 상관관계를 보입니다.					

상관분석하기 연습문제-1

사용할 데이터는 R 기본 패키지 {datasets}의 오픈데이터인 attitude입니다. 이 자료는 대형 회계법인의 사무직을 상대로 한 설문조사에서, 무작위로 선택된 30개 부서에서 각각 35명 정도가 회신한 데이터입니다.

Q. 주어진 가설을 검정하기 위하여 상관분석을 하고, 아래의 표를 완성하세요. (유의수준=0.05)

* 주장하고 싶은 가설 : "설문 조사 결과 중 교육의 기회와 능력 기반 급여 인상의 점수에 연관성이 없다고들 하는데, 내 생각에는 연관성이 있어."
  - » 귀무가설(H_0) : '교육의 기회(learning)'와 '능력 기반 급여 인상(raises)'는 상관관계가 없습니다.
  - » 대립가설(H_1) : '교육의 기회(learning)'와 '능력 기반 급여 인상(raises)'는 상관관계가 있습니다.

데이터명	attitude {datasets}				
귀무가설(H_0)					
대립가설(H_1)					
분석 방법	상관분석				
결과 요약	상관계수	t통계량	자유도(df)	p-value	유의수준(α)
p-value (〉/〈) 0.05 이므로, 유의수준 0.05에서 귀무가설(H_0)을 (기각할 수 없습니다./기각합니다. 즉, '교육의 기회'와 '능력 기반 급여 인상'에는 상관관계가 있으며, 상관계수 (　　)로 (　　)의 상관관계를 보입니다.)					

상관분석하기 연습문제-2

사용할 데이터는 R 기본 패키지 {datasets}의 오픈데이터인 iris입니다. 이 자료는 붓꽃의 꽃받침 길이와 너비, 꽃잎의 길이와 너비를 측정한 데이터입니다.

Q. 주어진 가설을 검정하기 위하여 상관분석을 하고, 아래의 표를 완성하세요. (유의수준=0.05)

* 주장하고 싶은 가설 : "붓꽃의 꽃받침의 길이와 꽃잎의 길이는 연관성이 없다고들 하는데, 내 생각엔 연관성 있어."
  » 귀무가설(H_0) : '꽃받침의 길이(Sepal.Length)'와 '꽃잎의 길이(Petal.Length)'는 상관관계가 없습니다.
  » 대립가설(H_1) : '꽃받침의 길이(Sepal.Length)'와 '꽃잎의 길이(Petal.Length)'는 상관관계가 있습니다.

데이터명	iris {datasets}				
귀무가설(H_0)					
대립가설(H_1)					
분석 방법	상관분석				
결과 요약	상관계수	t통계량	자유도(df)	p-value	유의수준(α)
p-value (>)/(<) 0.05 이므로, 유의수준 0.05에서 귀무가설(H_0)을 (기각할 수 없습니다./기각합니다. 즉, '꽃받침의 길이'와 '꽃잎의 길이'에는 상관관계가 있으며, 상관계수 ( )로 ( )의 상관관계를 보입니다.)					

CrossTable() 함수 : 교차분석

범주형 변수간의 연관성의 여부를 교차분석을 사용하여 검정할 수 있다. 교차분석의 결과를 해석하여 기존 가설의 기각 여부를 결정할 수 있다.

"초등학교 남학생과 여학생이 뷔페에 갔을 때 처음으로 고르는 음식의 종류에 차이가 없다고들 하는데, 내생각에는 차이가 있어."

이것을 주장하기 위하여 모집단인 전국의 초등학생 중 무작위로 남녀 30명씩의 표본을 선택하여 뷔페에 갔을 때 처음으로 고르는 음식의 종류를 조사합니다.

교차분석은 이 경우와 같이 범주형 자료간에 연관성이 있는지에 대하여 검정할 때 사용합니다. 이 방법은 기대 빈도와 실제 빈도를 계산하는 방법을 사용합니다. 예제를 사용하여 연습해 볼게요.

교차분석하기

함께 분석해볼 자료는 R 추가 패키지 {MASS}의 오픈데이터인 birthwt입니다. 이 자료는 저체중 출산 영아의 위험 요소에 관련된 데이터입니다.

기존의 가설인 귀무가설(H_0)과 우리가 주장하고 싶은 새로운 가설인 대립가설(H_1)은 다음과 같이 설정합니다.

* 주장하고 싶은 가설 : "임신 중 흡연 여부와 저체중 영아 출산 여부에 서로 연관성이 없다고들 하는데, 내 생각에는 연관성이 있어."
  » 귀무가설(H_0) : '임신 중 흡연 여부(smoke)'와 '저체중 영아 출산 여부(low)'는 서로 연관성이 없습니다.
  » 대립가설(H_1) : '임신 중 흡연 여부(smoke)'와 '저체중 영아 출산 여부(low)'는 서로 연관성이 있습니다.

귀무가설의 기각 여부를 판단하기 위하여 가설 검정을 시작합니다.

birthwt는 R 프로그램의 추가 패키지 {MASS}의 데이터이므로, 해당 패키지를 설치하고, library() {base} 함수를 사용하여 선언합니다. data() {utils} 함수를 사용하여 데이터를 로드합니다. 이 과정 없이도 데이터 사용은 가능합니다.

```
> # install.packages("MASS")
> library(MASS); data(birthwt)
```

R 추가 패키지 {MASS}의 birthwt 데이터를 로드합니다. 분석 중 변경된 데이터를 초기화하고 싶을 때 실행하면 원래의 데이터를 다시 로드할 수 있습니다.

사용에 편리하도록 변주의 수준명을 변경합니다. '임신 중 흡연 여부(smoke)'의 "1" 수준을 "smoke"로, "0" 수준을 "non-smoke"로 변경하였고, '저체중 영아 출산 여부(low)'의 "1" 수준을 "low", "0" 수준을 "normal"로 변경하였습니다.

```
> birthwt$smoke <- ifelse(birthwt$smoke==1,"smoke","non-smoke")
> birthwt$low <- ifelse(birthwt$low==1,"low", "normal")
>
> birthwt$smoke <- factor(birthwt$smoke,levels=c("smoke","non-smoke"))
> birthwt$low <- factor(birthwt$low,levels=c("low","normal"))
```

0과 1로 되어있는 수준의 이름을 ifelse() {base} 함수를 사용하여 사용에 편리하게 하기 위하여 변경한 후, factor() {base} 함수를 사용하여 범주형(factor)의 속성을 부여합니다.

분석할 변수의 속성을 확인합니다.

```
> attach(birthwt)
> str(smoke); str(low)

Factor w/ 2 levels "smoke","non-smoke": 2 2 1 1 1 2 2 2 1 1 ...
Factor w/ 2 levels "low","normal": 2 2 2 2 2 2 2 2 2 2 ...
```

'임신 중 흡연 여부(smoke)' 변수와 '저체중 영아 출산 여부(low)' 변수는 2개씩의 수준을 가진 범주형(factor) 변수입니다.

범주형 변수들 간의 연관성을 분석하기 위하여 사용하는 방법은 교차분석입니다.

분석에 앞서, 사용할 2개의 변수의 빈도를 출력합니다. table() {base} 함수를 사용합니다.

```
> attach(birthwt)
> table(smoke); table(low)
```

```
smoke
    smoke non-smoke
       74       115
low
   low normal
    59    130
```

'임신 중 흡연 여부(smoke)'는 흡연(smoke) 74건, 비흡연(non-smoke) 115건이고, '저체중 영아 출산 여부(low)'는 저체중(low) 59건, 정상체중(normal) 130건입니다.

다음으로 두 변수의 교차 빈도를 출력합니다.

```
table(범주형변수명1, 범주형변수명2)
```

```
> table_sl <- table(smoke,low); table_sl

           low
smoke        low normal
  smoke       30     44
  non-smoke   29     86
```

교차 빈도를 사용하여 교차분석을 하겠습니다. 분석을 위하여 사용하는 함수는 CrossTable(){gmodels}입니다.

```
table <- table(범주형변수명1, 범주형변수명2)
CrossTable(table, expected=TRUE, prop.t=FALSE, prop.chisq=FALSE)

* expected의 기본값 = FALSE
* prop.t의 기본값 = TRUE
* prop.chiq의 기본값 = TRUE
```

교차분석은 기대 빈도와 실제 빈도의 차이를 사용하여 통계적으로 의미가 있는지의 여부를 검정하는 것이라고 했는데, 기대 빈도와 실제 빈도라는 것이 무엇일까요? 아래의 결과물을 예로 설명해 볼게요.

smoke와 low의 교차표를 보세요. 교차표의 첫 행은 표본에서 관찰된 빈도고, 두번째 행은 기대 빈도입니다. 세번째 행과 네번째 행은 각각 행 기준 구성비와 열 기준 구성비를 나타냅니다.

실제 빈도는 실제로 나타난 관측치의 값이므로 앞에서 출력했던 교차표와 같은 값을 가집니다.

기대 빈도를 설명할게요. Row Total을 보세요. '임신 중 흡연 여부(smoke)' 변수의 두 수준의 구성비는 '흡연(smoke) : 비흡연(non-smoke) = 74 : 115 = 39.2% : 60.8%' 입니다. 그래서, '저체중 영아 출산 여부(low)' 변수의 두 수준 "저체중(low)"과 "정상 체중(normal)" 각각에서의 흡연과 비흡연의 구성비도 같을 것으로 기대됩니다. 이 생각이 맞다면, 변수간에 연관성이 없다는 결론을 내리게 됩니다.

다시 설명하면, 전체 데이터의 분포를 감안했을 때, 두번째 행의 기대 빈도의 값이 예상되었는데, 표

본에서 관찰된 빈도는 첫 행의 값이라는 것입니다.

```
> library(gmodels)
> CrossTable(table_sl,expected=TRUE,prop.t=FALSE,prop.chisq=FALSE)

   Cell Contents
|-------------------------|
|                       N |
|              Expected N |
|           N / Row Total |
|           N / Col Total |
|-------------------------|


Total Observations in Table:  189


             | low 
       smoke |       low |    normal | Row Total | 
-------------|-----------|-----------|-----------|
       smoke |        30 |        44 |        74 | 
             |    23.101 |    50.899 |           | 
             |     0.405 |     0.595 |     0.392 | 
             |     0.508 |     0.338 |           | 
-------------|-----------|-----------|-----------|
   non-smoke |        29 |        86 |       115 | 
             |    35.899 |    79.101 |           | 
             |     0.252 |     0.748 |     0.608 | 
             |     0.492 |     0.662 |           | 
-------------|-----------|-----------|-----------|
Column Total |        59 |       130 |       189 | 
             |     0.312 |     0.688 |           | 
-------------|-----------|-----------|-----------|


Statistics for All Table Factors


Pearson's Chi-squared test 
------------------------------------------------------------
Chi^2 =  4.923705     d.f. =  1     p =  0.02649064 

Pearson's Chi-squared test with Yates' continuity correction 
------------------------------------------------------------
Chi^2 =  4.235929     d.f. =  1     p =  0.03957697 
```

교차표의 첫 행은 표본에서 관찰된 빈도고, 두번째 행은 기대 빈도입니다. 1행 1열의 값을 예를 들어 설명하면, '임신 중 흡연 여부(smoke)'가 "흡연(smoke)"이면서 '저체중 영아 출산 여부(low)'가 "저체중(low)"인 경우는 23.101명이 기대되는데 실제로는 30명이라는 것입니다. '임신 중 흡연 여부(smoke)'의 '흡연'과 '비흡연'의 구성비는 39.2% : 60.8%입니다. 그러므로, '저체중 영아 출산 여부(low)' 변수의 "저체중(low)" 수준 59명의 경우도 "흡연(smoke)" 39.2%, "비흡연(non-smoke)" 60.8%의 분포를 가질 것으로 기대할 수 있습니다. 즉, 59명의 39.2%인 23.101명이 "흡연(smoke)"이면서 "저체중(low)"일 것이라고 기대했으나, 실제로는 30명이 관찰되었습니다. Chi-squared 통계량(=Chi^2)은 4.923705, 자유도(=df)는 1이고, 유의확률(=p-value)은 0.02649064(〈0.05)입니다.

〈가설 검정〉

» 귀무가설(H_0) : '임신 중 흡연 여부(smoke)'와 '저체중 영아 출산 여부(low)'는 서로 연관성이 없습니다.

» 대립가설(H_1) : '임신 중 흡연 여부(smoke)'와 '저체중 영아 출산 여부(low)'는 서로 연관성이 있습니다.

→ p-value(=0.02649064) 〈 α(=0.05) 이므로, 귀무가설을 기각합니다.

* 분석 결과 : p-value 〈 0.05 이므로, 유의수준 0.05에서 '임신 중 흡연 여부(smoke)'와 '저체중 영아 출산 여부

(low)'는 서로 연관성이 있습니다.

설명을 추가하면, 유의수준을 0.05로 채택한 상황에서, p-value가 0. 02649064로 산출되었기 때문에 귀무가설을 기각합니다. 즉, 기존에 알려진 "연관성이 없다"는 가설을 뒤집을 수 있다는 것입니다.

assoc() {vcd}과 mosaicplot() {graphics}함수를 사용하여 기대 빈도와 관찰 빈도의 차이를 시각화 할 수 있으며, balloonplot() {gplots} 함수를 사용하여 전체 데이터 중 각 교차 빈도의 분포를 원의 크기로 나타낼 수 있습니다.

```
table <- table(범주형변수명1, 범주형변수명2)

assoc(table, shade=TRUE, main="")

* shade의 기본값 = FLASE : 빈도차의 정도를 나타내지 않음

balloonplot(table, label=FALSE, margins=FALSE, main="")

* label의 기본값 = TRUE : 각 칸의 빈도를 나타냄
* margins의 기본값 = TRUE : 주변합을 나타냄

mosaicplot(table, shade=TRUE, main="")

* shade의 기본값 = FALSE : 빈도차의 정도를 나타내지 않음
```

```
> library(vcd)
> assoc(table_sl,shade=TRUE,main="association plot(smoke,low)")
```

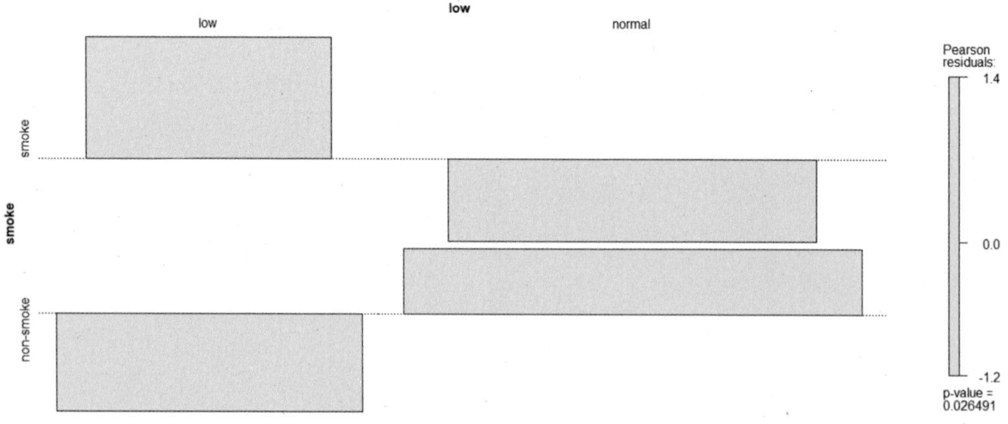

"흡연(smoke)"인 경우의 "저체중(low)"의 빈도가 기대 빈도보다 많이 나타난 것을 확인할 수 있습니다.

```
> layout(mat = matrix(c(1,2,1,2), nrow=2, byrow=T))
> library(gplots)
> balloonplot(table_sl,label=FALSE,show.margins=FALSE,
+             main="balloon plot(smoke,low)")
```

```
> library(graphics)
> mosaicplot(table_sl,shade=TRUE,main="mosaic plot")
```

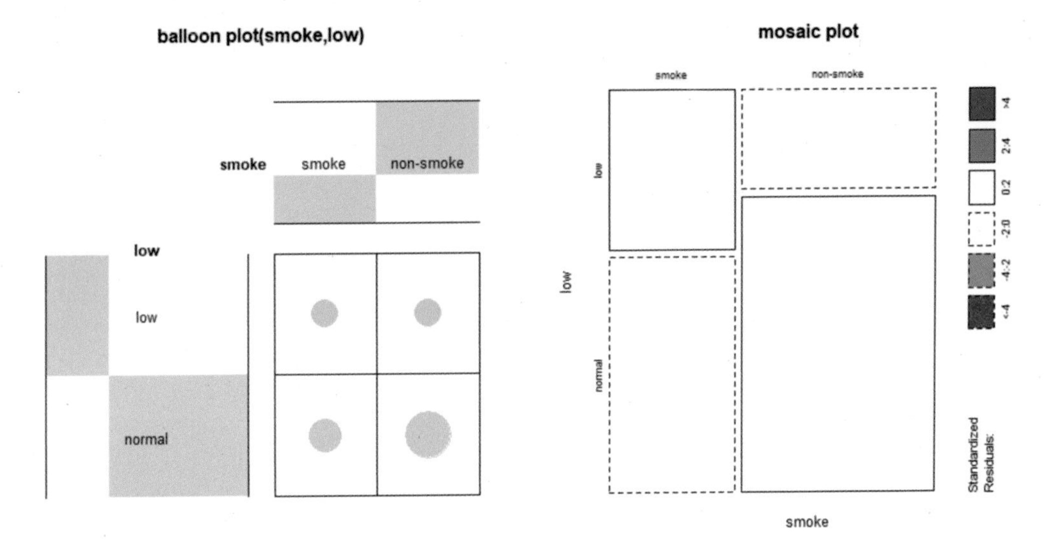

"흡연(smoke)"인 경우의 "저체중(low)"의 빈도가 기대 빈도보다 많이 나타난 것을 확인할 수 있습니다.

이상으로 birthwt {MASS} 데이터 중 '임신 중 흡연 여부(smoke)'와 '저체중 영아 출산 여부(low)' 2개의 범주형 변수 사이에 연관성이 없다는 기존 가설에의 기각 여부를 결정하기 위하여, 교차분석을 해 보았습니다.

'임신 중 흡연 여부(smoke)'와 '저체중 영아 출산 여부(low)'가 서로 연관성이 있는지를 분석한 결과는 다음과 같이 정리할 수 있습니다.

데이터명	birthwt {MASS}			
귀무가설(H_0)	'임신 중 흡연 여부(smoke)'와 '저체중 영아 출산 여부(low)'는 서로 연관성이 없습니다.			
대립가설(H_1)	'임신 중 흡연 여부(smoke)'와 '저체중 영아 출산 여부(low)'는 서로 연관성이 있습니다.			
분석 방법	교차분석			
결과 요약	x^2통계량	자유도(df)	p-value	유의수준(α)
	4.923705	1	0.02649064	0.05
p-value 〈 0.05 이므로, 유의수준 0.05에서 귀무가설(H_0)을 기각합니다. 즉, '임신 중 흡연 여부'와 '저체중 영아 출산 여부'는 서로 연관성이 있으며, 흡연 한 경우의 저체중 영아를 출산한 빈도가 기대치보다 높게 나타납니다.				

참고 : 교차분석에서 산출된 통계량을 개별 출력할 수 있을까?

교차분석 과정에서 사용되는 교차표의 열 합계와 행 합계, 또는 그 구성비를 따로 출력하고 싶다면 어떻게 해야할까요? R 프로그램에서는 이를 위한 함수가 존재합니다. 또, 교차분석 결과에서 출력되는 X-squared 통계량 값도 출력할 수 있어요.

```
table <- table(범주형변수명1, 범주형변수명2)

margin.table(table, 구분값)

* 구분값을 지정하지 않으면 전체 합을 출력
* 구분값 = 1 : 행 기준 주변합을 출력
구분값 = 2 : 열 기준 주변합을 출력

prop.table(table, 구분값)

* 구분값을 지정하지 않으면 전체를 100%로 한 구성비를 출력
* 구분값 = 1 : 행 전체를 100%로 한 구성비를 출력
구분값 = 2 : 열 전체를 100%로 한 구성비를 출력

chisq.test(table, correct=FALSE)

* correct의 기본값 = TRUE : Pearson's Chi-squared with Yate's continuity
correction 결과를 출력
```

교차분석하기 연습문제-1

사용할 데이터는 R 기본 패키지 {datasets}의 오픈데이터인 mtcars입니다. 이 자료는 1973~74년의 32개 자동차 모델을 대상으로 한 연비, 디자인과 성능에 관한 데이터입니다.

Q. 주어진 가설을 검정하기 위하여 교차분석을 하고, 아래의 표를 완성하세요. (유의수준=0.05)

* 주장하고 싶은 가설 : "엔진 타입과 변속기 타입이 연관성이 없다고들 하는데, 내 생각에는 연관성이 있어."
  - » 귀무가설(H_0) : '엔진 타입(vs)'과 '변속기 타입(am)'은 연관성이 없습니다.
  - » 대립가설(H_1) : '엔진 타입(vs)'과 '변속기 타입(am)'은 연관성이 있습니다.

데이터명	mtcars			
귀무가설(H_0)				
대립가설(H_1)				
분석 방법	교차분석			
결과 요약	x^2통계량	자유도(df)	p-value	유의수준(α)

p-value (>/<) 0.05 이므로,
유의수준 0.05에서 귀무가설(H_0)을 (기각할 수 없습니다./기각합니다.)
즉, '엔진 타입'과 '변속기 타입은 연관성이 (없습니다./있습니다. 엔진 타입이 0인 경우 변속기 타입이 (0/1)인 빈도가, 엔진 타입이 1인 경우 변속시 타입이 (0/1)인 빈도가 기대치보다 높게 나타납니다.).

교차분석하기 연습문제-2

원본 자료 : student.csv 파일을 R라줌 카페에서 다운로드하세요~.

사용할 데이터는 제공된 student.csv입니다. 이 자료는 포르투갈에서 중등 교육을 받고 있는 두 학교 학생들의 수학과 포르투갈어 성적에 대한 데이터로, 출처는 UC Irvine 머신러닝 저장소입니다.

Q. 주어진 가설을 검정하기 위하여 교차분석을 하고, 아래의 표를 완성하세요. (유의수준=0.05)

* 주장하고 싶은 가설 : "성별과 방과후 자유 시간이 연관성이 없다고들 하는데, 내 생각에는 연관성이 있어."
  » 귀무가설(H_0) : '성별(sex)'과 '방과후 자유 시간(freetime_m)'은 연관성이 없습니다.
  » 대립가설(H_1) : '성별(sex)'과 '방과후 자유 시간(freetime_m)'은 연관성이 있습니다.

'방과후 자유 시간(freetime_m)'의 수준은 1(매우 적음)~5(매우 많음)으로 구성되어 있습니다. 1~2와 4~5를 통합하여 재 그룹화 한 '방과후 자유 시간(freetime_m1)'변수를 만들어서 사용해봅시다.

데이터명	student.csv			
귀무가설(H_0)				
대립가설(H_1)				
분석 방법	교차분석			
결과 요약	x^2통계량	자유도(df)	p-value	유의수준(α)

p-value (>/<) 0.05 이므로,
유의수준 0.05에서 귀무가설(H_0)을 (기각할 수 없습니다./기각합니다.)
즉, '성별'과 '방과후 자유 시간1'은 연관성이 (없습니다./있습니다. 여자의 경우 방과후 자유시간이 (적은/많은) 학생의 빈도가, 남자의 경우 (적은/많은) 학생의 빈도가 기대치보다 높게 나타납니다.)

lm(), step() 함수 : 선형 회귀분석

독립변수로 종속변수를 설명하기 위하여 회귀분석을 할 수 있다. 회귀분석의 결과를 해석하여 영향력이 있는 변수를 선택하고, 변수들 사이의 관계식을 구할 수 있다.

"고등학교 학생들의 수면 시간, 식사량, 그리고 친한 친구들의 수가 성적에 주는 영향력이 없다고들 하는데, 내 생각에는 영향력이 있어."

이것을 주장하기 위하여 모집단인 전국의 고등학교 학생들 중 무작위로 30명의 표본을 선택하여 수

면 시간, 식사량, 친한 친구들의 수, 그리고 성적을 조사합니다. 이 경우와 같이 하나 이상의 양적 변수들을 사용하여 하나의 양적 변수를 추정하기 위하여, 함수의 형태를 직선으로 설정한 경우를 선형 회귀분석이라고 합니다.

수면 시간, 식사량, 친한 친구들의 수를 독립변수, 또는 설명변수라고 하고, 성적을 종속변수, 또는 반응변수라고 합니다. 선형 회귀분석의 결과로 '종속변수 = $\beta 0$ + $\beta 1$ x 독립변수1 + $\beta 2$ x 독립변수2 … '와 같은 회귀식을 추정하게 되고, 그 회귀식으로 독립변수들의 변화에 따른 종속변수의 변화를 예측합니다. 추정된 βi (i=0,1,…) 들을 회귀계수라고 하고, 각 회귀계수의 값이 0이라는 것, 즉 기울기가 0이라는 것을 귀무가설(H_0)로 하여 귀무가설의 기각 여부를 검정합니다. 예제를 사용하여 연습해 볼게요.

단순 선형 회귀분석하기

분석해볼 자료는 R 기본 패키지 {datasets}의 오픈데이터인 faithful입니다. 이 자료는 미국 와이오밍 주 옐로스톤 국립공원 내에 있는 간헐천의 분출 시간과 대기 시간에 관한 데이터입니다.

기존의 가설인 귀무가설(H_0)과 우리가 주장하고 싶은 새로운 가설인 대립가설(H_1)은 다음과 같이 설정합니다.

* 주장하고 싶은 가설 : "간헐천의 대기 시간으로 분출 시간을 설명할 수 없다고들 하는데, 내 생각엔 설명할 수 있어."
  - 귀무가설(H_0) : '대기 시간(waiting)'은 '분출 시간(eruptions)'과 회귀 관계가 없습니다. ('대기 시간(waiting)'의 회귀계수는 0입니다.)
  - 대립가설(H_1) : '대기 시간(waiting)'은 '분출 시간(eruptions)'과 회귀 관계가 있습니다. ('대기 시간(waiting)'의 회귀계수는 0이 아닙니다.)

귀무가설의 기각 여부를 판단하기 위하여 가설 검정을 시작합니다.

faithful 는 R 프로그램에 기본으로 설치되어 있는 {datasets} 패키지의 자료이므로 패키지 설치 과정 없이 데이터를 사용합니다. data() {utils} 함수를 사용하여 데이터를 로드합니다. 이 과정 없이도 데이터 사용은 가능합니다.

```
> data(faithful)
```

R 기본 패키지 {datasets}의 faithful 데이터를 로드합니다. 분석 중 변경된 데이터를 초기화하고 싶을 때 실행하면 원래의 데이터를 다시 로드할 수 있습니다.

분석할 변수의 속성을 확인합니다.

```
> str(faithful[c("eruptions","waiting")])
'data.frame':   272 obs. of  2 variables:
 $ eruptions: num  3.6 1.8 3.33 2.28 4.53 ...
 $ waiting  : num  79 54 74 62 85 55 88 85 51 85 ...
```

'분출 시간(eruptions)'과 '대기 시간(waiting)' 변수는 실수형(num)의 속성을 가진 양적 변수입니다.

독립변수와 종속변수가 모두 양적 변수이고, 독립변수가 1개인 경우 사용하는 분석 방법은 단순 선형 회귀분석(simple linear regression) 입니다. 이 예제에서는 '대기 시간(waiting)'을 독립변수로 하고, '분출 시간(eruptions)'을 종속변수로 하여 선형 회귀식을 추정해보겠습니다.

사용할 함수는 lm() {stats}입니다. 결과를 출력하려면 summary() {base} 함수를 함께 사용해야 합니다.

```
lm <- lm(종속변수~독립변수, data=데이터명)
summary(lm)
```

```
> attach(faithful)
> lm_ew <- lm(eruptions~waiting)
> summary(lm_ew)

Call:
lm(formula = eruptions ~ waiting)

Residuals:
     Min       1Q   Median       3Q      Max
-1.29917 -0.37689  0.03508  0.34909  1.19329

Coefficients:
             Estimate Std. Error t value Pr(>|t|)
(Intercept) -1.874016   0.160143  -11.70   <2e-16 ***
waiting      0.075628   0.002219   34.09   <2e-16 ***
---
Signif. codes:  0 '***' 0.001 '**' 0.01 '*' 0.05 '.' 0.1 ' ' 1

Residual standard error: 0.4965 on 270 degrees of freedom
Multiple R-squared:  0.8115,    Adjusted R-squared:  0.8108
F-statistic:  1162 on 1 and 270 DF,  p-value: < 2.2e-16
```

y절편의 회귀계수 추정치(=Estimate(Intercept))는 -1.874016이고 유의확률(=p-value)은 〈2e-16(〈0.05)이며, 독립변수인 '대기 시간(waiting)'의 회귀계수 추정치(=Estimate(waiting))는 0.075628이고 유의확률(=p-value)은 〈2e-16(〈0.05)입니다. 그리고, 모형의 결정계수(R-squared) 값은 0.8115이고 p-value는 〈2.2e-16(〈0.05)입니다.

〈가설 검정〉

- » 귀무가설(H_0) : '대기 시간(waiting)'은 '분출 시간(eruptions)'과 회귀 관계가 없습니다.
- » 대립가설(H_1) : '대기 시간(waiting)'은 '분출 시간(eruptions)'과 회귀 관계가 있습니다.

  → p-value(〈2e-16) 〈 α(=0.05) 이므로, 귀무가설을 기각합니다.

* 분석 결과 : p-value 〈 0.05 이므로, 유의수준 0.05에서 '대기 시간'은 '분출 시간'과 회귀 관계가 있습니다. 독립변수인 '대기 시간'을 사용하여 종속변수인 '분출 시간'을 81.15% 설명할 수 있으며, 추정된 회귀식은 "분출 시간(eruptions) = -1.874016 + 0.075628 x 대기 시간(waiting)" 입니다.

설명을 추가하면, 유의수준을 0.05로 채택한 상황에서, 대기 시간의 회귀계수의 p-value가 〈2e-16로 산출되었기 때문에 귀무가설을 기각합니다. 즉, 기존에 알려진 "(대기 시간의) 회귀계수가 0이다"는 가설을 뒤집을 수 있다는 것입니다.

독립변수와 종속변수의 산점도에 추정된 회귀식을 추가하여 시각화합니다.

```
lm <- lm(종속변수~독립변수, data=데이터명)

abline(lm, col="색상", lwd=  )

* lwd의 기본값 = 1 : 선의 굵기
```

```
> par(mfrow=c(1,1))
> plot(waiting,eruptions,main="plot(lm(eruptions~waiting))")
> abline(lm_ew,col="red",lwd=2)
```

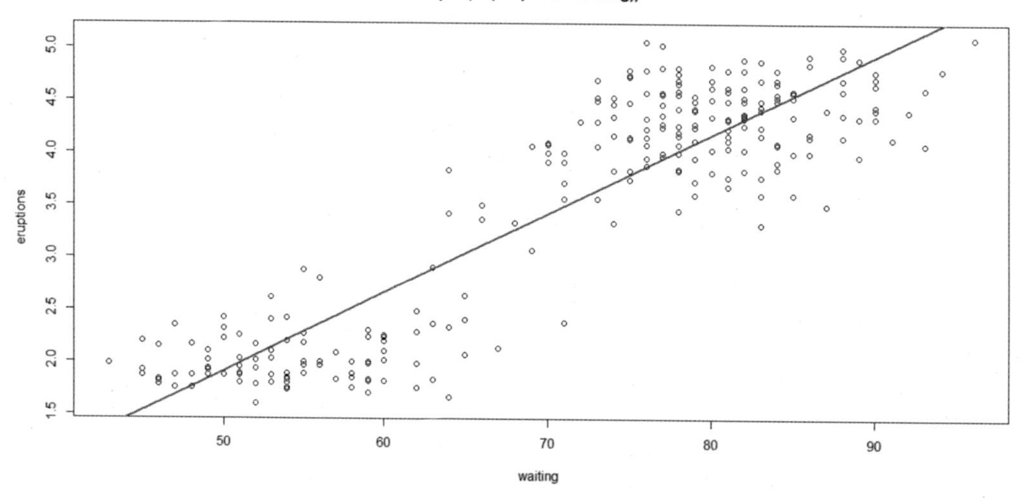

'대기 시간(waiting)'에 따라서 '분출 시간(eruptions)'을 설명할 수 있는 회귀식을 추정하였습니다. 그런데, 이 경우에는 자료가 2개의 그룹으로 나뉘는 것으로 보이기도 합니다. 그룹을 나누어 다시 분석을 해 보는 것이 필요한지도 생각해 볼 필요가 있습니다.

이상으로 faithrul {datasets} 데이터 중 '분출 시간(eruptions)'을 설명하는데 있어서, '대기 시간(waiting)'의 회귀계수는 0이라는 기존 가설에의 기각 여부를 결정하기 위하여, 단순 선형 회귀분석을 해 보았습니다.

독립 변수인 '대기 시간(waiting)'으로 종속 변수인 '분출 시간(eruptions)'을 설명할 수 있는지를 검정하기 위하여 단순 선형 회귀분석을 한 결과는 다음과 같이 정리할 수 있습니다.

데이터명	faithful {datasets}			
귀무가설(H_0)	'대기 시간(waiting)'은 '분출 시간(eruptions)'과 회귀 관계가 없습니다.			
대립가설(H_1)	'대기 시간(waiting)'은 '분출 시간(eruptions)'과 회귀 관계가 있습니다.			
분석 방법	단순 선형 회귀분석			
결과 요약	결정계수 (R-squared)	0.8115	유의수준(α)	0.05
	추정된 회귀식	분출 시간(eruptions) = -1.874016 + 0.075628 x 대기 시간(waiting)		
		변수명	예측값	p-value
	종속변수	분출 시간(eruptions)		
	(y 절편)		-1.874016	〈2e-16
	독립변수	대기 시간(waiting)	0.075628	〈2e-16
p-value 〈 0.05 이므로, 유의수준 0.05에서 귀무가설(H_0)을 기각합니다. 즉, 독립변수인 '대기 시간'을 사용하여 종속변수인 '분출 시간'을 81.15% 설명할 수 있으며, 추정된 회귀식은 "분출 시간(eruptions) = -1.874016 + 0.075628 x 대기 시간(waiting)" 입니다.				

다중 선형 회귀분석하기

분석해볼 자료는 R 기본 패키지 {datasets}의 오픈데이터인 airquality입니다. 이 자료는 1973년 5~9월 중 뉴욕의 일일 공기를 측정한 데이터입니다.

기존의 가설인 귀무가설(H_0)과 우리가 주장하고 싶은 새로운 가설인 대립가설(H_1)은 다음과 같이 설정합니다.

* 주장하고 싶은 가설 : "태양 복사 에너지, 풍속, 온도를 사용하여 오존을 설명할 수 없다고들 하는데, 내 생각에는 설명할 수 있어."
  » 귀무가설(H_0) : '태양 복사 에너지(Solar.R)', '풍속(Wind)', 그리고 '온도(Temp)'는 '오존(Ozone)'과 회귀 관계가 없습니다. ('태양 복사 에너지(Solar.R)', '풍속(Wind)', 그리고 '온도(Temp)'의 회귀계수는 0입니다.)
  » 대립가설(H_1) : '태양 복사 에너지(Solar.R)', '풍속(Wind)', 그리고 '온도(Temp)'는 '오존(Ozone)'과 회귀 관계가 있습니다. ('태양 복사 에너지(Solar.R)', '풍속(Wind)', 그리고 '온도(Temp)'의 회귀계수는 0이 아닙니다.)

귀무가설의 기각 여부를 판단하기 위하여 가설 검정을 시작합니다.

airquality는 R 프로그램에 기본으로 설치되어 있는 {datasets} 패키지의 자료이므로 패키지 설치 과정 없이 데이터를 사용합니다. data() {utils} 함수를 사용하여 데이터를 로드합니다. 이 과정 없이도 데이터 사용은 가능합니다.

```
> data(airquality)
```

R 기본 패키지 {datasets}의 airquality 데이터를 로드합니다. 분석 중 변경된 데이터를 초기화하고 싶을 때 실행하면 원래의 데이터를 다시 로드할 수 있습니다.

분석할 변수의 속성을 확인합니다.

```
> str(airquality[c("Ozone","Solar.R","Wind","Temp")])
```

```
'data.frame':   153 obs. of  4 variables:
 $ Ozone  : int  41 36 12 18 NA 28 23 19 8 NA ...
 $ Solar.R: int  190 118 149 313 NA NA 299 99 19 194 ...
 $ Wind   : num  7.4 8 12.6 11.5 14.3 14.9 8.6 13.8 20.1 8.6 ...
 $ Temp   : int  67 72 74 62 56 66 65 59 61 69 ...
```

'오존(Ozone)', '태양 복사 에너지(Solar.R)', '온도(Temp)' 변수는 정수형(int)의 속성을 가지고 있고, '풍속(Wind)' 변수는 실수형(num)의 속성을 가진 양적 변수입니다.

독립변수인 '태양 복사 에너지(Solar.R)'와 '풍속(Wind)' 그리고 '온도(Temp)'와 종속변수인 '오존(Ozone)'이 모두 양적 변수이고, 독립변수가 2개 이상인 경우 사용하는 분석 방법은 다중 선형 회귀분석입니다. 이 예제에서는 '태양 복사 에너지(Solar.R)'와 '풍속(Wind)' 그리고 '온도(Temp)'를 독립변수로 하고, '오존(Ozone)'을 종속변수로 하여 선형 회귀식을 추정해보겠습니다.

먼저 여러개의 독립변수 중 의미 있는 변수들을 찾아내기 위하여 step() {stats} 함수를 사용합니다. 이 함수는 단계적 선택(stepwise) 방법을 사용하여 의미 있는 독립변수를 선택하는 방법입니다. 마지막의 'Call:' 단계에서 선택된 변수들로 이루어진 모형을 확인할 수 있습니다.

```
lm <- lm(종속변수~독립변수1+…, data=데이터명)

step(lm)
```

```
> attach(airquality)
> step(lm(Ozone~Solar.R+Wind+Temp))
```

```
Start:  AIC=681.71
Ozone ~ Solar.R + Wind + Temp

          Df Sum of Sq   RSS    AIC
<none>                 48003 681.71
- Solar.R  1    2986.2 50989 686.41
- Wind     1   11641.6 59644 703.82
- Temp     1   19049.9 67053 716.81

Call:
lm(formula = Ozone ~ Solar.R + Wind + Temp)

Coefficients:
(Intercept)      Solar.R         Wind         Temp
  -64.34208      0.05982     -3.33359      1.65209
```

분석 결과, 3개의 독립변수 모두가 의미 있는 변수로 선택되었습니다.

선택된 3개의 독립변수를 사용하여 다중 선형 회귀분석을 해 보겠습니다. 단순 선형 회귀분석에서와 같이 lm() {stats} 함수를 사용하여 분석 후 summary() {base} 함수를 사용하여 출력합니다.

```
lm <- lm(종속변수~독립변수1+…, data=데이터명)
summary(lm)
```

```
> lm_OSWT <- lm(Ozone~Solar.R+Wind+Temp)
> summary(lm_OSWT)
```

```
Call:
lm(formula = Ozone ~ Solar.R + Wind + Temp)

Residuals:
    Min      1Q  Median      3Q     Max 
-40.485 -14.219  -3.551  10.097  95.619 

Coefficients:
             Estimate Std. Error t value Pr(>|t|)    
(Intercept) -64.34208   23.05472  -2.791  0.00623 ** 
Solar.R       0.05982    0.02319   2.580  0.01124 *  
Wind         -3.33359    0.65441  -5.094 1.52e-06 ***
Temp          1.65209    0.25353   6.516 2.42e-09 ***
---
Signif. codes:  0 ‘***’ 0.001 ‘**’ 0.01 ‘*’ 0.05 ‘.’ 0.1 ‘ ’ 1

Residual standard error: 21.18 on 107 degrees of freedom
  (42 observations deleted due to missingness)
Multiple R-squared:  0.6059,    Adjusted R-squared:  0.5948 
F-statistic: 54.83 on 3 and 107 DF,  p-value: < 2.2e-16
```

y절편의 회귀계수 추정치(=Estimate(Intercept))는 -64.34208이고 유의확률(=p-value)은 0.00623(〈0.05)이며, 첫번째 독립변수인 ‘태양 복사 에너지(Solar.R)’의 회귀계수 추정치(=Estimate(Solar.R))는 0.05982이고 유의확률(=p-value)은 0.01124(〈0.05), 두번째 독립변수인 ‘풍속(Wind)’의 회귀계수 추정치(=Estimate(Wind))는 -3.33359이고 유의확률(=p-value)은 1.52e-06(〈0.05)입니다. 세번째 독립변수인 ‘온도(Temp)’의 회귀계수 추정치(=Estimate(Temp))는 1.65209이고, 유의확률(=p-value)은 2.42e-09(〈0.05)입니다. 그리고, 모형의 결정계수(R-squared) 값은 0.6059이고 p-value는 2.2e-16(〈0.05)입니다.

〈가설 검정〉

» 귀무가설(H_0) : ‘태양 복사 에너지(Solar.R)’, ‘풍속(Wind)’, 그리고 ‘온도(Temp)’는 ‘오존(Ozone)’과 회귀 관계가 없습니다.

» 대립가설(H_1) : ‘태양 복사 에너지(Solar.R)’, ‘풍속(Wind)’, 그리고 ‘온도(Temp)’는 ‘오존(Ozone)’과 회귀 관계가 있습니다.

→ p-value(순서대로 0.01124 , 1.52e-06 , 2.42e-09) 〈 α(=0.05) 이므로, 귀무가설을 기각합니다.

* 분석 결과 : p-value 〈 0.05 이므로, 유의수준 0.05에서 ‘태양 복사 에너지’, ‘풍속’, ‘온도’는 ‘오존’과 회귀 관계가 있습니다. 독립변수인 ‘태양 복사 에너지’, ‘풍속’, 그리고 ‘온도’를 사용하여 종속변수인 ‘오존’을 60.59% 설명할 수 있으며, 추정된 회귀식은 “오존(Ozone) = −64.34208 + 0.05982 x 태양 복사 에너지(Solar.R) - 3.33359 x 풍속(Wind) + 1.65209 x 온도(Temp)”입니다.

설명을 추가하면, 유의수준을 0.05로 채택한 상황에서, 태양 복사 에너지의 회귀계수, 풍속의 회귀계수, 그리고 온도의 회귀계수의 p-value가 각각 0.01124, 1.52e-06, 그리고 2.42e-09로 산출되었기 때문에 모두 귀무가설을 기각합니다. 즉, 기존에 알려진 “(태양 복사 에너지의/풍속의/온도의) 회귀계수가 0이다”는 가설을 뒤집을 수 있다는 것입니다.

이 예제에서와 같이 여러 개의 독립변수를 사용하여 회귀식을 추정한 경우에는 고려해야 할 것이 있습니다. 혹시 독립변수들 서로간에 강한 상관관계가 존재하여 함께 사용하는 것이 적합하지 않은지를 알기 위하여 다중공선성을 체크하는 것입니다. 사용할 함수는 vif() {car} 이고, 결과값이 10이 넘는 경우에는 해당 변수를 제거하고 분석하는 등의 처리가 필요합니다.

```
lm <- lm(종속변수~독립변수1+…, data=데이터명)

vif(lm)
```

```
> library(car)
> vif(lm_OSWT)
 Solar.R     Wind     Temp
1.095253 1.329070 1.431367
```

모든 독립변수의 결과값이 10을 넘지 않으므로 다중공선성 문제가 발생하지 않는다고 판단할 수 있습니다.

이상으로 airquality {datasets} 데이터 중 '오존(Ozone)'을 설명하는데 있어서, '태양 복사 에너지(Solar.R)', '풍속(Wind)', 그리고 '온도(Temp)'의 회귀계수는 0이라는 기존 가설에의 기각 여부를 결정하기 위하여, 다중 선형 회귀분석을 해보았습니다.

독립변수인 '태양 복사 에너지(Solar.R)', '풍속(Wind)', 그리고 '온도(Temp)'를 사용하여 종속변수인 '오존(Ozone)'을 설명할 수 있는지를 검정하기 위하여 다중 선형 회귀분석을 한 결과는 다음과 같이 정리할 수 있습니다.

데이터명	airquality {datasets}			
귀무가설(H_0)	'태양 복사 에너지(Solar.R)', '풍속(Wind)', 그리고 '온도(Temp)'는 '오존(Ozone)'과 회귀 관계가 없습니다.			
대립가설(H_1)	'태양 복사 에너지(Solar.R)', '풍속(Wind)', 그리고 '온도(Temp)'는 '오존(Ozone)'과 회귀 관계가 있습니다.			
분석 방법	다중 선형 회귀분석			
결과 요약	결정계수 (R-squared)	0.6059	유의수준(α)	0.05
	추정된 회귀식	오존(Ozone) = -64.34208 + 0.05982 x 태양 복사 에너지(Solar.R) - 3.33359 x 풍속(Wind) + 1.65209 x 온도(Temp)		
		변수명	예측값	p-value
	종속변수	오존(Ozone)		
	(y 절편)		-64.34208	0.00623
	독립변수 1	태양 복사 에너지 (Solar.R)	0.05982	0.01124
	독립변수 2	풍속(Wind)	- 3.33359	1.52e-06
	독립변수 3	온도(Temp)	1.65209	2.42e-09

p-value < 0.05 이므로,
유의수준 0.05에서 귀무가설(H_0)을 기각합니다.
즉, '태양 복사 에너지', '풍속', '온도'로 '오존'을 60.59% 설명할 수 있으며, 추정된 회귀식은 "오존(Ozone) = -64.34208 + 0.05982 x 태양 복사 에너지(Solar.R) - 3.33359 x 풍속(Wind) + 1.65209 x 온도(Temp)" 입니다.

선형 회귀분석하기 연습문제-1

사용할 데이터는 R 프로그램 추가 패키지 {MASS} 의 오픈 데이터 cats입니다. 이 자료는 2kg이상, 성체인 수컷과 암컷 고양에 대한 체중과 심장 무게에 대한 해부학적 데이터입니다.

Q. 주어진 가설을 검정하기 위하여 단순 선형 회귀분석을 하고, 아래의 표를 완성하세요. (유의수준=0.05)

* 주장하고 싶은 가설 : "고양이의 체중으로 심장의 무게를 설명할 수 없다고들 하는데, 내 생각에는 설명할 수 있어."
  » 귀무가설(H_0) : '체중(Bwt)'은 '심장의 무게(Hwt)'와 회귀 관계가 없습니다. ('체중(Bwt)'의 회귀계수는 0입니다.)
  » 대립가설(H_1) : '체중(Bwt)'은 '심장의 무게(Hwt)'와 회귀 관계가 있습니다. ('체중(Bwt)'의 회귀계수는 0이 아닙니다.)

데이터명	cats {MASS}			
귀무가설(H_0)				
대립가설(H_1)				
분석 방법	단순 선형 회귀분석			
결과 요약	결정계수 (R-squared)		유의수준(α)	
	추정된 회귀식			
		변수명	예측값	p-value
	종속변수			
	(y 절편)			
	독립변수			

p-value (>/<) 0.05 이므로,
유의수준 0.05에서 귀무가설(H_0)을 (기각할 수 없습니다./기각합니다.)
즉, 독립변수와 종속변수에는 회귀관계가 (없습니다./있습니다. 독립변수인 ( )을 사용하여
종속변수인 '심장의 무게'를 ( )% 설명할 수 있으며, 추정된 회귀식은 ( ) 입니다.)

선형 회귀분석하기 연습문제-2

사용할 데이터는 R 추가 패키지 {MASS}의 오픈데이터인 hills입니다. 이 자료는 1984년 스코틀랜드의 35개 언덕 레이스에 대한 기록 데이터입니다.

Q. 주어진 가설을 검정하기 위하여 다중 선형 회귀분석을 하고, 아래의 표를 완성하세요. (유의수준=0.05)

* 주장하고 싶은 가설 : "지도상의 거리와 경로상의 총 높이를 사용하여 도달 시간을 설명할 수 없다고들 하는데, 내 생각에는 설명할 수 있어."
  - » 귀무가설(H_0) : '거리(dist)'와 '높이(climb)'는 '시간(time)'과 회귀 관계가 없습니다.('거리(dist)'와 '높이(climb)'의 회귀계수는 0입니다.)
  - » 대립가설(H_1) : '거리(dist)'와 '높이(climb)'는 '시간(time)'과 회귀 관계가 있습니다.('거리(dist)'와 '높이(climb)'의 회귀계수는 0이 아닙니다.)

<table>
<tr><td>데이터명</td><td colspan="4">hills {MASS}</td></tr>
<tr><td>귀무가설(H_0)</td><td colspan="4"></td></tr>
<tr><td>대립가설(H_1)</td><td colspan="4"></td></tr>
<tr><td>분석 방법</td><td colspan="4">다중 선형 회귀분석</td></tr>
<tr><td rowspan="7">결과 요약</td><td>결정계수
(R-squared)</td><td></td><td>유의수준(α)</td><td></td></tr>
<tr><td>추정된 회귀식</td><td colspan="3"></td></tr>
<tr><td></td><td>변수명</td><td>예측값</td><td>p-value</td></tr>
<tr><td>종속변수</td><td></td><td></td><td></td></tr>
<tr><td>(y 절편)</td><td></td><td></td><td></td></tr>
<tr><td>독립변수 1</td><td></td><td></td><td></td></tr>
<tr><td>...</td><td></td><td></td><td></td></tr>
<tr><td colspan="5">p-value (>/<) 0.05 이므로,
유의수준 0.05에서 귀무가설(H_0)을 (기각할 수 없습니다./기각합니다.)
즉, 독립변수와 종속변수에는 회귀관계가 (없습니다./있습니다. 독립변수인 (　)을 사용하여
종속변수인 '시간'을 (　)% 설명할 수 있으며, 추정된 회귀식은 (　　　　) 입니다.)</td></tr>
</table>

R라줌

: R을 활용한 분석과 통계 R차게 배우기

초판 1쇄 발행 / 2020년 04월 10일

지은이 / 서진수, 이정은

펴낸이 / 김일희
펴낸곳 / 스포트라잇북

제2014-000086호 (2013년 12월 05일)

주소 / 서울특별시 영등포구 도림로 464, 1-1201 (우)07296
전화 / 070-4202-9369 팩스 / 02-6442-9369
이메일 / spotlightbook@gmail.com
주문처 / 신한전문서적 031-919-9851

책값은 뒤표지에 있습니다.
잘못된 책은 구입한 곳에서 바꾸어 드립니다.

ISBN 979-11-87431-19-0 13560

주목받는 잇(IT)북을 만듭니다
스포트라잇북